Abaqus 實務攻略

― 入門必備 ―

士盟科技股份有限公司　編著

推薦序

有限元素法發展於 1960 和 1970 年代，至 1980 年代更臻成熟後，大型商業套裝有限元素軟體於焉逐漸成形。筆者初次接觸 Abaqus 有限元素軟體，是 1988 年在美國伊利諾大學香檳校區的國家複合材料中心（National Center for Composite Materials Research, University of Illinois at Urbana - Champaign）擔任博士後研究員時；當時該中心接到美國海軍研究部門（Office of Naval Research）的研究計畫，從事複合材料的研發工作。而美國海軍研究部門指定採用 Abaqus 軟體做為數值分析的工具，主因即是 Abaqus 是當時功能最強且廣泛的有限元素軟體，尤其是處理幾何非線性及材料非線性問題之能力。

筆者當時剛獲得土木工程博士學位，論文內容是研究鋼筋混凝土的非線性行為，自覺對用 Newton-Raphson 法解非線性問題小有心得；當時求解非線性問題最好的 Riks 法（或稱 Arc-Length 法）發表不久，在商業套裝軟體的應用上付之闕如，研究員大多自力撰寫 Riks 法的程式做分析，而 Abaqus 是最先納入 Riks 法的商業套裝軟體。一般常見結構的幾何非線性問題如梁、板及殼的後挫屈現像（Post Buckling），使用 Abaqus 中的 Riks 法，可輕而易舉的得到完整的力與變位曲線，徹底解決 Newton-Raphson 法中跳躍（Snap through）且不穩定之狀況，排除只能得到部份力與變位曲線的缺失。除幾何非線性外，Abaqus 軟體亦有完善的非線性材料模型，可以模擬韌性材料如金屬、脆性材料如混凝土、疊層材料如纖維加勁複合材料、…等工程上常見的材料。即便使用者需分析非常特殊的材料，不在 Abaqus 軟體的材料模型中，使用者亦可撰寫模擬特殊材料行為之 FOTRAN 副程式，並與 Abaqus 主程式聯結，從事後續分析，非常容易上手。

經過 30 多年的發展，Abaqus 從不易使用的指令輸入模式，逐漸改善為使用者操作簡易的視窗輸入模式，並包含強大的 Abaqus/CAE 前、後處理器，方便使用者能夠以圖像的方式，迅速判斷分析結果之合理性。因此 Abaqus 至今已成為世界上最完善、功能最強且廣泛應用的有限元素軟體。在任何一個需要精確的分析結果或處理困難工程問題的地方，就一定會看到 Abaqus 軟體的應用。目前無論從事土木、機械、造船、航太、醫工、電子或奈米科技等行業，研究所畢業的學生必須具備的基本訓練之一就是「有限元素法」。筆者自 1992 年至成功大學土木系任教迄今將近三十年，不論開授「有限元素法」或「電腦輔助結構分析」等課程，皆以 Abaqus 軟體為輔助教學工具，教導研究生使用 Abaqus 分析工程上常見的問題，將理論實務化與應用化，俾益學生畢業後即可與未來的工作無縫接軌。

Abaqus 的內容廣闊，所能處理的學問題非常多，讓大多數的學生、工程師或研究人員初接觸時不知從何處著手。2013 年士盟科技公司出版的「最新 Abaqus 實務入門」是翻譯自 Getting Started with Abaqus，以 Abaqus 2012 年版為基礎編輯而成，提供新使用者一本非常實用的入門書。然而 Abaqus 版本年年更新，日新月異，故士盟科技依據 Abaqus 2019 年版，再次編輯出新版實務入門，使讀者能知曉最新的資訊。這是一本不可多得的好書，豐富的內容與詳盡的說明，配合 Abaqus 程式的執行，相信能讓讀者以最快的速度駕輕就熟。此外原廠提供之軟體光碟片中所附之線上手冊（Online Documentations）包含 Abaqus Theory Manual，對有限元素法之理論多所著墨，亦可做為一本非常好的教科書及參考書。

成功大學土木系

胡宣德 教授

2020 年 1 月

推薦序

　　某一天我收到士盟科技蔡協理的邀請，為本書撰寫序文，在那個當下我幾乎毫無考慮就答應了，因為我的動機很快就浮現——Abaqus 是第一流的 FEA 套裝軟體。當年，我即是由"Getting Started with Abaqus"這本書開始學習使用 Abaqus，並且效果很好。

　　數十年前，Abaqus 起源於 Brown University 的非線性固體力學的一群專家；Brown University 在力學領域的名望是世界一流的，而且超越半個世紀。Abaqus 的非線性功能被美國的產、研、學界中所有最重要的成員所信任選用，我個人認為有兩件主要因素：1.長久一貫軟體製作發展的嚴謹度；2.引用計算力學的新進展。

　　在 CAE 業界裏，同時要做到這兩件事是很不容易的。由此衍發出一個很有趣的現象，便是那些具有指標性的使用者與 Abaqus 製作發展、客服支援團隊之間的密切良性互動，這衍然形成一種很棒的文化；就以我的工作經驗來說，NASA 數十年持續地投入可觀資源去驗證 Abaqus，而 Abaqus 也時時引用 NASA 及其外圍組織的研發成果。另外，Abaqus 的理論文檔之詳盡、嚴謹、和適時更新亦是一明顯例證。讀者們若有機會瀏覽該文檔，即便看出在 CAE 界中投入這樣的工夫幾可謂絕無僅有乎！

　　過去我與 Abaqus 的 developers, application engineers, instructors 有多次互動，包括在其位於 Providence 的總部大樓內的會議。回到台灣後，士盟科技的 CAE 團隊也同樣地給我嚴謹、精確的印象。編譯一本高等工程用書確需要優良人力素質與企業文化。

這本書曾很有效地引導我進入 Abaqus 領域，所以在此毫無保留地向你推薦，Enjoy!

國立成功大學航空太空工程研究所

許書淵 助理教授

NASA 資深研究工程師(已退休)

序

Abaqus 軟體在台灣已推展了三十多年了，從一開始僅僅幾個大型公司及政府研發單位開始使用，到現在在市面上已具有相當的知名度，可想見其強大的分析能力，及結果的穩定性與精確度，是深得大家的認同及肯定。

Abaqus 軟體的訓練教材一直以來受到客戶所稱讚，但都是以原文來呈現，需要花費許多時間和功夫學習。2008 年我們曾經將入門的 ”Getting Started with Abaqus“ 這本書翻譯成中文出版；2014 年時根據 Abaqus 6.12 版本，也經過一次改版；但是多年來 Abaqus 軟體的功能增加許多，基於此原因，士盟科技特別重新根據最新版本 Abaqus 2019，再次翻譯、更新並重新出版，希望藉此讓更多的讀者能透過本書沉浸到 Abaqus 的世界裡。

本書是 Abaqus 軟體初學者的入門教材，結合有限元素基本原理及數值分析方法，透過一系列的例題說明，介紹如何透過 Abaqus 軟體來解決工程上的問題，非常適合藉以幫助工程師應用 CAE 軟體解決其工作上結構力學問題，更甚至作爲工學院學生學習 CAE 軟體最佳的學習工具，本書也是學校老師作爲教授有限元素分析軟體最佳的教材，非常高興能夠將此書推薦給大家。

士盟科技股份有限公司

總經理　張士爲

目　錄

第 3 章　有限元素和剛體　　　　　　　　　　3-1

第 4 章　應用實體元素　　　　　　　　4-1

第 5 章　應用殼元素　　　　　　　　　5-1

第 6 章　應用樑元素 6-1

第 7 章　線性動態分析　7-1

第 8 章　非線性　8-1

第 9 章　顯式非線性動態分析　　　　　9-1

第 10 章　材　料　　　　　　　　　　　　10-1

第 11 章　多步驟分析 11-1

第 12 章　接　觸 　　　　　　　　　　12-1

第 13 章　Abaqus/Explicit 準靜態分析　　　13-1

附錄 A　計算範例檔　　　　　　　　　A-1

附錄 B　在 Abaqus/CAE 中建立與分析一個簡單的模型　　　　　　　　　　B-1

附錄 C　在 Abaqus/CAE 中使用額外的技巧 來建立和分析模型　　　　　　C-1

附錄 D　從分析裡查看輸出　　　D-1

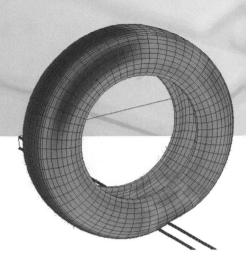

Chapter 1

簡 介

　　Abaqus 是一套採用有限元素方法、功能強大的工程分析軟體，可以解決從簡單的線性分析到極具挑戰性的非線性分析等各種問題。Abaqus 具備十分豐富的元素庫，可以虛擬模擬任意的幾何體。Abaqus 也具有相當豐富的材料模型庫，可以模擬大多數常見工程材料的性質，包括金屬、橡膠、聚合物、複合材料、鋼筋混凝土、可壓縮的彈性泡沫，以及大地材料，例如土壤和岩石等。作為一個通用的模擬工具，Abaqus 不僅能夠用於結構分析(應力位移)問題，還能用在熱傳導、質量擴散、電子元件的熱控制(熱－電耦合分析)、聲學、土壤力學(滲流－應力耦合分析)、壓電分析、電磁分析和流體力學等各種領域。

　　Abaqus 提供強大的功能，應用於線性跟非線性。透過對每個構件定義合適的材料模型，以及構件之間的交互作用，與實際幾何情況連結，以模擬多個構件的問題。在非線性分析中，Abaqus 能自動選擇適當的力量增量和收斂容許值，在分析過程中不斷地調整這些參數，確保獲得精確的解答。

1.1　Abaqus 產品

　　Abaqus 分成三個主要的分析模組：Abaqus/Standard、Abaqus/Explicit 和 Abaqus/CFD。許多外掛模組進一步擴展 Abaqus/Standard 和 Abaqus/Explicit 分析能力。Abaqus/Aqua 可與 Abaqus/Standard 和 Abaqus/Explicit 搭配使用。Abaqus/Design 以及 Abaqus/AMS 與 Abaqus/Standard 搭配。Abaqus/Foundation 是 Abaqus/Standard 選配的子模組。Abaqus/CAE 是整合的 Abaqus 工作環境，包括了 Abaqus 模型的建模、互動式提交作業和監控運算過程、以及結果評估等能力。Abaqus/Viewer 是 Abaqus/CAE 的子模組，僅包括後處理功能。另外，Abaqus 也有為 MOLDFLOW 和 MSC.ADAMS 提供的 MOLDFLOW 介面和 ADAMS/Flex 介面。Abaqus 也提供轉譯器，可將外部 CAD 系統的幾何轉換成 Abaqus/CAE 的模型，將外部前處理器的輸入檔轉入 Abaqus 分析，將 Abaqus 分析的結果檔轉成外部後處理器。這些模組之間的關係見圖 1-1。

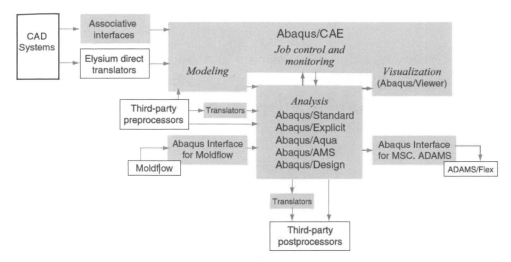

圖 1-1　Abaqus 產品

Abaqus/Standard

Abaqus/Standard 是一個通用分析模組，它能夠求解各種領域的線性和非線性問題，包括構件的靜力、動力、熱、電和電磁組件反應問題，這個模組將在本書中詳細討論。

Abaqus/Standard 在每個增量中，用隱式方法求解系統方程式。相反地，Abaqus/Explicit 以微小的時間增量逐步推進，不是在每個增量求解一個耦合的系統方程式(或是組成全域勁度矩陣)。

Abaqus/Explicit

Abaqus/Explicit 是一個具有專門用途的分析模組，採用顯式動態動力學有限元素數學式，適用於分析短暫、瞬時的動態事件，如衝擊和爆炸問題，此外，也能有效地用在涉及改變接觸條件的高度非線性問題，例如成型模擬。這個模組將在本書中詳細討論。

Abaqus/CFD

Abaqus/CFD 是一個計算流體動力學分析產品，它可以解決廣泛的不可壓縮流問題，包括層流和紊流，熱對流，以及變形網路的問題。這個模組將在本書中詳細討論。

Abaqus/CAE

Abaqus/CAE(Complete Abaqus Environment)是 Abaqus 的互動式圖形介面。透過產生或匯入將要分析結構的幾何形狀,並將其分割爲可網格離散化的若干區域,方便快速建立模型。然後對產生的幾何體賦于物理和材料特性、負載以及邊界條件。Abaqus/CAE 包括對幾何體劃分網格的強大功能,檢驗所形成的分析模型。一旦完成建模後,Abaqus/CAE 可以提交、監視和控制分析作業。視覺化後處理模組可用來判讀結果。本書將討論 Abaqus/CAE。

Abaqus/Viewer

Abaqus/Viewer 是 Abaqus/CAE 的子模組,只包含視覺化後處理模組的功能。在本書中對視覺化後處理模組的討論都適用於 Abaqus/Viewer。

Abaqus/Aqua

Abaqus/Aqua 是一套選擇性模組,可以附加到 Abaqus/Standard 和 Abaqus/Explicit 模組。用於離岸結構的模擬,如鑽油平台。其他選擇性的功能包括分析波浪、風力及浮力的影響。Abaqus/Aqua 不在本書討論範圍。

Abaqus/Design

Abaqus/Design 是一套選擇性模組,可附加到 Abaqus/Standard,進行設計敏感度的計算。Abaqus/Design 不在本書討論範圍。

Abaqus/AMS

Abaqus/AMS 已是 Abaqus/Standard 當中內建的模組。在求取自然頻率中,使用自動多層級副結構特徵值求解器(AMS)。Abaqus/AMS 不在本書討論範圍。

Abaqus/Foundation

Abaqus/Foundation 提供更有效的途徑,進入 Abaqus/Standard 的線性靜力和動力分析功能。Abaqus/Foundation 不在本書討論範圍。

Abaqus 的 Moldflow 介面

Abaqus 的 Moldflow 介面將 Moldflow 分析軟體中的有限元素模型資訊轉成 Abaqus 輸入檔的一部分。Abaqus 的 Moldflow 介面不在本書討論範圍。

Abaqus 的 MSC.ADAMS 介面

Abaqus 的 MSC.ADAMS 介面允許 Abaqus 有限元素模型作爲柔性零件輸入到 MSC.ADAMS 系列產品中。這個介面是基於 ADAMS/Flex 的構件模態合成式。Abaqus 的 MSC.ADAMS 介面不在本書討論範圍。

幾何轉譯器

Abaqus 提供下列的轉譯器，將外部 CAD 軟體的幾何特徵，轉成 Abaqus/CAE 的零件跟組裝：

- Abaqus/CAE 的 SIMULIA Associative Interface 建立 3D Experience Catia 與 Abaqus/CAE 之間的連結，可讓讀者從 3D Experience Catia 到 Abaqus/CAE，轉換模型資料以及傳遞設計變更。
- CATIA V5 Associative Interface 建立 CATIA V5 與 Abaqus/CAE 之間的連結，可讓讀者從 CATIA V5 到 Abaqus/CAE，轉換模型資料以及傳遞設計變更。
- SolidWorks Associative Interface 建立 SolidWorks 與 Abaqus/CAE 之間的連結，可讓讀者從 CATIA V5 到 Abaqus/CAE，轉換模型資料以及傳遞設計變更。
- Pro/ENGINEER Associative Interface 建立 Pro/ENGINEER 與 Abaqus/CAE 之間的連結，可讓讀者在 Pro/ENGINEER 與 Abaqus/CAE 之間，轉換模型資料以及傳遞設計變更。
- CATIA V4 的 Geometry Translator 可將 CATIA V4 格式的零件跟組裝幾何，直接匯入 Abaqus/CAE 中。
- Parasolid 的 Geometry Translator 可將 Parasolid 格式的零件跟組裝幾何，直接匯入 Abaqus/CAE 中。

此外，NX 的 Abaqus/CAE Associative Interface 建立 NX 與 Abaqus/CAE 之間的連結，可讓讀者在 NX 與 Abaqus/CAE 之間，轉換模型資料以及傳遞設計變更。該轉譯器可從 Elysium 公司（www.elysiuminc.com）購買與下載。

幾何轉譯器不在本書討論範圍內。

轉譯器功能

Abaqus 提供下列轉譯器，將外部前處理器的物件轉入 Abaqus 的分析，或是將 Abaqus 分析的輸出轉成外部後處理器的物件：

- Abaqus fromansys 將 ANSYS 輸入檔轉成 Abaqus 輸入檔。
- Abaqus fromdyna 將 LS-DYNA 輸入檔轉成 Abaqus 輸入檔。
- Abaqus fromnastran 將 NASTRAN bulk 資料檔轉成 Abaqus 輸入檔。
- Abaqus frompamcrash 可將 PAM-CRASH 輸入檔轉成 Abaqus 輸入檔。
- Abaqus fromradioss 可將 RADIOSS 輸入檔轉成 Abaqus 輸入檔。
- Abaqus adams 可將 Abaqus SIM 資料庫檔案裡的結果轉成 MSC.ADAMS 模型的中立格式檔，只是此格式需透過 ADAMS/Flex。
- Abaqus moldflow 可將 Moldflow 有限元素模型資訊轉成部份的 Abaqus 輸入檔。
- Abaqus toexcite 可將 Abaqus 子結構 SIM 資料庫檔案裡的資料轉成 EXCITE flexible body 介面檔(.exb)。
- Abaqus tonastran 將 Abaqus 輸入檔轉成 NASTRAN bulk 資料檔。
- Abaqus tooutput2 可將 Abaqus 的輸出資料庫檔轉成 NASTRAN output2 檔案格式。
- Abaqus tosimpack 可將 Abaqus 子結構 SIM 資料庫檔案裡的資料轉成 SIMPACK flexible body 介面檔(.fbi)。
- Abaqus tozaero 可在 Abaqus 跟 ZAERO 之間，進行氣動彈力學數據的轉換。

轉譯器功能不在本書討論範圍內。

1.2　Abaqus 入門指南

本書介紹的內容是設計給新用戶的入門指南，使其能夠應用 Abaqus/CAE 產生實體、殼體、樑和桁架模型，以 Abaqus/Standard 和 Abaqus/Explicit 分析這些模型，在視覺化後處理模組中觀察結果。即便建議使用者具備有限元素方法的基本知識，但無需任何 Abaqus 的基礎知識就可以從本書獲益。如果已經熟悉 Abaqus 求解模組(Abaqus/Standard 或是 Abaqus/Explicit)，希望進一步地了解 Abaqus/CAE 介面，在本書的附錄中，提供三本入門指導帶領讀者一窺 Abaqus/CAE 的模擬過程。

本書主要涵蓋應力/位移的模擬，著重於線性和非線性的靜態分析以及動態分析。其他類型的模擬,如熱傳以及質量擴散,不包含在內。

꧁ 1.2.1　如何使用本書

本書中不同的章節是針對不同類型的使用者而撰寫。

新的 Abaqus 使用者

如果讀者從未接觸過 Abaqus,建議遵循本書一步步的指示。本書的每個章節以及附錄都介紹關於 Abaqus/Standard、Abaqus/Explicit 一個或多個的主題。大部分的章節包含該主題的簡短討論或是正考慮的主題以及一到兩個自學範例,讀者應仔細的研讀範例,因為包含許多使用 Abaqus 的實務建議。

這些例子逐步地介紹 Abaqus/CAE 的功能,在此假設讀者將使用 Abaqus/CAE 來建立這些例子中的模型。讀者也可使用程序檔,重製一個問題的完整分析模型,來建立任意例子的模型。從程序檔建立的模型會與遵循本書步驟所建立的,稍微有些差異。這些微小差異可忽略,如材料的名稱或是節點數量。程序檔可由下列兩個來源得到:

- 在 Appendix A,"計算範例檔",中提供了每個範例的程序檔,在同個章節也會介紹如何在 Abaqus/CAE 中提取並執行程序檔。
- 在 Abaqus/CAE 外掛工具的 Getting Started Examples 對話框中,提供了每個範例的 Abaqus/CAE 外掛工具程序檔,請參閱線上手冊,並搜尋 "Running the Getting Started with Abaqus examples,"。

本章簡介 Abaqus 以及本書。第 2 章 "Abaqus 基礎" 將著重在一個簡單的例題,涵蓋使用 Abaqus 的基本知識。第 2 章結束,讀者將熟悉如何準備一個 Abaqus 模擬的模型、檢查資料、執行分析作業,以及觀看結果等基本概念。

第 3 章 "有限元素和剛體",簡介 Abaqus 中可使用的元素家族。第 4 章 "應用實體元素",第 5 章 "應用殼元素",和第 6 章 "應用樑元素",分別討論實體元素、殼元素與樑元素的使用。

第 7 章 "線性動態分析",討論線性動態分析。第 8 章 "非線性",一般性地介紹非線性的概念,特別是幾何非線性,包含第一個 Abaqus 非線性模擬。第 9 章 "非線性顯式動力分析",討論非線性的動態分析。第 10 章 "材料",介紹材料非線性。第 11 章 "多步驟分析",介紹多步驟模擬的概念。第 12 章 "接觸",探討接觸分析的諸多問題。第

13 章 Abaqus/Explicit 的擬靜態分析，說明將 Abaqus/Explicit 應用於求解擬靜態問題，用來說明的案例是一個板金成型模擬，需要 Abaqus/Explicit 以及 Abaqus/Standard 之間的分析結果匯入，有效地表現成形以及回彈的分析。

有經驗的 Abaqus 使用者

下列四個附錄將對已經熟悉 Abaqus 求解器的使用者，介紹 Abaqus/CAE 的操作介面。依照附錄 B" 在 Abaqus/CAE 中建立與分析一個簡單的模型"，讀者建立一個模型、分析並檢視其結果"。附錄 C "於 Abaqus/CAE 中使用額外的技巧來建立和分析模型"的內容較複雜，將介紹如何同時使用零件、草圖、基準幾何以及分割等功能，以及如何組裝組成件。附錄 D "從分析裡查看輸出"將介紹如何使用視覺化後處理模組(另外授權為 Abaqus/Viewer)，以不同的形式來展現讀者的分析結果以及客製化這些形式。

❧ 1.2.2　本書中的規定

本書遵循下列規定：

印刷規定

本書範例中使用不同的字體以及語言來標示特定動作或是識別項目。

- 以英文表示應該被鍵入 Abqus/CAE 或是讀者的電腦應該正如下所示。例如：
  abaqus cae
  可輸入讀者的電腦，執行 Abaqus/CAE。

- Abaqus/CAE 的螢幕上，選單的選擇、對話框中的頁面以及項目的標示都以英文描述：
  View → Graphics Options
  Contour Plot Options

草圖

　　草圖是 2D 的輪廓圖，用來定義 Abaqus/CAE 原生零件的幾何特徵。可以使用草圖模組繪製這些草圖，如圖 1-2。草圖模組以實線標示主格線，草稿的 XY 軸線以及副格線以虛線表示。視覺上為了區分零件草圖以及草圖的格線，在本書中大部分草圖的格線都以虛線表示

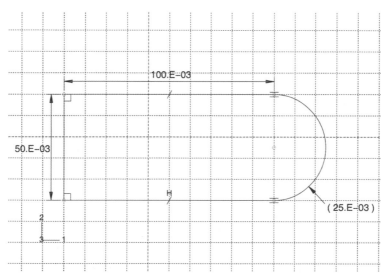

圖 1–2　草圖模組

視角三軸座標

　　Abaqus/CAE 預設使用依字母順序 X-Y-Z 來標註視角的三軸座標。一般情況下，本書採用數字 1-2-3 的標註記號，與自由度以及輸出的編碼相對應。圖 1-2 左下角中顯示視角的三軸座標。

❧ 1.2.3　滑鼠的基本操作

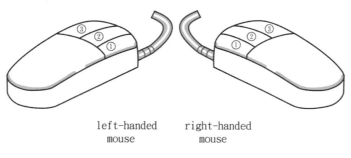

left-handed
mouse

right-handed
mouse

圖 1-3　滑鼠鍵

圖 1-3 為左右手三鍵滑鼠各鍵的方位，以下用語說明使用滑鼠的各項功能：

點擊

按下，並快速鬆開滑鼠鍵，除非特別指出，"點擊"均指點擊滑鼠的鍵 1。

拖曳

長按鍵 1 移動滑鼠。

指向

移動滑鼠使游標到達指定的位置。

選取

使游標指向某一項後，點擊鍵 1。

[Shift] + 點擊

長按[Shift]鍵，點擊鍵 1，然後放開[Shift]鍵。一次選取多個物件。

[Ctrl] + 點擊

長按[Ctrl]鍵，點擊鍵 1，然後鬆開[Ctrl]鍵。取消選取

Abaqus/CAE 設計使用的滑鼠為三鍵滑鼠，因此本書中參照圖 1-3 所示的滑鼠鍵 1、2 和 3 鍵。然而，Abaqus/CAE 也可以應用二鍵滑鼠如下：

- 兩個滑鼠鍵分別相當於三鍵滑鼠中的 1、3 鍵。
- 同時按下兩個鍵相當於按下三鍵滑鼠中的 2 鍵。

> **提示**：在本書中提及的各個操作過程中要經常使用滑鼠的 2 鍵，所以必須要確認滑鼠 2 鍵(或滾輪鍵)係為滑鼠中鍵。

1.3　Abaqus 線上使用手冊

Abaqus 的使用手冊內容豐富且完整。以下的線上手冊章節，均可透過 Abaqus 線上 HTML 使用手冊，請參閱手冊中的操作程序討論內容。

Analysis

本手冊包含了元素、材料模型、分析程序、輸入設定等內容的完整描述。這是一份 Abaqus/Standard、Abaqus/Explicit 和 Abaqus/CFD 的基本使用手冊，而且提供 Abaqus 輸入 檔以及 Abaqus/CAE 的使用資訊。本書經常提到 Analysis 的內容，因此當讀者練習例題時， 應該隨手準備，以便查閱。

Abaqus/CAE

此手冊詳細說明了如何運用 Abaqus/CAE 產生模型、分析、結果評估和視覺化。此手 冊中關於視覺化後處理模組的內容同樣適用於 Abaqus/Viewer。

其它 Abaqus 手冊：

Example Problems

此手冊包含詳細的實例，被設計用來展示有意義的線性和非線性分析之方法和結果。 許多例子會使用不同的元素種類、網格密度和其他不同的設定。典型的實例有：彈塑性管 撞擊剛性牆產生的大運動；薄壁彎管的非彈性挫曲崩塌；彈性粘塑性薄環承受爆炸負載； 基礎下方的土壤壓密作用；帶孔洞複合材料殼的挫曲；以及金屬薄板的大變形拉伸。當遇 到新的分析問題時，這本手冊當中相關的例題通常很有用，值得一再回顧。

當讀者想使用一個過去從未使用的功能時，應該要參考一個或多個使用該功能的例 子。然後，透過這些例子，可使讀者熟悉如何正確地使用這種功能。為了搜尋使用特定功 能的例子，搜索線上使用手冊或利用 abaqus findkeyword 功能(請參閱線上手冊，並搜尋" Querying the keyword/problem database")

與這些例子有關的所有輸入檔案都已在 Abaqus 安裝時提供。Abaqus fetch 功能是用來 從最新版本所提供的壓縮文檔庫內，提取 Abaqus 範例輸入檔(請參閱線上手冊，並搜尋" Fetching sample input files")。讀者可以提取任一個例題，自己執行模擬和觀察其結果。也 可以透過 Example Problems 中的超連結進入該例題的輸入檔。

Benchmark

此手冊包含用於評估 Abaqus 性能的案例與分析；前述測試是透過簡單的幾何，或是簡化的眞實案例來進行多種元素的測試。此手冊包含了 NAFEMS 評估案例。

Verification

此手冊包基本的測試案例，驗證程式對於精確計算以及其他產出結果的每個功能。執行這些問題有助於了解新功能的使用。此外，提供的輸入檔是一個檢查元素、材料等行爲的好起點。

Theory

此手冊包括 Abaqus 所有理論方面詳盡而嚴謹的討論，其內容是爲具有工程背景的用戶而寫的。

Keyword

此手冊提供 Abaqus/Standard、Abaqus/Explicit 和 Abaqus/CFD 中全部輸入選項的完整描述。

User Subroutines

此手冊包含所有可用於 Abaqus 分析的副程式之完整說明。也討論編寫副程式時，可使用的各種程式。

Release Note

此手冊包含在 Abaqus 產品線的最新版本中，新增功能的簡要描述。

Installation and Licensing & Configuration

本章節詳述安裝 Abaqus，以及如何依照特定的情形執行安裝。士盟科技的客戶可自行由官網下載安裝說明。

除了上述的使用手冊，以下提供 Abaqus 的介面資訊，以及本書沒有介紹的客製化程式編輯技巧：

- Scripting
- Scripting Reference
- GUI Toolkit
- GUI Toolkit Reference

Abaqus 線上資源

SIMULIA 的官網為 https://www.3ds.com/products-services/simulia/，提供各種關於 Abaqus 程式的有用訊息，包括：

- 常見問題。
- Abaqus 系統訊息和電腦的硬體要求。
- 評估案例使用手冊。
- 出錯狀態報告。
- Abaqus 使用手冊價格表。
- 訓練時程。
- 新聞、期刊。

1.4 使用輔助

在本書的多個章節中，讀者也許會想要讀取關於 Abaqus/CAE 的額外訊息，與前後文相關的輔助系統可供讀者快速輕易地找到相關資訊，此系統適用於主視窗下以及所有對話框內的所有項目。

> **注意：**
> - 在 Windows 的環境下，輔助系統使用預設的瀏覽器，開啓線上使用手冊。
> - 在 UNIX 以及 Linux 平台上，輔助系統搜尋 Firefox 的系統路徑。如果該系統找不到 Firefox，會顯示錯誤訊息。
>   browser_type 以及 browser_path 變數可在環境檔裡設定，修改上述條件，請參閱線上手冊" System customization parameters"。

使用與前後文相關的輔助系統：

從主選單，選擇 Help → On Context。

> 提示：讀者可以點及輔助工具 ▶?。

游標轉為問號。

點擊主視窗內任何的物件，除了外窗。在瀏覽器視窗內，跳出一個輔助視窗。這個輔助視窗顯示關於讀者選取項目的資訊。

將輔助視窗拉到最下面。

視窗最下方，出現藍色、下底線的項目列表，這些項目連接到 Abaqus/CAE User's Manual。

點擊其中一個項目。

一本書的視窗出現在預設的瀏覽器內，這個視窗被排列成四個區塊：

Abaqus/CAE User's Manual 出現在視窗右邊的內文區塊。這本手冊是讀者選擇的項目。

在視窗左下方，有個可展開的目錄，方便瀏覽整本書。

左上區塊的目錄控制工具讓讀者變更顯示於目錄內各個層級的細節或是變更區塊的大小。點擊 ⊞ 展開線上手冊的目錄多個層級，點擊 ⊟ 收起所有展開的選擇，點擊 ≫ 與 ≪ 分別放寬或縮小目錄區塊。

在本書視窗上面的導覽區塊讓讀者從整套 Abaqus 使用手冊中選擇另一本手冊，導覽區塊可讓讀者搜尋整個手冊。

點擊目錄內任何項目。

內文區塊變更為讀者所選擇的項目內容。

點擊標題左邊的 ⊞ 小圖示，展開之。

顯示在標題下方的次標題以及符號改變成 ⊟，說明該選擇已被展開。如果 ○ 出現在次區塊旁，當中沒有更進一步的層級可以展開，收起一個已經展開的目錄選擇，點擊標題旁的 ⊟。

在導覽區塊中的搜尋欄位，輸入任何出現在右邊內文區塊的字眼，點擊 Search。

當完成搜尋，目錄區塊內，在標題旁邊，顯示出符合關鍵字搜尋結果的數量，所有搜尋到的字眼會標註於內文區塊內。在導覽區塊內點擊 Next Match 或 Previous Match，切換各個關鍵字。

可以在搜尋欄位內輸入單一字眼或是一個字串，讀者使用[*]作為模糊搜尋，如何使用線上手冊的搜尋功能，詳情參閱 Using Abaqus Online Documentation。

關閉瀏覽器視窗。

1.5 售後服務

Abaqus 的技術工程支援(建立模型或是執行分析的問題)以及系統支援(安裝、授權以及硬體相關的問題)都能透過地區客服辦公室的網絡取得。各地區的聯絡資訊表列於每個 Abaqus 手冊最前面，也可在 https://www.3ds.com/products-services/simulia/中的 Location 頁面中找到。售後服務也可從 https://www.3ds.com/products-services/simulia/的 About 3DS 頁面中找到。當與讀者所在地的客服辦公室聯絡時，請說明需要技術支援(執行 Abaqus 分析遇到問題)或是需要系統支援(Abaqus 安裝不正確，授權無法運作或是其他硬體相關的問題)。

我們歡迎關於改善 Abaqus 軟體、支援程式或是使用手冊的任何建議。我們確保讀者所提出的任何改善需求都實現於日後的版本中。如果你希望提出關於 SIMULIA 所提供服務或是產品的建議，請上 https://www.3ds.com/products-services/simulia/。申訴處理應該透過讀者所在地的客服辦公室或是 https://www.3ds.com/products-services/simulia/，瀏覽 Support 頁面的 Quality Assurance 部分。

1.5.1 技術支援

在提供使用 Abaqus 一般資訊以及應用於特定分析的資訊情況下，SIMULIA 技術支援工程師能協助釐清 Abaqus 的功能以及檢查錯誤，如果讀者在意一個分析，建議讀者在初期階段與我們聯絡，因為在一個計畫開始時，通常比較容易解決問題，而不是到分析末端再來除錯。

在撥打技術支援熱線前，請先準備下列資訊，並且以任何書面形式聯絡時，附上下列資訊：

- 讀者所使用的 Abaqus 版本。
- Abaqus/Standard、Abaqus/Explicit 以及 Abaqus/CFD 的版本編號記錄在資料檔頂端 (.dat)。

- Abaqus/CAE 以及 Abaqus/Viewer 的版本編號顯示於主選單中，選擇
  Help → About Abaqus。
- Abaqus 的 Moldflow 以及 MSC.ADAMS 介面版本編號顯示於螢幕。
- 執行 Abaqus 的電腦種類。
- 任何問題的表徵，包含確切的錯誤訊息，如果有的話。
- 已經嘗試過的繞道方法或是測試。

對於一個特定問題的支援，任何可用的 Abaqus 輸出檔案也許可用來回答支援工程師詢問讀者的問題。

從模型描述以及讀者所遇到的困難描述，支援工程師會嘗試診斷讀者的問題。通常，支援工程師需要模型的輪廓，可以由電子郵件、傳真或實體郵件傳送，也可能需要最後結果的圖形或是接近分析中止時的結果，來了解可能造成問題的原因。

如果支援工程師無法從這些資訊診斷讀者的問題，可能會被要求提供輸入檔，在線上系統，該資料可附加在一個登記的問題內，也可以透過電子郵件、ftp、CD 或是 DVD 傳送。關於目前可接受的媒體格式，請上網查詢 https://www.3ds.com/products-services/simulia/ 的 Support Overview 頁面。

所有登記的問題都會被追蹤，可讓讀者(支援工程師也是)監控一個特定問題的進展，檢視我們正有效地解決問題。讀者必須登入系統，檢查一個登記的問題。如果讀者由此系統之外的方式聯絡我們，討論一個已成案的問題，讀者必須知道並提出問題或是支援需求的編號，我們才能查詢資料庫，檢視最新進展。

✎ 1.5.2　系統支援

Abaqus 系統支援工程師可幫助讀者解決以下問題：關於 Abaqus 安裝以及執行，包含授權問題，技術支援無法處理的問題。

讀者應該仔細遵循 Abaqus Installation and Licensing Guide 的指示安裝 Abaqus。如果遇到與安裝或是授權的問題，首先檢視 Abaqus Installation and Licensing Guide 的指示，確保是否遵照。如果這個方法無法解決問題，在 www.3ds.com/support/knowledge-base 或是 SIMULIA 線上支援系統搜尋已知的安裝問題，可以透過 https://www.3ds.com/products-services/simulia/的 Support 頁面進入該系統。如果這個方法無法處理讀者的情況，請聯絡當地的客服辦公室，各地區客服辦公室的聯絡資訊表列於

https://www.3ds.com/products-services/simulia/的 About 3DS。傳送任何可以描述問題的資訊：一個中止分析的錯誤訊息或是遭遇問題的詳細說明。可以的話，請傳送 abaqus info=support 指令的結果。

∾ 1.5.3 學術研究機構的支援

在學術授權協議的條文中，我們不支援學術研究機構的使用者，除非該機構也購買技術支援，詳情請聯絡我們。

1.6 快速回顧有限元素法

本節將回顧有限元素法的基礎觀念。任何有限元素模擬的第一步都是用一群有限元素(Finite Element)來離散化一個結構的實際幾何外形，每個元素代表這個結構的一個離散部分。這些元素透過共用節點(Node)來連接。節點和元素的組合稱為網格。在一個長度、區域或是網格中的元素數目稱為網格密度(Mesh Density)。在應力分析中，每個節點的位移是 Abaqus 計算出來的基本變量。一旦節點位移已知，每個元素的應力和應變就可以輕易地求出。

∾ 1.6.1 使用隱式方法求解節點位移

一端拘束而另一端受力的桁架簡單例子如圖 1-4 所示，透過這個的例子介紹本書中的用語和規定。這個分析的目的是求解桁架自由端的位移，桁架中的應力以及桁架約束端的反力。

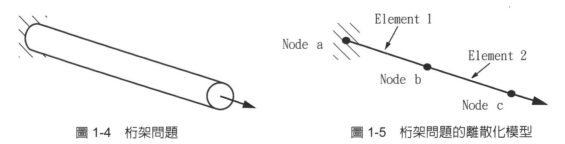

圖 1-4 桁架問題　　　　　圖 1-5 桁架問題的離散化模型

在圖 1-4 所示的模型中，將圓桿離散成兩個桁架元素。Abaqus 的桁架元素只能承受軸向負載。在圖 1-5 中顯示了離散模型，並標出了節點和元素編號。

　　圖 1-6 顯示模型中每個節點的自由體圖。在一般情況下,模型中的每個節點將承受外部負載 P 和內部負載 I,後者是由於節點相連元素的應力引起的。對於一個處於靜力平衡狀態的模型,每個節點上的合力必須爲零;即每個節點上的外部負載和內部負載必須相互平衡。對於節點 a,其平衡方程可如下建立。

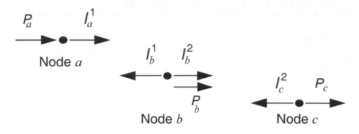

圖 1-6　每個節點的自由體圖

　　假設圓桿的長度變化很小,則元素 1 的應變可表示爲

$$\varepsilon_{11} = \frac{u^b - u^a}{L}$$

其中 u^a 和 u^b 分別是節點 a 和 b 的位移,L 是元素的初始長度。

　　假設材料是彈性的,圓桿的應力可以透過應變乘以楊氏模數 E 給出

$$\sigma_{11} = E\varepsilon_{11}$$

　　作用在端部節點的軸向力等於圓桿的應力乘以其橫截面積 A。因此,可得到內力、材料性質和位移的關係

$$I_a^1 = \sigma_{11}A = E\varepsilon_{11}A = \frac{EA}{L}(u^b - u^a)$$

在節點 a 處的平衡方程因此可以寫成

$$P_a + \frac{EA}{L}(u^b - u^a) = 0$$

　　節點 b 的平衡必須同時考慮與該節點相連的兩個元素的內力。對於節點 b,元素 1 的內力作用在反方向上,因此變爲負值。平衡方程爲

$$P_b - \frac{EA}{L}(u^b - u^a) + \frac{EA}{L}(u^c - u^b) = 0$$

節點 c 的平衡方程為

$$P_c - \frac{EA}{L}(u^c - u^b) = 0$$

對於隱式方法，這些平衡方程需要同時求解，獲取每個節點的位移。以上求解最好採用矩陣算法。因此，將內力與外力的貢獻寫成矩陣形式。如果兩個元素的性質和維度相同，平衡方程可以化簡成如下形式：

$$\begin{Bmatrix} P_a \\ P_b \\ P_c \end{Bmatrix} - \left(\frac{EA}{L}\right)\begin{bmatrix} 1 & -1 & 0 \\ -1 & 2 & -1 \\ 0 & -1 & 1 \end{bmatrix}\begin{Bmatrix} u^a \\ u^b \\ u^c \end{Bmatrix} = 0$$

通常每個元素的勁度，EA/L 項，是不同的。因此，可以將模型中兩個元素的勁度分別寫成 K_1 和 K_2。我們感興趣的是獲得平衡方程的解答，使施加的外力 P 與產生的內力 I 達到平衡。若考慮到問題的收斂性和非線性，可以將平衡方程寫成

$$\{P\} - \{I\} = 0$$

對於完整的兩元素三節點桁架，經過符號變換後，可以將平衡方程重寫為

$$\begin{Bmatrix} P_a \\ P_b \\ P_c \end{Bmatrix} - \begin{bmatrix} K_1 & -K_1 & 0 \\ -K_1 & (K_1 + K_2) & -K_2 \\ 0 & -K_2 & K_2 \end{bmatrix}\begin{Bmatrix} u^a \\ u^b \\ u^c \end{Bmatrix} = 0$$

在隱式方法中，例如使用在 Abaqus/Standard，由此系統方程式能夠解出三個未知變量的值：u^b, u^c 及 P_a(在該問題中，u^a 已指定為 0)。一旦位移求出後，就能利用位移返回計算桁架元素的應力。隱式的有限元素方法需要在每個增量末端求解一組系統方程式。

顯式方法與隱式方法相反，例如使用在 Abaqus/Explicit 中，並不需要同時求解一組系統方程式或計算全域勁度矩陣。反之，求解是透過動態方法從一個增量步往下一個增量步推進得到的。在下面一節中，將介紹顯式動態動力學有限元素方法的內容。

∽ 1.6.2 應力波傳遞的描述

本節試圖提供從概念上理解，當使用顯式動態方法求解時，應力是如何在模型中傳遞。在這個示範例子中，我們考慮應力波沿著一個由三個元素構成的桿件模型傳遞的過

程，如圖 1-7 所示。隨著時間增量的變化，我們將研究這個桿件的狀態。

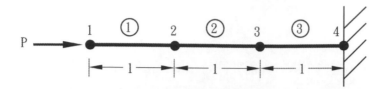

圖 1-7　自由端有集中力 P 作用下，桿件的初始狀態

在第一個時間增量，施加在節點 1 的集中力 P 使節點 1 產生了一個加速度 $\ddot{u}_1$。這個加速度引起節點 1 產生速度 $\dot{u}_1$，在元素 1 內引起應變率 $\dot{\varepsilon}_{el1}$。在第一個時間增量內對應變率積分，獲得元素 1 的應變增量 $d\varepsilon_{el1}$。總應變 ε_{el1}，是初始應變 ε_0 和應變增量的總和。在此例中，初始應變為零。一旦計算出元素應變，從材料的組成模型可求出元素的應力 σ_{el1}。對於線彈性材料，應力只是楊氏模數與總應變的乘積。這個過程如圖 1-8 中所示。在第一個時間增量裡，節點 2 和 3 因為不受力，所以沒有移動。

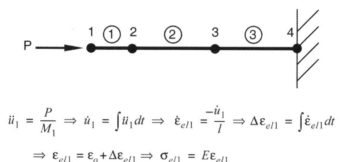

$$\ddot{u}_1 = \frac{P}{M_1} \Rightarrow \dot{u}_1 = \int \ddot{u}_1 dt \Rightarrow \dot{\varepsilon}_{el1} = \frac{-\dot{u}_1}{l} \Rightarrow \Delta\varepsilon_{el1} = \int \dot{\varepsilon}_{el1} dt$$

$$\Rightarrow \varepsilon_{el1} = \varepsilon_o + \Delta\varepsilon_{el1} \Rightarrow \sigma_{el1} = E\varepsilon_{el1}$$

圖 1-8　自由端有集中力作用下，桿件在第一時間增量結束時的狀態

在第二個時間增量，元素 1 應力產生內力、元素力被施加到了與元素 1 相連的節點上，如圖 1-9 所示。然後利用這些元素應力計算節點 1 和節點 2 的動力平衡方程式。

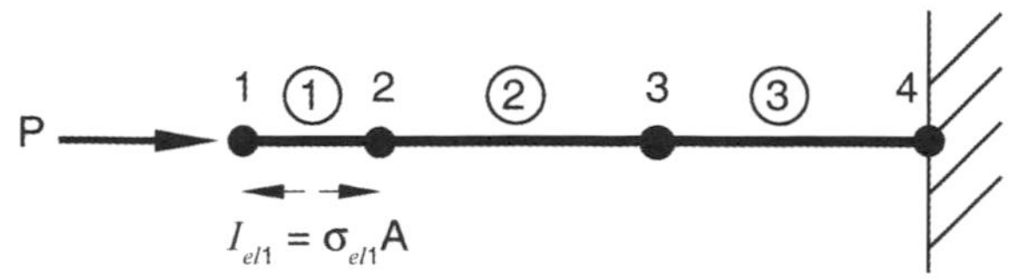

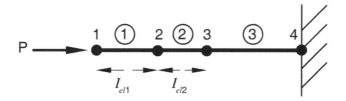

$$\ddot{u}_1 = \frac{P - I_{el1}}{M_1} \Rightarrow \dot{u}_1 = \dot{u}_1^{old} + \int \ddot{u}_1 dt \qquad \dot{\varepsilon}_{el1} = \frac{\dot{u}_2 - \dot{u}_1}{l} \Rightarrow \Delta\varepsilon_{el1} = \int \dot{\varepsilon}_{el1} dt$$

$$\ddot{u}_2 = \frac{I_{el1}}{M_2} \Rightarrow \dot{u}_2 = \int \ddot{u}_2 dt \qquad\qquad\qquad \Rightarrow \varepsilon_{el1} = \varepsilon_{el1}^{old} + \Delta\varepsilon_{el1}$$

$$\Rightarrow \sigma_{el1} = E\varepsilon_{el1}$$

圖 1-9　桿件在第二個時間增量開始時的狀態

　　持續這個過程，到第三個時間增量開始時，元素 1 和 2 內都有應力，而在節點 1、2 和 3 的力如圖 1-9 所示。這個過程將持續下去，直到所有分析時間結束。

圖 1-10　桿件在第三個時間增量開始時的狀態

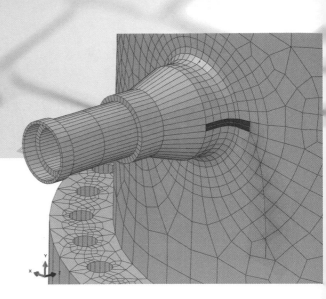

Chapter **2**

Abaqus 基礎

　　一個完整的 Abaqus 分析通常包含三個不同的階段：前處理、模擬分析和後處理。透過多個檔案，將這三個階段聯繫在一起，如下所示：

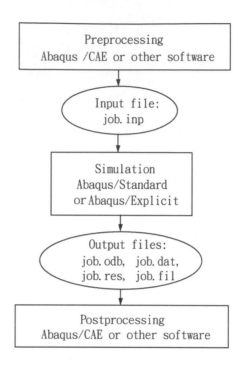

前處理(Abaqus/CAE)

　　此階段，讀者必須定義一個實際問題的模型，建立 Abaqus 輸入檔。儘管一個簡單分析可以直接用文字編輯器產生 Abaqus 輸入檔，但通常的做法是使用 Abaqus/CAE 或其他前處理器，以圖形方式產生模型。

模擬分析(Abaqus/Standard 或 Abaqus/Explicit)

　　模擬分析階段是一個在背後執行的程序，Abaqus/Standard 或 Abaqus/Explicit 求解定義於此模型的數值問題。以應力分析的輸出為例，包括位移和應力存入二進位檔中以供後處理使用。完成一個分析運算所需的時間從幾秒到幾天不等，這取決於分析問題的複雜程度和使用電腦的運算能力。

後處理(Abaqus/CAE)

一旦完成模擬分析，求得位移、應力或其他基本變數後，就能評估計算結果。評估通常可以透過 Abaqus/CAE 的視覺化後處理模組或其他後處理軟體在圖形介面下互動式進行。讀取中立二進位輸出資料庫檔的視覺化後處理模組有很多功能呈現結果，包括彩色分布雲圖、動畫、變形圖與 XY 曲線圖。

2.1　Abaqus 分析模型的組成

Abaqus 模型通常由若干不同的部分所組成，它們共同描述所分析的實際問題和需要獲得的結果。一個分析模型至少要包含下列資訊：離散化的幾何體、元素截面性質、材料資料、負載和邊界條件、分析類型和輸出要求。本章著重於結構的應用，類似的概念可以套用於流體動力學。

離散化的幾何外型

有限元素和節點定義了 Abaqus 所模擬的實際結構之基本幾何。模型中的每一個元素代表物理結構的離散部分，即許多元素依次相連組成了結構，元素之間透過共用節點彼此相互連結，節點座標和節點所屬元素的聯結組成模型的幾何。模型中所有的元素和節點的集合稱為網格。通常網格只是結構實際幾何的近似。

元素類型、形狀、位置和所有元素的總數都會影響模擬的結果。網格的密度越高(即在網格中元素的數量越大)，結果越精確。隨著網格密度增加，分析結果會收斂到唯一解，分析運算耗時也會增加。通常，數值解是所模擬的物理問題的近似解答，其近似程度取決於模型的幾何、材料行為、邊界條件和負載對物理問題描述的準確程度。

元素截面性質

Abaqus 擁有多樣化的元素，其中許多元素的幾何形狀不能完全由節點座標來定義。例如，複合殼的疊層或工字型樑截面的尺寸不能透過元素節點來定義。這些外加的幾何資料可由元素的物理性質定義，對定義完整的模型幾何來說，是必要的。(見第 3 章 "有限元素和剛體")。

材料資料

所有元素必須指定其材料性質。然而，由於高品質的材料資料是很難得到的，尤其是對於高度複雜的材料模型，所以 Abaqus 結果的有效性仰賴於材料資料的準確程度與範圍。

負載和邊界條件

負載使實際結構產生扭曲，因而產生應力。最常見的負載形式包括：

- 點負載。
- 面壓力負載。
- 面上的分布剪力。
- 殼邊緣上的分布邊負載和力矩。
- 體力，如重力。
- 熱負載。

應用邊界條件用於約束模型的某一部分，保持固定(零位移)或移動指定大小的位移量(非零位移)。

在靜態分析中，使用足夠的邊界條件以防止模型在任意方向上的剛體運動；否則，未束制的剛體運動會導致勁度矩陣奇異化，在求解階段，求解器將發生問題，並可能造成模擬提早中止。在模擬過程中，如果偵測出求解器問題，Abaqus/Standard 將發出警告訊息。此時讀者需要知道如何解釋這些錯誤訊息，這一點十分重要。如果在靜態應力分析時看見警告訊息 "數值奇異" 或 "勁度矩陣第一列係數為零"，讀者必須檢查是否整個或者部分模型缺少對於剛體平移或旋轉的束制。

在動態分析中，只要模型中分開來的零件有一定的質量，慣性力可防止模型產生無限大的即時運動；因此，在動力分析時，求解器的警告訊息通常標註其他的模擬問題，如過度塑性。

維度	可能的剛體運動
三維	平移：1, 2, 3 方向(x, y, z) 旋轉：1, 2, 3 軸(x, y, z)
軸對稱	平移：2 方向(y) 旋轉：3 軸(只有軸對稱剛體)
平面應力 平面應變	平移：1, 2 方向(x, y) 旋轉：3 軸(z)

預設座標 1, 2, 3 方向(x, y, z)與全域卡式座標方向一致。

分析種類

Abaqus 可以進行多種不同類型的模擬分析。但本書僅涉及兩種最常見的類型為靜態和動態應力分析。

靜態分析獲得的是外部負載作用下結構的長期反應。在其他情況下，可能關心的是結構的動態反應：例如，突然加載於構件上的影響，撞擊的發生或在地震時建築物的反應。

輸出要求

Abaqus 的模擬會產生大量的輸出。為了避免過度使用的磁碟空間，讀者可依需求限制輸出的資料量。

通常，如 Abaqus/CAE 之類的前處理器用來定義模型的必要組成。

2.2　Abaqus/CAE 簡介

Abaqus/CAE 是完整的 Abaqus 操作環境(Complete Abaqus Environment)，它為產生 Abaqus 模型、互動式地提交運算和監控 Abaqus 分析作業，以及評估 Abaqus 的模擬結果，提供了一個簡單一致的介面。Abaqus/CAE 分成若干個功能模組，每一個模組定義模擬過程的一個邏輯面；例如，定義幾何形狀、定義材料性質和產生網格。順著模組的順序，逐步地建立模型。建模完成後，Abaqus/CAE 產生一個提交給 Abaqus 分析模組的輸入檔。Abaqus/Standard 或 Abaqus/Explicit 讀入由 Abaqus/CAE 產生的輸入檔，進行分析，將資訊回送給 Abaqus/CAE，讓讀者監控分析作業的進展進行，產生輸出資料庫。最後，讀者可使用 Abaqus/CAE 的視覺化後處理模組讀入輸出資料，觀察分析結果。最後，讀者使用視覺化後處理模組讀取輸出資料庫，檢視分析的結果。

✍ 2.2.1　啓動 Abaqus/CAE

啓動 Abaqus/CAE，只需在作業系統的命令提示字元下鍵入指令：

　　abaqus cae

這裏 abaqus 是用來運行 Abaqus 的指令。這個命令可能會因電腦系統而異。

當 Abaqus/CAE 啓動後，會出現 Start Session 對話框，如圖 2-1 所示。下面是對話框中的選項：

- Create Model Database: With Standard/Explicit Model，開啓一個新的 Abaqus/Standard 或是 Abaqus/Explicit 分析。
- Create Model Database: With Electromagnetic Model，開啓一個新的電磁分析。
- Open Database，開啓一個以前儲存過的模型或輸出資料庫檔。
- Run Script，執行一個包含 Abaqus/CAE 指令的檔。
- Start Tutorial，從線上使用手冊中啓動入門指導手冊。
- Recent Files，打開最近在 Abaqus/CAE 開啓過的五個模型資料庫檔或是輸出資料庫檔其中之一。

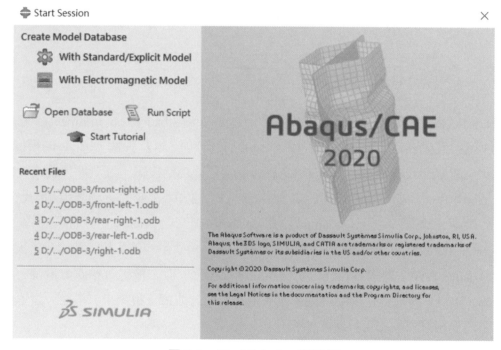

圖 2-1　Start Session 對話框

✎ 2.2.2　主視窗的組成部分

讀者透過主視窗與 Abaqus/CAE 進行互動。圖 2-2 展示了出現在主視窗的各個部分，它們是：

標題列(Title Bar)

標題列顯示了正在執行的 Abaqus/CAE 版本和目前的模型資料庫的名字。

主選單(Menu Bar)

主選單包含所有可用的選單，可連接到該產品的所有功能。讀者在環境列中選擇不同的模組時，主選單中所包含的選單也會有所不同。請參閱線上手冊，並搜尋 "Components of the main menu bar"

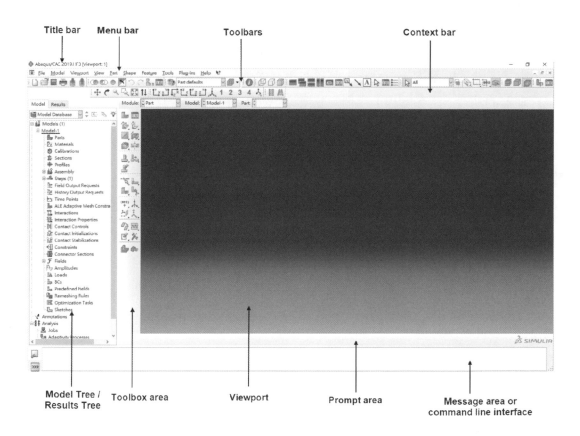

圖 2-2　主視窗的各組成部分

工具列(Toolbar)

工具列提供了功能表功能的快捷使用方式，這些功能也可以透過功能表直接使用。請參閱線上手冊，並搜尋"Components of the toolbars"。

環境列(Context Bar)

Abaqus/CAE 分爲一系列的功能模組，每一模組可讓使用者操作模型的某一功能。讀者可以在環境列的 Module(模組)列表中切換各模組。環境列中的其他項目則是目前正在操作模組相關的功能；例如，讀者在建立模型的幾何形狀時，使用環境列取回一個已經存在的零件。請參閱線上手冊，並搜尋"The context bar"。

模型樹(Model Tree)

模型樹爲讀者提供一個檢視模型以及其內涵物件的圖形總覽介面，如零件、材料參數、分析步、負載以及輸出需求。此外，模型樹爲模組間的轉換以及物件的管理提供一個方便且集中化的工具。如果讀者的模型資料庫中不只一個模型，可使用模型樹切換不同的模型。當讀者熟悉模型樹後會發現，可以在模型樹中執行許多在主選單、模組工具盒以及各個管理器的功能。請參閱線上手冊，並搜尋 "Working with the Model Tree and the Results Tree"。

結果樹(Result Tree)

結果樹提供了一個圖形介面，檢視讀者的輸出資料庫以及其他的資料，例如 X-Y 曲線。如果同時開啓多個輸出資料庫，可使用結果樹切換不同的輸出資料庫。當讀者熟悉結果樹後會發現，可在結果樹中執行大多數視覺化後處理模組的功能，這些功能可在主選單、模組工具列中找到。請參閱線上手冊，並搜尋 "An overview of the Results Tree"。

工具盒區(Toolbox Area)

當讀者進入某一功能模組，工具盒區中就會顯示該功能模組相應的工具。工具盒提供一個快捷的途徑進入可用於主選單的許多模組功能。請參閱線上手冊，並搜尋 "Understanding and using toolboxes and toolbars"。

畫布和作圖區(Canvas and Drawing Area)

可把畫布設想為一個無限大的螢幕或佈告板，讀者在其中擺放圖形窗。請參閱線上手冊，並搜尋 "Managing viewports on the canvas"。作圖區是指畫布目前顯示的部分。

圖形窗(Viewport)

Abaqus/CAE 通過畫布上的圖形窗顯示讀者的模型。請參閱線上手冊，並搜尋 "Managing viewports on the canvas"。

提示區(Prompt area)

讀者在進行各種操作時會從這裏得到相應的提示。例如在建立一個集合(Set)時，提示區會提示讀者選擇相應的物件。請參閱線上手冊，並搜尋 "Using the prompt area during procedures"。

資訊區(Message Area)

Abaqus/CAE 在資訊區顯示狀態資訊和警告。拖曳其上緣可以改變資訊區的大小；使用右邊的捲軸可查閱完整的資訊。預設是顯示資訊區，但是這裏也是命令列介面的位置。如果讀者正在使用命令列介面，讀者需要按下主視窗左下角的 ⬚ 頁面切回到資訊區。

> **注意**：如果在顯示命令列介面時，有新的資訊加入資訊區，Abaqus/CAE 會將圍繞該資訊區小圖示的背景顏色改為紅色，當切到資訊區時，背景回到其正常顏色。

命令列介面(Command Line Interface)

利用 Abaqus/CAE 內置的 Python 編譯器，可使用命令列介面鍵入 Python 指令和數學運算式。介面中包含了主(>>>)從(…)提示字元，提示讀者何時按照 Python 的語法縮排命令行。

在預設情況下，命令列介面是隱藏的，它和資訊區共用同一位置。讀者需要按下主視窗左下角的 ⬚ 頁面從資訊區切換到命令列介面。按下 ⬚ 頁面切回到資訊區。

🔖 2.2.3　何謂功能模組

如前所述，Abaqus/CAE 劃分為一系列的功能單元，即功能模組。每一模組只包含該模擬任務中某一部份的相關工具。例如，網格模組只包含必須產生有限元素網格的工具，分析作業模組只包含建模、編輯、提交和監控分析作業的工具。

讀者可以從環境列的 Module(模組)列表中選擇各個模組，如 2-3。選單中的模組次序對應於建立一個模型可能遵循的邏輯順序。在許多情況下，讀者必須遵循這個內建進程來完成模擬任務；例如，在建立組裝前必須先產生零件。雖然模組次序遵循了邏輯順序，Abaqus/CAE 也允許讀者在任何時刻選擇任一個模組，無論模型的目前狀態。然而，某些明顯的限制是存在的；例如像工字樑橫截面尺寸，不能對一個未建立的幾何體指定截面性質。

一個完整的模型包含 Abaqus 啟動分析所需的全部資訊。Abaqus/CAE 採用模型資料庫來儲存模型。當啟動 Abaqus/CAE 時，Start Session 對話框可讓讀者在記憶體中建立一個新的空模型資料庫。在 Abaqus/CAE 啟動後，從主選單中選擇 File → Save，將模型資料庫存入磁碟內；選擇 File → Open，從磁碟中開啟一個模型資料庫。

下面列出 Abaqus/CAE 的各個模組並簡要描述每一模組可能進行的模擬任務。所列出的模組次序與環境列中 Module 選單中的順序一致(見圖 2-3)。

圖 2-3　選擇一個模組

零件(Part)

零件模組可讓讀者在 Abaqus/CAE 中，直接繪製幾何外型，建立單一幾何體，或是從其他的幾何建模程式匯入幾何。請參閱線上手冊，並搜尋 "The Part module"。

性質(Property)

截面(Section)定義包括了整個零件或零件中某一部分性質的資訊，例如與該部分相關的材料定義和橫截面幾何形狀。在性質模組中，讀者可以定義截面和材料的性質，並將它們賦於零件的某一部分。請參閱線上手冊，並搜尋 "The Property module"。

組裝(Assembly)

當讀者建立一個零件時，它存在於本身的座標系中，獨立於模型的其他零件。可使用組裝模組建立零件的組成件，將這些組成件相對於其他組成件定位在全域座標系統中，這樣就建立一個組裝。一個 Abaqus 模型只能包含一個組裝。請參閱線上手冊，並搜尋 "The Assembly module"。

分析步(Step)

使用分析步模組建立分析步驟，設定相關聯的輸出需求。分析步的排序為分析過程的變化(如負載和邊界條件的變更)提供方便的途徑；根據需要，在分析步之間可以改變輸出變數。請參閱線上手冊，並搜尋 "The Step module"。

交互作用(Interaction)

在交互作用模組裡，讀者可以指定模型各區域之間或者模型的一個區域與周圍區域之間在熱學和力學上的交互作用，一個交互作用的例子是兩個表面之間的接觸。其他可以定義的交互作用包括束制，如黏合(Tie)，方程(Equation)和剛體(Rigid Body)束制。除非在交互作用模組中指定接觸，否則 Abaqus/CAE 不會自動識別組成件之間或一個組裝的各區域之間的力學接觸關係；在一個組裝中，就算兩個面非常地靠近也不會有任何的交互行為，除非特別定義其接觸關係與接觸性質。交互作用與分析步相關聯，意味著讀者必須規定相交作用是在哪些分析步中起作用。請參閱線上手冊，並搜尋 "The Interaction module"。

負載(Load)

在負載模組裡設定負載、邊界條件和場變數。負載和邊界條件與分析步相關聯，意味著讀者必須指定負載和邊界條件在哪些分析步中起作用；某些預先定義的場域是與分析步相關聯，而其他的僅僅作用於分析一開始。請參閱線上手冊，並搜尋 "The Load module"。

網格(Mesh)

網格模組包含對 Abaqus/CAE 中所建立的組裝生成有限元素網格之工具。利用各個層次的自動和控制工具，可以產生滿足讀者分析需求的網格。請參閱線上手冊，並搜尋 "The Mesh module"。

最佳化(Optimization)

最佳化模組可讓讀者建立一個最佳化任務，在一組目標和約束條件前題下，找出最佳化模型的拓撲結構。請參閱線上手冊，並搜尋 "The Optimization module"。

分析作業(Job)

一旦完成所有定義模型的任務，讀者可使用分析作業模組分析你的模型。作業模組允許讀者互動式地提交分析作業並監控其過程。可同時提交並監控多個模型和運算。請參閱線上手冊，並搜尋 "The Job module"。

視覺化後處理(Visualization)

視覺化後處理模組提供了有限元素模型和其分析結果的圖形顯示。它從輸出資料庫中獲得模型和結果資訊；通過分析步模組修改輸出需求，讀者可以控制寫入輸出資料庫中的資訊。請參閱線上手冊，並搜尋 "Viewing results"。

草圖(Sketch)

草圖是二維輪廓，用來幫助定義 Abaqus/CAE 原生零件的幾何外型。讀者可使用草圖模組建立草圖，定義平面零件、樑，或者分割，或者建立一個草圖，然後可藉由擠出 (extrude)、掃掠(sweep)或旋轉(revolve)等方式長成三維零件。請參閱線上手冊，並搜尋 "The Sketch module"。

切換功能模組時，主視窗的內容會跟著變動。從環境列的 Module 列表中選擇一個模組，會造成環境列、模組工具盒和主選單的改變以反應目前模組的功能。

在本書的指導範例中，將詳細討論每個模組。

❧ 2.2.4　何謂模型樹

　　模型樹對模型各個層級的項目提供一個視覺化描述方式，它位在主視窗左邊、Model 頁面的下方。圖 2-4 為一個典型的模型樹。

　　模型樹裡的項目以小圖示表示；例如，Steps 小圖示。此外，一個項目旁的括號表示其為一個子項目群，括號內的數字表示一個子項目群中項目的數量。讀者可以點擊模型樹內的 "＋" 跟 "－" 來展開或收起一個子項目群中，朝左朝右的箭頭按鍵有相同的功能。

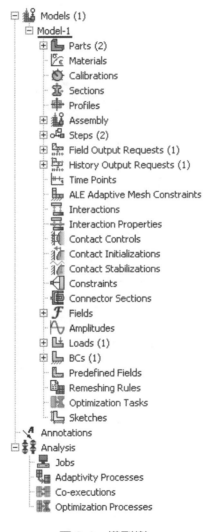

圖 2-4　模型樹

　　模型樹中的子項目群以及項目的安排反應出預期的建模順序。同前所述，在模組選單內，類似的邏輯決定模組的順序—在建立組裝前先建立零件，在建立負載前先建立分析步。此安排是固定的—在模型樹中不能移動這些項目。

　　模型樹提供大部分主選單的功能以及模組管理器。如，雙擊 Parts 子項目群，可以建立一個新的零件(等同從主選單選擇 Part → Create)。

　　本書中所討論的範例指引，主要是使用模型樹來執行 Abaqus/CAE 的功能。只有在必要時，才會使用選單的動作(如建立有限元素網格或是結果後處理)。

　　結果樹跟模型樹位在視窗的同一個地方，按下主視窗左邊的 Results 頁面可以切換於模型樹和結果樹之間。結果樹提供 session 特定的的功能(例如，僅在視覺化後處理中可用的功能)。這本書所包含的後處理練習將介紹結果樹的功能。

2.3　例題：用 Abaqus/CAE 產生天車模型

　　圖 2-5 的天車範例將帶領讀者使用模型樹，一覽 Abaqus/CAE 的模擬流程，顯示建立並分析一個簡單模型的基本步驟。此天車是一個簡單的鉸接桁架，左端為固定端，右端是滾支承。各桿件在接點處可自由轉動。不允許桁架的離面運動。首先以 Abaqus/Standard 進行模擬，決定結構中桿件的靜位移和應力峰值，所施加的載荷為 10kN，如圖 2-5 所示；然後再以 Abaqus/Explicit 進行模擬，假設負載突然施加，研究桁架的動態反應。

　　對於天車的例子，將進入 Abaqus/CAE 的以下功能模組，完成下面的任務：

- 繪製二維幾何形狀，並建立代表桁架的零件。
- 定義材料參數和桁架的截面性質。組裝模型。
- 設置分析程序和輸出要求。
- 對桁架施加負載和邊界條件。
- 對桁架進行網格分割。
- 產生一個作業並提交進行分析計算。
- 觀察分析結果。

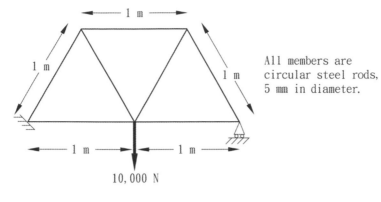

（圖內文字）

All members are circular steel rods, 5 mm in diameter.

10,000 N

Material properties
General properties:
$\rho = 7800$ kg/m^3
Elastic properties:
$E = 200 \times 10^9$ Pa
$\nu = 0.3$

圖 2-5　天車圖形

Abaqus 有提供完成這個例子的程序檔，若依照以下的說明遇到困難，或是希望檢查所建立的模型可執行其中一個程序檔，程序檔可從下列位置中找到。

- 在本書的第 A.1 節“Overhead Hoist Frame”，提供了這個例子的 Python 程序檔 (*.py)。關於如何提取和執行此程序檔，請參閱附錄 A，“計算範例檔”中說明。

- Abaqus/CAE 的外掛工具(Plug-in)中提供了此範例的外掛程序檔。在 Abaqus/CAE 的環境下執行外掛程序檔，選擇 Plug-ins → Abaqus → Getting Started；將 Overhead Hoist Frame 反白，按下 Run。更多關於入門指導外掛工具的資訊，請參考“Running the Getting Started with Abaqus examples,” Section 82.1 of the Abaqus/CAE User's Manual.。

如果讀者無權進入 Abaqus/CAE 或者另外的前處理器，可以手動建立該問題所需要的輸入檔案，請參閱 Example: creating a model of an overhead hoist," Section 2.3 of Getting Started with Abaqus: Keywords Edition.。

✌ 2.3.1　單　位

在開始定義任何模型之前，需要確定所採用的單位系統。Abaqus 沒有固定的單位系統，所有的輸入資料必須指定一致性的單位，某些常用的一致性單位系統列在表 2-1 中。

表 2-1　一致性的單位系統

量	公制(m)	公制(mm)	英制(ft)	英制(inch)
長度	m	mm	ft	in
力	N	N	lbf	lbf
質量	kg	tonne(10^3kg)	slug	lbf s²/in
時間	s	s	s	s
應力	Pa(N/m²)	MPa(N/mm²)	lbf/ft²	psi(lbf/in²)
能量	J	mJ(10^{-3}J)	ft lbf	in lbf
密度	kg/m³	tonne/mm³	slug/ft³	lbf s²/in⁴

　　本書採用公制單位系統。使用者若使用標記英制的單位系統時，必須小心密度的單位；在材料性質的手冊中，密度通常已經乘上重力加速度。

2.3.2　建立零件

　　使用零件模組建立模型的每個零件。零件定義了模型各部分的幾何形體，因此它們是建立 Abaqus/CAE 模型的基本構件。讀者可以建立 Abaqus/CAE 的原生零件，或將其他軟體建立的幾何體或有限元網格匯入。

　　藉由建立一個二維可變形的線型零件，開始這個天車的問題。讀者可以畫出這個桁架的幾何形狀。當建立一個零件時，Abaqus/CAE 自動進入草圖模組。

　　在提示區裏，Abaqus/CAE 通常會顯示下一個動作的簡短訊息。如圖 2-6 所示。

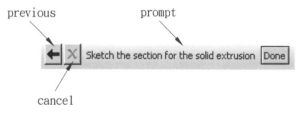

圖 2-6　在提示區中顯示的資訊和提示

　　按下 Cancel 可取消目前的任務，按下 Previous，取消當下步驟，回到前一個步驟。

建立天車桁架：

1.　若尚未啓動 Abaqus/CAE，鍵入 abaqus cae，這裏的 abaqus 是用來執行 Abaqus 的指令。

2.　從出現的 Start Session 對話框中選擇 Create Model Database，選擇 With Standard/Explicit Model。

　　Abaqus/CAE 進入零件模組，模型樹出現在主視窗的左邊(Model 頁面下面)。在模型樹與畫布中間是零件模組工具盒，工具盒中包含一組小圖示，可讓進階的使用者跳過主選單。對於許多工具，當讀者選擇主選單或是模型樹中的項目時，對應的工具會標記於模型工具盒中，讀者因此可知道其位置。

3.　在模型樹中按兩下 Part 子項目群建立新的零件。

　　跳出 Create Part 對話框，Abaqus/CAE 也會在視窗底部的提示區顯示文字引導後續的操作程序。

　　讀者使用 Create Part 對話框命名零件，選定模型維度空間、類型和基礎特徵，並且設定大致尺寸。零件建立後，仍可對其編輯以及重新命名，也可變更模型維度空間、類型，但基本特徵不能變動。

4.　為零件命名 Frame，選擇二維平面可變形體以及線特徵。

5.　在 Approximate Size 空格內，鍵入 4.0。

　　在對話框底部 Approximate Size 區域內鍵入這個數值，設定新零件的大致尺寸，Abaqus/CAE 採用這個尺寸計算草圖紙及其格線間距的尺寸。選取這個數值的原則應該與最終完成零件模型的最大尺寸為同一等級。回顧在 Abaqus/CAE 中並不使用特定的單位，但在整個模型仍應採用一致性的單位系統。在本模型中採用公制單位。

6.　按下 Continue 離開 Create Part 對話框。

　　Abaqus/CAE 自動進入草圖模組，草圖模組工具盒顯示在主視窗的左邊，而草圖格線顯示在圖形窗內。草圖模組包含一組繪製零件二維輪廓的基本工具，無論建立或者編輯零件，Abaqus/CAE 都會進入這個草圖模組。欲結束使用任何工具，可在圖形窗中點擊滑鼠鍵 2 或選擇其他新的工具。

提示：如同 Abaqus/CAE 所有的工具，在草圖模組工具盒中，若簡單地將游標臨時停留在某一工具處，跳出一個小視窗，提供這個工具的簡短描述。當選定一個工具，會顯示白色的背景。

下列草圖模組的特點有助於繪製所需的幾何形狀：

a. 草圖格線可幫助定位游標和在圖形窗中對齊物體。

b. 虛線為草圖的 X、Y 軸並相交於座標原點。

c. 圖形窗左下角的三維座標指出草圖面和零件方位之關係。

d. 選擇了草圖工具，Abaqus/CAE 會在窗形窗的左上角顯示游標位置的 XY 座標值。

7. 先草繪一個概略的桁架，再利用拘束跟尺寸標記的功能修正。首先使用位在草圖工具盒右上方的 Create Lines：Rectangle 工具 ⬜，草繪一個任意的矩形。選擇矩形對角線的任兩個點。

在圖形窗中的任意位置，點擊滑鼠鍵 2，跳出矩形工具。

> 注意：使用草圖模組時若出現錯誤，可使用 Undo 工具 ↩ 回到上一步，或是使用刪除 Delete 工具 🧽 刪除單一物件。

8. 如圖 2-7 所示，草圖模組會在草圖上自動加上拘束(在此例中，矩形的四個角點被施加正交的拘束，其中一邊被設定為水平)。

進行下一個步驟前必須先刪除正交的拘束條件，在草圖工具盒中選擇刪除 Delete 工具 🧽，執行以下步驟：

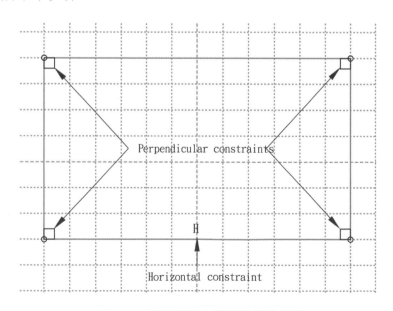

圖 2-7　草圖模組中顯示的拘束條件

a. 在提示區中選擇 Constraint 當作操作對象。

b. 使用[Shift]+Click 選擇四個正交拘束。

c. 在提示區按下 Done。

9. 現在要增加新的拘束跟尺寸標記來修改草圖。拘束跟尺寸標記可以用來控制草圖的幾何形狀以及增加精度。請參閱線上手冊，並搜尋 "Controlling sketch geometry"。

a. 使用 Add Constraint 工具 拘束上下兩邊，使其保持平行：

i. 在 Add Constraint 對話框中選擇 Parallel。

ii. 在圖形窗用[Shift]+Click 選擇草圖的上下兩邊。

iii. 在提示區按下 Done。

b. 使用 Add Dimension 工具 標註矩形上下兩邊的尺寸，頂邊標註 1m 的水平尺寸，底邊標註 2m 的水平尺寸。標註尺寸的時候，直接點選要標註的線段，按滑鼠鍵 1 選擇尺寸標示的位置，最後在提示區中輸入新的尺寸。無論線段在空間中的位置，點選線段而非端點，即可束制線段的長度(可直接標記斜的尺寸)。
使用 View Manipulation 工具列的 Auto-Fit View 工具 來重設視角，便可看到更新過的草圖。

c. 標註左右兩邊線段，使其傾斜的長度各為 1m。

圖 2-8 為草圖目前的狀態，圖中的格線預設每兩條顯示一條。若需要更多關於 Sketcher Options 工具 的資訊來修改草圖模組的顯示，請參閱線上手冊，並搜尋 "Customizing the Sketcher"。

10. 現在草圖桁架內部的線段。

a. 使用草圖工具列右上方的 Create Lines：Connected 工具 ，以下列方式繪製兩條線段：

i. 第一條線段的起點選擇草圖的左上端點，並延伸到底邊上的任意一點。

ii. 接著畫第二條線段，連接到草圖的右上端點。

iii. 在圖形窗的任意位置點擊滑鼠鍵 2，跳出連接線段工具。

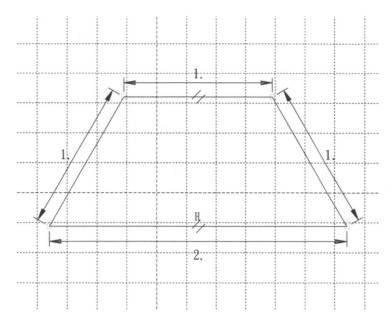

圖 2-8 桁架粗略的草圖(每兩條格線只顯示一條)

b. 使用 Split 工具 <span></span>，在上一步繪製的兩條線段與底邊的相交處，將底邊分成兩個線段：

   i. 注意在某些工具小圖示的下面有一個黑色小三角形，此三角形表示還有其他隱藏的小圖示可以展開。長按位在草圖工具盒中間右方的 Auto-Trim 工具 <span></span>，直到其它的小圖示顯示出來。

   ii. 從其它的小圖示中選擇 Split 工具 <span></span>。

     Split 小圖示會以白色背景出現在草圖工具列，表示已選用該功能。

   iii. 選擇底邊，當作定義分隔點的第一個輸入。

   iv. 選擇其中一條內部線段當作第二個輸入(分隔點周圍會出現一個紅色圓圈)。

   v. 點擊滑鼠鍵 2，說明已完成使用切割工具。

c. 使用 Add Constraint 工具 <span></span> 拘束分隔出的兩底線，使其長度相等：

   i. 在 Add Constraint 對話框中選擇 Equal Length。

   ii. 在圖形窗中選擇底邊的兩線段。

   iii. 在提示區按下 Done。

11. 最後的草圖如圖 2-9 所示。

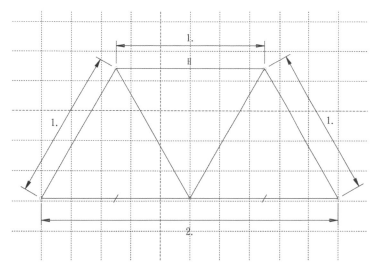

圖 2-9　桁架幾何圖

12. 從提示區(主畫面的下方)，按下 Done 離開草圖功能。

> **注意**：如果在提示區沒有看見 Done，繼續按滑鼠鍵 2 直到 Done 出現為止。

13. 在進行下一步之前，將讀者的模型存入一個模型資料庫內。
  a. 從主選單中選取 File → Save，顯示 Save Model Database As 對話框。
  b. 在 File Name 空格內輸入新模型的命名，然後按下 OK。不需要指定副檔名，Abaqus/CAE 會自動在檔名後加上 cae。

Abaqus/CAE 將該模型資料庫存入一個新檔案，並返回到 Part 模組。在主視窗的標題列上會顯示讀者模型資料庫的路徑和檔名。

Abaqus/CAE 不會自動儲存讀者的模型資料庫，讀者應當定期儲存模型資料庫(例如在每次切換功能模組時)。

✎ 2.3.3　建立材料

在本例中全部桁架的桿件為鋼製，假設為線彈性，楊氏模數為 200GPa，蒲松比為 0.3，如此便可建立一個的線彈性材料。

定義材料：

1. 在模型樹中，按兩下 Material 子項目群來建立新的材料。Abaqus/CAE 會切換到性質模組，並且會顯示 Edit Material 對話框。

2. 將材料取名為 Steel。

3. 使用材料編輯器瀏覽區的選單來顯示包含所有材料選項的選單，某些選單項目還有子選單。如，圖 2-10 顯示在 Mechanical → Elasticity 選單項目下可用的選項。當選擇某一材料選項後，在選單下方，會跳出對應的資料輸入空格。

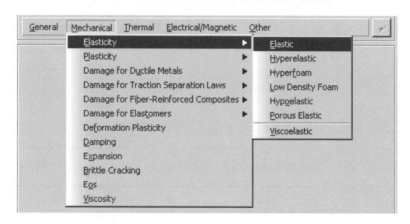

圖 2-10　Mechanical → Elasticity 選單之下可用的子選表

4. 從材料編輯器的選單中選 Mechanical → Elasticity → Elastic，Abaqus/CAE 顯示 Elastic 資料空格。

5. 在對應的空格內，分別鍵入楊氏模數 200.0E9 和蒲松比 0.3 的值。使用[Tab]鍵或移動游標到新的空格中按下，便可切換於空格之間。

6. 按下 OK，退出材料編輯器。

∾ 2.3.4　定義和指定截面性質

讀者透過截面，定義模型的性質。建立截面後，可以利用以下兩種方法中的其中一種將該截面性質套用到目前圖形窗中的零件：

*   直接選擇零件中的區域，並指定截面性質到該區域。
*   利用集合工具建立一個同性質的集合，包含該區域並指定截面性質到該集合。

　　對於本桁架模型，讀者將建立一個桁架截面，從圖形窗中選擇該桁架指定截面。截面將參照讀者先前建立的材料 Steel 及定義桁架桿件的橫截面面積。

定義桁架截面

　　桁架截面的定義僅需要材料參數和橫截面面積。記住桁架桿件是直徑為 0.005m 的圓桿，其橫截面面積為 $1.963 \times 10^{-5}\, m^2$。

> **提示**：可以在 Abaqus/CAE 的命令列介面進行簡單的計算。例如，計算桿件的橫截面面積，按下 Abaqus/CAE 視窗左下角的 ⧉ 頁面進入命令列介面，在命令提示後鍵入 pi*0.005**2/4.0，按下[Enter]，橫截面面積的值會顯示在命令列介面中。

定義桁架截面：

1. 從模型樹中，雙擊 Section 子項目群，新建一個截面。
   跳出 Create Section 對話框。

2. 在 Create Section 對話框中：
   a. 命名截面為 FrameSection。
   b. 在 Category 列表中選擇 Beam。
   c. 在 Type 列表中選擇 Truss。
   d. 按下 Continue。
   跳出 Edit Section 對話框。

3. 在 Edit Section 對話框中：
   a. 接受預設的 Steel 選擇作為截面的 Material。若定義了其他材料，可按下 Material 空格旁的向下箭頭觀看所列的可用材料，選擇所需的材料。
   b. 在 Cross-Sectional Area 空格中填入 pi*0.005**2/4.0。

> **提示**：對話框的空格內，預期輸入一個浮點數值，但還是能輸入一個算式。該算式會由內建在 Abaqus/CAE 的 Python 讀取器計算。這個算式將會被其數值所取代。

   c. 按下 OK。

指定桁架的截面性質

截面 FrameSection 必須指定於桁架上。

指定截面到桁架上：

1. 模型樹中，展開名爲 Frame 零件下的分支，按下 "+" 號，展開 Parts 子項目群，接著再點擊 "+" 號，展開 Frame 項目。

2. 在出現的零件屬性列表中，按兩下 Section Assignment，Abaqus/CAE 會在提示區中提示讀者完成整個程序。

3. 選擇整個零件，作爲截面套用的區域：

    a. 在圖形窗左上角按住滑鼠鍵 1。

    b. 拖曳滑鼠建立一個圍繞桁架的框。

    c. 放開滑鼠鍵 1。

    Abaqus/CAE 標記整個桁架。

4. 在圖形窗中按下滑鼠鍵 2 或按下提示區的 Done，接受所選的幾何體。

    跳出來的 Edit Section Assignment 對話框，包含已經存在的截面列表。

5. 接受預設的 FrameSection 截面性質，按下 OK。

    Abaqus/CAE 將此桁架截面指定給該桁架，以藍綠色表示整個桁架已經完成指定截面，關閉 Edit Section Assignment 對話框。

✎ 2.3.5 定義組裝

每一個零件都建立在自己的座標系中，在模型中彼此互相獨立。讀者經由建立各個零件的組成件並在全域座標系中將其定位，定義組裝的幾何形狀。儘管一個模型可能包含多個零件，但只能包含一個組裝。一個組成件可以被歸類爲相依或是獨立，獨立組成件個別劃分網格，而相依組成件的網格相關於原零件的網格。請參閱線上手冊，並搜尋 "Working with part instances"。組成件預設是相依的。

關於本例，讀者將建立一個天車的單一組成件。Abaqus/CAE 定位這個組成件，所定義桁架的草圖原點因此與組裝的預設座標系原點重合。

定義組裝的步驟：

1.　在模型樹中展開 Assembly 子項目群，按兩下列表中的 Instance。

　　Abaqus/CAE 切換到組裝模組，跳出 Create Instance 對話框。

2.　在該對話框中，選擇 Frame，並按下 OK。

　　Abaqus/CAE 建立一個天車的組成件。在本例中，桁架的單一組成件定義了組裝。桁架顯示在全域座標系的 1,2 平面中(一個右手的卡氏直角座標系)，在視圖(viewport)左下角的三軸座標標示了觀看模型的視角方位。第二個三軸座標說明座標全域座標系的原點和方向(X、Y 和 Z 軸)。全域 1 軸為天車的水平軸，全域 2 軸為垂直軸，全域 3 軸垂直於桁架平面。對於類似這樣的二維問題，Abaqus 要求模型必須位於一個平面內，該平面平行於全域的 1,2 平面。

✎ 2.3.6　建構讀者的分析

　　現在，已經建立了組裝，讀者可設定分析。在本模擬中，我們感興趣的是天車桁架的靜態反應，在中心點施加一個 10kN 的負載，左端完全束制，右端滾支承如圖 2-5 所示)。這只是單一事件，只需要單一分析步便可進行模擬。因此，整個分析包含兩個步驟：

- 一個初始步，施加邊界條件約束桁架的端點。
- 一個分析步，在桁架的中心施加集中力。

　　Abaqus/CAE 會自動產生初始步，但是讀者必須自己建立分析步。讀者也可以在一個分析中任何分析步中設定輸出。

　　在 Abaqus 中有兩種分析步：一般分析步，可以用來分析線性或非線性的反應；而線性擾動步，只能用來分析線性問題。在 Abaqus/Explicit 中只有一般分析步。在本模擬中，讀者將定義一個靜態線性擾動步。擾動程序請詳見第 11 章 "多步驟分析"。

建立一個分析步

　　在初始分析步之後建立一個靜態的線性擾動步。

建立一個靜態線性擾動步：

1.　在模型樹中按兩下 Steps 子項目群來建立分析步。

Abaqus/CAE 切換到分析步模組，跳出 Create Step 對話框。列出所有的一般分析程序，和預設的分析步名稱為 Step-1。

2. 將分析步名稱改變為 Apply Load。

3. 選擇 Linear perturbation 作為 Procedure Type。

4. 在 Create Step 對話框的線性擾動程序列表中，選擇 Static，Linear Perturbation，按下 Continue。

   跳出靜態線性擾動步預設選項的 Edit Step 對話框。

5. 預設的 Basic 頁面，在 Description 空格內鍵入 10kN Central Load。

6. 按下 Other 頁面，查看內容；讀者可接受該步驟的預設值。

7. 按下 OK，建立分析步，退出 Edit Step 對話框。

設定輸出資料

有限元素分析可以建立非常大量的輸出。Abaqus 允許讀者控制和管理這些輸出，因此只產生需要用來說明模擬的資料。從一個 Abaqus 分析中可以輸出四種類型的資料：

- 結果輸出到一個中立二進位檔中，供 Abaqus/CAE 後處理之用。這個檔案稱為 Abaqus 輸出資料庫檔案，副檔名為.odb。
- 結果以表列形式輸出到 Abaqus 資料(.dat)檔中。僅在 Abaqus/Standard 有輸出資料檔的功能。
- 重新啟動資料用於接續分析，輸出到 Abaqus 重啟(.res)檔。
- 結果存入一個二進位檔中，供外部軟體後處理之用，輸出到 Abaqus 結果(.fil)檔。

在天車桁架模擬中只用到第一種輸出。

預設情況下，Abaqus/CAE 將分析結果寫入輸出資料庫(.odb)檔案。每建立一個分析步，Abaqus/CAE 會為這個分析步產生預設的輸出要求。在 Abaqus/CAE User's Manual 列出預設寫入輸出資料庫中的預選變數清單。讀者若接受預設的輸出，無需任何動作。讀者可以使用 Field Output Requests Manager 來設定變數輸出，這些變數來自整個模型或模型的大部分區域，以相對較低的輸出頻率寫入輸出資料庫中。讀者可以使用 History Output Requests Manager 來設定變數輸出，以較高的輸出頻率將一小部分模型的資料寫入輸出資料庫中，例如某一節點的位移。

對於本例，讀者將檢查寫入.odb 檔的輸出要求且接受預設。

檢查.odb 檔的輸出要求：

1. 在模型樹中，在 Field Output Requests 子項目群按下滑鼠鍵 3，並選擇選單中的 Manager。

   Abaqus/CAE 顯示 Field Output Requests Manager。管理器以表列形式顯示場變數輸出設定的狀態。表格左邊爲依字母排序的變數輸出設定。表格頂端列出所有分析步的名字，按執行次序排列。表格的每個欄位顯示在每個分析步中每個輸出設定的狀態。

   讀者可使用 Field Output Requests Manager 進行以下工作：
   - 選擇 Abaqus 寫入輸出資料庫的變數。
   - 選擇 Abaqus 產生輸出資料的截面點。
   - 選擇 Abaqus 產生輸出資料的模型區域。
   - 改變 Abaqus 寫入輸出資料庫的頻率。

2. 檢查 Abaqus/CAE 替名爲 Apply Load 的 Static，Linear Perturbation 分析步所產生的預設輸出要求。

   如果沒被選取，選擇表格中標註 Created 的欄位。關於這個欄位的資訊顯示於管理器底部的圖例中：
   - 該欄中，在對應的分析步執行的分析程序種類。
   - 輸出設置變數清單。
   - 輸出設置的狀態。

3. 在 Field Output Requests Manager 的右邊，按下 Edit 查看該輸出設置的更多資訊。

   跳出場變數輸出編輯器，在對話框的 Output Variables 區，文字盒內列出所有將被輸出的變數。如果讀者已改變輸出設置，透過點擊文字盒上面的 Preselected Defaults，就能夠返回預設的輸出設置。

4. 按下每個輸出變數類別旁的箭頭，清楚看到哪些變數將被輸出。每個類別標題旁邊的小方框使讀者馬上看出是否輸出該類別的所有變數。若小方框以黑色塡滿，表示輸出所有的變數，若以灰色標記，表示只輸出部份的變數。

   基於顯示在對話框底部的選擇，模型中每個預設的截面點將產生資料，並於分析中的每個增量之後將其寫入輸出資料庫。

5. 因為不希望改變預設的輸出設置,所以按下 Cancel 關閉場變數輸出編輯器。

6. 按下 Dismiss 關閉場變數輸出設置管理器。

注意:什麼是 Dismiss 與 Cancel 按鈕的區別?Dismiss 按鈕出現在包含無法修改資料的對話框中。例如,Field Output Requests Manager 允許讀者檢視輸出設置,但必須使用場變數輸出編輯器修改這些設置。按下 Dismiss 按鈕直接關閉 Field Output Requests Manager。反之,Cancel 按鈕出現在允許讀者修改的對話框中,按下 Cancel 按鈕關閉對話框,不保存修改的內容。

---

7. 以類似的方式,檢視歷時輸出設置。在模型樹中右鍵點擊 History Output Requests 的子項目群,打開歷時變數輸出編輯器。

2.3.7 在模型上施加邊界條件和負載

預先描述的狀態例如邊界條件和負載,相依於分析步,即必須指定邊界條件和負載在哪個或哪些分析步中起作用。讀者已經定義分析中的步驟,可以來定義預先描述的狀態。

在桁架上施加邊界條件

在結構分析中,邊界條件是施加在模型中的已知位移和(或)旋轉的區域。這些區域可以在模擬過程中被約束,保持固定(零位移和(或)旋轉),或者指定非零位移和(或)旋轉。

在本例中,桁架的左下端部分是完全束制住,因此不能沿任何方向移動。然而,桁架的右下端部分在垂直方向受到束制,但可以沿水平方向自由移動。可產生運動的方向稱為自由度。

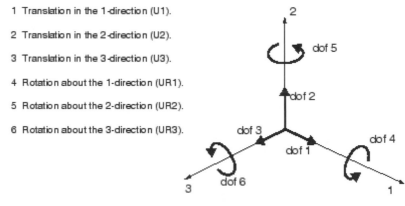

1 Translation in the 1-direction (U1).
2 Translation in the 2-direction (U2).
3 Translation in the 3-direction (U3).
4 Rotation about the 1-direction (UR1).
5 Rotation about the 2-direction (UR2).
6 Rotation about the 3-direction (UR3).

圖 2-11 平移和旋轉自由度

在 Abaqus 中平移和旋轉自由度的標示如圖 2-11 所示。

對桁架施加邊界條件：

1.　在模型樹中按兩下 BCs 子項目群

　　Abaqus/CAE 切換到負載模組，顯示 Create Boundary Condition 對話框。

2.　在 Create Boundary Condition 對話框中：

　　a.　命名邊界條件為 Fixed。

　　b.　從分析步列表中選擇 Initial 作為邊界條件起作用的分析步。所有指定在 Initial 分析步中的力學邊界條件必須為零。這個條件是在 Abaqus/CAE 中自動強制設定。

　　c.　在 Category 列表中，接受 Mechanical 作為預設的類別選擇。

　　d.　在 Types for Selected Step 列表中，選擇 Displacement/Rotation，按下 Continue。Abaqus/CAE 在提示區中會顯示提示，指導讀者完成整個過程，例如讀者被要求選擇在何處施加邊界條件。

　　　　為了在一個區域上施加預先描述的條件，讀者可以直接從圖形窗中選擇該區域，或從一個現有的集合(集合是模型中一個命名的區域)中施加條件。集合是一個方便的工具，可用於管理大型複雜的模型，在這個簡單的模型中，用不到集合。

3.　在圖形窗中，選擇在桁架左下角的頂點作為施加邊界條件的區域。

4.　在圖形窗中，按下滑鼠鍵 2 或按下提示區中的 Done 按鈕，表示已經完成區域的選擇。顯示 Edit Boundary Condition 對話框。當在初始步定義邊界條件時，所有可能的自由度預設是未束制的。

5.　在對話框中：

　　a.　勾選 U1 和 U2，因為所有的平移自由度需要被約束。

　　b.　按下 OK 建立邊界條件，關閉對話框。

　　　　Abaqus/CAE 在頂點處顯示兩個箭頭，表示束制住的自由度。

6.　重複上述過程，在桁架右下角頂點束制自由度 U2，命名邊界條件為 Roller。

7.　在模型樹中對 BCs 子項目群按下右鍵，從選單中選擇 Manager。

　　Abaqus/CAE 顯示 Boundary Condition Manager。管理器指名在初始步中邊界條件為 Created(啟用)，在分析步 Apply Load 中，則為 Propagated From Base State(持續啟用)。

> **提示**：為了觀察每欄的標題，拖曳欄標題的分隔線，擴展其寬度。

8.　按下 Dismiss 按鈕，關閉 Boundary Condition Manager。

　　在本例中，所有的束制是在全域座標的 1 或 2 方向。在許多情況下，需要束制的方向不與全域座標方向對齊，在這種情況下，讀者可以為施加的邊界條件施加局部座標系。在第 5 章 "應用殼元素" 將說明如何操作。

在桁架上施加負載

現在，讀者已經在桁架上施加了束制，可以在桁架的底部施加負載。在 Abaqus 中，負載一詞(例如在 Abaqus/CAE 中的負載模組)通常代表從初始狀態開始，引起結構的回應發生變化的各種因素，包括：

- 集中力。
- 壓力。
- 非零邊界條件。
- 體負載。
- 溫度(與材料熱膨脹同時定義)。

有時候負載一詞專門用來指與力有關的量(如在負載模組的 Load Manager)；例如，集中力、壓力和體負載但不包括邊界條件或溫度。這個字眼的意涵在本書中應該被澄清。

在本模擬中，10kN 的集中力施加在桁架底部中點，朝負 2 方向；這個負載施加在先前建立的線性擾動步。實際上並不存在集中或點負載；負載總是施加在有限大小的區域上，但如果施力區域很小，可以適合地將此負載理想化為一個集中力。

在桁架上施加集中力：

1. 在模型樹中對 Load 子項目群按右鍵，從選單中選擇 Manager。
    跳出 Load Manager 視窗。

2. 在 Load Manager 的底部，按下 Create 按鈕。
    跳出 Create Load 對話框。

3. 在 Create Load 對話框：
    a. 命名負載為 Force。
    b. 從分析步列表中，選擇 Apply Load 作為施加負載的分析步。
    c. 在 Category 列表中，接受 Mechanical 作為預設的類別選擇。
    d. 在 Type for Selected Step 列表中，接受預選的 Concentrated Force。
    e. 按下 Continue。

Abaqus/CAE 在提示區中顯示提示引導讀者完成此過程。讀者被要求選擇一個負載施加的區域。

如同邊界條件，讀者可從圖形窗中或一個設好的集合中選取加載區域。如前所述，直接在圖形窗中選擇區域。

4.　在圖形窗中，選擇桁架底部中點的頂點作爲負載施加區域。

5.　在圖形窗中按下滑鼠鍵 2，或按下提示區中的 Done 按鈕，表示完成了區域的選擇。跳出 Edit Load 對話框。

6.　在對話框中：

a.　CF2 輸入–10000.0 的數值。

b.　按下 OK，建立載重，關閉對話框。

Abaqus/CAE 在頂點處顯示一個向下的箭頭，表示負載沿負 2 方向施加。

7.　檢查 Load Manager，注意在 Apply load 分析步中新負載爲 Created。

8.　按下 Dismiss 按鈕，關閉 Load Manager。

2.3.8　模型的網格分割

讀者將產生有限元素網格。可以選擇 Abaqus/CAE 使用網格生成方法，建立網格、元素形狀和元素類型。不過，一維區域(例如本例)的網格生成方法是不能改變。Abaqus/CAE 使用各種網格方法。預設使用在模型的網格方法由切到網格模組時的模型顏色表示；如果 Abaqus/CAE 顯示模型爲橘色，表示沒有讀者的幫助就不能鋪設網格。

設定 Abaqus 元素類型

本節中，讀者將爲此模型設定特定的 Abaqus 元素類型，儘管讀者可以現在設置元素類型，你也可以等到網格建立之後再進行。

二維桁架元素用來模擬此桁架。因爲桁架元素僅承受拉伸和壓縮的軸向負載，選擇這些元素模擬諸如天車桁架這類鉸接結構是理想的。

設定 Abaqus 的元素種類：

1. 在模型樹中，展開 Part 子項目群下的 Frame 項目，如果還未展開的話。按兩下列表中的 Mesh。

   Abaqus/CAE 進入網格模組，網格模組的功能只能透過下拉式選單的項目或工具盒的小圖示。

2. 從主選單中選擇 Mesh → Element Type。

3. 在圖形窗中，拖曳滑鼠，建立一個方框，圈選整個桁架，作為設置元素類型的區域。當完成時，在提示區按下 Done 按鈕。

   跳出 Element Type 對話框。

4. 在對話框中，選擇如下：
   - Standard 作為 Element Library 的選擇(預設)。
   - Linear 作為 Geometric Order(預設)。
   - Truss 作為元素的 Family。

5. 在對話框下面，檢查元素形狀的選項。在每個頁面下面提供了預選元素的簡短描述。因為此模型是二維桁架，在 Line 頁面上只顯示二維桁架元素。元素類型 T2D2 的說明顯示在對話框的底部。Abaqus/CAE 將網格中的元素設定為 T2D2 元素。

6. 按下 OK，設定元素類型，關閉對話框。

7. 在提示區按下 Done 按鈕，結束該過程。

產生網格

基本的網格分割分兩步驟操作：首先在組成件的邊上撒點，然後對組成件分割網格。基於需要的元素尺寸或者元素數量，讀者沿著一條邊上選擇元素數目，Abaqus/CAE 會盡可能地在撒點處佈置網格節點。在本例題中，讀者將在天車的每根桿件上建立一個元素。

撒點和劃分網格：

1. 從主選單中，選擇 Seed → Part 在組成件上撒點。

> **注意**：藉由在組成件的每條邊上分別撒點，對最後的網格，獲得更多的控制，但本例無需此動作。

跳出 Global Seeds 對話框，對話框顯示預設的元素尺寸，Abaqus/CAE 以此在組成件上撒點。預設的元素尺寸是根據組成件的尺寸。讀者將使用一個比較大的元素尺寸，因此，每個區域僅產生一個元素。

2. 在 Global Seeds 對話框，指定大致的全域元素尺寸為 1.0，按下 OK，完成撒點，關閉對話框。

3. 從主選單中，選擇 Mesh → Part 對組成件鋪設網格。

4. 從提示區的按鈕中，按下 Yes 確認讀者的需求。

> 提示：從主選單中選擇 View → Part Display Options，讀者可以在網格模組中顯示節
> 點和元素數量。在跳出的 Part Display Options 對話框中，切換至 Mesh 頁面，
> 勾選 Show Node Labels 與 Show Element Label。

2.3.9　建立一個分析作業

現在，已經設置好分析模型，可以建立這個模型的分析作業。

建立一個分析作業：

1. 在模型樹中按兩下 Job 子項目群，建立一個分析作業。
   Abaqus/CAE 切換至分析作業模組，跳出 Create Job 的對話框以及模型資料庫中的模型清單。當讀者完成分析作業的定義，Job 子項目群會列出分析作業。

2. 命名分析作業為 Frame，按下 Continue。
   跳出 Edit Job 對話框。

3. 在 Description 空格中，輸入 Two-Dimensional Overhead Hoist Frame。

4. 按下 OK，接受分析作業編輯器中所有的預設，關閉對話框。

2.3.10　檢查模型

在產生這個模擬的模型後，準備執行分析了。遺憾的是，由於不正確或者疏漏的資料，在這個模型中可能有錯誤。故在執行模擬前，必須進行資料檢查分析。

執行資料檢查分析：

1. 在模型樹中展開 Jobs 子項目群，在名為 Frame 的分析作業上按滑鼠鍵 3，從選單中選擇 Data Check 來提交資料檢查分析。

2. 在作業提交後，顯示於作業名稱旁的資訊說明作業的現況。天車桁架問題的狀態說明如下：

   - Check Submitted，作業正被提交資料分析。
   - Check Running，Abaqus 正在執行資料分析。
   - Check Completed，資料分析成功完成。
   - Submitted，作業正在被提交分析。
   - Running，Abaqus 分析模型。
   - Completed，分析完成，輸出寫入到輸出資料庫檔。
   - Aborted，如果 Abaqus/CAE 發現輸入檔或者分析有問題，會中止運算。此外，Abaqus/CAE 在資訊區發出問題說明(見圖 2-2)。

   在分析中，Abaqus/Standard 發送資訊到 Abaqus/CAE，讓讀者監控作業的執行過程。來自狀態、資料、記錄和訊息檔的資訊顯示在 Job Monitor 的對話框中。在 Job Monitor 對話框的下半部分，可從頁面視窗瀏覽這些檔案，可以搜尋其內容。選擇需要的檔案頁面，在 Text to find 空格中，輸入搜尋字串，點擊 Next 或 Previous，逐一瀏覽找到的關鍵字。勾選 Match case 執行區分大小寫的搜尋。

監控作業的狀態：

1. 在模型樹中，對名為 Frame 的分析作業按右鍵，從選單中選擇 Monitor，開啟 Job Monitor 對話框。

   跳出 Job Monitor 對話框。

2. 對話框的上半區顯示在分析中 Abaqus 所建立的狀態檔(.sta)中的資訊。該檔包括了分析進程的簡單總結，請參閱線上手冊，並搜尋 "Output" 有描述。對話框的下半區讓讀者檢視關於分析的資訊。

   - 按下 Log 頁面顯示在紀錄(.log)中出現的分析開始和終止時間。
   - 點擊 Errors 和 Warnings 頁面顯示在資料(.dat)和資訊(.msg)檔中出現的錯誤或者警告。如果模型的某一特定區域造成錯誤或者警告，會自動建立包含該區域的節點或元素的集合，這個節點或元素的集合名稱與錯誤或警告一起出現，讀者可以利用視覺化後處理模組的顯示群組查看這些集合。

直到修正任何錯誤訊息的原因，才能進行分析。另外，讀者必須常找出引起任何警告訊息的原因，以決定是否需要修正動作，或者這類訊息是否可安全地忽略。Abaqus 限制出現在分析作業監視器的錯誤以及警告訊息數量(預設的限制是 10 個錯誤訊息以及 50 個警告訊息)，如果超出此上限，關於其他的錯誤和警告可以從列印輸出檔中獲得。如要修改預設的訊息數量限制，請參閱線上手冊，並搜尋 "Job customization parameters"。

- 按下 Output 頁面顯示當寫入輸出資料庫時，每個輸出資料的記錄。
- 隨著分析的前進，Abaqus 建立資料、訊息以及狀態檔，Abaqus/CAE 啟動 Data File, Message File 以及 Status File 的頁面，將每個檔案的內容顯示於對應的頁面。讀者可以點擊任何頁面，瀏覽或是搜尋更多的錯誤與警告訊息。

> 提示：雖然 Abaqus/CAE 會隨著分析執行，定期更新 Data File, Message File 以及 Status File 頁面的內容，但資料或許不會與檔案中的最新資料同步。

3. 按下 Dismiss 來關閉作業監視對話框。

✎ 2.3.11　執行分析

對模型做出任何必要的改正。當資料檢查分析完成和沒有錯誤訊息後，執行分析。為此，在名為 Frame 的作業按下滑鼠鍵 3 並從出現的選單中選擇 Continue。

> 提示：執行資料檢查會產生分析作業的檔案，當交付一個分析的作業，同樣名稱的檔案已經存在，Abaqus/CAE 顯示一個對話框，詢問是否可以覆蓋分析作業的檔案，點擊 OK，繼續。

為了確保模型是否正確地定義，檢查是否有足夠的磁碟空間和可用的記憶體完成分析，在執行一個模擬前，讀者必須進行資料檢查分析。然而，在 Job 子項目群中，點擊該作業名稱，按滑鼠鍵 3，並從選單中選擇 Submit，能夠一併執行資料檢查和模擬分析階段。

如果一個模擬預期會耗費一段時間，選擇 Edit Job 對話框中的 Run Mode 為 Queue，用批次排序方式運行該模擬是比較方便的。(這種排序的可用性取決於讀者電腦中 Abaqus 環境檔的排序定義設定，如果有任何問題，諮詢讀者的系統管理員或是請參閱線上手冊，並搜尋 "Defining analysis batch queues"。

❧ 2.3.12 用 Abaqus/CAE 進行後處理

由於在模擬過程中產生大量的資料,圖形後處理是十分重要的。Abaqus/CAE 的視覺化後處理模組(另外授權爲 Abaqus/Viewer)允許讀者應用各種不同的方法觀察圖形化的結果,包括變形圖、分布雲圖、向量圖、動畫和 X-Y 曲線圖。此外,讀者可以建立一個輸出資料的表格報告。在本書中討論所有的方法。關於本書中任何後處理功能的更多資訊,請參閱線上手冊,並搜尋 "Viewing results"。對於本例,讀者可以使用視覺化後處理模組執行基本的模型檢驗,以及顯示桁架的變形形狀。

當分析作業算成功完成後,讀者準備用視覺化後處理模組檢視分析結果。在模型樹中,對名爲 Frame 的作業按下滑鼠鍵 3,並從選單中選擇 Results,進入視覺化後處理模組。Abaqus/CAE 打開由該作業產生的輸出資料庫,並繪出未變形的模型形狀,如圖 2-12 所示。

另一種進入視覺化後處理模組的方法是在位於環境列 Module 列表中,選擇 Visualization。選擇 File → Open,從跳出的輸出資料庫檔列表中選擇 Frame.odb,按下 OK。

圖 2-12   未變形的模型形狀

讀者可以選擇在圖形窗的底部顯示標題區塊跟狀態區塊;在圖 2-12 並未顯示。在圖形窗底部的標題區塊指名下列資訊:

- 模型的描述(來自分析作業描述)。
- 輸出資料庫名(來自分析作業名)。
- 產品名(Abaqus/Standard 或 Abaqus/Explicit)和用來產生輸出資料庫的版本。
- 最近一次修改輸出資料庫的日期。

在圖形底部的狀態區塊說明下列資訊:

- 當前所顯示的分析步。
- 此分析步中目前所顯示的增量步。
- 分析步的時間。

視角三軸座標標示模型在全域座標系中的方向。圖形窗右上方的 3D 羅盤來直接操作視角。

讀者可以隱藏或客製化標題區塊，狀態區塊，視角三軸座標和 3D 羅盤，從主選單中選擇 Viewport → Viewport Annotation Option(如，本書中許多圖片不包含標題區塊或羅盤)。

結果樹

讀者將使用結果樹來查詢分析模型的結果。為了驗證模型，結果樹可輕易地將輸出資料庫檔中的歷時輸出繪製成 X-Y 圖，也可以檢視以集合名稱、材料以及截面指定為基礎的元素、節點以及面群，以及控制圖形窗的顯示。

查詢分析模型的結果：

1. 如果主視窗的左邊顯示的不是結果樹，按下 Results 頁面切換到結果樹。
2. 在 Output Database 子項目群下，列出所有在後處理開啟的輸出資料庫檔。展開此子項目群，點開名為 Frame.odb 的子項目群。
3. 打開 Materials 子項目群，點選名為 STEEL 的材料。

在圖形窗中表示所有的元素，因為此分析中只有指定一種材料。

後面的例子將有更多說明如何使用結果樹，展現 X-Y 曲線的功能，使用顯示群組，操作顯示。

客製化未變形圖

現在，讀者將使用圖形選項，顯示節點和元素編號。圖形選項適用所有的繪圖類型(未變形、變形、分布雲圖、向量以及材料方向)，皆在同一個對話框中設定。分布雲圖，向量以及材料方向圖有額外的選項套用在當下的圖形種類。

顯示節點編號

1. 從主選單中，選擇 Options → Common；或使用工具列中的 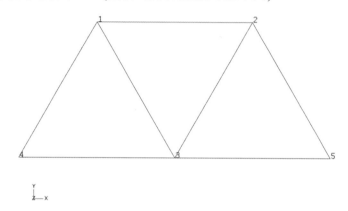 工具。跳出 Common Plot Options 對話框。

2. 按下 Labels 頁面。

3. 勾選 Show Node Labels。

4. 點擊 Apply。

   Abaqus/CAE 將採用此變更，保持對話框開放。

   客製化的未變形圖見圖 2-13(讀者的節點編號可能不同)。

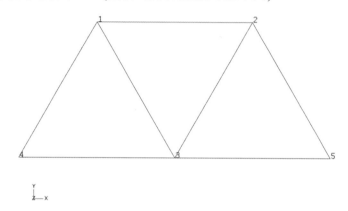

圖 2-13　節點編號圖

顯示元素編號

1. 在 Common Plot Options 對話框中的 Labels 頁面，勾選 Show Element Labels。

2. 按下 OK。

   Abaqus/CAE 將採用此變更，並關閉對話框。

   修改後的結果見圖 2-14(讀者的元素編號可能不同)。

   進行下個步驟前，先移除節點和元素編號。要移除節點和元素編號，重複上述步驟並在 Labels 頁面，不選擇 Show Node Labels 和 Show Element Labels。

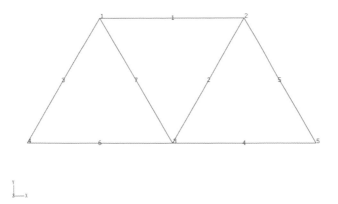

圖 2-14　節點和元素編號圖

客製化變形圖

顯示變形圖，利用圖形選項修改變形放大係數，並將未變形圖疊放在變形圖之上。

可從主選單中，選擇 Plot → Deformed Shape；或利用工具盒中 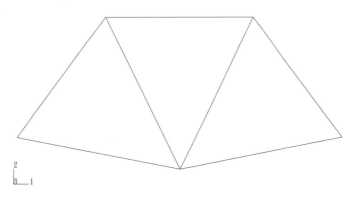 工具，Abaqus/CAE 顯示變形圖，如圖 2-15 所示。

圖 2-15　模型的變形圖

對於小變形分析(Abaqus/Standard 的預設)，為了確保清楚地觀察變形，位移會自動地放大。在狀態區塊中顯示放大係數。本例中，位移被放大了 42.83 倍。

改變變形放大係數

1. 從主選單中，選擇 Option → Common；或使用工具列中的 工具。

2. 在 Common Plot Options 對話框中，若還未被點選，按下 Basic 頁面。

3. 在 Deformation Scale Factor 區域中，勾選 Uniform，並在 Value 空格裡鍵入 10.0。

4. 按下 Apply，重新顯示變形形狀。

   從狀態塊中顯示新的放大係數。

5. 為了回到位移的自動放大，重複上面的過程，在 Deformation Scale Factor 空格中，勾選 Auto-Compute。

6. 點擊 OK，關閉 Common Plot Options 對話框。

未變形圖覆蓋在變形圖之上

1. 按下工具盒中 Allow Multiple Plot States 工具，在同一個圖形窗中同時秀出多個圖形；再按下 工具，或選擇 Plot → Undeformed Shape，在圖形窗中，將未變形圖加入變形圖中。

   預設，Abaqus/CAE 以綠色顯示變形圖和以白色透明線顯示(疊加的)未變形圖。

2. 疊加的圖像跟主要圖像的圖形選項是分開控制的，從主選單選擇 Options → Superimpose；或是按下工具列中的 工具，改變疊加圖像(未變形)的邊線型式。

3. 從 Superimpose Plot Options 對話框中，按下 Color & Style 頁面。

4. 在 Color & Style 頁面，選擇虛線邊線。

5. 點擊 OK，關閉 Superimpose Plot Options 對話框，套用變更。

未變形圖的邊線以虛線呈現，如圖 2-16 所示。

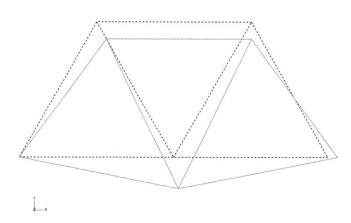

圖 2-16 未變形和變形的模型圖

使用 Abaqus/CAE 檢查模型

　　在執行模擬前，可利用 Abaqus/CAE 檢查模型是否正確。讀者已經學會了如何繪製模型圖以及顯示節點與元素編號。還有有用的工具檢查 Abaqus 使用正確網格。

　　在視覺化後處理模組中，也可以顯示並檢查施加在天車桁架模型上的邊界條件。

在未變形模型圖上顯示邊界條件：

1. 按下工具盒中的 🖼️ 工具，關閉圖形疊加的功能。

2. 若看不到未變形圖，將其顯示出來。

3. 從主選單，選擇 View → ODB Display Options。

4. 在 ODB Display Options 對話框中，按下 Entity Display 頁面。

5. 選中 Show Boundary Conditions。

6. 按下 OK。

　　Abaqus/CAE 顯示符號，表示施加的邊界條件，如圖 2-17 所示。

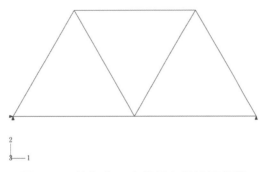

圖 2-17　施加在天車桁架上的邊界條件

資料報表

　　除了上述的繪圖功能，Abaqus/CAE 允許讀者以列表格式將資料寫入文字檔。這是取代將表格化輸出寫入資料檔(.dat)的好工具。以此種方式產生的輸出有許多用途；例如，可以用來撰寫報告。在本例中，讀者將產生一個包含元素應力、節點位移和反力的報告。

產生場變數報告：

1. 從主選單，選擇 Report → Field Output。

2.　在 Report Field Output 對話框的 Variable 頁面中，接受標記為 Integration Point 的預設輸出點位。按下 S：Stress Components 旁邊的三角形，展開可用的變數列表，勾選 S11。

3.　在 Setup 頁面，命名報告為 Frame.rpt。在該頁面底部的 Data 區域，取消 Column Totals。

4.　點擊 Apply。

元素應力被寫入到報告檔案中。

5.　在 Report Field Output 對話框的 Variable 頁面中，改變位置為 Unique Nodal，放棄選擇 S：Stress Components，而從 U：Spatial Displacement 變數列表中選擇 U1 和 U2。

6.　按下 Apply。

節點位移被添加到報告檔案中。

7.　在 Report Field Output 對話框的 Variable 頁面中，取消 U：Spatial Displacement，從 RF：Reaction Force 變數列表中選擇 RF1 和 RF2。

8.　在 Setup 頁面底部的 Data 區中，選取 Column Totals。

9.　按下 OK。

反力被添加到了報告檔案中，關閉 Report Field Output 對話框。

在文字編輯器中，打開 Frame.rpt 檔，該檔的內容顯示如下。讀者的節點與元素編號也許不同。視讀者的系統，計算出來的數值也會有微小差異。

應力輸出：

```
Field Output Report

Source 1
---------

  ODB: Frame.odb
  Step: "Apply load"
  Frame: Increment      1: Step Time =   2.2200E-16

Loc 1 : Integration point values from source 1

Output sorted by column "Element Label".

Field Output reported at integration points for Region(s) FRAME-1: solid
< STEEL >

        Element          Int        S.S11
         Label           Pt         @Loc 1
-------------------------------------------------------
```

```
            1         1      294.116E+06
            2         1     -294.116E+06
            3         1      147.058E+06
            4         1      294.116E+06
            5         1     -294.116E+06
            6         1      147.058E+06
            7         1     -294.116E+06


 Minimum                   -294.116E+06
     At Element                      7

          Int Pt                    1
 Maximum                    294.116E+06
     At Element                      4

          Int Pt                    1
```

位移輸出：

```
Field Output Report

Source 1
- - - - - - - - -


  ODB: Frame.odb
  Step: "Apply load"
  Frame: Increment      1: Step Time =   2.2200E-16


Loc 1 : Nodal values from source 1

Output sorted by column "Node Label".

Field Output reported at nodes for Region(s) FRAME-1: solid < STEEL >

              Node         U.U1           U.U2
              Label        @Loc 1         @Loc 1
- - - - - - - - - - - - - - - - - - - - - - - - - - - - - - - - - - - -
                1     735.291E-06   -4.66972E-03
                2    -975.782E-21   -2.54712E-03
                3     1.47058E-03   -2.54712E-03
                4     1.47058E-03        -5.E-33
                5            0.         -5.E-33


 Minimum            -975.782E-21   -4.66972E-03

    At Node                   2              1
 Maximum             1.47058E-03        -5.E-33

    At Node                   4              5
```

反力輸出：

```
Field Output Report

Source 1
---------


  ODB: Frame.odb
  Step: "Apply load"
  Frame: Increment      1: Step Time =   2.2200E-16

Loc 1 : Nodal values from source 1

Output sorted by column "Node Label".

Field Output reported at nodes for Region(s) FRAME-1: solid < STEEL >

          Node         RF.RF1         RF.RF2
          Label        @Loc 1         @Loc 1
---------------------------------------------------------
            1            0.             0.
            2            0.             0.
            3            0.             0.
            4            0.           5.E+03
            5      909.495E-15        5.E+03

 Minimum                0.             0.
      At Node            4              3

 Maximum          909.495E-15        5.E+03
      At Node            5              5

      Total      909.495E-15        10.E+03
```

對於天車桁架和所施加的外負載，每個桿件的節點位移和應力峰值是否合理呢？

檢驗模擬的結果是否滿足基本的物理原理是一個好的檢驗方法。在本例中，檢驗施加在天車桁架上的外力與反力，在垂直和水平兩個方向的合力是否皆為零。

哪些節點被施加了垂直方向的外力？哪些節點受水平方向的外力？讀者模擬計算的結果是否與這裏列出的結果吻合？

第 2 章　Abaqus 基礎 ｜ 2-45

❧ 2.3.13　使用 Abaqus/Explicit 重新執行分析

為了比較，我們將使用 Abaqus/Explicit 重新執行同樣的分析。這一次我們關心的是天車桁架在中心突然施加同樣負載後的動態反應。在執行之前，按下主視窗左邊的 Model 頁面，切換到模型樹，對模型樹中的 Model-1 按下滑鼠鍵 3，從選單中選擇 Copy Model，複製現有的模型，命名為 Explicit，然後對這個 Explicit 模型進行一步步的的修改(為避免混淆，收起原本的模型)。在重新提交分析作業前，需要將靜態分析步修改為顯式動態分析步，修改輸出要求和材料定義，以及改變元素庫。

替換分析步

分析步的定義必須改為一個動態、顯式的分析。

用顯式動態分析步替換靜態分析步

1. 在模型樹中，展開 Steps 子項目群，在名為 Apply Load 的分析步上按右鍵，從選單中選擇 Replace。

2. 在 Replace Step 對話框中，從 General 程序列表中，選擇 Dynamic，Explicit。按下 Continue。
   當置換分析步時，模型屬性如邊界條件、負載和接觸都將保留，刪除無法轉換的模型屬性。在本模擬中，所有必要的模型屬性都將保留。

3. 在 Edit Step 對話框的 Basic 頁面，鍵入分析步的描述為 10 kN Central Load, Suddenly Applied，並設置分析步的時間為 0.01 s。

修改輸出要求

由於這是動態分析，我們感興趣的是桁架的暫態反應，所以將中心點的位移作為歷時變數輸出將有助於分析問題。只對預先選定的集合設定位移歷時變數輸出，因此，需要建立一個包括桁架底部中心點的集合。然後將位移加入歷時變數輸出要求中。

建立一個集合

1. 在模型樹中，展開 Assembly 子項目群，按兩下 Sets 項目，跳出 Create Set 對話框。

2. 命名集合爲 Center，接受預設的 Geometry 選擇，按下 Continue。

> 提示：對於已經鋪設網格的零件，可以依據幾何或是元素來定義集合。如果修改網格，
> 必須重新定義對網格設定的集合。然而，對幾何設定的集合會自動更新。對於
> 未鋪設網格的零件，只能對幾何設定集合。

3. 在圖形窗中，選擇桁架底邊的中心點。完成時，在提示區中按下 Done。

在歷時變數輸出要求中增加位移

1. 在模型樹中，對 History Output Requests 按滑鼠鍵 3，從選單中選擇 Manager。

2. 跳出的 History Output Requests Manager 對話框中，按下 Edit。
   顯示歷時變數輸出編輯器。

3. 在 Domain 空格下，選擇 Set，Abaqus 自動提供已建立的所有集合列表。在本例中，
   只建立了一個集合 Center。

4. 爲了在每個增量輸出資料，在 Frequency 空格中選擇 Every n time increment，並將 n
   設爲 1。

5. 在 Output Variables 區域中，取消 Energy 的輸出，按下 Displacement/Velocity/
   Acceleration 類別左邊的箭頭，顯示平移和轉動的歷時變數輸出選項。

6. 勾選 UT, Translations，將所選集合的平移和轉動以歷時變數輸出到輸出資料庫檔。

7. 按下 OK，儲存修改，關閉對話框。關閉 History Output Requests Manager。

修改材料定義

由於 Abaqus/Explicit 進行的是動態分析，所以一個完整的材料定義需要設定材料密
度。在本例中，假設密度爲 7800 kg/m^3。

在材料定義中添加密度

1. 在模型樹中，展開 Materials 子項目群，雙擊 Steel。

2. 在材料編輯器中，選擇 General → Density，輸入 7800 作為密度值。

3. 按 OK，結束 Edit Material 對話框。

修改元素庫，提交分析作業

在第 3 章 "有限元素和剛體" 中將討論到，可用於 Abaqus/Explicit 的元素是 Abaqus/Standard 元素的其中一部份。因此，確保在分析中使用有效的元素種類，讀者必須將選擇元素的元素庫改變為顯式元素庫。根據所選擇的元素庫，Abaqus/CAE 自動過濾元素種類。改變元素庫後，讀者將建立和執行 Abaqus/Explicit 分析的一個新作業。

改變元素庫

1. 在模型樹中，展開 Parts 子項目群下的 Frame 項目，從列表中對 Mesh 按兩下。Abaqus/CAE 切換到網格模組。

2. 從主選單中，選擇 Mesh → Element Type，選擇圖形窗中的桁架，將 Element Library 的選擇改變 Explicit。

3. 按下 OK，接受新的元素種類。

執行新的作業

1. 在模型樹中，雙擊 Job 子項目群。

2. 將新的作業命名為 expFrame，選擇 Explicit 作為模型的來源。

3. 提交作業。

✎ 2.3.14 對動態分析的結果進行後處理

在 Abaqus/Standard 完成的靜態線性擾動分析中，已經查看變形圖以及應力、位移和反力的輸出。對於 Abaqus/Explicit 分析，同理查看變形圖和產生的場變數資料報表。由於這是一個動態分析，必須查看由載入所引起的動態反應。藉由播放模型變形圖的時間歷時以及桁架底部中心點的位移歷時曲線動畫，查看此反應。

繪出模型的變形圖。在大位移分析(Abaqus/Explicit 的預設)中，位移形狀放大係數的預設值為 1。將 Deformed Scale Factor 改為 20，所以，讀者可以更容易地觀察桁架的變形。

建立模型變形圖的時間歷時動畫

1. 從主選單中，選擇 Animation → Time History；或者使用工具盒中 工具。時間歷時動畫開始時係以最快的速度連續反覆播放。Abaqus/CAE 在環境列的右側顯示動畫播放控制器(在圖形窗的上面)。

2. 從下拉式選單，選擇 Options → Animation；或使用工具列中的動畫選項 工具(位在 工具正下方)。

    跳出 Animation Options 對話框。

3. 將播放 Mode 改變為 Play Once，移動 Frame Rate 的滑桿，減慢播放速度。

4. 播放動畫時，可以動畫控制器啟動、停止和前進後退播放。從左至右，這些控制執行下面的功能：Play/Pause、First、Previous、Next 和 Last。

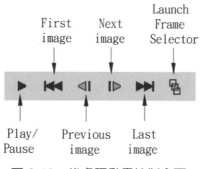

圖 2-18 後處理動畫控制介面

作用在桁架上的負載導致動態反應。可藉由繪製 Center 節點集合的歷時垂直位移，來確認此反應。

從儲存在輸出資料庫(.odb)中的歷時變數或者場變數資料，可以建立 X-Y 曲線。X-Y 曲線也可以讀取外部檔案，或者以手動方式鍵入視覺化後處理模組中。一旦建立這些曲線，它們的資料可進一步地處理，並以圖形的方式繪製在螢幕上。在本例中，讀者將使用歷時資料建立並繪製曲線。

建立一個節點垂直位移的 X-Y 曲線

1. 在結果樹中，將 expFrame.odb 輸出資料庫下方的 History Output 子項目群展開。

2. 從歷程輸出選單中，雙擊 Spatial Displacement：U2 At Node 1 NSET CENTER。
   Abaqus/CAE 繪出桁架底部中心節點的垂直位移，如圖 2-19 所示。

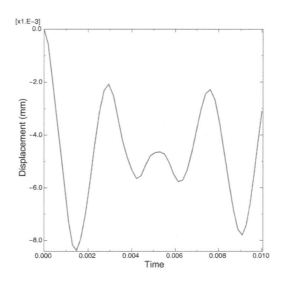

圖 2-19　桁架中心處的垂直位移

> **注意**：該圖中的圖例已被隱藏，座標軸標記已更改過。在圖形窗的適當位置雙擊，可
> 以直接對需多 X-Y 圖進行編輯。然而，直接對物件進行編輯，必須先按下提
> 示區的 ![X]，取消目前的動作(如果必要的話)。如要隱藏圖例，在圖形窗雙擊
> 圖例，開啟 Chart Legend Options 對話框，在此對話框的 Contents 頁面，取消
> Show Legend。要更改座標軸標記，對任一座標軸連按兩下，打開 Axis Options
> 對話框，依照圖 2-19 修改座標軸標題。

退出 Abaqus/CAE

儲存讀者的模型資料庫檔；然後從主選單中選擇 File → Exit，退出 Abaqus/CAE。

2.4 比較隱式與顯式程序

　　Abaqus/Standard 和 Abaqus/Explicit 都有求解各式各樣的問題。對於一個特定問題,隱式和顯式演算法的特點決定了採用哪一種演算法比較適合。對於採用任何演算法都可以解決的那些問題,求解問題的效率決定了採用哪種模組。了解隱式和顯式演算法的特點有助於回答這個問題。表 2-2 列出了在兩種分析模組之間的主要差異,在本書的相關章節中將詳細討論。

表 2-2　在 Abaqus/Standard 和 Abaqus/Explicit 之間的主要差別

參數	Abaqus/Standard	Abaqus/Explicit
元素庫	提供豐富的元素庫。	提供適用於顯式分析的豐富元素庫,這些元素是 Abaqus/Standard 中的部分元素。
分析程序	一般分析和線性擾動分析程序。	一般分析程序。
材料模型	提供了廣泛的材料模型。	類似於 Abaqus/Standard 中的材料模型;最重要的區別是可以設定材料破壞的模型。
接觸公式	求解接觸問題的強大能力。	強大的接觸功能,甚至能夠解決最複雜的接觸模擬。
求解技術	使用基於勁度的求解技術,無條件穩定。	使用顯式積分求解技術,條件式穩定性。
磁碟空間和記憶體	由於在增量步中可能會有大量的疊代次數,會佔用大量的磁碟空間和記憶體。	磁碟空間和記憶體的占用量比起 Abaqus/Standard 要小很多。

☙ 2.4.1　在隱式和顯式分析之間選擇

　　對於許多分析,很清楚地知道該是使用 Abaqus/Standard 或是 Abaqus/Explicit。例如,像在第 8 章"非線性"中的說明,對於求解平滑的非線性問題,Abaqus/Standard 是比較有效率的;另一方面,對於波傳分析,Abaqus/Explicit 是明確的選擇。然而,有些靜態或準靜態問題,使用任何程式都能有很好的模擬。特別的是,有些問題通常使用 Abaqus/Standard 求解,但是由於接觸或者材料的複雜性,導致需要大量的疊代數,可能會有收斂的困難。因為每次疊代都需要求解一組大型的線性方程式,使用 Abaqus/Standard 分析,其代價是相當昂貴的。

Abaqus/Standard 必須疊代，以求解一個非線性問題，而 Abaqus/Explicit 不需疊代，係由前一時間增量末端的結果以顯式方法向前計算動態行為，求得解答。使用顯式方法，即便一個給定的分析可能需要大量的時間增量，對於同一個問題，以 Abaqus/Explicit 分析會比需要許多疊代的 Abaqus/Standard 還來的更有效率。

對於同樣的模擬，Abaqus/Explicit 的另一個優點是需要的磁碟空間和記憶體遠遠小於 Abaqus/Standard。對於可以比較兩個程式計算成本的問題，節省大量磁碟空間和記憶體的 Abaqus/Explicit 更具吸引力。

❧ 2.4.2　網格加密在隱式和顯式分析中的計算成本

使用顯式方法，計算成本與元素數量成正比，與最小元素尺寸大約成反比。因此，增加元素數量和減小最小元素尺寸，網格細劃會增加計算成本。作為一個例子，考慮由均勻的方形元素組成的三維模型，如果在三個方向皆以 2 倍的係數細劃網格，元素數目增加造成計算成本提高為 $2\times2\times2$ 倍，而最小元素尺寸減小的結果，計算成本增為 2 倍。由於網格細劃，整個分析的計算成本增加為 2^4 或 16 倍。磁碟空間和記憶體需求與元素數目成正比，與元素尺寸無關；因此，這些需求增加為 8 倍。

對於顯式方法，可以很直接地預測隨著網格細劃所帶來的成本增加，而使用隱式方法時，預測成本是非常困難的。困難點來自於與問題相關的元素連接和求解成本之關係，在顯式方法中不存在這種關係。應用隱式方法，經驗說明對於許多問題，計算成本大致與自由度數量的平方成正比。考慮一個採用均勻、方形元素的三維模型例子，在三個方向加密 2 倍的網格，自由度的數目大致增加為 2^3 倍，導致計算成本大約增加為 $\left(2^3\right)^2$ 倍或 64 倍。同理磁碟空間和記憶體的需求將增加，儘管難以預測實際的增加量。

只要網格是相對均勻的，隨著模型尺寸的增加，顯式方法比起隱式方法節省大量的計算成本。圖 2-20 說明，使用顯式與隱式方法，計算成本與模型尺寸的比較。對於這個問題，自由度數目與元素數目成比例。

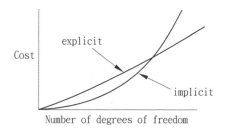

圖 2-20　使用隱式和顯式方法的成本與模型尺寸關係圖

2.5 小　結

- Abaqus/CAE 可以用來建立完整的 Abaqus 分析模型。分析模組(Abaqus/Standard 或 Abaqus/Explicit)讀取由 Abaqus/CAE 所產生的輸入檔，進行分析，傳給 Abaqus/CAE 的資訊，讓讀者監控作業進展，產生輸出資料庫。使用視覺化後處理模組讀取輸出資料庫，檢視分析結果。

- 一旦建立模型，讀者可以進行資料檢查分析。錯誤和警告訊息將輸出到作業監視器對話框。

- 在資料檢查階段，使用所產生的輸出資料庫檔，在 Abaqus/CAE 中運用視覺化後處理模組檢驗圖形化的模型幾何與邊界條件。

- 持續檢查結果是否滿足工程基本原理，例如：平衡。

- Abaqus/CAE 的視覺化後處理模組允許讀者以各種方式觀察圖形化的分析結果，也可讓讀者寫成資料報表。

- 如何選擇隱式或者顯式方法完全仰賴於問題的本質。

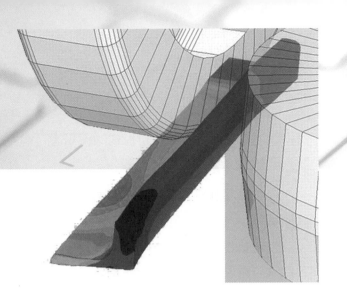

Chapter **3**
有限元素和剛體

有限元素和剛體是 Abaqus 模型的基本構件。有限元素是可變形的，而剛體在空間運動不改變形狀。有限元分析程式的使用者可能多少了解甚麼是有限元素，但對在有限元程式的剛體概念，可能會比較陌生。

為了提高計算效率，Abaqus 具有一般剛體的功能。任何物體或物體的一部分可以定義為剛體；大多數的元素種類都可以用於剛體的定義(例外情況請參閱線上手冊，並搜尋 "Rigid body definition")。剛體勝過變形體的地方在於剛體運動只需要以一個參考點上最多六個自由度就能完整描述。相比之下，可變形的元素擁有許多自由度，需要耗時的元素計算才能決定變形。當這變形可以忽略或者不感興趣時，將模型一個部分模擬為剛體可以大幅節省計算時間，而不影響整體結果。

3.1 有限元素

Abaqus 提供廣泛的元素，其龐大的元素庫為讀者提供了一套強而有力的工具，解決多種不同的問題。可用於 Abaqus/Explicit 的元素是 Abaqus/Standard 元素的一部分(少數除外)。本節將介紹影響元素行為的的五個特徵。

✎ 3.1.1 元素的表徵

每一個元素的特徵如下：

- 元素族。
- 自由度(與元素族直接相關)。
- 節點數量。
- 數學式。
- 積分。

Abaqus 中每個元素都有唯一的名稱，例如 T2D2，S4R 或者 C3D8I。元素的名稱說明一個元素的每個特徵。本章將介紹命名規則。

元素族

圖 3-1 說明應力分析中最常用的元素族。不同元素族之間一個主要的區別是每一個元素族所假定的幾何種類不同。

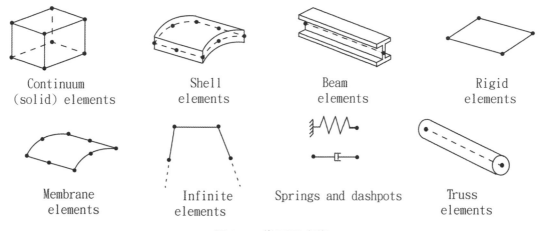

圖 3-1　常用元素族

在本書中將用到的元素族有實體元素、殼元素、樑元素、桁架和剛體元素，這些元素將在其他章節裡討論。本書沒有提到的其他元素族，若讀者有興趣，請參閱線上手冊，並搜尋 "Elements"。

一個元素名稱的第一個字母或者字母串表示該元素屬於哪一個元素族。例如，S4R 中的 S 表示其為殼元素，而 C3D8I 中的 C 表示為實體元素。

自由度

自由度是在分析中計算的基本變數。對於與應力/位移模擬，自由度是在每一節點處的平移。某些元素族，諸如樑和殼元素族，也包括旋轉的自由度。對於熱傳問題的模擬，自由度為每一節點的溫度；因此，由於自由度不同，熱傳分析所需使用到的元素與應力分析使用到的元素不相同。

在 Abaqus 中使用的關於自由度的順序規定如下：

1.　1 方向的平移
2.　2 方向的平移
3.　3 方向的平移
4.　繞 1 軸的旋轉

5. 繞 2 軸的旋轉
6. 繞 3 軸的旋轉
7. 開口截面樑元素的翹曲
8. 聲壓、孔隙壓力或靜水壓力
9. 電位能
11. 對於實體元素的溫度(或質量擴散分析中的正規化濃度)，或者在樑和殼厚度上第一點的溫度
12+ 在樑和殼厚度上其他點的溫度

除非在節點處已定義局部座標系，否則此時方向 1、2 和 3 分別對應於全域座標的 1、2 和 3 方向。

軸對稱元素例外，其位移和旋轉的自由度如下：

1：r-方向的平移
2：z-方向的平移
6：r-z 平面內的旋轉

除非在節點處已經定義了局部座標系，方向 r(徑向)和 z(軸向)分別對應於全域座標的 1 和 2 方向。關於在節點處定義局部座標系，請見第 5 章 "應用殼元素"。

在本書中只著重於結構應用，所以只討論具有平移和旋轉自由度的元素。關於其他類型元素的資訊(如熱傳元素)，請參考線上使用手冊。

Abaqus/CAE 預設使用依字母順序 X-Y-Z 來標註視角的三軸座標。一般情況下，本書採用數字 1-2-3 的標註記號，與自由度以及輸出的編碼相對應。請參閱線上手冊，並搜尋 "Customizing the view triad"。

節點數量─內插的階數

Abaqus 僅在元素的節點處計算前面提到的位移、旋轉、溫度和其他自由度。在元素內其他點的位移是由節點位移內插獲得的。通常內插的階數由元素採用的節點數量決定。

- 僅在角點處有節點的元素，如圖 3-2(a)所示的 8 節點實體元素，在每一方向上採用一階內插，常稱為線性元素或一階元素。
- 在每條邊上有中間節點的元素，如圖 3-2(b)所示的 20 節點實體元素，採用二階內插，常稱為二次元素或二階元素。

- 在每條邊上有中間節點的修正三角形或四面體元素，如圖 3-2(c)所示的 10 節點四面體元素，採用修正的二階內插，常稱爲修正的元素或修正的二階元素。

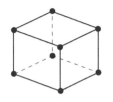

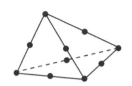

(a) Linear element
(8-node brick, C3D8)

(b) Quadratic element
(20-node brick, C3D20)

(c) Modified second-order element
(10-node tetrahedron, C3D10M)

圖 3-2　一階實體、二階實體和修正的四面體二階元素

Abaqus/Standard 提供一階和二階元素多樣化的選擇。Abaqus/Explicit 除了提供一階元素之外，二階元素僅提供二階樑元素以及可修正的二階四面體(Modified Tetrahedral)與三角形元素。

一般情況下，一個元素的節點數量清楚地標示在名稱中。8 節點實體元素，如前所見，稱爲 C3D8；8 節點一般殼元素稱爲 S8R。樑元素族採用稍有不同的規定：在名稱中標示內插的階數，一階三維樑元素稱爲 B31，二階三維樑元素稱爲 B32。對於軸對稱殼元素和薄膜元素一樣採用類似的規定。

數學式

元素的數學式是指用來定義元素行爲的數學理論。在不考慮自適應網格下，Abaqus 中所有的應力/位移元素的行爲都是基於拉格朗日(Lagrangian)或材料所描述的行爲：在分析中，與元素關聯的材料保持與元素的關聯，材料不能流經元素邊界。相反地，歐拉(Eulerian)或空間描述則是元素固定在空間中，材料流經元素。歐拉方法通常用於流體力學模擬，Abaqus/Standard 使用歐拉元素模擬熱對流。自適應網格結合了純拉格朗日和歐拉分析的特徵，允許元素獨立於材料運動。在本書中不討論歐拉元素和自適應網格。

爲了適用不同類型的行爲，在 Abaqus 中的某些元素族包含了幾種不同數學式的元素。例如，殼元素族具有三種類型：一般用途之殼體分析，薄殼以及厚殼。(這些殼元素的數學式將在第 5 章 "應用殼元素" 中說明)。

Abaqus/Standard 的某些元素族除了具有標準的數學式外，還有一些替代的數學式。具有替代數學式之元素在元素名稱末尾外加字母來識別。例如，實體、樑和桁架元素族包括採用混合式的元素，將靜水壓力(實體元素)或軸力(樑和桁架元素)視爲一個額外的未知量；這些元素以其名稱末尾的 "H" 字母標示(C3D8H 或 B31H)。

有些元素的數學式允許求解耦合場問題。如，以字母 C 開頭和字母 T 結尾的元素(如 C3D8T)具有力學和熱學的自由度，可用於模擬熱-力耦合問題。

幾種最常用的元素數學式將在本書的後面章節中討論。

積分

Abaqus 使用數值方法對元素的體積積分各種變數分。對於大部分元素，Abaqus 運用高斯積分法來計算每個元素內積分點的材料反應。Abaqus 中的有些元素，使用全積分或者減積分，對於一個特定問題，這種選擇對於元素的精度有顯著的影響，如在第 4.1 節 "元素的數學式和積分" 中所詳細討論的。

在元素名稱末端，Abaqus 採用字母 "R" 來區分減積分元素(如果一個減積分元素同時又是混合元素，末尾字母為 RH)。例如，CAX4 是 4 節點、全積分一階軸對稱實體元素；而 CAX4R 是同類元素的減積分形式。

Abaqus/Standard 提供了全積分和減積分元素；而 Abaqus/Explicit 僅提供減積分元素，也有修正的四面體元素、三角形元素和全積分的薄殼、薄膜與實體元素。

✎ 3.1.2 實體元素

在不同的元素族中，連體或者實體元素能夠用來分析範圍各種構件。概念上來說，實體元素簡單模擬零件中的一小塊材料。由於它們藉由任一個表面與其他元素相連，實體元素就像建築物的磚或馬賽克的瓷磚，因此能夠用來構建任何形狀、承受任意負載的模型。Abaqus 具有應力/位移、非結構以及耦合場的實體元素；本書只討論應力/位移元素。

在 Abaqus 中，應力/位移實體元素的名稱以字母 "C" 開頭。下兩個字母表示維度，通常表示(並非一定)元素的有效自由度。字母 "3D" 表示三維元素；"AX" 表示軸對稱元素；"PE" 表示平面應變元素；而 "PS" 表示平面應力元素。

在第四章 "應用實體元素" 中，將有更詳細的討論。

三維實體元素庫

三維實體元素可以是六面體(磚塊)、楔形或四面體。關於三維實體元素的完整清單和每種元素節點的連接性，請參閱線上手冊，並搜尋 "Three-dimensional solid element library"。

在 Abaqus 中，應盡可能地使用六面體元素或二階修正的四面體元素。一階四面體元素(C3D4)僅具有簡單的常應變數學式，需要非常細化的網格才能得到精確解答。

二維實體元素庫

Abaqus 擁有幾種離面行為不相同的二維實體元素。二維元素可以是四邊形或三角形。最普遍的三種二維元素如圖 3-3 所示。

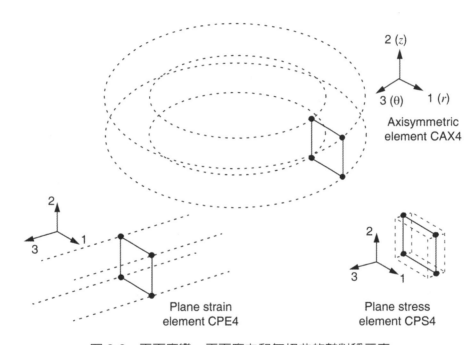

圖 3-3　平面應變、平面應力和無扭曲的軸對稱元素

平面應變(Plain Strain)元素假設離面應變 ε_{33} 為零；可以用來模擬厚結構。

平面應力(Plain Stress)元素假設離面應力 σ_{33} 為零；適合用來模擬薄結構。

無扭曲的軸對稱元素，CAX 類元素，可模擬 360°的環；適合分析具有軸對稱幾何形狀和承受軸對稱負載的結構。

Abaqus/Standard 也提供了廣義平面應變元素、可以扭曲的軸對稱元素以及允許反對稱變形的軸對稱元素。

- 廣義平面應變元素包含了對原元素的推廣，即離面應變可隨著模型平面內的位置線性變化。這種數學式特別適合於厚截面的熱應力分析。

- 帶有扭曲的軸對稱元素可分析初始為軸對稱幾何形狀，但能沿對稱軸發生扭曲的模型。適合模擬圓桶形結構的扭轉，如軸對稱的橡膠套管。
- 允許反對稱變形的軸對稱元素可以分析初始為軸對稱幾何形狀，但能反對稱變形的物體(特別是彎曲)。它們適合分析諸如承受剪切負載的軸對稱橡膠支座問題。

在這本書中不討論上面提到的三種二維實體元素。

二維實體元素必須在 1-2 平面內定義，使節點編碼順序逆時針繞元素邊界，如圖 3-4。

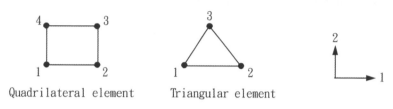

圖 3-4 二維元素正確的節點連接

當使用前處理器產生網格時，要確保所有元素的法線都指向同一方向，即正向，沿著全域座標的 3 軸。提供不正確的元素連接將造成 Abaqus 發出元素負面積的錯誤訊息。

自由度

所有的應力/位移實體元素在每個節點處有平移自由度。三維元素中，自由度 1、2 和 3 是有效的，平面應變元素、平面應力元素和無扭曲的軸對稱元素中，只有自由度 1 和 2 是有效的。關於其他二維實體元素的有效自由度，請參閱線上手冊，並搜尋 "Two-dimensional solid element library"。

元素性質

所有的實體元素必須賦予截面性質，定義材料以及與元素相關的任何額外幾何資料。對於三維和軸對稱元素，不需要附加幾何資訊：節點座標就能夠完整地定義元素的幾何。對於平面應力和平面應變元素，可能要指定元素的厚度，或者採用預設值 1。

數學式和積分

在 Abaqus/Standard 中，實體元素族可供選擇的數學式，包括非協調模式(Incompatible Mode)數學式(在元素名稱的最後一個或倒數第二個字母為 I)和混合元素數學式(Hybrid)(元素名稱的最後一個字母為 H)，本書的後面章節中都會討論到。

在 Abaqus/Standard 中，對於四邊形或六面體(磚塊)元素，可以選擇全積分或減積分。在 Abaqus/Explicit 中，可以六面體(磚塊)元素的全積分或減積分，四邊形一階元素只有減積分。數學式和積分都會對實體元素的精度產生顯著的影響。如在第 4.1 節 "元素的數學式和積分" 中所討論的。

元素輸出變數

預設情況下，諸如應力和應變等元素輸出變數都是參照全域直角座標系。因此，在積分點處 σ_{11} 應力分量是作用在全域座標系的 1 方向，如圖 3-5(a)所示。即使在大位移分析中元素發生旋轉，如圖 3-5(b)所示，預設仍是使用全域座標系，定義元素變數。

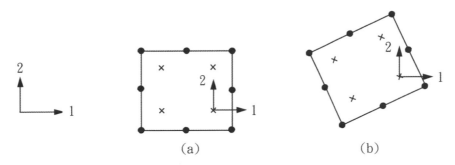

(a)　　　　　　　　　　(b)

圖 3-5　對於實體元素預設的材料方向

然而，Abaqus 允許讀者為元素變數定義一個局部座標系(見第 5.5 節 "例題：斜板")。該局部座標系在大位移分析中隨著元素的運動而轉動。當所分析的物體具有某些本質的材料方向時，如在複合材料中的纖維方向，局部座標系會很有用。

✎ 3.1.3　殼元素

殼元素用來模擬一個結構，其一方向的尺寸(厚度)遠小於其他方向的尺寸，並且沿厚度方向的應力可以忽略。

在 Abaqus 中，殼元素的名稱以字母 "S" 開頭。所有軸對稱殼元素以字母 "SAX" 開頭。在 Abaqus/Standard 中也提供有反對稱變形的軸對稱殼元素，以字母 "SAXA" 開頭。在殼元素名稱中的第一個數字表示在元素中節點的數量，而軸對稱殼元素名稱中的第一個數字表示內插的階數。

在 Abaqus 中兩種殼元素：傳統殼元素和實體殼元素。藉由定義元素的平面尺寸、表面法向量和初始曲率，傳統殼元素離散化一個參考面。另一方面，實體殼元素類似於三維

3-10 | Abaqus 實務入門引導

實體元素，它們離散化整個三維物體，建立數學式，其運動和組成率行為類似傳統殼元素。在這本書中，僅討論傳統殼元素，所以我們將傳統殼元素簡稱"殼元素"。關於實體殼元素的更多資訊，請參閱線上手冊，並搜尋 "Shell elements: overview"。

關於殼元素的應用，將在第 5 章"應用殼元素"中詳細討論。

殼元素元素庫

在 Abaqus/Standard 中，一般的三維殼元素有三種不同的數學式：一般目的之殼元素、僅適合薄殼元素與僅適合厚殼元素。一般目的之殼元素和帶有反對稱變形的軸對稱殼元素，考慮有限薄膜應變和任意大旋轉。三維"厚"和"薄"殼元素種類提供任意大旋轉，但僅考慮小應變。一般目的之殼元素允許殼的厚度隨著元素的變形而改變。所有其他的殼元素假設小應變和厚度不變，即使元素的節點可能發生有限轉動。在程式中包含一階和二階內插的三角形和四邊形元素，以及一階和二階的軸對稱殼元素。所有的四邊形殼元素(除了 S4)和三角形殼元素 S3/S3R 均採用減積分，而 S4 殼元素和其他三角形殼元素採用全積分。表 3-1 整理在 Abaqus/Standard 中的殼元素。

表 3-1　在 Abaqus/Standard 中的三種殼元素

一般目的之殼	僅適合薄殼	僅適合厚殼
S4，S4R，S3/S3R，SAX1，SAX2，SAX2T	STRI3，STRI65，S4R5，S8R5，S9R5，SAXA	S8R，S8RT

所有在 Abaqus/Explicit 中的殼元素是一般目的之殼元素，具有有限的薄膜應變和小的薄膜應變公式。該程式提供了帶有一階內插的三角形和四邊形元素，也有一階軸對稱殼元素。表 3-2 總結了在 Abaqus/Explicit 中的殼元素。

表 3-2　Abaqus/Explicit 中的兩種殼元素

有限應變殼	小應變殼
S4R，S3/S3R，SAX1	S4RS，S4RSW，S3RS

對於大多數的顯式分析，使用大應變殼元素是合適的。然而，如果在分析中只涉及小的薄膜應變和任意的大轉動，採用小應變殼元素更有計算效率。S4RS、S3RS 不考慮翹曲，而 S4RSW 則考慮翹曲。

自由度

在 Abaqus/Standard 的三維殼元素中，名稱以數字"5"結尾的(例如 S4R5，STRI65)元素每一節點只有 5 個自由度：3 個平移自由度和 2 個面內旋轉自由度(即沒有繞殼法線的旋轉)。但如果需要的話，可啟動節點的全部 6 個自由度，例如當施加旋轉的邊界條件，或者當節點位於殼的折線上。

其他的三維殼元素在每個節點都有 6 個自由度(3 個平移和 3 個旋轉)。

軸對稱殼元素的每一節點有 3 個自由度：

$\quad$ 1：r-方向的平移
$\quad$ 2：z-方向的平移
$\quad$ 6：r-z 平面內的旋轉

元素性質

所有的殼元素必須提供殼截面性質，定義與元素有關的厚度和材料性質。

在分析過程中或者在分析開始時，可以計算殼的橫截面勁度。

若選擇在分析過程中計算該勁度，Abaqus 使用數值積分去計算在殼厚度方向上選定點位的力學行為。這些點稱為截面點，如圖 3-6 所示。相關的材料性質定義可以是線性或非線性。讀者可在殼厚度方向上指定任意奇數個截面點。

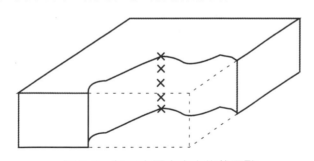

圖 3-6　殼元素厚度方向的截面點

若選擇在分析開始時一次計算橫截面勁度，可以定義該橫截面性質來模擬線性或非線性行為。在這種情況下，Abaqus 以截面工程參數(面積、慣性矩等)直接模擬殼的橫截面行為，所以不必讓 Abaqus 對元素橫截面積分任何變量，因此這種方式計算成本較小。以合力和合力矩來計算反應；只有在設定輸出時，才會計算應力和應變。當殼的行為是線彈性時，建議採用這種方式。

元素輸出變數

以位於每一殼元素表面上的局部材料方向來定義殼元素的輸出變數。在所有大位移模擬中,這些軸隨著元素的變形而轉動。讀者也可以定義局部材料座標系,在大位移分析中,隨著元素變形而轉動。

☙ 3.1.4　樑元素

樑元素用來模擬一個方向的尺寸(長度)遠大於另外兩個方向的尺寸,且僅沿樑軸方向的應力是比較顯著的構件。

在 Abaqus 中樑元素的名稱以字母"B"開頭。元素的維度:"2"表示二維樑,"3"表示三維樑。第三個字元表示採用的內插:"1"表示一階內插,"2"表示二階內插和"3"表示三階內插。

在第 6 章"應用樑元素"中將討論樑元素的應用。

樑元素庫

在二維和三維中有一階、二階及三階樑元素。三階樑元素不支援 Abaqus/Explicit。

自由度

三維樑在每個節點有 6 個自由度:3 個平移自由度(1-3)和 3 個旋轉自由度(4-6)。在 Abaqus/Standard 中有"開口截面"樑元素(如 B31OS),具有一個代表樑橫截面翹曲的外加自由度(7)。

二維樑在每個節點有 3 個自由度:2 個平移自由度(1 和 2)和 1 個繞模型平面的法線方向旋轉的自由度(6)。

元素性質

所有的樑元素必須提供樑截面性質,定義與元素有關的材料以及樑截面的輪廓(即元素橫截面的幾何);節點座標僅定義了樑的長度。透過指定截面的形狀和尺寸,讀者可以從幾何上定義樑截面的輪廓。另一種方式,透過給定截面工程參數,如面積和慣性矩,讀者可以定義一個廣義的樑截面輪廓。

若讀者從幾何上定義樑的截面輪廓，Abaqus 對整個橫截面進行數值積分計算橫截面行為，允許材料的性質為線性和非線性。

若讀者提供截面的工程參數(面積、慣性矩和扭轉常數)，而不是橫截面尺寸，Abaqus 無需對元素橫截面進行積分，因此這種方式的計算成本較少。採用這種方式，材料的行為可以是線性或者非線性。以合力和合力矩的方式計算反應；只有在設定輸出時，才會計算應力和應變。

在 Abaqus/Standard 中，可以定義線性漸變橫截面的樑。也支援線性反應以及標準截面庫的廣義樑截面。

數學式和積分

一階樑(B21 和 B31)和二階樑(B22 和 B32)允許剪切變形，並考慮了有限軸向應變，因此它們適合模擬長樑以及短樑。儘管允許樑的大位移和大轉動，在 Abaqus/Standard 中的三階樑元素(B23 和 B33)不考慮剪切變形和假設微小軸向應變，因此它們只適合模擬長樑。

Abaqus/Standard 提供一階和二階樑元素的變化形式(B31OS 和 B32OS)，適合模擬薄壁開口截面樑。這些元素能模擬開口橫截面中的扭轉和翹曲效應，如工字樑或 U 形截面槽。本書不討論開口截面樑。

Abaqus/Standard 也有混合樑元素，用來模擬非常細長的構件，如在海上鑽油平臺設置的柔性立管，或者模擬非常硬的連桿。本書不討論混合樑。

元素輸出變數

三維剪切變形樑元素的應力分量為軸向應力(σ_{11})和扭轉引起的剪應力(σ_{12})。在薄壁截面中，剪應力繞截面的壁作用，亦有對應的應變參數。剪切變形樑也提供對截面上橫向剪力的評估。在 Abaqus/Standard 中的長(三階)樑只有軸向變數作為輸出，空間中的開口截面樑也僅有軸向變數作為輸出，因為在這種情況下扭轉剪應力是可以忽略的。

所有的二維樑元素僅採用軸向的應力和應變。

也可以依需要輸出軸向力、彎矩和繞局部樑軸的曲率。關於每一種樑元素有哪些變數可以輸出，請參閱線上手冊，並搜尋 "Beam modeling: overview"。在第 6 章 "應用樑元素" 中詳細說明如何定義局部樑軸。

✑ 3.1.5 桁架元素

桁架元素是只能承受拉伸或者壓縮負載的桿件。它們不能承受彎曲，因此適合模擬鉸接桁架結構。此外，桁架元素可以近似地模擬纜索或者彈簧(例如網球拍)。在其他元素中，桁架元素有時也用於其他元素之強化。在第 2 章 "Abaqus 基礎" 中的吊車桁架模型採用了桁架元素。

所有桁架元素的名稱都以字母 "T" 開頭。隨後的兩個字元表示元素的維度，如 "2D" 表示二維桁架，"3D" 表示三維桁架。最後一個字元代表在元素中的節點數量。

桁架元素庫

在二維和三維中有一階和二階桁架。在 Abaqus/Explicit 中沒有二階桁架。

自由度

桁架元素在每個節點上只有平移自由度，沒有旋轉的自由度。舉例來說: 三維桁架元素有自由度 1、2 和 3，二維桁架元素有自由度 1 和 2。

元素性質

所有的桁架元素必須提供桁架截面性質，與元素相關的材料性質定義和指定的橫截面面積。

數學式和積分

除了標準的數學式外，在 Abaqus/Standard 中有混合桁架元素的數學式，這種元素適合模擬非常硬的連桿，其勁度遠大於所有整體結構的勁度。

元素輸出變數

輸出軸向的應力和應變。

3.2　剛體

在 Abaqus 中，剛體是節點和元素的集合體，這些節點和元素的運動由稱為剛體參考節點的單一節點的運動所控制，如圖 3-7 所示。

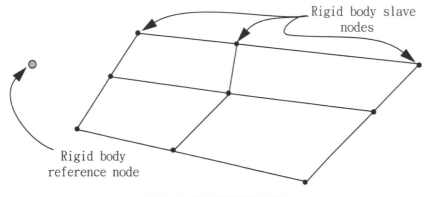

圖 3-7　組成剛體的元素

剛體形狀的定義可以透過旋轉(Revolve)或擠出(Extrude)一個二維幾何圖形得到的解析面，或者以節點和元素對一個物體鋪設網格，得到離散剛體。模擬過程中，剛體形狀不變，可以產生大的剛體運動。離散剛體的質量和慣性可由其元素的貢獻計算得到，或者直接指定。

透過在剛體參考點上施加邊界條件可以描述剛體的運動。剛體的負載可以是施加在節點上的集中載重，以及施加在部分剛體元素的均佈載重，或者是在剛體參考點上施加載重。剛體與可變形元素(Deformable element)之間的交互作用，可藉由節點連接或是接觸行為產生。

在第 12 章"接觸"中將說明剛體的應用。

✎ 3.2.1　決定何時使用剛體

剛體可以用來模擬非常堅硬、固定不動或是用來進行剛體運動的構件。除此之外，還可以用來模擬可變形零件的約束，為使用者在指定特定接觸時提供相對簡便之方法。當 Abaqus 應用於準靜態成型分析時，剛體是非常適合模擬加工工具(如沖頭、砧、抽拉模具、夾具、輥軸等等)，並且將其作為一種約束方式也是很有效的。

將模型的一部分模擬為剛體可能有助於驗證模型。例如，在模型複雜開發階段時，將遠離關心區域的元素設為剛體，提升運算速度。當讀者滿足於此模型，移除剛體定義，在模擬過程中，展現出精確變形的有限元素。

將部分模型設為剛體而不是變形的有限元素，主要優點在於計算效率。已經設為剛體的元素不進行元素層級的計算。儘管需要一些電腦資源更新剛體中節點的運動和設置集中和分佈負載，但是在剛體參考點處的 6 個自由度完全決定了剛體的運動。

在 Abaqus/Explicit 分析中，對於模擬結構中相對剛硬的部分，若其應力波傳和分佈並不重要，應用剛體是特別有效的。在堅硬區域，元素的穩定時間增量會造成非常小的全域時間增量，因為剛體和部分剛體的元素不影響全域時間增量，所以在堅硬區域以剛體取代可變形的有限元素，會放大全域時間增量，而不會顯著影響求解的整體精度。

在 Abaqus 中，以解析剛性面來定義的剛體可比離散剛體稍微節省一些計算成本。例如在 Abaqus/Explicit 中，因為解析剛性面可以是光滑的，而離散剛體本身有很多面，所以與解析剛性面接觸會比與離散剛體接觸分析的結果相比產生較少的雜訊。然而解析剛性面在定義時，其形狀會受到限制。

❧ 3.2.2　剛體零件

一個剛體的運動由單一節點所控制：剛體參考點。它有平移和旋轉的自由度，一個參考點只能對應一個剛體定義。

剛體參考點的位置一般來說並不重要。除非對剛體施加旋轉或者需要繞著通過剛體的某一軸之反力矩，在以上情況下，節點必須放在通過剛體、所要的軸上。

除了剛體參考點外，離散剛體包含由設定剛體元素所產生的元素和節點的節點集合。這些節點稱為剛體從屬節點(見圖 3-7)，提供與其他元素的連接。部分剛體上的節點具有下列兩種類型：

- 絞接節點(Pin)，它只有平移自由度。
- 束縛節點(Tie)，它有平移和旋轉自由度。

剛體節點的類型取決於這些節點附加在剛體元素的元素種類。當節點直接佈置在剛體上時，可以指定或修改節點類型。對於絞接節點，只有平移自由度屬於剛體部分，剛體參考點的運動約束了這些節點自由度的運動。對於束縛節點，平移和旋轉自由度均屬於剛體部分，剛體參考點的運動約束這些節點的自由度。

定義在剛體上的節點不能被施加上任何邊界條件、多點約束或是約束方程式，然而邊界條件、多點約束、約束方程式和負載可以施加在剛體參考點上。

∾ 3.2.3　剛體元素

在 Abaqus 中，剛體的功能適用於大多數元素，它們均可成為剛體的一部分，不僅僅局限於剛體元素。例如只要將元素賦予剛體，殼元素或者剛體元素可以用於模擬相同的問題。控制剛體的規則，諸如如何施加負載和邊界條件，適合於所有組成剛體的元素類型，包括剛體元素。

所有剛體元素的名稱都以字母"R"開頭，下一個字元表示元素的維度，例如，"2D"表示元素是平面的；"AX"表示元素是軸對稱的，最後的字元代表在元素中的節點數量。

剛體元素庫

三維四邊形(R3D4)和三角形(R3D3)剛體元素用來模擬三維剛體的二維表面。在 Abaqus/Standard 中，另外一種元素是 2 節點剛體樑元素(RB3D2)，主要用來模擬受流體阻力和浮力作用的海上結構中的零件。

對於平面應變、平面應力和軸對稱模型，可以用 2 節點剛體元素。在 Abaqus/Standard 中，也有一種平面 2 節點剛體樑元素，主要用於模擬二維的海上結構。

自由度

只有在剛體參考點處有獨立的自由度。對於三維元素，參考點有 3 個平移和 3 個旋轉自由度；對於平面和軸對稱元素，參考點有自由度 1、2 和 6(繞 3 軸的旋轉)。

附屬於剛體元素上的節點只有從屬自由度，從屬自由度的運動完全取決於剛體參考點的運動。對於平面和三維剛體元素只有平移的從屬自由度。關於變形樑元素，在 Abaqus/Standard 中的剛體樑元素具有相同的從屬自由度：三維剛體樑為 1-6，和平面剛體樑為 1、2 和 6。

物理性質

所有剛體元素必須指定其截面性質。對於平面和剛體樑元素，可以定義橫截面面積。對於軸對稱和三維元素，可以定義厚度，而厚度的預設值為零。只有在剛體元素上施加均佈體力時才需要這些資料，或者在 Abaqus/Explicit 中定義接觸時才需要厚度。

數學式和積分

由於剛體元素不變形，所以不用數值積分點，也沒有可選擇的數學式。

元素輸出變數

這裡沒有元素輸出變數，剛體元素僅輸出節點的運動，此外可以輸出在剛體參考點處的約束反力和反力矩。

3.3 小結

- Abaqus 擁有豐富的元素庫，適用於各種結構應用。元素種類的選擇對模擬計算的精度和效率有重要的影響。在 Abaqus/Explicit 元素庫中的元素是 Abaqus/Standard 中的一部分。
- 節點的有效自由度依賴於該節點所屬的元素種類。
- 元素的名稱完整標明了元素族、數學式、節點數量以及積分種類。
- 所有的元素必須指定截面性質定義，截面性質提供定義元素幾何形狀所需的任何額外資料，也標示了相關的材料性質定義。
- 對於實體元素，Abaqus 以全域座標系來定義元素的輸出變數，如應力和應變。讀者可改為局部材料座標系。
- 對於三維殼元素，Abaqus 以位於殼表面上的座標系來定義元素的輸出變數。讀者可改為局部材料座標系。
- 為了提高計算效率，模型中的任何部分都可定義成剛體，只有參考點才有自由度。
- 在一個 Abaqus/Explicit 分析中，剛體可作為約束方式，其計算效率高於多點約束。

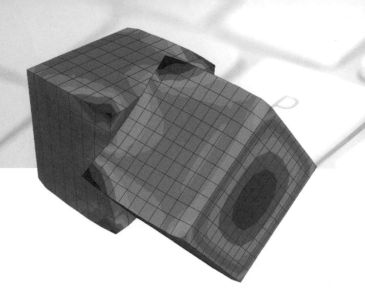

Chapter 4

應用實體元素

在 Abaqus 中，應力/位移元素的實體元素家族是最廣泛的元素庫。Abaqus/Standard 和 Abaqus/Explicit 可用的實體元素庫有些許差異。

Abaqus/Standard 實體元素庫

Abaqus/Standard 的實體元素庫包括二維和三維的一階內插元素和二階內插元素，它們使用全積分或是減積分。二維元素有三角形和四邊形；在三維元素中提供了四面體、三角楔形體和六面體。也提供了修正的二階三角形和四面體元素。

此外，在 Abaqus/Standard 中還有混合和非協調模式元素。

Abaqus/Explicit 實體元素庫

Abaqus/Explicit 的實體元素庫包括二維和三維的減積分一階元素，也有修正的二階三角形和四面體元素。除了全積分一階六面體元素(以及此元素的非協調模式)之外，在 Abaqus/Explicit 中沒有全積分或是一般規則的二階元素。

關於可用的實體元素詳細資訊，請參閱線上手冊，並搜尋 "Solid (continuum) elements"。

若找出所有可用的實體元素，單就三維模型而言就超過 20 種元素。模擬的精度取決於在模型中所採用的元素類型。選擇最適合分析模型的元素，可能是一件令人苦惱的事情，特別是在初次使用時。然而當逐漸瞭解這 20 多個選擇後，對於特定的分析，便具備了選擇正確工具或元素的能力。

本章討論不同元素數學式和積分階數對於一個特定分析準確度的影響，包括一些選擇實體元素的適用準則，隨著讀者累積 Abaqus 的使用經驗，可建立在這方面的知識基礎。本章末尾的例子，讀者即可利用前面所建立的知識基礎，來建立和分析一個連接環構件模型。

4.1　元素的數學式和積分

透過一個懸臂樑的靜態分析，如圖 4-1 所示，將闡明元素階數(一階或二階)、元素數學式和積分階數對結構模擬精度的影響。這是一個評估特定有限元素行為的典型範例。由於樑為高細長比結構，通常以樑元素來模擬，然而在此我們將利用此模型來幫助評估各種實體元素的效果。

樑長 150 mm，寬 2.5 mm，深 5 mm，一端固定，在自由端施加 5 N 的集中負載。材料的楊氏模數 E 為 70 GPa，蒲松比為 0.0。採用樑的理論，在負載 P 作用下，樑自由端的靜態變位為

$$\delta_{tip} = \frac{pl^3}{3EI}$$

其中 $I = bd^3/12$，l 是長度，b 是寬度，d 是樑深。

　　當 $P = 5\text{N}$ 時，自由端變位是 3.09 mm。

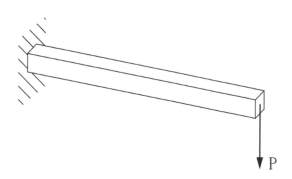

圖 4-1　自由端受集中負載 P 的懸臂樑

❧ 4.1.1　全積分

　　所謂"全積分"是指當元素形狀規則時，對元素勁度矩陣內的多項式積分所需的高斯積分點數量。對六面體和四邊形元素而言，"規則形狀"意謂元素的邊是直線且邊與邊相交成直角，在任何邊中的節點都位於中點上。全積分的一階元素在每個方向上採用兩個積分點，因此三維元素 C3D8 在元素中採用了 2×2×2 個積分點；全積分的二階元素(僅能用於 Abaqus/Standard)在每個方向上採用 3 個積分點。全積分二維四邊形元素的積分點位置如圖 4-2 所示。

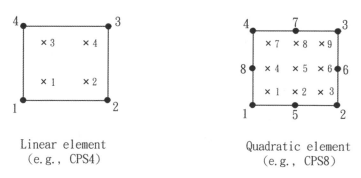

圖 4-2　全積分二維四邊形元素的積分點

利用 Abaqus/Standard 模擬懸臂樑問題，採用幾種不同的有限元素網格，如圖 4-3 所示。採用一階或二階的全積分元素進行模擬，以此說明元素的階數和網格密度對結果準確度的影響。

各種模擬條件下的端點位移與樑理論解 3.09 mm 的比值，如表 4-1 所示。

使用一階元素 CPS4 和 C3D8 所得到的變位值過低，結果不可靠。網格越粗糙，結果的準確度越差，但即使較密的網格(8×24)，得到的端點位移仍只有理論值的 56％。對於一階全積分元素，在厚度方向的元素層數並不影響計算結果。過小的端點變位肇始於**剪力自鎖**(Shear Locking)，這個問題存在於所有全積分、一階實體元素之中。

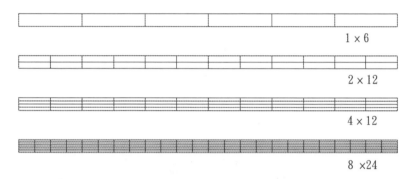

圖 4-3　懸臂樑模擬所採用的網格

表 4-1　全積分元素的端點變位正規化

元素	網格密度(厚度×長度)			
	1×6	2×12	4×12	8×24
CPS4	0.074	0.242	0.242	0.561
CPS8	0.994	1.000	1.000	1.000
C3D8	0.077	0.248	0.243	0.563
C3D20	0.994	1.000	1.000	1.000

如同我們所看到的，剪力自鎖(Shear Locking)造成元素在受彎曲時過硬，對此解釋如下，考慮受純彎曲結構中的一小塊材料，元素扭曲情況如圖 4-4 所示。一開始平行於水平軸的直線會變成常數曲率的曲線，而順著厚度方向的直線仍保持為直線，水平線與垂直線之間的夾角保持為 90°。

圖 4-4　受彎矩 M 作用下材料的變形

一階元素的邊不能彎曲，因此，如果用單一元素來模擬這一小塊材料，其變形後的形狀如圖 4-5 所示。

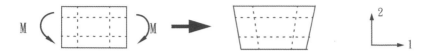

圖 4-5　受彎矩 M 作用下全積分、一階元素的變形

為清楚起見，畫出通過積分點的虛線。很明顯地，上半部虛線的長度增加，說明 1 方向的應力(σ_{11})是拉伸的。同理，下半部虛線的長度縮短，說明 σ_{11} 是壓縮的。垂直方向虛線的長度沒有改變(假設位移是很小的)，因此所有積分點上的 σ_{22} 為零。這些都符合受純彎曲的材料所表現出的力學行為。但是在每一個積分點處，垂直線與水平線之間夾角一開始為 90°，變形後卻改變了，說明這些點上的剪應力 σ_{12} 不為零，這並不正確：在純彎曲時，材料的剪應力應為零。

之所以產生這種偽剪應力是因為元素的邊不能彎曲，它的出現意味著應變能正在產生剪切變形，而不是所希望的彎曲變形，因此整體變位過小：元素過硬。

剪力自鎖(Shear Locking)僅影響受彎情況下全積分一階元素的行為。受軸向或剪切負載時，這些元素表現良好。而二階元素的邊可以彎曲(見圖 4-6)，故沒有剪力自鎖的問題。從表 4-1 可見，二階元素預測的端點位移接近於理論解。但如果二階元素發生扭曲或彎曲應力有梯度，將會出現某種程度的自鎖，這兩種情況在實際問題中是會發生的。

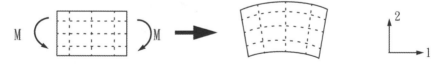

圖 4-6　受彎矩 M 作用下全積分、二階元素的變形

唯有確定外力在分析模型中產生很小的彎曲時，才可以採用全積分的一階元素。如果對負載所產生的變形類型有所疑慮時，則應採用不同類型的元素。在複雜應力狀態下，全積分二階元素也會發生自鎖；因此如果在模型中僅使用這類元素，應細心地檢查計算結果。然而，對於模擬局部應力集中的區域，使用這類元素是非常有用的。

當材料為(幾乎)不可壓縮時，體積自鎖是發生在全積分元素另一種形式的過度拘束，在不發生體積改變的變形情況下，會產生過硬的行為。這在第 10 章有進一步的介紹。

✎ 4.1.2　減積分

　　只有四邊形和六面體元素才能採用減積分方法；所有的楔形體、四面體和三角形實體元素採用全積分，同樣的六面體或四邊形元素可以使用同樣的網格，並自行定義爲全積分或減積分元素。

　　比起全積分元素，減積分元素在每個方向少用一個積分點。減積分的一階元素只在元素中心有一個積分點(事實上，在 Abaqus 中這類一階元素採用了更精確的均勻應變公式，當中計算了元素應變分量的平均值，這種差異不是這邊的討重點)。減積分的四邊形元素，積分點的位置如圖 4-7 所示。

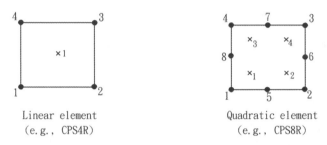

Linear element
(e.g., CPS4R)　　　　Quadratic element
(e.g., CPS8R)

圖 4-7　減積分二維元素的積分點

　　利用前面曾用到的四種元素的減積分形式和在圖 4-3 所示的四種密度網格，Abaqus 模擬了懸臂樑問題，其結果列於表 4-2 中。

表 4-2　減積分元素的端點變位正規化

元素	網格密度(厚度×長度)			
	1×6	2×12	4×12	8×24
CPS4R	20.3*	1.308	1.051	1.012
CPS8R	1.000	1.000	1.000	1.000
C3D8R	70.1*	1.323	1.063	1.015
C3D20R	0.999**	1.000	1.000	1.000
* 無勁度抵抗外加負載，**在寬度方向上使用兩層元素				

　　一階的減積分元素會過軟是因爲自身的數值問題稱之爲沙漏化(Hourglassing)。同樣地，用單一減積分元素模擬受純彎曲負載的材料(見圖 4-8)。

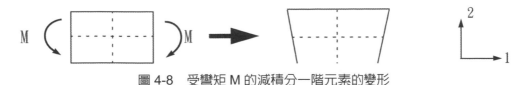

圖 4-8　受彎矩 M 的減積分一階元素的變形

元素中虛線的長度都沒有改變，它們之間的夾角也沒有變化，這意謂著在元素單一積分點上的所有應力分量均為零。由於元素變形沒有產生應變能，這種變形的彎曲模式是一個零能量模式。又因元素在此模式下沒有勁度，所以無法抵抗這類的變形。在粗化網格中，這種零能量模式會通過網格傳播出去，產生無意義的結果。

Abaqus 在一階減積分元素中引入少量的人為"沙漏勁度(hourglass stiffness)"以限制沙漏模式的擴散。在模型中，網格越密，這種勁度對沙漏模式的限制越有效，這說明了只要合理細化網格，一階減積分元素就能提供可接受的結果。對於多數問題而言，採用一階減積分元素的細劃網格計算後所產生的誤差(見表 4-2)是在可接受的範圍之內。結果建議採用這類元素模擬受彎的任何結構時，沿厚度方向上至少應採用四層元素。當沿樑的厚度方向採用一個一階減積分元素時，所有的積分點都落在中性軸上，該模型是不能抵抗彎曲負載的。(用*標示於表 4-2 中)。

一階減積分元素在承受扭曲變形的能力很好，因此在任何扭曲變形程度很大的模擬中可使用此類元素，但前提是需細化網格以減少沙漏化的狀況發生。

在 Abaqus/Standard 中，二階減積分元素也有沙漏模式。然而在正常的網格中這種模式幾乎無法擴展，且在網格密度足夠時此模式不會是問題。由於沙漏化的形成，使得除非在樑的厚度上佈置兩層元素，否則 C3D20R 元素的 1×6 網格厚度，但是若將網格細化則不會不收斂，即使在厚度方向上只採用一層元素。即便在複雜應力狀態下，二階減積分元素對自鎖不敏感。因此除了涉及大應變的大位移模擬以及某些類型的接觸分析之外，對於最普遍的應力/位移模擬，這些元素通常是最佳選擇。

◈ 4.1.3　不相容元素

不相容元素(Incompatible mode elements)的目的在於克服在一階全積分元素中的剪力自鎖問題。由於剪力自鎖起因於元素的位移場不能模擬與彎曲相關的變形，所以在一階元素中引入了一個強化元素變形梯度的額外自由度。這種對變形梯度的強化允許一階元素在元素域中有變形梯度的線性變化，如圖 4-9(a)所示。標準的元素數學式使得變形梯度在元素中為常數，如圖 4-9(b)所示，導致與剪力自鎖相關的非零剪切應力。

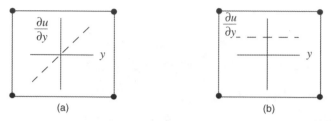

圖 4-9　變形梯度的變化在(a)非協調模式(強化變形梯度)元素和(b)採用標準式的一階元素

　　這些對變形梯度的強化完全是在元素內部，與位在元素邊上的節點無關。不像直接強化位移場的非協調模式公式，Abaqus 採用的公式不會導致兩個元素交界處材料的重疊或者開洞，如圖 4-10 所示。再者 Abaqus 所使用的數學式輕易地延伸到非線性、有限應變的模擬，這對強化位移場元素來說，並不容易。

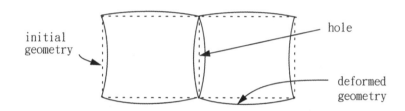

圖 4-10　使用強化位移場而不是強化變形梯度的非協調元素之間可能的運動非協調性。
Abaqus 中的非協調模式元素採用後者的公式。

　　在彎曲問題中，不相容元素可產生與二階元素相當的結果，但是計算成本卻大幅降低，然而它們對元素的扭曲卻很敏感。圖 4-11 用故意扭曲的不相容元素來模擬懸臂樑：一種情況採用"平行"扭曲，另一種採"交錯"扭曲。

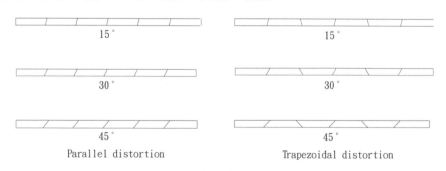

圖 4-11　非協調模式元素的扭曲網格

　　圖 4-12 顯示出懸臂樑模型的端點位移正規化結果，與解析解、元素扭曲程度的關係，比較三種 Abaqus/Standard 中的平面應力元素：全積分一階元素、減積分的二階元素以及

一階非協調模式元素。不出所料,在所有情況下全積分一階元素得到很差的結果。另一方面,減積分的二階元素獲得很好的結果,直到元素扭曲地很嚴重時其結果才會惡化。

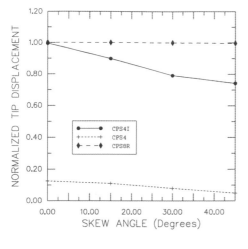

Parallel distortion

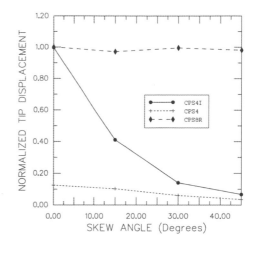

Trapezoidal distortion

圖 4-12　平行和交錯扭曲對非協調模式元素的影響

當不相容元素是矩形時,即使在懸臂樑厚度方向上只有一層元素,得到的結果與理論值十分接近。但即使是交錯扭曲的程度很小,也會使元素過於剛硬。平行扭曲也降低了元素的準確度,只是程度相對小一些。

如果應用得當,不相容元素是很有用的,它們可以用很低的成本獲得較高精度的結果。但是必須小心確保元素扭曲是非常小的,當為複雜的幾何體劃分網格時,這是非常困難的;因此在模擬這種幾何體時,必須再次考慮使用減積分的二階元素,因為此元素類型優勢為對於網格扭曲較不敏感。網格扭曲必須盡可能地最小化,以提升結果的準確度。

4.1.4　混合元素

在 Abaqus/Standard 中,對於每一種實體元素都有相應的混合元素(hybrid element),包括所有的減積分元素和非協調模式元素。在 Abaqus/Explicit 中沒有混合元素。使用混合公式的元素在它的名字中含有字母 "H"。

當材料行為是不可壓縮(蒲松比＝0.5)或非常接近不可壓縮(蒲松比>0.475)時,採用混合元素。橡膠是一種典型的具有不可壓縮性質的材料。不能用常規元素來模擬不可壓縮材料的反應(除了平面應力的情況),因為此時元素中的壓應力是不確定的。考慮均勻靜水壓力作用下的一個元素(圖 4-13)。

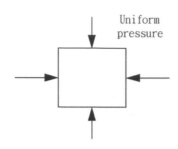

圖 4-13　承受靜水壓力下的元素

如果材料是不可壓縮的,其體積在外力作用下不改變,因此壓應力不能由節點位移來計算,純位移的數學式對具有不可壓縮材料行為的任何元素來說並不適用。

混合元素包含一個可直接確定元素壓應力的額外自由度。節點位移只用來計算偏(剪切)應變和偏應力。

在第 10 章"材料"中將對橡膠材料分析有更詳細的描述。

4.2　選擇實體元素

對於一個特定的模擬,如果想以合理的代價得到準確的結果,那麼正確地選擇元素是非常關鍵的。使用 Abaqus 的經驗日益豐富後,毫無疑問地每個讀者都會建立起自己的元素選擇指南來處理特殊的應用。但是在剛開始使用 Abaqus 時,以下的指導還蠻有用的。

以下的建議適用於 Abaqus/Standard 和 Abaqus/Explicit。

- 盡可能地減小網格的扭曲。使用扭曲且粗糙的一階元素網格會得到相當差的結果。
- 對於模擬網格扭曲十分嚴重的問題(大應變的分析),使用網格細化的一階、減積分元素(CAX4R, CPE4R,CPS4R,C3D8R 等)。
- 對三維問題應盡可能地採用六面體元素。它們以最低的代價提供最好的結果。當幾何形狀複雜時,採用六面體元素劃分全部的網格是非常困難的,因此可能需要楔形和四面體元素(如 C3D4 和 C3D6)。這些元素的一階模式是較差的元素(需要細化網格以取得較好的精度),故僅當必須完成網格劃分時,才能使用這些元素。即使如此,它們必須遠離講求精確結果的區域。

- 某些前處理器包含自由劃分網格演算法，用四面體元素分割任意幾何體。Abaqus/Standard 的二階四面體元素(C3D10 或是 C3D10I)可用在一般的情況，但使用在接觸分析時，應該採用"面對面"的接觸離散方式。但不論採用何種四面體元素，所需的分析時間都大於同等的六面體元素網路。不應該採用僅包含一階四面體元素(C3D4)的網格；除非使用數量相當的元素，否則結果將會不精確。

Abaqus/Standard 的讀者還需考慮以下建議：

- 除非需要模擬非常大的應變或者模擬一個複雜、接觸條件不斷變化的問題，對於一般的分析工作，應採用二階減積分元素(CAX8R，CPE8R，CPS8R，C3D20R 等)。
- 對於存在應力集中的局部區域，採用二階全積分元素(CAX8，CPE8，CPS8，C3D20 等)。它們以最低的代價提供應力梯度的最好解答。
- 對於接觸問題，採用細化網格的一階減積分元素或者非協調模式元素(CAX4I，CPE4I，CPS4I，C3D8I 等)。請參閱第 12 章"接觸"。

4.3　例題：連接環

在此例中，將使用三維實體元素模擬連接環，如圖 4-14 所示。

連接環的一端被牢固地銲接在一個大型結構上，另一端包含一個孔。實際使用時，連接環的孔中將穿入一個銷釘。當在銷釘上沿 2 軸負方向施加 30 kN 的負載時，求出連接環的靜變位。由於這個分析的目的是檢驗連接環的靜態反應，應該使用 Abaqus/Standard 作為分析工具，並提出以下假設，簡化問題：

- 在模型中不包含複雜的釘－環交互作用，在孔的下半部施加分佈壓力來加載連接環(見圖 4-14)。
- 忽略沿孔洞環向上的壓力變化，採用均勻壓力。
- 所施加的均勻壓力值為 50 MPa(30 kN/(2×0.015 m×0.02 m))。

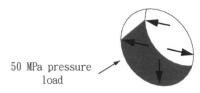

圖 4-14　連接環示意圖

在檢驗連接環的靜態反應之後,讀者可以修改模型並使用 Abaqus/Explicit 研究在連接環上突然加載所導致的暫態動力效果。

✎ 4.3.1　前處理－應用 Abaqus/CAE 建立模型

在這一節中,我們將討論如何使用 Abaqus/CAE 建立這個模擬的整體模型。Abaqus 有提供完成這個例子的程序檔,若依照以下的說明遇到困難,或是希望檢查所建立的模型可執行其中一個程序檔,程序檔可從下列位置中找到。

- 在本書的第 A.2 節"連接環",提供了這個例子的 Python 程序檔(*.py)。關於如何提取和執行此程序檔,請參閱附錄 A,"範例檔"。

- Abaqus/CAE 的外掛工具(Plug-in)中提供了此範例的外掛程序檔。在 Abaqus/CAE 的環境下執行外掛程序檔,選擇 Plug-ins → Abaqus → Getting Started;將 Connecting Lug 反白,按下 Run。更多關於入門指導外掛工具的資訊,請參考 "Running the Getting Started with Abaqus examples," Section 82.1 of the Abaqus/CAE User's Manual。

如果讀者無權進入 Abaqus/CAE 或者另外的前處理器,可以手動建立該問題所需要的輸入檔案,請參閱"Example: connecting lug," Section 4.3 of Getting Started with Abaqus: Keywords Edition。

啟動 Abaqus/CAE

啟動 Abaqus/CAE，在作業系統命令提示字元下鍵入

　　abaqus cae

其中 abaqus 是用來在系統中執行 Abaqus 的命令。從顯示的 Start Session 對話框中選擇 Create Model Database 選取 With Standard/Explicit Model。

定義模型的幾何形狀

建立模型的第一步總是定義它的幾何形狀。在本例中，將利用實體、擠出基礎特徵來建立一個三維的可變形體。首先繪製連接環的二維輪廓，然後擠出成型。

必須決定在模型中採用的單位系統。建議採用公尺、秒和公斤的國際單位系統(公制)；但是，如果讀者願意也可以採用其他的系統。

建立零件

1. 在模型樹中，按兩下 Parts 子項目群以建立一個新的零件，命名為 Lug，並在 Create Part 對話框中，接受三維、可變形體和實體、擠出基礎特徵的預設選項。在 Approximate size 對話框中，鍵入 0.250，這個值是零件最大尺寸的兩倍。點擊 Continue 退出 Create Part 對話框。

2. 利用在圖 4-14 中給定的尺寸繪製連接環的輪廓，可以採用下面的方法：

   a. 使用 Create Line：Rectangle 工具，建立任意的矩形。刪除右方邊線，並利用拘束工具 ，對上下兩邊施加 Equal Length 的拘束。使用尺寸標記工具 ，將長、寬調整為 0.100m 以及 0.050m，如圖 4-15 所示。

注意：為了控制草圖的形狀，此節的圖包含尺寸標記以及拘束條件，這些功能可透過草圖工具列來執行。從主選單選擇 Add → Dimension 以及 Add → Constraint 也可以得到這些工具。

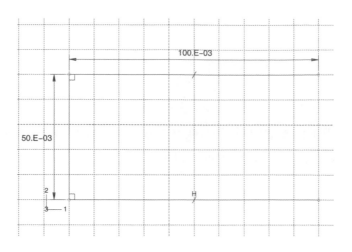

圖 4-15　開口矩形

讀者可以在對草圖標註尺寸時編輯尺寸值，或透過從主選單中選擇 Edit → Dimensions 或使用 Edit Dimension ⬚ 工具進行編輯

b. 增加一個半圓弧來閉合輪廓圖，如圖 4-16 所示，使用 Create Arc：Thru 3 Points 工具 🔲 。由上而下選擇矩形開口的兩點當作圓弧的終點，在草圖右邊任選一點當作圓弧在草圖上的位置。在圓弧的兩端點跟兩條水平線之間定義 Tangent 拘束。在圖 4-16 中圓弧的尺寸標記在括弧內，表示該尺寸只是做參考用。圓弧的中心已在圖中標明，選擇矩形開口端的兩個頂點作為圓弧的兩個端點，圓弧始於上面那個端點。只要選取 Edit Dimension 對話框內的 Reference 選項，便可將標註的尺寸改為參考值。

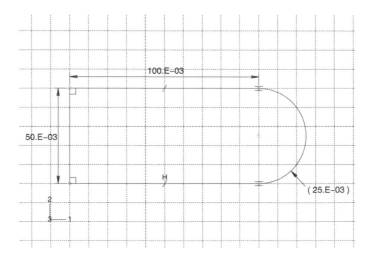

圖 4-16　弧形的端點

c. 如圖 4-17 所示，畫一個半徑為 0.015 m 的圓，使用 Create Circle：Center and Perimeter ① 工具。圓的中心應與上一步所建立的圓弧的中心一致。將用於確定圓周的點放在圓心右方，用尺寸標記工具 ↗ 將半徑修改為 0.015 m。

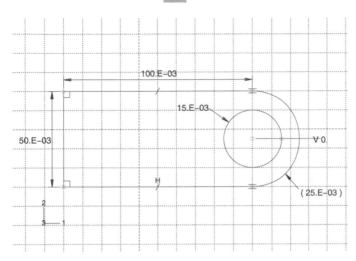

圖 4-17　連接環上的孔

d. 確定圓弧位置的點，應該位在圓心右方水平的位置(如圖 4-17 所示)，如果兩點沒有位在同一水平線上，標註兩點的垂直尺寸並設定為 0。

> **注意**：對零件鋪設網格的時候，無論端點位在邊緣的什麼位置，Abaqus/CAE 會在該位置鋪設網格點；因此，圓周上端點的位置會影響最後網格的鋪設。將該點與圓心放在同一條水平線上可以得到最佳的網格品質。

e. 當完成繪製輪廓圖後，在提示區點擊 Done。
   顯示 Edit Base Extrusion 對話框。為了完成零件的定義，必須指定輪廓圖擠出的深度。

f. 在對話框中，鍵入擠出深度 0.020 m，按 OK。
   Abaqus/CAE 退出草圖模組，並顯示零件。

定義材料和截面性質

建立模型的下一步工作包括為零件定義和賦予材料及截面性質。可變形體的每個區域必須指定一個包含材料定義的截面屬性。在這個模型中，將建立單一的線彈性材料，其楊氏模數 E= 200 GPa 和蒲松比 v = 0.3。

定義材料屬性：

1. 在模型樹中按兩下 Materials 子項目群來建立一個新材料的定義。

2. 在材料編輯器中，將新的材料命名為 Steel，選擇 Mechanical → Elasticity → Elastic，在 Young's Modulus 處鍵入 200.0E9，並在 Poisson's Ratio 處鍵入 0.3，點擊 OK。

定義截面性質：

1. 在模型樹中按兩下 Sections 子項目群來建立一個新的截面定義。接受預設的 Solid、Homogeneous 截面類型，並命名截面為 LugSection，點擊 Continue。

2. 在跳出的 Edit Section 對話框中，接受 Steel 作為材料，點擊 OK。

賦予截面性質：

1. 在模型樹中展開 Parts 子項目群下的 Lug 項目，從主選單中，按兩下零件屬性清單中的 Section Assignment。

2. 選擇整個零件作為賦予該截面性質的區域並點擊它，當零件被標記時，點擊 Done。

3. 在跳出的 Edit Section Assignment 對話框中，接受 LugSection 作為截面定義，並點擊 OK。

建立組裝

　　一個組裝包含在有限元模型中的所有幾何體。每個 Abaqus/CAE 模型包含一個組裝。儘管讀者已經建立了零件，但是一開始是沒有組裝的。在分析的模型中，在組裝模組中建立組成件。

產生組成件：

1. 在模型樹中展開 Assembly 子項目群，按兩下清單中的 Instances，來建立一個組成件。

2. 在彈出的 Create Instance 對話框中，從 Parts 列表中選擇 Lug，並點擊 OK。

　　模型按照預設的座標方向定位，所以全域座標 1 軸係沿連接環的長度方向，全域座標 2 軸是垂直方向，全域座標 3 軸沿厚度的方向。

定義分析步和指定輸出要求

　　定義分析步。由於交互作用、負載和邊界條件是與分析步相關聯，所以必須先定義分析步。對於本模擬，將定義一個一般靜態的分析步。此外，將爲這次分析指定輸出要求。這些輸出要求包含將輸出到輸出資料庫(.odb)檔案的內容。

定義一個分析步：

1. 在模型樹中按兩下 Steps 子項目群來建立一個分析步。在彈出的 Create Step 對話框中，命名此分析步爲 LugLoad，並接受預設的 General 分析程序類型。從所提供的過程選項列表中，接受 Static，General，點擊 Continue。

2. 在跳出的 Edit Step 對話框中，鍵入如下的分析步描述：Apply Uniform Pressure To The Hole。接受預設的選項，點擊 OK。

　　由於將使用視覺化後處理模組對結果進行後處理，必須指定想要寫入輸出資料庫檔案中的輸出資料。對於每一個分析程序，Abaqus/CAE 自動地選擇預設的歷時和場變數輸出要求。編輯這些要求將位移、應力和反力作爲場變數資料寫入到輸出資料庫文件中。

設定輸出要求到.odb 檔：

1. 在模型樹中對 Field Output Requests 子項目群按滑鼠鍵 3，從選單中選擇 Manager。

2. 從 Field Output Requests Manager 中，於標記 LugLoad 列中選擇標記 Created 的格子。在對話框底部的訊息表示在這一個分析步，已經預先選擇了預設的場輸出變數要求。

3. 在對話框的右邊，點擊 Edit 來改變場變數輸出要求。在跳出的 Edit Field Output Request 對話框中：
   a. 點擊 Stresses 旁邊的箭頭來顯示有效的應力輸出列表。接受預選的應力分量和不變量。
   b. 在 Forces/Reactions 中，取消集中力和力矩輸出(CF)，勾選由元素應力求得的節點力(NFORC)。
   c. 不選擇 Strains 和 Contact。
   d. 接受預設的 Displacement/Velocity/Acceleration 的輸出。
   e. 點擊 OK，並點擊 Dismiss 來關閉 Field Output Request Manager。

4. 爲了關閉所有的歷時輸出，在模型樹中對 History Output Requests 子項目群按右鍵，選擇 Manager 來開啓 History Output Requests Manager，在標記 LugLoad 列中選擇標

記 Created 的格子。先在對話框的底部，點擊 Delete，接著在跳出的警告對話框中點擊 Yes，最後點擊 Dismiss 關閉 History Output Requests Manager。

指定邊界條件和施加負載

在模型中，需要約束連接環左端所有三個方向的自由度。該區域是在連接環與它的母體結構的連接處(見圖 4-18)。在 Abaqus/CAE 中，邊界條件施加在零件的幾何區域上，而不是施加在有限元素網格本身上。邊界條件與零件幾何之間的對應關係，使得變更網格非常容易而無需重新設定邊界條件。這些同樣適用於負載的定義。

指定邊界條件：

1. 在模型樹中按兩下 BCs 子項目群來規範模型的邊界條件。在跳出的 Create Boundary Condition 對話框中，命名邊界條件為 Fix left end，並選擇 LugLoad 作為它所施加的分析步。接受 Mechanical 作為分類和 Symmetry/Antisymmetry/Encastre 作為類型，點擊 Continue。

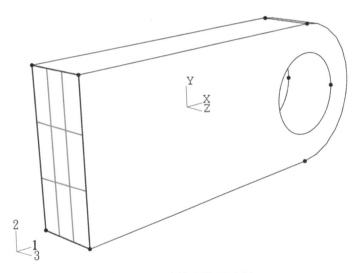

圖 4-18　連接環的固定端

2. 讀者可能需要轉動觀察角度使得在下面步驟中選擇更方便。從主功能表中，選擇 View → Rotate(或使用 View Manipulation 工具列中的 ↻ 工具)，在視窗中的虛擬軌跡球上拖動游標。觀察到互動式的視圖旋轉；試著向虛擬軌跡球的內部和外部分別拖動游標，體會兩者行為的差異。繼續下個步驟前按滑鼠鍵 2 離開視角旋轉工具。

3. 使用游標選擇連接環的左端(在圖 4-18 中)，當在視窗中所選區域標記顯示時，在提示區中點擊 Done，並在跳出的 Edit Boundary Condition 對話框中，選中 ENCASTRE，點擊 OK 施加邊界條件。

   出現在表面上的箭頭標明了所約束的自由度。固定邊界條件約束了給定區域所有有效的結構自由度；在完成零件網格劃分和產生分析作業後，這些約束將施加在該區域上的所有節點。

   連接環承受了分佈在孔洞下半部 50MPa 的均勻壓力。然而爲了正確施加負載，必須先劃分零件(即分割)，使得孔洞劃分爲兩個區域：上半部和下半部。

   利用分割工具，可將一個零件或組裝分爲多個區域。分割用途廣泛，一般用來定義材料的邊界，標明負載和約束的位置(如在本例中)，以及細化網格。下一節將討論利用分割輔助劃分網格的例子。關於分割的詳細資訊，請參閱線上手冊，並搜尋"The Partition toolset"。

   在組裝層級下，不能對相依組成件進行修改(例如，在組裝模組下不能被分割)，該限制的原因在於一個零件的所有相依組成件，必須有相同的幾何形狀，如此才能與原始零件共用相同的網格拓樸。因此，任何對相依組成件所做的改變，必須對原始零件去做變更(在零件模組下)。相反的，獨立組成件可在組裝模組下執行分割。在此範例中，預設的情況是建立一個相依組成件；分割的步驟如下所述：

分割一個相依組成件：

1. 在模型樹中，對 Parts 子項目群的 Lug 按兩下，使其成爲編輯的對象。
2. 使用 Partition Cell：Define Cutting Plane 工具 [icon] 將零件一分爲二。使用 3 Points 定義分割平面。當被提示選擇點時，Abaqus/CAE 標記顯示讀者所可選擇的點：頂點、基準點、邊中點和圓弧的中心。在本例中，用來定義分割面的點指示在圖 4-19 中。讀者可能需要再旋轉視角以方便點的選取。
3. 選完點後，在提示區點擊 Create Partition。

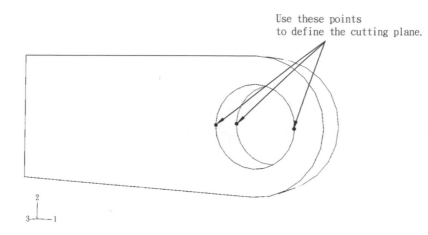

圖 4-19 用來定義分割面的點

施加壓力負載：

1. 在模型樹中按兩下 Loads 子項目群指定壓力負載。在跳出的 Create Load 對話框中，命名負載為 Pressure Load，並選擇 LugLoad 作為它所施加的分析步。選擇 Mechanical 作為分類和 Pressure 作為類型，點擊 Continue。

2. 使用游標選擇孔下半部的表面，該區域在圖 4-20 中的標記顯示。當適合的面被選擇之後，在提示區點擊 Done。

3. 在 Edit Load 對話框中，指定均布壓力值為 5.0E7 接受預設的 Amplitude，並點擊 OK 以施加負載。

    箭頭出現在載入表面的節點上，標明已施加荷重。

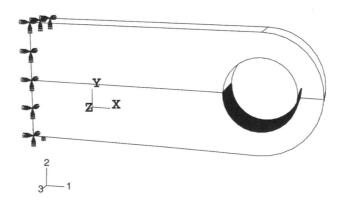

圖 4-20 將被施加壓力的表面

設計網格：分割和產生網格

在開始建立特定問題的網格之前，首先需要考慮所採用的元素類型。一個適合使用二階元素的網格設計，若變為一階、減積分元素可能非常不適合。對於本例，採用 20 節點六面體減積分元素(C3D20R)。一旦選定元素類型，就可以對連接環進行網格設計。對於本例的網格設計，最重要的是確定在連接環的孔洞環向上採用多少元素。一種可能的網格如圖 4-21 所示。

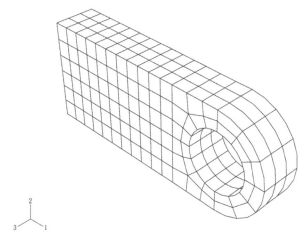

圖 4-21　對連接環建議採用的 C3D20R 元素網格

當設計網格時，另一個考慮的因素是讀者想從模擬中得到什麼樣的結果。在圖 4-21 中的網格相當粗糙，因此不可能得到準確的應力。以該題為例，必須考慮到在每 90 度圓弧上至少要佈設四個二階元素；建議採用兩倍的元素數量以獲得較合理且精確的應力結果。然而這個網格應該可用來預測連接環在所施加負載下的變形程度，而這正是我們所要確定的。增加網格密度對這個模擬的影響，將在第 4.4 節 "網格收斂性" 中討論。

Abaqus/CAE 提供了多種網格生成方法以產生不同拓樸的網格模型。不同的網格生成方法提供了不同的自動化和讀者控制的程度。有以下三種類型的網格生成方法：

結構網格劃分(Structured meshing)

結構網格劃分是將預先設置的網格模式應用於特定模型拓樸。將這種方法應用於複雜的模型，一般必須將模型分割成多個簡單的區域。

掃掠網格劃分(Swept meshing)

掃掠網格劃分是將內部已經建立的網格沿掃掠路徑拉伸或繞旋轉軸旋轉。如同結構網格生成，掃掠網格劃分只限於具有特殊拓樸和幾何體的模型。

自由網格劃分(Free meshing)

自由網格是最為靈活的網格生成方法，它不用預先建立網格模式，可以應用於幾乎任何的模型形狀。

由下而上網格劃分(Bottom-up meshing)

針對無法或難以進行自動化由上而下網格劃分的實體區域，讀者可以使用由下而上的網格劃分方法來建立六面體元素，或是以六面體元素為主的網格。藉著由下而上的網格劃分方法，使用者可以在 Abaqus/CAE 介面，手動選擇網格產生方式以及參數，來建立六面體元素的實體網格。由下而上的網格劃分方法不在本指南的例題中討論。

在進入網格模組時，根據將採用的網格生成方法，Abaqus/CAE 用顏色表示模型的各個區域：

- 綠色表示能夠用結構網格劃分方法產生網格的區域。
- 黃色表示能夠用掃掠網格劃分方法產生網格的區域。
- 粉紅色表示能夠用自由網格劃分方法產生網格的區域。
- 橘色表示不能使用預設的元素形狀產生網格的區域，它必須被進一步地分割。

相依的組成件在組裝層級裡標記為藍色，必須切換到零件層級，才能對相依組成件鋪設網格。

在本問題中，將建立一個結構網格。讀者會發現，首先必須進一步地分割這個模型，才能使用該網格生成方法。在分割完成後，將對整個零件撒點，接著生成網格。

分割連接環：

1. 在模型樹中，展開 Parts 子項目群的 Lug 項目，從選單中點兩下 Mesh。
   零件最初為黃色，表示採用預設的網格控制，六面體網格只能使用掃掠網格方法產生。若要使用結構網格方法，需要進一步地分割區域。執行第一次分割後允許使用結構網格方法，而第二階是為了改善網格的整體品質。

注意：模組切換欄中的 Object 欄位會自動秀出零件名稱，讀者可以直接在網格模組
進行幾何的分割。只有在網格模組中，才能切換零件與組裝。爲了鋪設網格，
此功能可以讓讀者在同一個模組下，皆能對相依和獨立的組成件進行分割。在
其它模組中，相依組成件的分割功能只能在零件層級下執行(如同先前在施加
壓力負載時執行的分割)，或是在組裝層級下分割獨立組成件。

2.　三個點定義一個分割平面，將連接環縱向地分割成兩個區域，如圖 4-22 所示(使用
[Shift] + 點擊，同時選擇兩個區域)。

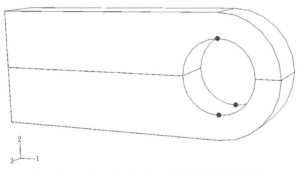

圖 4-22　第一次分割以允許結構網格劃分

3.　從主選單中，選擇 Tools → Datum，使用 Offset From Point 方法，建立一個距連接環
左端 0.075 m 的基準點(如圖 4-23 所示)。

4.　通過剛剛建立的基準點，定義一個垂直於連接環的中心線的切割平面，建立第二階縱
向分割(如圖 4-23 所示)。

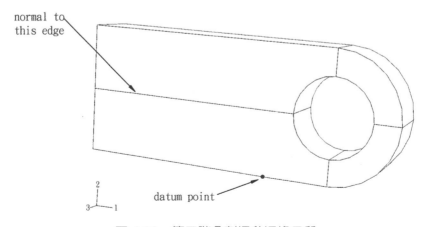

圖 4-23　第二階分割提升網格品質

分割完的連接環如圖 4-24 所示。

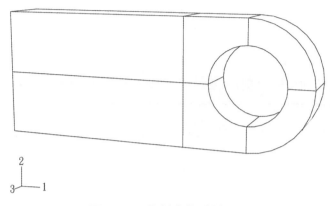

圖 4-24　分割完的連接環

完成連接環分割後，所有的零件區域都應變成綠色，這(基於目前的網格控制)表示整個零件都可用結構六面體元素網格。

對整體零件撒點和產生網格：

1. 從主選單中，選擇 Seed → Instance，並指定全域的元素大小尺寸爲 0.007，各邊上顯示出撒點的位置。

2. 從主選單中，選擇 Mesh → Element Type 爲零件選擇元素類型。由於已經建立了分割區，所以零件現在由幾個區域組成。

   a. 用游標拉一個方框包含整個零件，因此選擇了零件的所有區域，在提示區點擊 Done。

   b. 在彈出的 Element Type 對話框中，選擇 Standard 元素庫，3D Stress 家族，Quadratic 幾何階次，和 Hex，Reduced Integration 元素，點擊 OK 以接受 C3D20R 作爲元素類型。

> **注意**：如果讀者使用的是 Abaqus 學生版本，選擇二階元素並搭配 0.007 的全域撒點密度，鋪設網格數會超過分析模型的元素限制。爲此可選擇一階元素搭配 0.007 的撒點密度，或是二階元素搭配 0.01 的撒點密度。

3. 從主選單中，選擇 Mesh → Part，在提示區點擊 Yes 對零件鋪設網格。

產生、執行和監控一個分析作業

　　此刻，所剩下的唯一工作就是定義分析作業了。可以從 Abaqus/CAE 中提交分析作業，並監控求解過程。

　　首先，在模型樹內，點選 Model-1，按滑鼠鍵 3，選擇 Rename，將模型重新命名為 Elastic。這個模型將構成在第 10 章"材料"中所討論的連接環例子的模型基礎。

建立一個作業的步驟：

1.　在模型樹中，按兩下 Job 子項目群來建立一個新的分析作業，命名為 Lug，並按下 Continue。

2.　在 Edit Job 對話框中，鍵入以下的描述：Linear Elastic Steel Connecting Lug。

3.　接受預設選項，並點擊 OK。

　　將模型存成名為 Lug.cae 的模型資料庫檔案中。

執行分析作業：

1.　在模型樹中，對分析作業 Lug 按下滑鼠鍵 3，點擊 Submit 來交付分析作業。
　　顯示一個對話框警告讀者，對於 LugLoad 分析步沒有設定歷時輸出結果。點擊 Yes 繼續交付分析作業。

2.　在模型樹中，對分析作業 Lug 按下滑鼠鍵 3，從選單中點擊 Monitor，開啟分析作業監視器。
　　在對話框的上方，包含一個求解過程的小結，這個小結會隨著分析的進行不斷地更新。在對應的記錄頁面中，註記了在分析過程中遇到的任何錯誤和/或警告訊息。如果遇到任何錯誤，修改模型並重新模擬。一定要檢視引起任何警告資訊的原因，採取適當的措施；前面已提及過，有些警告資訊可以安全地忽略，但有些則需要參考並給予適當的修正。

3.　當分析作業完成後，點擊 Dismiss 關閉作業監視器。

✎ 4.3.2　後處理－結果視覺化

　　在模型樹中，對分析作業 Lug 按右鍵，點擊 Results 進入視覺化後處理模組，自動開啟由該作業產生的輸出資料庫檔案(.odb)。另一種方法是從位於模組切換列中的 Module 列表中，選擇視覺化後處理進入視覺化後處理模組；從主選單中，透過選擇 File → Open 打開.odb 檔，並雙擊所要的檔案。

繪製變形圖(Plotting the deformed shape)

從主選單中，選擇 Plot → Deformed Shape，或使用工具盒中的 ⬙ 工具。圖 4-25 顯示了在分析結束時的模型變形，位移量是多少？

變換視角(Changing the view)

預設的視角是等視圖，可以使用 View 選單中的選項或 View Manipulation 工具列中的 View 工具來改變視角。透過輸入旋轉角、視點和放大倍數或者依圖形窗比例來平移的數值，也可以設定視角。透過 3D 羅盤也可直接操控視角。

用 3D 羅盤來控制視角：

- 沿著軸向移動，點擊並拖曳 3D 羅盤的一個直線軸。
- 沿著面移動，點擊並拖曳 3D 羅盤的任一個 1/4 圓。
- 繞著一個軸旋轉，點擊並拖曳 3D 羅盤垂直此軸的圓弧。
- 點擊並拖曳 3D 羅盤的頂點，讓模型繞著主軸支點旋轉。
- 點擊 3D 羅盤任意一個軸的標記，切換到預設的視角(選擇的軸與圖形窗垂直)。
- 按兩下 3D 羅盤來設定視角。

本書內，大部分的視角是直接指定，這是為了方便讓讀者比對本書的圖片，建議讀者練習上述的方法來控制讀者的視角。

定義視角(To specify the view)：

1. 從主選單中，選擇 View → Specify(或按兩下 3D 羅盤)。
   顯示 Specify View 對話框。
2. 從列出的方法中，選擇 Viewpoint。
   在 Viewpoint 法中，輸入三個數值，它們代表觀察者所在的 X、Y 和 Z 位置。也可以指定一個向上的向量，Abaqus 會定位此模型，使該向量指向上方。

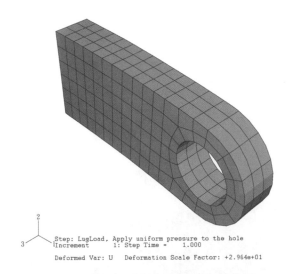

Step: LugLoad, Apply uniform pressure to the hole
Increment　　　1: Step Time =　　1.000
Deformed Var: U　　Deformation Scale Factor: +2.964e+01

圖 4-25　連接環的變形模型形狀(陰影圖)

3. 輸入視點向量的 X、Y 和 Z 座標為 1, 1, 3 和向上向量的座標為 0, 1, 0。

4. 點擊 OK。

Abaqus/CAE 依照指定的視角顯示該模型，如圖 4-26 所示。

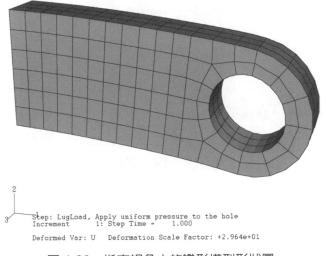

Step: LugLoad, Apply uniform pressure to the hole
Increment　　　1: Step Time =　　1.000
Deformed Var: U　　Deformation Scale Factor: +2.964e+01

圖 4-26　指定視角中的變形模型形狀圖

可見邊(Visible Edges)

在模型顯示中，有幾種選項可設定邊的顯示。在前面的圖中顯示了模型中所有的外邊，圖 4-27 僅顯示特徵邊。

僅顯示特徵邊：

1. 從主選單中，選擇 Options → Common。

   跳出 Common Plot Options 對話框。

2. 選擇 Basic 頁面(如果它還未被選中)。

3. 在 Visible Edges 選項中，選擇 Feature Edges。

4. 點擊 Apply。

   在目前圖形窗的變形圖中變更為只顯示特徵邊，如圖 4-27 所示。

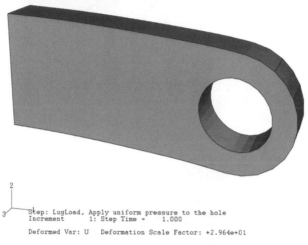

圖 4-27　只看到特徵邊的變形圖

渲染格式(Render style)

陰影圖是填滿的圖形，在模型內顯示打光的效果。這是預設的顯示格式，當觀看一個複雜的三維模型時，特別好用。其他三種顯示格式：線框圖、隱藏線圖以及填充圖。可以從 Common Plot Options 對話框中選擇顯示格式或是從 Render Style 的工具列中選擇：線框圖(Wireframe) 、隱藏線圖(Hidden Line) 、填充圖(Filled) 和陰影圖(Shaded) 中。為了顯示圖 4-28 的線框圖，在 Common Plot Options 對話框中，選擇 Exterior Edges，點擊 OK 關閉此對話框，然後點擊 工具選擇，線框圖後續的圖形將以線框圖表示，直到選擇其他的顯示格式。

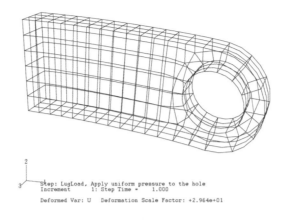

Step: LugLoad, Apply uniform pressure to the hole
Increment   1: Step Time =   1.000
Deformed Var: U   Deformation Scale Factor: +2.964e+01

圖 4-28　金屬網線圖

　　對於複雜的三維模型，線框圖顯示內邊界，造成視覺上的混淆。可選擇其他的顯示格式，隱藏線圖與填充圖，如圖 4-29 和圖 4-30 所示。當檢視複雜的三維模型，這些顯示格式更好用。

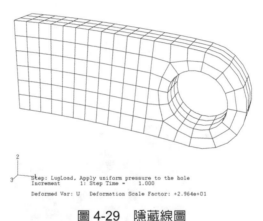

Step: LugLoad, Apply uniform pressure to the hole
Increment   1: Step Time =   1.000
Deformed Var: U   Deformation Scale Factor: +2.964e+01

圖 4-29　隱藏線圖

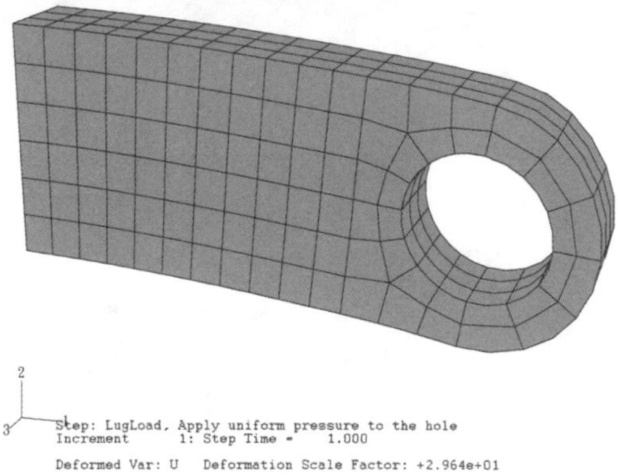

Step: LugLoad, Apply uniform pressure to the hole
Increment   1: Step Time =   1.000
Deformed Var: U   Deformation Scale Factor: +2.964e+01

圖 4-30　填充圖

分布雲圖(Contour plots)

分布雲圖顯示了在模型面上一個變數的變化情況。從輸出資料庫中場變數的輸出結果中,可以產生填充或陰影的分布雲圖。

生成蒙式應力(von Mises stress)的分布雲圖:

1. 從主選單中,選擇 Plot → Contours → On Deformed Shape。

   顯示的填充分布雲圖,如圖 4-31 所示。

   標示於圖例標題的蒙式應力,S Mises,是 Abaqus 預選的變數。也可以選擇繪出不同的變數。

2. 從主選單中,選擇 Result → Field Output。

   跳出 Field Output 對話框,Primary Variable 選項頁面是預選的。

3. 從列出的輸出變數表中,選擇一個新的變數進行繪圖。

4. 點擊 OK。

   在當前的圖形窗中,分布雲圖的變化反應出剛剛的選擇。

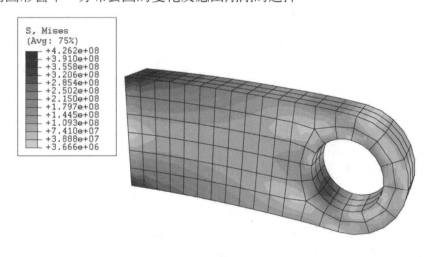

圖 4-31　蒙式應力的填充分布雲圖

> **提示**：可以使用在圖形上方的 Field Output 工具列，變更顯示的場輸出變數。請參閱
> 線上手冊，並搜尋 "Using the field output toolbar"。

　　Abaqus/CAE 提供許多客製化分布雲圖的選項。若需查看這些選項，在工具盒區點擊
Contour Options ████ 。預設情況下，Abaqus/CAE 自動地計算顯示在分布雲圖中變數的
最小和最大值，並將這兩個數值的區間均分爲 12 個間隔。讀者可以控制 Abaqus/CAE 顯
示的最小和最大值(例如在一個固定範圍內查看變化時)，以及劃分間隔的數量。

產生客製化分布雲圖：

1. 在 Contour Plot Options 對話框的 Basic 頁面中，拖曳 Contour Intervals 將間隔設爲 9。

2. 在 Contour Plot Options 對話框的 Limits 頁面中，選擇 Max 旁邊的 Specify；輸入最大
值 400E+6。

3. 選擇 Min 旁邊的 Specify，輸入最小值 60E+6。

4. 點擊 Apply。

　　Abaqus/CAE 以設定的分布雲圖選項顯示模型，如圖 4-32 所示(該圖顯示的是蒙式應
力；讀者的分布雲圖形將顯示所選擇的任何一個輸出變數)。這些設定將會套用到後續的
分布雲圖，直到改變設定或者重新設回預設值。

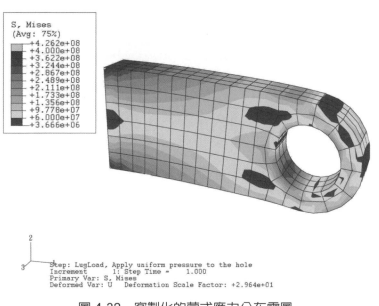

圖 4-32　客製化的蒙式應力分布雲圖

展現內面的分布雲圖

可藉由切面來顯示模型內面的情形，例如，讀者可能想知道在一個零件內的應力分布情形，為此可建立一個切面。在此，對連接環做一個簡單的平切面，來觀察厚度方向的蒙式應力分佈情形。

建立一個切面：

1. 從主選單中，選擇 Tools → View Cut → Create。

2. 在出現的對話框中，接受預設的名稱跟形狀。輸入 0,0,0 當作平面的 Origin(平面會穿過的一個點)，1,0,1 當作垂直於平面的 Normal axis 以及 0,1,0 當作平面的 Axis 2。

3. 按下 OK 關閉對話框並做出切面。

   如圖 4-33 所示。

   從主選單中選擇 Tools → View Cut → Manager 來打開 View Cut Manager，預設值是顯示切面上以及下面的區域(如同 on cut 以及 below cut 下方的勾選符號所示)，要平移或旋轉切面，從可用的動作清單選擇 Translate 或 Rotate，輸入一個值或是拖曳 View Cut Manager 下方的滑桿。

4. 再次檢視整個模型，取消 View Cut Manager 內的 Cut-4 選項。

   詳細資訊，請參閱線上手冊，並搜尋 "Cutting through a model"。

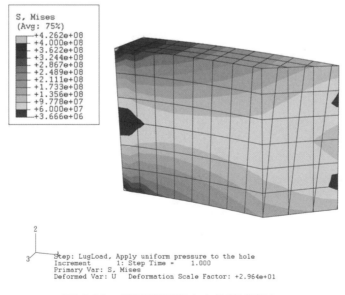

圖 4-33　連接環厚度方向的蒙式應力

最大值和最小值

在模型中，可以很簡單地找出一個變數的最大值和最小值。

顯示等值線變數的最小值和最大值：

1. 從主選單中，選擇 Viewport → Viewport Annotation Options；然後在跳出的對話框中點擊 Legend 頁面。

   現在可以使用 Legend 選項。

2. 勾選 Show Min/Max Values。

3. 點擊 OK。

   分布雲圖的圖例新增最小和最大值。

我們研究這個模型的目標之一是確定連接環在 2 座標負方向的變位。可以畫出連接環在 2 方向的位移分布雲圖，以決定沿垂直方向的最大位移。在 Contour Plot Options 對話框中，點擊 Defaults 使其在繼續操作之前，重新設定最小和最大的分布雲圖值，以及間隔數量。

繪製連接環 2 方向的位移分布雲圖：

1. 從 Field Output 工具列的左邊，選取 Primary。

> **提示**：可以點選 Field Output 工具列左邊的 ，從 Field Output 對話框裡去選擇所要的輸出變數，而不是工具列中選取。如果使用對話框，點擊 Apply 或是 OK，在圖形窗內顯示選取的結果。

2. 從工具列中間，可用的輸出變數，選取 U。

3. 從 Field Output 工具列的右邊，可用的分量與不變量中選取 U2。

   在負 2 方向上的最大位移值是多少？

顯示模型的子集合

Abaqus/CAE 預設顯示整個模型，但讀者可以選擇僅顯示模型的一部份，稱為顯示群組。子集合可以包括來自目前模型或輸出資料庫中的組成件、幾何體(實體、面或邊)、元素、節點和表面的任意組合。對於連接環模型，將建立包含孔洞下部所有元素的一個顯示群組。由於在壓力載重施加在此區域上，為了用於後處理，由 Abaqus 背後會建立了一個集合。

顯示模型的子集合：

1. 在結果樹中按兩下 Display Groups。
    打開 Create Display Group 對話框。

2. 從 Item 列表中，選擇 Elements。在 Selection Method 列表中，選擇 Internal Sets。
    一旦選定這些項目，Create Display Group 對話框右側的列表就會顯示出相應的選項。

3. 利用這個列表，找出包含孔下部元素的集合，勾選列表下面的 Highlight Items in Viewport，這時以紅色標記顯示所選元素集合的輪廓。

4. 當被標記的集合對應於孔下部的元素組時，點擊 Replace ◨ 將目前的模型顯示替換為此元素集合。
    Abaqus/CAE 顯示所指定的子集合。

5. 按下 Dismiss 關閉 Create Display Group 對話框。

當建立一個 Abaqus 模型時，讀者可能希望找出實體元素面的編號。例如，當施加壓力負載時或者定義接觸表面時，讀者可能希望驗證所施加負載的正確編號。在這種情況下，在已經執行 Datacheck 分析並產生輸出資料庫檔案後，就可以使用視覺化後處理模組來顯示網格。

在未變形模型形狀圖上，顯示面的標示編號和元素編號：

1. 從主選單中，選擇 Options → Common。
    跳出 Common Plot Options 對話框。

2. 將顯示格式改變為填充圖格式；為了方便，將顯示出所有可見的元素邊界。
    a. 在 Render Style 選項中，勾選 Filled。
    b. 在 Visible Edges 選項中，勾選 All Edges。

3. 點擊 Labels 頁面，並選中 Show Element labels 和 Show Face Labels。

4. 點擊 Apply 套用圖形設定。

5. 從主選單中，選擇 Plot → Undeformed Shape，或在工具盒中選取 ▦。
    Abaqus/CAE 在目前的顯示群組中，顯示元素和面的編號。

6.　點擊 Common Plot Options 對話框中的 Defaults，回復預設的圖形設定，按下 OK，關閉對話框。

顯示自由體切面

可以定義一個自由體切面來觀看切面上的合力與合力矩，合力的方向會用單箭頭表示，合力矩的方向則用雙箭頭表示。

建立一個自由體切面：

1.　在圖形窗內顯示整個模型，從主選單內選取 Tools → Display Group → Plot → All。

2.　從主選單內，選取 Tools → Free Body Cut → Manager。

3.　在 Free Body Cut Manager 內點擊 Create。

4.　從跳出來的對話框，選擇 3D element faces 作為 Selection method，並點擊 Continue。

5.　在 Free Body Cross-Section 的對話框內，選擇 Surfaces 作為 Item、Pick from veiewport 作為 Method。

6.　在提示區內，設定選擇方式為 by angle，接受預設的角度。

7.　選取面，如圖 4-34 的標示，定義自由體切面。

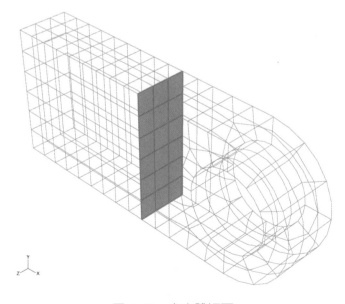

圖 4-34　自由體切面

a. 從 Selection 的工具列中,取消 Select the Entity Closest to the Screen 的工具 ，確定選取 Select From All Entities 的工具 。

b. 隨著游標移動於圖形窗內,Abaqus/CAE 會標示出所有可能的選擇,並在游標箭頭旁加註忽略的記號,標出相衝突的選擇。把游標放在想要選取的多個面其中之一,標示之後,點擊顯示出第一次選取的面。

c. 使用 Next 與 Previous 的按鈕,來回找尋可能的選擇,直到標示出所要的垂直面,按 OK。

8. 在提示區內按 Done,完成面的選取,在 Free Body Cross-Section 的對話框內按 OK。

9. 在 Edit Free Body Cut 的對話框內,接受預設的 Summation Point 以及 Component Resolution,點擊 OK 後,關閉對話框。

10. 在 Free Body Cut Manager 點選 Options。

11. 從 Free Body Plot Options 的對話框,在 Color & Style 頁面內選取 Force 頁面。點選顏色標記 ,變更合力方向箭頭的顏色。

12. 一旦為合力方向箭頭選擇新的顏色後,在 Free Body Plot Options 對話框內點擊 OK,在 Free Body Cut Manager 內點擊 Dismiss。

自由體切面表現於圖形窗內,如同圖 4-35 所示。

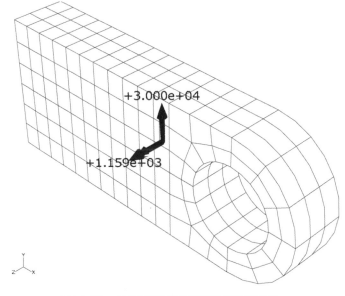

圖 4-35　自由體切面顯示於連接環內

產生模型子集合的資料報表

對於模型內已經選擇的區域，可以使用 Abaqus/CAE 輕鬆生成報表格式輸出，這可以透過顯示群組的使用，搭配報告產生功能來完成。對於連接環的問題，我們將產生如下的表格資料報告：

- 在連接環固定端元素的應力(決定連接環中的最大應力)。
- 在連接環固定端的反力(檢查拘束端的反力與施加荷載之平衡)。
- 孔底部的垂直方向位移(以確定施加負載後連接環的變位)。

由於沒有爲這些區域建立幾何集合，所以每一個報告的產生會使用在圖形窗內所選取的顯示群組。因此開始對每一個感興趣的區域，建立和儲存顯示群組。

建立並儲存包含固定端元素的顯示群組：

1. 在結果樹中按兩下 Display Groups。

2. 從 Item 的列表中選 Elements，Pick from viewport 爲選擇方式。

3. 回復 Select the Entity Closest to the Screen 的設定。

4. 在提示區中，設定選取方法爲 By Angle，點擊連接環固定端的面。當圖形窗中連接環固定端上所有的元素都標記顯示時，點擊 Done。在 Create Display Group 對話框中，點擊 Save Selection As，儲存這個顯示群組爲 Built-In Elements。

建立並儲存包含固定端節點的顯示群組：

1. 在 Create Display Group 對話框中，從 Item 列表中選擇 Nodes 和 Pick From Viewport 作爲選擇方式。

2. 在提示區中，設定選取方法爲 By Angle，並點擊連接環固定端的表面。當在圖形窗中連接環固定端上所有的節點都標記顯示時，點擊 Done。在 Create Display Group 對話框中，點擊 Save Selection As，儲存這個顯示群組爲 Built-In Nodes。

建立並儲存包含孔底部節點的顯示群組：

1. 在 Create Display Group 對話框中，點選 Edit Selection，選擇不同集合的節點。

2. 在提示區中，設定選取方法爲 Individually，選擇在連接環孔底部的節點(如圖 4-36 所示)。當在圖形窗中連接環孔底部的所有節點都標記顯示時，點擊 Done。在 Create Display Group 對話框中，點擊 Save Selection As，儲存這個顯示群組爲 Nodes At Hole

Bottom。

現在來產生報告。

產生場變數報告：

1. 在結果樹中，對 Display Groups 子項目群下方的 built-in elements 按右鍵，從選單中選擇 Plot 使其成為目前的顯示群組。

2. 從主選單中，選擇 Report → Field Output。

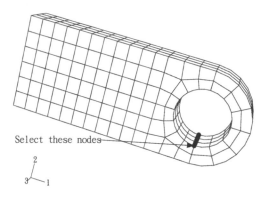

圖 4-36　節點集合 nodes at hole bottom

3. 在 Report Field Output 對話框的 Variable 頁面，接受預設的 Integration Point 為輸出位置。點擊 S：Stress Components 旁的三角符號展開可用的變數列表。從這個表中，選擇蒙式應力和六個單獨的應力分量：S11、S22、S33、S12、S13 和 S23。

4. 在 Setup 頁面，命名報告為 Lug.rpt。在該頁面底部的 Data 空格，取消 Column Totals。

5. 點擊 Apply。

6. 在結果樹中，對 Display Groups 子項目群下方的 built-in nodes 按右鍵，從選單中選擇 Plot 使其成為目前顯示群組。(為了看見這些節點，勾選 Common Plot Options 對話框內的 Show nodes symbols。)

7. 在 Report Field Output 中的 Variable 頁面，將位置改變為 Unique Nodal。取消 S：Stress Components，而從 RF：Reaction Force 變數列表中選擇 RF1、RF2 和 RF3。

8. 在 Setup 頁面底部的 Data 空格，選取 Column Totals。

9. 點擊 Apply。

10. 在結果樹中，對 Display Groups 子項目群下方的 nodes at hole bottom 按右鍵，從選單中選擇 Plot 使其成為目前顯示群組。

11. 在 Report Field Output 對話框的 Variable 頁面，取消 RF: Reaction Force，從 U：Spatial Displacement 變數列表中選擇 U2。

12. 在 Setup 頁面底部的 Data 區，取消 Column Totals。

13. 點擊 OK。

　　用文字編輯器打開 Lug.rpt 檔案，部分的元素應力列表顯示如下。這些元素資料來自元素的積分點，在標記 Int Pt 欄的下面，註記與給定元素有關的積分點。在報表底部包括該組元素中的最大應力和最小應力值資訊。結果表示最大蒙式應力在固定端，約為 330 MPa。如果讀者所使用的網格不是完全相同，計算結果可能多少有些差異。

```
Field Output Report

Source 1
---------


  ODB: Lug.odb
  Step: LugLoad
  Frame: Increment       1: Step Time =     1.000

Loc 1 : Integration point values from source 1

Output sorted by column "Element Label".

Field Output reported at integration points for Region(s) LUG-1: solid < STEEL >

Element   Int     S.Mises        S.S11          S.S22          S.S33          S.S12
Label     Pt      @Loc 1         @Loc 1         @Loc 1         @Loc 1         @Loc 1
------------------------------------------------------------------------------------
      S.S13         S.S23
    @Loc 1         @Loc 1
---------------------------
  58     1      237.839E+06   -235.534E+06   -13.8995E+06    2.83029E+06    -33.891E+06
  1.25472E+06  1.57941E+06
  58     2      239.655E+06   -247.046E+06   -20.9897E+06   -13.4824E+06    -38.331E+06
 -7.4808E+06    1.1505E+06
  58     3      219.144E+06   -259.016E+06   -65.4028E+06   -61.2919E+06   -30.1529E+06
 -48.227E+06    2.6024E+06
  58     4      190.507E+06   -228.049E+06   -53.1236E+06   -51.1938E+06   -37.0096E+06
 -20.3556E+06  419.558E+03
  58     5      320.169E+06   -316.346E+06    1.80105E+06    4.87005E+06    -9.1539E+06
  4.10768E+06  1.03379E+06
```

```
   58      6     322.607E+06   -330.074E+06   -2.82076E+06  -14.7802E+06  -12.9163E+06
-9.14611E+06 189.417E+03
   58      7     331.098E+06   -399.004E+06   -109.695E+06  -104.075E+06  -62.7377E+06
-64.3938E+06 2.63754E+06
   58      8     300.073E+06   -364.931E+06   -95.1688E+06  -93.2852E+06  -69.7659E+06
-26.8242E+06 343.388E+03
          .
          .
  270      1      239.67E+06    247.04E+06     20.988E+06    13.4819E+06  -38.3719E+06
7.48075E+06  1.15243E+06
  270      2     237.844E+06    235.52E+06     13.8985E+06  -2.83123E+06  -33.9305E+06
-1.25482E+06 1.58127E+06
  270      3     190.526E+06    228.049E+06    53.1222E+06   51.1929E+06   -37.04E+06
20.3564E+06  420.207E+03
  270      4     219.153E+06    259.01E+06     65.4004E+06   61.2895E+06  -30.1802E+06
48.2283E+06  2.60423E+06
  270      5      322.65E+06    330.117E+06    2.82297E+06   14.7842E+06   -12.932E+06
9.14713E+06  190.526E+03
  270      6     320.203E+06    316.379E+06   -1.79896E+06  -4.87063E+06  -9.16853E+06
-4.10909E+06   1.035E+06
  270      7     300.139E+06    365.004E+06    95.1929E+06   93.307E+06   -69.7926E+06
26.829E+06    343.61E+03
  270      8     331.159E+06    399.073E+06    109.719E+06   104.095E+06  -62.7599E+06
64.4051E+06  2.63899E+06


Minimum          25.1732E+06   -399.004E+06   -109.695E+06  -122.144E+06  -72.2982E+06
-64.4052E+06 -2.63899E+06
   At Element           204            60            60            59           269
            268            268
      Int Pt              4             8             8             8             7
              7              7


Maximum          331.159E+06    399.073E+06    109.719E+06   1 22.172E+06  -9.1539E+06
64.4051E+06  2.63899E+06
   At Element           268            268           270           269            60
            270            270
      Int Pt              7              7             8             8             6
              8              8
```

　　如何將這個蒙式應力的最大值與前面產生的分布雲圖數值比較？兩個最大值都對應於模型中的同一個點嗎？在分布雲圖中顯示的蒙式應力是外插到節點上的結果，而本報告檔中的應力則是元素積分點的結果，所以在報告中的最大蒙式應力位置與在分布雲圖中最大蒙式應力的位置不是恰好同一點。透過設定輸出節點上的應力(從元素積分點外插，並平均該節點上的所有元素外插值)到報告檔，就能解決此差異。如果差異過大，這就表示使用的網格過於粗糙。

　　下表中列出在拘束點處的反力。在表末尾的 Total 行中包括了這一組節點的淨反力分量。結果證實，在拘束節點上沿 2 方向的反力等於在該方向施加的–30 kN 的外力且方向相反。

```
Field Output Report

Source 1
---------


  ODB: Lug.odb
  Step: LugLoad
  Frame: Increment      1: Step Time =     1.000

Loc 1 : Nodal values from source 1

Output sorted by column "Node Label".

Field Output reported at nodes for Region(s) LUG-1: solid < STEEL >

           Node        RF.RF1            RF.RF2            RF.RF3
           Label       @Loc 1            @Loc 1            @Loc 1
-----------------------------------------------------------------

            13        -538.256          289.563           -382.329
            14        -538.254          289.564            382.33
            15       -60.4209E-03      -118.486          -31.2174E-03
            16       -60.4218E-03      -118.486           31.2172E-03
            25        538.193          289.574           -382.417
             .
             .
          1673       -5.90245E+03       216.287           1.63022E+03
          1675       -6.60386E+03      1.81556E+03       -32.7358E-06
          1676       -9.81734E+03       692.821           -792.062
          1678       -6.35448E+03      1.72817E+03        -331.611
          1679       -5.90245E+03       216.287          -1.63022E+03

Minimum              -9.81734E+03      -264.368          -1.63022E+03
       At Node           1672             382               1679

Maximum               9.81614E+03      1.81556E+03        1.63022E+03
       At Node            858             1675              1673

      Total           -16.1133E-03      30.E+03            0.
```

下表中顯示沿孔底部節點的位移(如下所列)，說明在連接環的孔底部移動了約 0.3 mm。

```
Field Output Report

Source 1
---------


  ODB: Lug.odb
  Step: LugLoad
  Frame: Increment      1: Step Time =     1.000

Loc 1 : Nodal values from source 1

Output sorted by column "Node Label".

Field Output reported at nodes for Region(s) LUG-1: solid < STEEL >


          Node              U.U2
          Label            @Loc 1
  ----------------------------------------
            18         -314.201E-06
            20         -314.201E-06
           122         -314.249E-06
           123         -314.249E-06
          1194         -314.224E-06
          1227         -314.224E-06
          1229         -314.263E-06


   Minimum             -314.263E-06

       At Node                 1229
   Maximum             -314.201E-06

       At Node                   18
```

✎ 4.3.3　用 Abaqus/Explicit 重新進行分析

現在將評估連接環在突然施加同樣負載時的動態反應，特別感興趣的是它的振動反應。將修改模型以進行 Abaqus/Explicit 分析，必須對模型進行修改。在修改之前，將(可在模型樹內，把 Elastic 的模型收起來以免混淆)原模型複製成一個命名為 Explicit 的新模型。在新模型中進行所有後續的改變。在執行分析作業前，需要在材料模型中增加密度、改變分析步類型，以及改變元素類型，此外還須修改場變數的輸出要求。

修改模型：

1. 對 Steel 編輯材料定義，包括質量密度為 7800。

2. 將名為 LugLoad 的靜態分析步更換為一個顯式動態分析步，分析步描述改為 Dynamic Lug Loading，分析步的時間為 0.005 秒。

3. 編輯名為 F-Output-1 的場變數輸出要求，在 Edit Field Output Request 對話框中，設定輸出頻率為 125 等分輸出作為保存輸出的的數目。

4. 接受預設的歷時輸出要求。

5. 改變劃接環網格的元素類型。在 Element Type 對話框中，選擇 Explicit 元素庫，3D Stress 元素家族，Linear 幾何階數，另外，選用 Hex 形狀有強化沙漏化控制。最終選擇的元素類型為 C3D8R。

6. 建立一個分析作業，命名為 expLug，並交付分析。

7. 監控分程作業的進行。

　　在 expLug Monitor 對話框的上面，包含求解過程的小結。這個小結會隨著分析的進行不斷地被更新。在對應的記錄頁面中，註記了在分析過程中遇到的任何錯誤和/或警告。如果遇到任何錯誤，修改模型並重新分析。一定要檢視引起任何警告資訊的原因，採取適當的措施；前面已提及過，有些警告資訊可以安全地忽略，但某些則需要修正措施。

∽ 4.3.4　後處理動態分析結果

　　在 Abaqus/Standard 完成的靜態分析中，讀者檢視了連接環的變形形狀，以及應力和位移輸出。對於 Abaqus/Explicit 的分析，讀者也查看上述的結果。由於暫態的動態反應可能源自於突然地加載，讀者也必須檢查內能、動能、位移和蒙式應力的歷時變化。

　　打開該分析作業所建立的輸出資料庫(.odb)檔。

繪製變形圖

　　從主選單中，選擇 Plot → Deformed Shape，或者使用工具盒中的 ⬛ 工具，圖 4-37 顯示了分析結束時的模型變形圖。如前所述，Abaqus/Explicit 預設採大變形理論，所以變形放大係數自動設置為 1。如果位移過小難以查看，可以更改放大係數，方便檢視其反應。

為了更清晰地觀察連接環的振動,將放大係數改為 50。此外透過動畫顯示連接環的變形歷時,並減緩歷時動畫的播放速度。

連接環的變形歷時動畫顯示,突然加載導致環的振動。此外,將這種負載作用下得到的環之動能、內能、位移和應力以時間的函數表示,繪製出這些函數隨時間的變化有助於進一步理解連接環的行為。可以考慮如下一些問題:

1. 能量守恆嗎?
2. 對於這個分析,大變形理論為必要的嗎?
3. 應力峰值是合理的嗎?材料會降伏嗎?

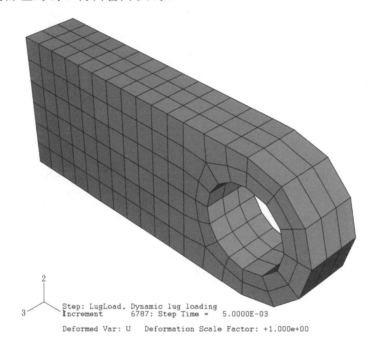

Step: LugLoad, Dynamic lug loading
Increment   6787: Step Time =   5.0000E-03

Deformed Var: U   Deformation Scale Factor: +1.000e+00

圖 4-37   顯式分析的模型變形圖(陰影圖)

繪製 X-Y 曲線

X-Y 曲線圖可以顯示一個變數隨時間的變化,可以從場變數和歷時變數輸出建立 X-Y 曲線圖。

建立為時間函數的內能和動能 X-Y 曲線圖:

1. 在結果樹中,展開輸出資料庫檔 expLug.odb 下的 History Output 子項目群。

2. 表列出前處理所設定的歷時輸出資料，可以選擇所要的變數繪圖。

從輸出變數的列表中，選擇 ALLIE 來繪製整個模型的內能曲線。

從輸出資料庫檔案中，取曲線資料並繪製圖形，如圖 4-38 所示。

3. 重覆上述過程繪製 ALLKE，整個模型的動能曲線(見圖 4-39)。

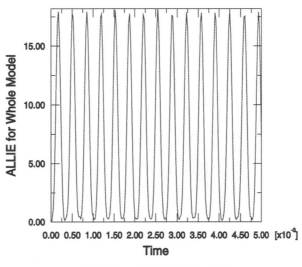

圖 4-38　整個模型的內能

內能和動能都有震盪反應，反應出環的振動。在整個模擬過程中，動能被轉換成內能(應變能)，內能再轉換回動能。因為是線彈性材料，所以總能量守恆。在繪製 ALLIE 和 ALLKE 的同時繪出整體總能量 ETOTAL，可以觀察到 ETOTAL 的值在整個分析過程中幾乎保持為零。在第 9 章"顯式非線性動力學"中將進一步討論動力分析中的能量平衡。

我們將檢視連接環孔底部的節點位移，以評估幾何非線性效應的重要性。

產生隨時間變化的位移曲線：

1. 繪出環的變形形狀。在結果樹中，雙擊 XY Data。

2. 在跳出的 Create XY Data 對話框中，選擇 ODB Field Output 作為繪圖資料來源，並點擊 Continue。

3. 在跳出的 XY Data From ODB Field Output 對話框中，選擇 Unique Nodal 作為繪製 X-Y 資料的位置類型。

4. 點擊 U: Spatial Displacement 旁的箭頭，選取 U2 作為 X-Y 資料的位移變數。

5. 選擇 Elements/Nodes 頁面，選擇 Pick From Viewport 作為選取方式，找尋繪製 X-Y 資料的節點。

6. 點擊 Edit Selection。在圖形窗中，在孔底部選擇一個節點，如圖 4-40 所示(必要的話，改變顯示方式，方便選取)，在提示區中點擊 Done。

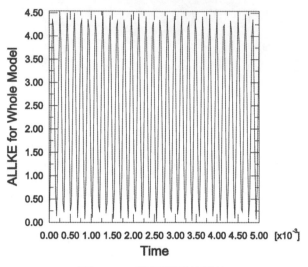

圖 4-39 整個模型的動能

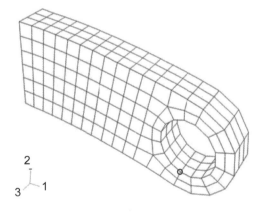

圖 4-40 在孔底部選擇的節點

7. 在 XY Data From ODB Field Output 對話框中，點擊 Plot，繪製節點位移隨時間變化的曲線。

如圖 4-41 所示，振動歷時記錄顯示位移是很小的(相對於結構的尺寸)，所以可用小變形理論求解這個問題。這將減少模擬的計算成本，而不會明顯影響結果。在第 8 章"非線性"中將進一步討論幾何非線性的效應。

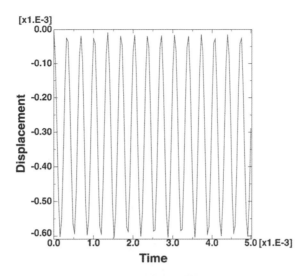

圖 4-41 在孔底部節點的位移

　　我們也關心連接環的應力歷時記錄，特別是連接環靠近固定端的區域，因為這裏很可能出現應力的峰值，材料也可能降伏。

產生蒙式應力隨時間變化的曲線：

1.　再繪製一次連接環的變形圖。

2.　在 XY Data From ODB Field Output 對話框中，選擇 Variables 頁面。取消 U2 作為 X-Y 資料圖的變數。

3.　改變 Position 設為 Integration Point。

4.　點擊 S：Stress Components 旁邊的箭頭，勾選蒙式(Mises)作為 X-Y 資料的應力變數。

5.　選擇 Elements/Nodes 頁面，選擇 Pick From Viewport 作為選取方式，找尋繪製 X-Y 資料的元素。

6.　按下 Edit Selection，在圖形窗中，選擇一個靠近連接環固定端的元素，如圖 4-42 所示，在提示區中點擊 Done。

7.　在 XY Data From ODB Field Output 對話框中，點擊 Plot，繪製蒙式應力隨時間變化的曲線。

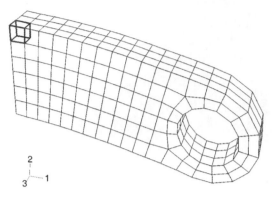

圖 4-42　選擇靠近連接環固定端的元素

蒙式應力的峰值在 500 MPa 左右，如圖 4-43 所示，這個值已經高於了一般鋼材的降伏強度。因此在承受高應力之前，材料已經降伏了。在第 10 章"材料"中進一步討論材料非線性。

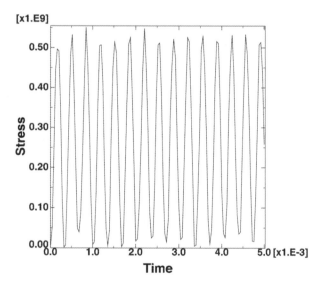

圖 4-43　連接環固定端附近的蒙式應力

4.4　網格收斂性

使用足夠細密的網格以保證 Abaqus 模擬的結果具有足夠的準確度是非常重要的。利用隱式或顯式方法分析，粗糙的網格會產生不精確的結果。隨著網格密度的增加，模擬分析所產生的數值結果會趨向於唯一解，但執行分析所需要的電腦資源也隨之增加。當進一步細分網格所得到的結果變化可以忽略不計時，就稱為網格已經收斂了。

　　隨著經驗的增加，讀者對於大多數問題將學會判斷網格細分到何種程度所得的結果是可以接受的。然而進行網格收斂的研究是一個很好的練習，採用細劃的網格模擬同一個問題，並比較其結果，如果兩種網格基本上提供相同的結果，那麼可以確信該模型得到了數學上的準確解。

　　在 Abaqus/Standard 以及 Abaqus/Explicit 當中，網格收斂性都是一個很重要的考慮因素。在 Abaqus/Standard 中，藉由使用四種不同的網格密度(圖 4-44)對連接環進行的進一步分析，以此為例進行網格細分的研究。在圖中列出每種網格的元素數量。

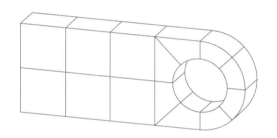
Coarse mesh（14 elements）

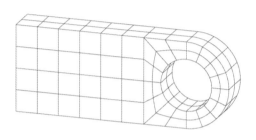
Normal mesh（112 elements）

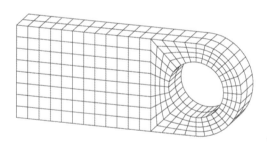
Fine mesh（448 elements）

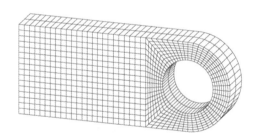
Very fine mesh（1792 elements）

圖 4-44　對於連接環問題的不同網格密度

注意：圖 4-44 中的網格可藉由進一步的分割以及適當撒點來完成，如圖 4-45 所示。

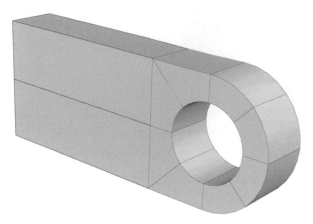

圖 4-45　對連接環進行額外的分割

我們從模型的三個特定結果來檢視網格密度的影響：

- 孔底部的位移。
- 孔底部表面應力集中處的蒙式應力峰值。
- 連接環與母結構連接處的蒙式應力峰值。

　　這些用於進行比較結果的位置如圖 4-46 所示。表 4-3 列出四種不同網格密度下分析結果的比較以及每個模擬所需的 CPU 時間。

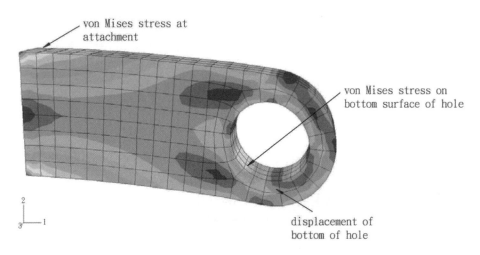

圖 4-46　細分網格研究結果比較之位置

表 4-3　網格細劃研究的結果

網格	孔底部的位移	孔底部的應力	附著處的應力	相對的 CPU 時間
粗	3.07E-4	256.E6	312.E6	0.83
正常	3.13E-4	311.E6	365.E6	1.0
細	3.14E-4	332.E6	426.E6	3.2
很細	3.15E-4	345.E6	496.E6	13.3

　　粗網格預測的孔底部位移是不準確的，但是採用正常網格、細網格和很細的網格預測出類似的結果，因此正常網格對所關注的位移而言是收斂的。結果的收斂性如圖 4-47 所示。

　　所有的結果都對由粗網格預測的數值進行正規化。孔底部應力峰值的收斂比位移慢得多，這是因為應力和應變是由位移的梯度計算得到的，所以要預測準確的位移梯度比計算準確的位移需要更密的網格。

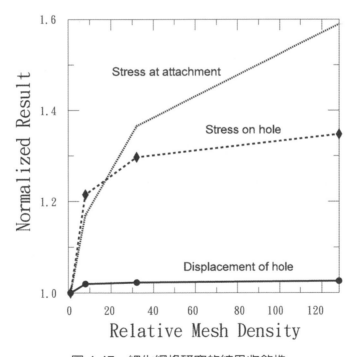

圖 4-47　細化網格研究的結果收斂性

　　網格的細分明顯地改變了連接環在固定端處的應力計算值；隨著網格的細分，應力值持續增加。在連接環與母結構連接的角點處存在應力奇異性(Stress singularity)。理論上來說，在這個位置的應力是無限大，因此在位置增加網格密度不會產生收斂的應力值，這種奇異性的產生是因爲使用了理想化的有限元素模型。環與母結構的連結處被模擬成直角，以及母體結構被模擬爲剛體，這種理想化導致應力奇異性。事實上，在環與母體結構之間可能有小的倒角，而且母結構也是可變形體而非剛體。如果需要這個位置的精確應力，必須準確地模擬零件之間的倒角(見圖 4-48)，也必須考慮母結構的勁度。

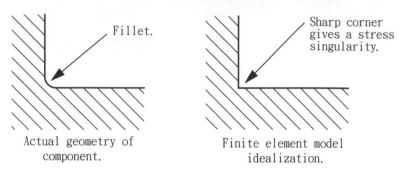

圖 4-48 將倒角理想化爲直角

為了簡化分析和保持合理的模型尺度，一般在有限元素模型中經常忽略類似倒角半徑這樣的小細節，但是在模型中引入任何尖角都將導致該處產生應力奇異。一般來說這對模型總體反應的影響是可以忽略，但對預測靠近奇異處的應力是不準確的。

對複雜的三維模擬而言，可用的電腦資源常常限制了所採用的網格密度。在這種情況下，必須非常小心地使用從分析中得到的結果。粗糙的網格足以用來預測趨勢和比較不同概念相互之間的表現差異，然而使用由粗糙網格計算得到的位移和應力時，必須很謹慎。

沒有必要對所分析的結構全部採用均勻的細劃網格。讀者應該在主要出現高應力梯度的位置採用細網格，而低應力梯度或應力大小不被關注的地方則採用粗網格。如圖 4-49 顯示一種用來準確預測孔底部應力集中的網格設計。

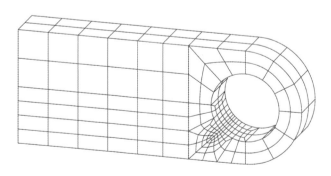

圖 4-49 孔周圍的網格細劃

細劃的網格只用在高應力梯度的區域，而在其他地方則採用粗網格。在表 4-4 中展示了使用這種局部細劃的網格，由 Abaqus/Standard 模擬得到的結果。從表中可見，該結果與整體劃分很細網格的結果相近，但是這種局部細劃網格的模擬比很細網格的分析大幅節省計算所需要的 CPU 時間。

表 4-4　網格極細與局部細分的比較

網格	孔底部的位移	孔底部的應力	相關的 CPU 時間
很細	3.15E-4	345.E6	22.5
局部細劃	3.14E-4	346.E6	3.44

對類似結構的認知或手工計算，常常可以預測出模型的高應力區，即需要細分網格的區域。得到這些資訊也可在一開始時使用粗網格以識別高應力的位置，然後在該區域中細分網格。利用像 Abaqus/CAE 這樣的前處理器，可以很容易地實現後者的過程，當中，整個數值模型(如材料屬性、邊界條件、載重等)都是基於結構的幾何體定義的。在一開始的模擬，簡單地劃分幾何爲粗網格，然後，根據粗網格的模擬結果，在適當的區域細分網格。

Abaqus 提供一種進階功能，稱爲子模型。允許讀者在結構中感興趣的區域，得到更詳細(和精確)的結果，從粗網格分析得到的解答來"驅動"對感興趣的區域網格細化所做的詳細局部分析。(這個題目超出本書的範圍，請參閱線上手冊，並搜尋 "Submodeling: overview"。

4.5　相關的 Abaqus 例題

讀者如果有興趣進一步學習如何在 Abaqus 中使用實體元素，可檢視下述問題：

- "Geometrically nonlinear analysis of a cantilever beam," Section 2.1.2 of the Abaqus Benchmarks Manual

- "Spherical cavity in an infinite medium," Section 2.2.4 of the Abaqus Benchmarks Manual

- "Performance of continuum and shell elements for linear analysis of bending problems," Section 2.3.5 of the Abaqus Benchmarks Manual

4.6　建議閱讀之參考文獻

關於有限元素法和有限元素分析應用的文獻浩如煙海。在本書剩下的大部分章節中，提供了一些建議閱讀的書和文章，以便讀者可以按照自己的興趣探索更深入的主題。但大多數讀者對深入的參考文獻不一定感興趣，這些文獻爲感興趣的讀者提供了詳細的理論資訊。

有限元素法的一般文獻

- NAFEMS Ltd., A Finite Element Primer, 1986.
- Becker, E. B., G. F. Carey, J. T. Oden, *Finite Elements: An Introduction*, Prentice-Hall, 1981.
- Carey, G. F., and J. T. Oden, *Finite Elements: A Second Course,* Prentice-Hall, 1983.
- Cook, R. D., D. S. Malkus, and M. E. Plesha, *Concepts and Applications of Finite Element Analysis*, John Wiley & Sons, 1989.
- Hughes, T. J. R., *The Finite Element Method*, Prentice-Hall, Inc., 1987.
- Zienkiewicz, O. C., and R. L. Taylor, *The Finite Element Method*, *Volumes I, II and III,* Butterworth-Heinemann, 2000.

一階實體元素的行為

- Prathap, G., "The Poor Bending Response of the Four-Node Plane Stress Quadrilaterls," International Journal for Numerical Methods in Engineering, vol.21, 825-835, 1985.

實體元素中的沙漏化控制

- Belytschko, T., W. K. Liu, and J. M. Kennedy, "Hourglass Control in Linear and Nonlinear Problems," Computer Methods in Applied Mechanics and Engineering, vol. 43, 251–276, 1984.
- Flanagan, D. P., and T. Belytschko, "A Uniform Strain Hexahedron and Quadrilateral with Hourglass Control," International Journal for Numerical Methods in Engineering, vol. 17, 679-706, 1981.
- Puso, M. A., "A Highly Efficient Enhanced Assumed Strain Physically Stabilized Hexahedral Element," International Journal for Numerical Methods in Engineering, vol. 49, 1029-1064, 2000.

非協調模式元素

- Simo, J. C. and M. S. Rifai, "A Class of Assumed Strain Methods and the Method of Incompatible Modes," International Journal for Numerical Methods in Engineering, vol. 29, 1595-1638, 1990.

4.7　小結

- 對於分析的準確度和代價，在實體元素中採用的數學式和積分階數會有顯著的影響。
- 一階全積分元素容易發生剪力自鎖，在一般情況下不要使用。
- 一階減積分元素容易出現沙漏化；足夠細劃的網格可盡可能地減小這種問題。
- 當採用一階減積分元素模擬發生彎曲變形的問題時，沿厚度方向至少鋪設四層元素。
- 在 Abaqus/Standard 中，二階減積分元素中不太會有沙漏化現象。對於大多數的一般問題，只要不是接觸，應盡量考慮使用這類元素。
- 在 Abaqus/Standard 中的不相容元素，其準確度高度仰賴元素的扭曲程度。
- 計算結果的數值精度仰賴於所用的網格。理想的情況下,應該進行網格的細劃研究以確保該網格對特定問題能提供唯一解答。但是,應記住使用一個收斂的網格，不能保證有限元素模擬的結果與實際問題的行為一致：還須依賴模型中其他的近似和理想化。
- 通常只需在想要得到精確結果的區域細劃網格；預測準確的應力比計算準確的位移需要更細的網格。
- 在 Abaqus 中提供了進階功能，如子模型，可幫助讀者從複雜模擬中得到有用的結果。

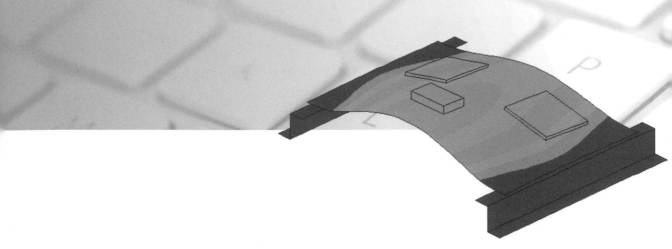

Chapter **5**

應用殼元素

利用殼元素可以模擬某一結構，其厚度遠小於其他方向的尺度，並且可忽略沿厚度方向的應力。例如壓力容器，結構的壁厚小於全域結構尺寸的 1/10，通常就可以用殼元素來模擬。以下為全域結構尺寸之舉例：

- 支撐點之間的距離。
- 加強件之間的距離，或截面厚度有很大變化之間的距離。
- 曲率半徑。
- 所關注的最高振動模態之波長。

Abaqus 殼元素假設垂直於殼中面的橫平面保持為平面。不要誤解為厚度也必須小於元素尺寸的 1/10，高度細化的網格可能包含厚度尺寸大於平內尺寸的殼元素，儘管一般不推薦這樣做，而實體元素可能更適合這種情況。

5.1　元素幾何

在 Abaqus 中，有兩種殼元素：傳統的殼元素和連體殼元素。傳統殼元素透過定義元素的平面尺寸、表面法線和初始曲率，對參考面離散化，但其殼厚並非使用節點來定義，而是透過截面性質來給定。另一方面，連體殼元素類似三維實體元素，是對整個三維物體進行離散化，但其動力和組成等行為之數學式類似傳統殼元素。對於接觸問題，連體殼元素與傳統殼元素相比更加精確，因為它採用雙面接觸時，會考慮厚度的變化。然而對於薄殼問題，傳統殼元素有優異的表現。

本手冊僅討論傳統殼元素，在此我們將其簡稱為「殼元素」。關於連體殼元素的更多資訊，請參閱線上手冊、並搜尋"Shell elements: overview"。

✆ 5.1.1　殼厚度和截面點(Section Points)

描述殼的截面時，必須定義殼厚。另外，也要選擇分析過程中計算截面勁度(Section integration: During analysis)或是分析一開始時計算(Section integration: Before analysis)。如果用戶選擇在分析過程中計算勁度，Abaqus 將採用數值積分法去獨立計算在厚度方向上的每個截面點(積分點)的應力和應變，因此允許非線性的材料行為。例如：在 S4R(4 節點、減積分)元素中唯一的積分點位置和沿殼厚截面點的分佈如圖 5-1 所示，給定彈塑性材料分析時，有可能內部截面點還保持彈性，而外部截面點卻已經達到降伏。

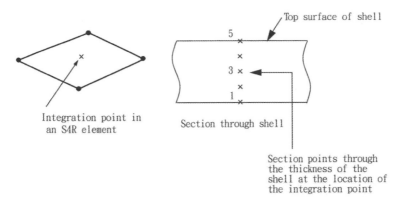

圖 5-1　在數值積分殼中的截面點分佈

在設定模型時，可指定殼厚度方向的截面點數目為任意奇數。對均質殼元素，Abaqus 預設 5 個截面點，對大多數非線性問題已經足夠，但是對一些複雜的模擬就必須採用更多的截面點，尤其預期會出現反向的塑性彎曲時(這種情況下一般採用 9 個截面點才足夠)。對於線性問題，3 個截面點已經足夠提供相當準確度。當然，對於線彈性材料的薄殼，選擇在分析開始時計算材料勁度，分析速度會較快。如果選擇僅在模擬開始時計算截面勁度，材料行為必須是線彈性。在這種情況下，所有的計算都是以整個截面上的合力和合力矩的形式進行的。如果設定應力或應變的輸出，Abaqus 預設會輸出在殼底面、中面和頂面的數值。

5.1.2　殼法線和殼面

殼元素的連接方式定義了它的正法線方向，如圖 5-2 所示。

對於軸對稱殼元素(Axisymmetric shells)，從節點 1 到節點 2 的方向，逆時針旋轉 90° 定義其正法線方向。對於三維殼元素，正法線方向之定義係根據右手定則，依舊元素定義的節點編碼順序而決定。

殼的頂面是正法線方向的面，對於接觸定義，稱其為 SPOS 面；而底面是法線負方向的面，對於接觸定義，稱其為 SNEG 面。在相鄰的殼元素中，法線方向必須一致。

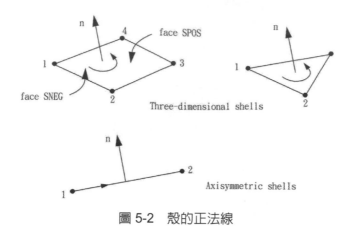

圖 5-2 殼的正法線

正法線方向定義了基於元素之壓力荷重施加、和隨著殼厚變化的數值輸出的規定。施加於殼體元素上的正向壓力負載產生了作用在正法線方向的負載。(基於單元的壓力負載的約定,對於殼元素與對實體元素的約定相反;基於表面的壓力負載的約定(Surface-Based Pressure Load),對於殼元素與對實體元素的約定相同。關於基於元素 Element-based 的和基於面 Surface-based 的分佈負載之間的更多區別,請參閱線上手冊、並搜尋" Distributed loads"。

✎ 5.1.3　殼的初始曲率

在 Abaqus 中殼(除了元素類型 S3/S3R、S3RS、S4R、S4RS、S4RSW 和 STRI3 之外)被描述成真實的曲殼元素;真實的曲殼元素需要別注意初始面曲率的準確計算。在每個殼元素的節點處,Abaqus 自動計算表面法線來估算殼的初始曲率。利用相當精確的演算法來決定每一節點處的表面法線,此處請參閱線上手冊、並搜尋" Defining the initial geometry of conventional shell elements"。

若採用圖 5-3 所示的粗網格,在相鄰元素的同一個節點上,Abaqus 可能會得到多個獨立的表面法線。實際上,在單一節點上,有多個法線意謂在共用節點的元素之間有一條折線。此情況下,用戶大多是傾向模擬一個平滑曲面的殼體,因此,Abaqus 會嘗試在節點處,建立平均法線,使殼面平滑。

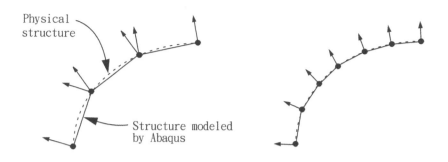

Coarse mesh

The angle between successive element normals is greater than °20so separate normals are retained at each node for adjacent elements, and the behavior is that of a folded sheet.

Refined mesh

There is a single normal at each node for adjacent elements, and the behavior is that of a curved shell.

圖 5-3　網格細劃對節點處面法線的影響

　　所採用的基本平滑演算法如下：如果在一節點處連接的每個殼元素，其在該節點處的法線相互夾角在 20° 以內的話，則這些法線將被平均化，平均化法線將作爲所有與該節點相連的元素在該節點的法線。如果 Abaqus 未能光滑殼面，在資料檔中(.dat)將發出警告訊息。

　　有兩種方法可以改變預設的演算法。第一個方法，在曲殼中引入折線或者用粗網格模擬曲殼，兩者都是在節點座標後面給定 n 的分量，作爲第 4、第 5 和第 6 個資料值(這種方法需要在文字編輯器中，手動編輯由 Abaqus/CAE 建立的輸入檔)；或者第二個方法，利用 **NORMAL** 選項，直接規定法線方向(利用 Abaqus/CAE 的 **Keywords Editor** 可以加入這個選項，請參閱線上手冊，並搜尋"Cross-section orientation")。如果使用以上兩種方法，以後者爲主。請參閱線上手冊、並搜尋" Defining the initial geometry of conventional shell elements"。

✍ 5.1.4　參考面的偏置

　　由殼元素的節點和法線定義來決定殼的參考面。當用殼元素建模時，參考面通常與殼中面重合。然而在很多情況下，將參考面定義爲中面的偏置更爲方便。例如由 CAD 套裝軟體建立的面，一般代表殼頂面或底面。在這種情況下，定義與 CAD 建立的面一致的參考面是比較容易的，因此該參考面偏置於殼中面。

殼厚對於接觸問題相當重要，殼參考面的偏置也可以用於定義更精確的幾何資訊。不同於上述的另外一種情況，當模擬一個厚度連續變化的殼體時，參考面的位置可能需要偏置，此時將節點定義在殼中面上會很困難。

透過設定一個偏置量可引入偏置。定義偏置量為從殼中面到殼參考面之間的殼體厚度的比值，如圖 5-4 所示。

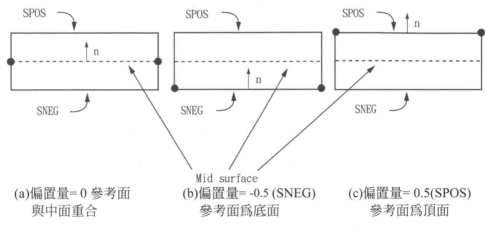

(a)偏置量= 0 參考面　　　(b)偏置量= -0.5 (SNEG)　　　(c)偏置量= 0.5(SPOS)
　　與中面重合　　　　　　　參考面為底面　　　　　　　　參考面為頂面

圖 5-4　偏置量為 0、-0.5 以及+0.5 之示意圖

殼的自由度與其參考面有關，所有的動力學方程，以及元素面積的計算皆與此有關。對於曲殼，偏置量過大可能導致面積分的誤差，影響殼截面的勁度、質量和轉動慣量。基於穩定性，Abaqus/Explicit 也會按偏置量的平方自動地增大殼元素的轉動慣量，然而，過大的偏置量於動態分析中，還是可能會導致誤差，因此，如果需要從殼中面設定較大的偏置量(offset)，可使用多點拘束或剛體拘束來代替偏置。

5.2　殼體數學式－厚殼或薄殼

殼體問題一般可以分為下列兩者：薄殼問題和厚殼問題。厚殼問題假設橫向剪切變形對計算結果有重要影響；另一方面，薄殼問題是假設橫向剪切變形小到足以忽略。圖 5-5(a) 說明了薄殼的橫向剪切行為：初始垂直於殼面的材料線，在整個變形過程中保持直線和垂直，因此橫向剪切應變假設為零($\gamma = 0$)。圖 5-5(b)說明了厚殼的橫向剪切行為：初始垂直於殼面的材料線在整個變形過程中並不需保持垂直於殼面，因此加入了橫向剪切柔度($\gamma \neq 0$)。

依殼元素應用於薄殼和厚殼問題來區分，Abaqus 提供了多種殼元素。一般情況的殼元素均能用在薄殼和厚殼問題。某些特殊情況下，使用 Abaqus/Standard 中的特殊用途殼元素，可獲得強化的性能。

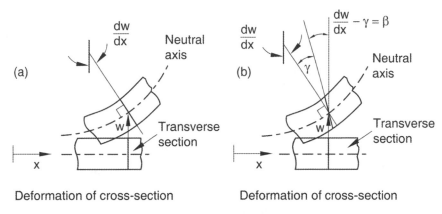

圖 5-5　在(a)薄殼和(b)厚殼中的橫截面行為

特殊用途的殼元素可分為兩類：僅為薄殼元素和僅為厚殼元素。所有特殊用途的殼元素都允許任意的大轉動，但僅限微小應變；僅為薄殼元素採用 Kirchhoff 拘束，即垂直於殼中面的平截面保持垂直於殼中面。該拘束以解析方式施加於元素數學式上(STRI3)，或是在數值計算上使用補償拘束。僅為厚殼元素是二階四邊形元素，在負載是沿殼元素長度方向上平滑變化的小應變應用的情況下，這種元素能比一般殼元素提供更精確的結果。

我們可以藉由模型中的「橫向剪切變形是否重要」，來決定問題屬於薄殼還是厚殼。當橫向剪切變形重要時，使用厚殼元素，當不重要時，則使用薄殼元素。而殼的「橫向剪切重要性」可透過厚度與元素長度的比值來評估。單一等向性材料組成的殼體，當比值大於 1/15 時認定為厚殼；如果比值小於 1/15，則認為是薄殼。這只是近似推估，用戶應該持續檢驗模型中橫向剪切的影響，以驗證假設。在疊層複合殼結構中，橫向剪切變形較為顯著，對於薄殼理論的應用，這個比值必須更小一些。採用高度柔軟中間層的複殼(即"三明治"複合結構)具有非常低的橫向剪切勁度，必須只能用厚殼來模擬；如果平截面保持平面的假設失效，則應採用實體元素。關於如何檢驗應用殼理論的有效性，請參閱線上手冊、並搜尋" Shell section behavior"。

一般的殼元素和僅為厚殼元素可考慮橫向剪力和剪切應變。對於三維元素，提供了橫向剪切應力的計算。這些應力的計算忽略了彎曲和扭轉變形之間的耦合關係，並假設材料性質和彎矩的空間梯度很小。

5.3　殼的材料方向

與實體元素不同，殼元素使用局部材料方向。異向性材料的資料如纖維加勁複合材料，和元素輸出變數如應力和應變，都是以局部材料方向的形式定義的。在大位移分析中，殼面上的局部材料座標軸隨著各積分點上材料的平均運動而旋轉。

✎ 5.3.1　預設的局部材料方向

局部材料的 1 和 2 方向位於殼面上，預設的局部 1 方向是全域座標 1 軸在殼面上的投影。如果全域座標 1 軸垂直於殼面，則局部 1 方向是全域座標 3 軸在殼面上的投影。局部 2 方向垂直於殼面的局部 1 方向，因此局部 1 方向、2 方向和殼面的正法線構成右手座標系(如圖 5-6 所示)。

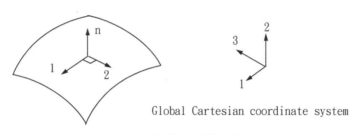

Global Cartesian coordinate system

圖 5-6　預設的殼局部材料方向

局部材料方向有時會產生問題；以圓柱形殼體為例，如圖 5-7 所示。對於圖中大多數元素，其局部 1 方向為環向。然而有一排元素垂直於全域 1 軸，對於這些元素，局部 1 方向為全域 3 軸在殼上的投影，使該處的局部 1 方向變為軸向，而不是環向。沿局部 1 方向的應力 σ_{11} 的分布雲圖看起來就會非常奇怪，因為大多數元素的 σ_{11} 為環向應力，而部分元素的 σ_{11} 為軸向應力。在這種情況下，必須定義更適合的局部方向，下節討論。

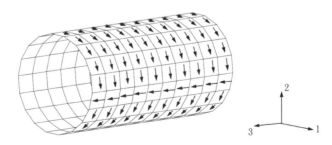

圖 5-7　在圓柱形殼體中預設的局部材料 1 方向

✑ 5.3.2 建立其他的材料方向

可用局部的直角、圓柱或者球座標系，取替全域的卡式座標系，如圖 5-8 所示。定義一個局部 (x', y', z') 座標系的方向，並使局部座標軸的方向與材料方向一致。為此，用戶必須先指定一個局部軸(1、2 或 3)，使其最接近垂直於殼面的法線方向，並繞軸旋轉。Abaqus 按照座標軸的排列順序(1,2,3)和按照用戶的選擇將該軸投影到殼體上，構成材料的 1 方向。例如，如果選擇了 x' 軸，Abaqus 會將 y' 軸投影到殼體上，構成材料的 1 方向。由殼法線和材料 1 方向的外積來定義材料的 2 方向。一般情況下，最終的材料 2 方向和其他局部座標軸的投影，如本例的 z' 軸，對於曲殼來說是不一致的。

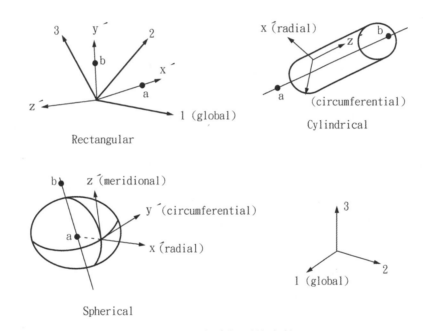

圖 5-8 局部座標系的定義

如果這些局部座標軸沒有建立所要的材料方向，用戶可以對選擇的軸，指定轉動，在投影到殼面上，決定最終的元素材料之前，另外 2 個局部座標軸依此轉動量旋轉。為了使投影容易實現，選擇的軸應儘可能地接近殼法線。

例如，如果在圖 5-7 中的圓柱中心線與全域座標 3 軸一致，局部材料方向可以這樣定義，使局部材料 1 方向總是環向，相應的局部材料 2 方向總是軸向。其程序敘述如下。

定義局部材料方向：

1. 從 Property 模組的主選單中，選擇 Tools → Datum，並定義一個圓柱座標系統。

2. 選擇 Assign → Material Orientation 為零件給定一個局部材料方向。當提示選擇基準座標系時，選擇上一步所定義的座標系，近似的殼法線方向是 Axis-1；不需要額外的旋轉。

5.4 選擇殼元素

- 對於薄膜或彎曲模式沙漏的問題，或是面上彎曲的問題，當希望得到更精確的解答時，可使用一階、有限薄膜應變、全積分的四邊形殼元素(S4)。
- 一階、有限薄膜應變、減積分、四邊形殼元素(S4R)是很好用的，應用範圍廣泛。
- 一階、有限薄膜應變、三角形殼元素(S3/S3R)可視為一般目的的殼元素。因為在元素中應變近似於常數，為了找出彎曲變形或是高應變梯度時，可能需要細化的網格。
- 在疊層複合殼模型中，為了考慮剪切變形的影響，應使用模擬厚殼問題的元素(S4，S4R，S3/S3R，S8R)，並檢驗平截面保持平面的假設是否滿足。
- 四邊形或三角形的二階殼元素，對於一般的微小應變薄殼應用是很有效的，這些元素對於剪力自鎖或薄膜自鎖都不敏感。
- 如果在接觸模擬中一定要使用二階元素，不要使用二階三角形殼元素(STRI65)，要採用 9 節點的四邊形殼元素(S9R5)。
- 對於規模非常大但僅存在幾何線性行為的模型，一階、薄殼元素(S4R5)通常比一般殼元素更節省計算成本。
- 對於涉及任意大轉動和小薄膜應變的顯式動態問題，小薄膜應變元素是有效的。

5.5 例題：斜板

在這個例題中，要模擬如圖 5-9 所示的板，該板與全域 1 軸的夾角為 30°，一端為固定支承，另一端被拘束成沿板子軸向移動。當板在承載一均佈壓力時，要決定板中間的撓度，也要評估線性分析對該問題是否有效。將採用 Abaqus/Standard 進行分析。

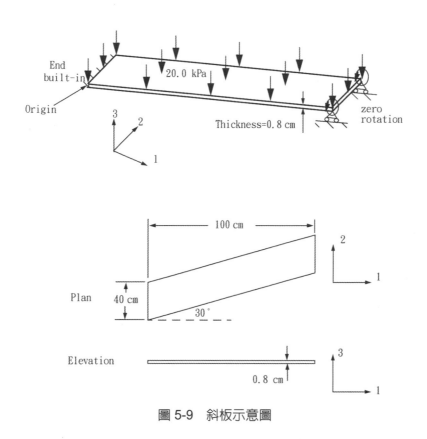

圖 5-9　斜板示意圖

✎ 5.5.1　前處理－用 Abaqus/CAE 建立模型

我們使用 Abaqus/CAE 來建立分析所需之模型。若依照以下指導卻遇到困難，或是希望檢查所建立的模型是否有誤，Abaqus 有提供程序檔，可完整重製出習題設定內容之 CAE 檔，程序檔可從下列位置中找到：

- 在本書的第 A.3 節 "Skew Plate"，提供了這個例子的 Python 程序檔(*.py)。關於如何提取和執行程序檔，請參閱附錄 A，"Example Files"。

- Abaqus/CAE 的外掛工具(Plug-in)中提供了此範例的外掛程序檔。在 Abaqus/CAE 的環境下執行程序檔，選擇 Plug-ins → Abaqus → Getting Started；將 Skew Plate 標記，按下 Run。更多關於入門指導外掛模組的資訊，請參閱線上手冊，並搜尋 "Running the Getting Started with Abaqus examples"。

如果用戶無權進入 Abaqus/CAE 或者其他的前處理器，可以手動建立關於這個問題的輸入檔(.inp)，請參閱線上手冊，並搜尋"Example: skew plate"。開始建模前，先決定單位系統。給定的尺寸單位為 cm，但是的負載和材料性質的單位為 MPa 和 GPa。因為單位不一致，必須在模型中選擇一致的單位系統，並轉成必要的輸入資訊。在以下的討論中，採用牛頓、公尺、公斤和秒的單位系統。

定義模型的幾何形狀

啟動 Abaqus/CAE，以平面(Planar)的方式，建立一個三維可變形的殼體，命名該零件為 Plate，並指定大致的零件尺寸為 4.0。在下面的程序中，列出所建立零件幾何形狀的建議步驟：

繪製板幾何：

1. 在草圖內，用 Create Lines：Rectangle(4 Lines)工具繪製一任意矩形。
2. 刪除(Delete)四個自動施加的的拘束(四個直角拘束和一個水平拘束)。
3. 對左右兩邊施加垂直拘束(Add constraint: Vertical)，上下兩邊施加平行拘束(Add constraint: Parallel)。
4. 以點選線段的方式來標註左邊線段尺寸(Add dimension)，設為 0.4m。
5. 以點選端點，而非點選線段的方式來標註底部線段的尺寸(Add dimension)，設定水平尺寸為 1m。

> **注意**：如果你直接點選線段來標註尺寸，只能控制該線段的長度(無論其方向為何)。

6. 對左邊跟底部線段標註角度(Add dimension)，依序點選左邊跟底部線段，設定角度為 60°。最終的繪圖如圖 5-10 所示。
7. 在提示區，點擊 **Done** 完成草圖。

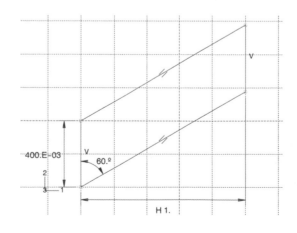

圖 5-10　板幾何形狀的草圖

定義材料、截面性質和局部材料方向

　　板的材料是等向性(isotropic)的線彈性材料，楊氏模數 $E = 30 \times 10^9$ Pa，浦松比 $v = 0.3$。建立材料定義，命名為 Metal。在全域座標系下結構的方位如圖 5-9 所示。全域座標系定義了預設的材料方向，但是相對於這個座標系統，板子是傾斜的，如果使用預設的材料方向，不容易判讀模擬的結果，因為在材料 1 方向上的應力 σ_{11}，包含來自板彎曲產生的軸向應力以及與板軸線垂直的橫向應力之貢獻。如果材料的方向是板軸線以及橫向方向一致，會更容易解釋模擬結果，因此需要一個局部的直角座標系：局部 x' 方向沿著板的軸向(即與全域座標系 1 軸的夾角為 30°)，y' 軸方向也位於板平面內。

　　依照下列指示，定義局部材料座標系內(非預設)的殼截面性質。

定義殼的截面性質與局部材料方向：

1.　定義一個均勻的殼截面，命名為 PlateSection。殼體厚度設定為 0.8×10^{-2}，並將 Metal 材料指派到截面上。由於材料是線彈性，所以在分析前計算截面積分(Integration: Before analysis)，接受預設的理想化設定 "No idealization"。

2.　使用 **Create Datum CSYS : 2 Lines** 工具 　，定義一個直角座標系，如圖 5-11 所示。

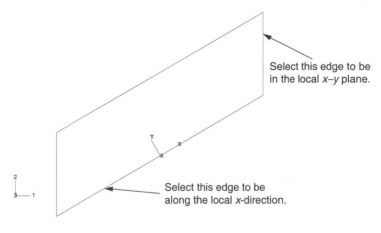

Select this edge to be
in the local x–y plane.

Select this edge to be
along the local x-direction.

圖 5-11　用於定義局部材料方向的基準座標系

3.　從 Property 模組的主選單中，選擇 **Assign → Material Orientation**，全選整個零件作為套用局部材料方向的區域。在圖形窗中，選擇先前建立的座標系，選擇 **Axis-3** 作為殼法線的近似方向，不需要繞此軸進行額外的旋轉。

> 提示：爲了檢驗設定的局部材料方向是否正確，從主選單中，選擇 **Tools → Query**，
> 進行性質查詢裡的材料方向(material orientation)，顯示於圖形窗內的三軸標示
> 指出所選區域的材料方向。

一旦在模型中的零件被割分網格並建立元素後，所有的元素變數將以這個局部座標系定義。

4. 將截面的定義套用於板，接受 Middle surface 作爲殼偏置之定義。

建立組裝、定義分析步和設定輸出要求

建立一個斜板零件的相依組成件：

在板中問先將其分割成兩半，用戶將在這設定集合。也會額外定義在組裝子項目群下的集合，方便設定輸出與邊界條件之定義。

分割板和定義幾何集合：

1. 在模型樹中，按兩下 Parts 子集合中的 Plate 項目，使其成爲編輯對象。

2. 使用 **Partition Face：Shortest Path Between 2 Points** 工具 ，將板分爲兩半，採用板斜邊的中點建立分割，如圖 5-12 所示。

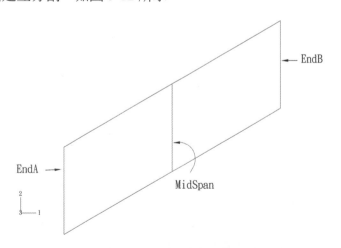

圖 5-12　在板中間，用來定義幾何集合的分割

3. 在模型樹中，展開 **Assembly** 子集合並按兩下 **Sets** 項目，替板中間建立一個幾何集合，名爲 MidSpan。同樣地，爲板的左和右邊界各建立一個集合，分別命名爲 EndA 和 EndB。三個集合的位置如圖 5-12 所示。

> **提示**：在模型樹中，展開 **Assembly** 子集合的 **Sets** 項目，並對清單中的集合名稱按兩下，即可檢視幾何集合。所選擇的集合在視圖窗中會標示出來，若有需要，可以對其定義進行編輯。

接下來，建立一個一般靜態(**Static，General**)分析步，命名為 Apply Pressure，定義下面的步驟描述：Uniform Pressure (20 kPa) Load。接受所有的預設。

需要的輸出有節點位移、反力和元素應力作為場變數輸出資料，這些資料將應用在 **Visualization** 模組中建立變形形狀圖、分布雲圖和資料報表。用戶也希望將中跨的位移寫入歷時資料，以便在 Visualization 模組中建立 X-Y 曲線圖。

修改預設的輸出設定：

1. 編輯場變數輸出設定，只有整個模型的節點位移(U)、反力(RF)和元素應力(S)作為場變數資料寫入結果檔.odb 中。

2. 編輯歷時輸出設定，只有 MidSpan 集合的節點位移(S)作為歷時變數資料寫入.odb 檔中。施加邊界條件和負載
   如圖 5-9 所示，板的左端是完全固定的，右端被拘束成只能沿平行於板的軸向方向上移動。由於右端邊界條件的方向與全域座標軸不一致，必須定義一個局部座標系，使一個軸與板的走向一致。用戶可以使用之前為定義局部材料方向而建立的座標系。

在局部座標系中定義邊界條件：

1. 在模型樹中，雙擊 BCs 子集合，在 Apply Pressure 分析步中，定義 **Displacement/Rotation**(位移/轉動)力學邊界條件，命名為 Rail Boundary Condition。
   在本例中，將邊界條件定義在集合上，而不是直接在圖形窗中選定區域。因此當提示選擇施加邊界條件的區域時，在圖形窗中的提示區點擊 **Sets**。

2. 從顯示的 **Region Selection** 對話框中，選擇集合 **EndB**。勾選 **Highlight Selections In Viewport** 以確保選擇正確的集合，此時板的右側邊會標記顯示。點擊 **Continue**。

3. 在 **Edit Boundary Condition** 對話框中，點擊 ▷ 以指定邊界條件將要採用的局部座標系。在圖形窗中，選擇之前為定義局部材料方向而建立的座標系，局部 1 方向與板的軸向一致。

4. 在 **Edit Boundary Condition** 對話框中，固定除了 **U1** 以外的所有自由度。

現在，板的右邊界被限制僅能在板的軸向上移動。一旦對板的模型舖設網格和節點，所有與這個區域相關的節點列印輸出值(位移、速度、反力等)都將這個局部座標系定義。

固定平板左端(**EndA**)全部的自由度，完成邊界條件的定義，命名為 Fix Left End。對於這個邊界條件採用預設的全域座標。

最後在殼上定義一均勻壓力負載，命名為 Pressure，用**[Shift]**+點擊來選擇零件的兩個區域，並選定殼頂面"Brown"作為施加壓力負載的面。為了更清楚地區分板頂面，可以旋轉視角。指定負載值為 **2.E4** Pa。

建立網格和定義分析作業

圖 5-13 顯示對於該分析所建議的網格劃分。

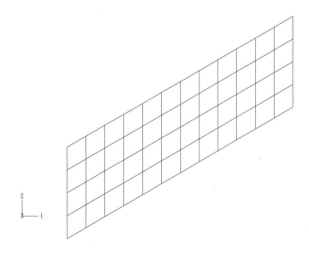

圖 5-13　對於斜板模擬所建議的網格設計

在選擇元素類型之前，必須回答以下問題：薄板還是厚板？應變是小或者是大？板很薄，厚度與最小跨度之比為 0.02(厚度為 0.8 cm，最小的跨度為 40 cm)。當我們不能確切預測出結構中的應變大小時，我們認為應變是小的。基於這個資訊，選用二階殼元素(S8R5)，原因是在小應變模擬中，對於薄殼將提供精確的結果。請參閱線上手冊，並搜尋"Choosing a shell element"。

在模型樹中，展開 **Parts** 子集合下的 **Plate** 項目，按兩下清單中的 **Mesh**。全域元素的尺度為 0.1，對零件上撒點。使用每節點有 5 個自由度的二階減積分殼元素(S8R5)，建立四邊形網格。

在操作前，重新命名模型為 Linear。該模型還會用在後面第 8 章 "非線性" 中所討論的斜板例題。

定義一個命名為 SkewPlate 的分析作業，描述(Description)可輸入如下：

Linear Elastic Skew Plate. 20 kPa Load.

將模型存為 SkewPlate.cae 的模型資料庫檔中。

提交作業進行分析，監控求解過程；修正任何分析的錯誤，並找出任何警告訊息的原由。

✎ 5.5.2　後處理

這一節將討論應用 Abaqus/CAE 進行後處理。對於殼分析結果的視覺化，分布雲圖和向量圖是很有用的。由於在本書第四章「應用實體元素」中已經詳細討論過分佈圖，這裏將使用向量圖。

在位於模組環境列的 **Module** 列表中，點擊 **Visualization** 進入視覺化模組，打開由該分析作業建立的.odb 檔案(SkewPlate.odb)。

Abaqus/CAE 預設繪製出模型的未變形圖。

元素法線

利用未變形圖檢查模型的定義。對於斜板模型的元素法線，檢驗其定義是否正確，並指向在正 3 方向。

顯示元素法線：

1. 在主選單中，選擇 **Options** → **Common**；或使用工具盒中的 🔲 工具。

   跳出 **Common Plot Options** 對話框。

2. 點擊 **Normals** 頁面。

3. 選中 Show Normals，並接受 On Elements 的設置。

4. 點擊 **OK** 套用設定並關閉對話框。

　　預設視角爲等視圖(iso view)，可使用視角功能表中的選項或從工具盒中的 View Manipulation(如 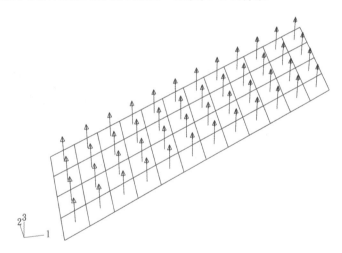)改變視角。

改變視角：

1. 從主選單中，選擇 **View → Specify**。

　　跳出 **Specify View** 對話框。

2. 從方法列表中，選擇 **Viewpoint**。

3. 鍵入視點向量的 **X-,Y-,Z-** 座標值分別爲−0.2, −1,0.8，和向上向量座標爲 0, 0, 1。

4. 點擊 **OK**。

　　Abaqus/CAE 顯示出所設定視角的模型，如圖 5-14 所示。

圖 5-14　斜板模型的殼元素法線

向量圖

　　向量圖用向量顯示了指定的變數，向量的起點爲節點或元素積分點。除了一些主要是非力學輸出變數和在節點上儲存的元素結果(如節點力)之外，大多數用張量和向量表達的變數都可以繪製出向量圖。箭頭尺寸表示結果值的大小，向量指向是依結果的全域方向。向量圖的圖例顯示箭頭顏色標記對應的數值範圍。可以繪製出如位移(U)、反力(RF)等結果變數的向量圖，或者可以繪製這些變數每個分量的向量圖。

　　在繼續下個步驟前，先隱藏元素法線。

產生位移向量圖：

1. 從 Field Output 工具列左邊的欄位中，選擇其中一個變數，Symbol。

2. 從此工具列的中間，選擇 U。

3. 從列出來的向量值中，選擇 U3 分量。

   Abaqus/CAE 在可變形的模型圖中，顯示出位移結果向量的向量圖。

4. 預設的陰影顯示格式會混淆箭頭標示，利用 Common Plot Options 對話框將顯示格式改為線框圖，可避免此情況。如果仍顯示元素法線，這時應該將元素法線關閉。

5. 向量圖也可在未變形的圖繪製，從主選單中選擇 Plot → Symbol → On Undeformed Shape。

   變形模型的向量圖如圖 5-15 所示。

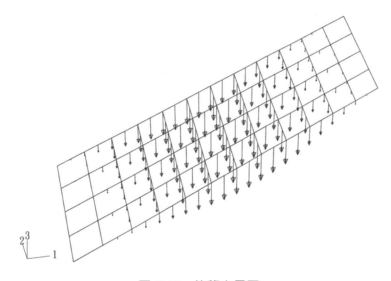

圖 5-15　位移向量圖

　　使用向量圖能夠繪製張量變量的主值，諸如應力。主應力值向量圖在每一個積分點處用三個向量來表示，每個向量代表一個主值，其方向沿著相應的主方向。壓縮值的箭頭指向積分點，而拉伸值的箭頭遠離積分點。也可以繪製單獨的主值。

產生主應力的向量圖：

1. 從 Field Output 工具列左邊的欄位中，選擇其中一個變數，Symbol。

2. 從此工具列的中間，選擇 S。

3. 選擇 All principal components 當作張量值。

    Abaqus/CAE 顯示出主應力的向量圖。

4. 爲了改變箭頭長度，在主選單選擇 Options → Symbol；或使用工具盒中的 Symbol Options ⬛ 工具。

    跳出 Symbol Plot Options 對話框。

5. 點擊 Color & Style 頁面；然後點擊 Tensor 頁面。

6. 拖曳 Size 滑桿，設定箭頭長度爲 2。

7. 點擊 OK 確認設定，並關閉對話框。

    顯示的向量圖，如圖 5-16 所示。

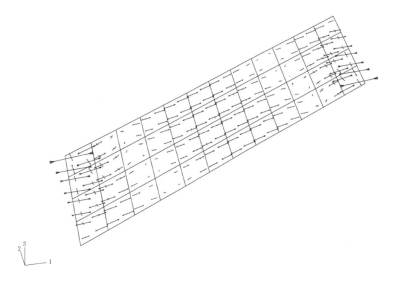

圖 5-16　底面主應力的向量圖

8. 主應力預設在截面點 1 處顯示，若要在其他非預設的截面點處顯示應力，可從主選單中，選擇 **Result → Section Points**，打開 **Section Points** 對話框。

9. 選擇想要的非預設截面點繪圖。

10. 在複雜模型中，元素格線可能遮住向量圖。爲了消除所顯示的元素格線，在 **Common Plot Options** 對話框中的 **Basic** 頁面，選擇 **Feature Edges**。預設截面點處主應力的向量圖如圖 5-17，圖中僅顯示板的特徵邊界。

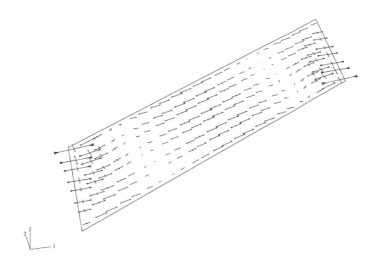

圖 5-17　使用特徵邊界所顯示主應力的向量

材料方向

　　Abaqus/CAE 也可以使元素材料方向視覺化。這個功能特別有助於確認材料方向的正確性。

繪製材料方向：

1. 從主選單中，選擇 **Plot → Material Orientations → On Undeformed Shape**；或使用 工具。

   繪製出宋變形的材料方向圖，預設是沒有箭頭的材料方向三向軸座標。

2. 爲了使用帶箭頭的座標表示，在主選單中，點擊 **Options → Material Orientation** ，或使用工具盒中的 **Material Orientation Options** 工具。

   跳出 **Material Orientation Plot Options** 對話框。

3. 在三軸座標頁面，設定 **Arrowhead** 爲實心箭頭。

4. 點擊 **OK**，完成設，關閉對話框。

5. 使用在 Views 工具列中預先設置的視角來顯示平板，如圖 5-18 所示。在這個圖中，關閉透視效果(Perspective)，點擊在 View Options 工具列中的 工具，關閉透視效果。

　　如果看不見 Views 工具列，從主選單選取 Views → Toolkws → Views 預設的材料 1 方向爲藍色，材料 2 方向爲黃色，如果有的話，材料 3 方向爲紅色。

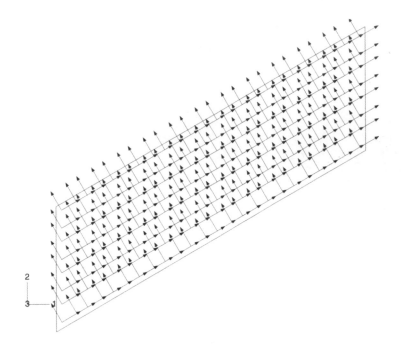

圖 5-18 在板內的材料方向圖

根據報表資料評估結果

透過檢驗列印的資料，進行其餘的後處理工作。借助於顯示組，對於整個模型的元素應力(分量 **S11**、**S22** 和 **S12**)、在反承點處的反力(集合 **EndA** 和 **EndB**)和板中間節點的位移(集合 **MidSpan**)，應力資料如下顯示。

```
Field Output Report

Source 1
---------

  ODB: SkewPlate.odb
  Step: "Apply pressure"
  Frame: Increment    1: Step Time =    1.000


Loc 1 : Integration point values at shell general ... : SNEG, (fraction = -1.0)
Loc 2 : Integration point values at shell general ... : SPOS, (fraction =  1.0)


Output sorted by column "Element Label".


Field Output reported at integration points for Region(s) PLATE-1: ...


 Element  Int      S.S11         S.S11         S.S22         S.S22         S.S12         S.S12
```

```
Label    Pt      @Loc 1        @Loc 2        @Loc 1        @Loc 2        @Loc 1        @Loc 2
---------------------------------------------------------------------------------------------------
    1     1    79.7614E+06   -79.7614E+06    1.1085E+06    -1.1085E+06   -5.86291E+06    5.86291E+06
    1     2    83.7703E+06   -83.7703E+06    7.14559E+06   -7.14559E+06  -8.00706E+06    8.00706E+06
    1     3    66.9385E+06   -66.9385E+06    2.79241E+06   -2.79241E+06  -1.98396E+06    1.98396E+06
    1     4    72.3479E+06   -72.3479E+06    5.05957E+06   -5.05957E+06  -7.0819E+06     7.0819E+06
    .
    .
   48     1   -142.755E+06   142.755E+06   -56.0747E+06    56.0747E+06   21.007E+06    -21.007E+06
   48     2   -118.848E+06   118.848E+06    -7.21449E+06    7.21449E+06   4.00065E+06   -4.00065E+06
   48     3   -187.19E+06    187.19E+06   -103.31E+06     103.31E+06    50.352E+06    -50.352E+06
   48     4   -238.323E+06   238.323E+06   -84.7331E+06    84.7331E+06   70.0676E+06   -70.0676E+06

Minimum        -238.323E+06  -90.2378E+06  -103.31E+06    -10.5216E+06  -18.865E+06   -70.0676E+06
  At Element          48            28            24             2            12             48

        Int Pt          4             4             3             2             4              4
Maximum         90.2378E+06  238.323E+06   10.5216E+06    103.31E+06    70.0676E+06    18.865E+06
  At Element          28            48             2            24            48             12

        Int Pt          4             4             2             3             4              4
```

　　位置 Loc 1 和 Loc 2 標示出元素中計算應力的截面點。Loc 1(對應於截面點 1)位於殼表面的 SNEG 面上，而 Loc 2(對應於截面點 3)位於 SPOS 面上。對元素採用局部材料方向：應力參考於局部座標系。

　　檢查微小應變假設在本模擬是否有效。對於應力峰值的軸向應變為 $\varepsilon_{11} \approx 0.0008$。如果小於 4% 或 5%，可視為典型的微小應變，所以 0.8% 的應變屬於使用元素 S8R5 模擬的合適範圍。

　　在表中，觀察反力和反力矩：

```
Field Output Report

Source 1
---------

  ODB: SkewPlate.odb
  Step: "Apply pressure"
  Frame: Increment      1: Step Time =     1.000

Loc 1 : Nodal values from source 1

Output sorted by column "Node Label".

Field Output reported at nodes for Region(s) PLATE-1: ...
```

Node Label	RF.RF1 @Loc 1	RF.RF2 @Loc 1	RF.RF3 @Loc 1	RM.RM1 @Loc 1	RM.RM2 @Loc 1	RM.RM3 @Loc 1
3	0.	0.	37.3918	-1.59908	-76.494	0.
4	0.	0.	-109.834	1.77236	-324.41E-03	0.
5	0.	0.	37.3913	1.59906	76.494	0.
6	0.	0.	-109.834	-1.77236	324.418E-03	0.
15	0.	0.	73.6364	8.75019	-62.2242	0.
16	0.	0.	260.424	6.95105	-51.1181	0.
17	0.	0.	239.685	6.56987	-35.4374	0.
28	0.	0.	73.6355	-8.75019	62.2241	0.
29	0.	0.	260.424	-6.95106	51.1182	0.
30	0.	0.	239.685	-6.56989	35.4374	0.
116	0.	0.	6.1538	7.5915	-36.4275	0.
119	0.	0.	455.132	6.80781	-88.237	0.
121	0.	0.	750.805	8.31069	-126.462	0.
123	0.	0.	2.28661E+03	31.0977	-205.818	0.
170	0.	0.	6.15408	-7.5915	36.4274	0.
173	0.	0.	455.133	-6.80783	88.237	0.
175	0.	0.	750.806	-8.31071	126.462	0.
177	0.	0.	2.28661E+03	-31.0978	205.818	0.
Minimum	0.	0.	-109.834	-31.0978	-205.818	0.
At Node	177	177	6	177	123	177
Maximum	0.	0.	2.28661E+03	31.0977	205.818	0.
At Node	177	177	123	123	177	177
Total	0.	0.	8.E+03	-129.7E-06	-61.0352E-06	0.

　　這些反力、反力矩是依全域座標系輸出。在這邊可以檢查系統的合力、合力矩是否為零。在 3 方向的非零反力等於垂直向的壓力負載(20 kPa×1.0 m×0.4 m)。除了反力，在束制住的轉動自由度，壓力負載還引起了自身平衡的反力矩。

　　本分析為線性，其假設為節點位移遠小於全域結構尺寸。從位移表格中可看出（在此未呈現），跨越板中間的變位約為 5.4 公分，大約是板長度的 5%。然而，必須要質疑的是對於線性分析來說，這樣的位移是否夠小，以提供準確的結果，結構裡的非線性效應也許很重要，所以必須執行非線性分析，進一步地討論該例題。幾何非線性請詳閱第八章 "非線性"。

5.6　相關的 Abaqus 例題

請參閱線上手冊，並搜尋

- "Pressurized fuel tank with variable shell thickness"
- "Analysis of an anisotropic layered plate"
- "Buckling of a simply supported square plate"
- "The barrel vault roof problem"

5.7　建議閱讀之參考文獻

下面的參考文獻對於殼理論的理論和計算方面，提供了更加深入的內容。

基本殼體理論

- Timoshenko, S., *Strength of Materials: Part II*, Krieger Publishing Co., 1958.
- Timoshenko, S. and S. W. Krieger, *Theory of Plates and Shells*, McGraw-Hill, Inc., 1959.
- Ugural, A. C., *Stresses in Plates and Shells*, McGraw-Hill, Inc., 1981.

基本計算殼體理論

- Cook, R. D., D. S. Malkus, and M. E. Plesha, *Concepts and Appliccations of Finite Element Analysis*, John Wiley & Sons. 1989.
- Hughes, T. J. R., *The Finite Element Method*, Prentice-Hill, Inc., 1987.

進階殼體理論

- Budiansky, B., and J. L. Sanders, "On the 'Best' First-Order Linear Shell Theory," Progress in Applied Mechanics, The Prager Anniversary Volume, 129-140. 1963.

進階計算殼體理論

- Ashwell, D. G., and R. H. Gallagher, *Finite Elements for Thin Shells and Curved Members*, John Wiley & Sons, 1976.
- Hughes, T. J. R., T. E. Tezduyar, "Finite Elements Based upon Mindlin Plate Theory with Particular Reference to the Four-Node Bilinear Isoparametric Element," Journal of Applied Mechanics, 587-596, 1981.
- Simo, J. C., D. D. Fox, and M. S. Rifai, "On a Stress Resultant Geometrically Ecact Shell Model. Part III: Computational Aspects of the Nonlinear Theory," Computer Methods in Applied Mechanics and Engineering, vol. 79, 21-70, 1990.

5.8 小 結

- 殼元素的截面行為可以透過對殼厚的數值積分得到或是在分析一開始，計算截面勁度。
- 在分析開始時計算截面度的效率比較高，但僅適用於線性材料；在分析過程中計算截面勁度對線性和非線性材料都適用。
- 在殼厚方向上的數個截面點，進行數值積分。這些截面點是可以輸出元素變數的位置，預設的最外面截面點位於殼表面。
- 殼元素法線的方向決定了元素的正面和反面。為了正確定義接觸和解釋元素輸出，必須明確區分殼的正反面。殼法線可在 Abaqus/CAE 的 **Visulization** 模組中繪出。
- 殼元素採用每個元素局部的材料方向。在大位移分析中，局部材料軸隨著元素轉動。可定義非預設的局部座標系統，元素的變數(如應力和應變)按局部座標方向輸出。

- 可以定義節點的局部座標系，集中負載和邊界條件可施加在局部座標系中。預設所有列印的節點輸出變數(如位移)也採用此局部座標系。
- 向量圖有助於檢視模擬分析的結果，尤其適用於觀察結構的運動和負載路徑。

Chapter **6**

應用樑元素

模擬時，若一結構於某方向的尺度(長度)明顯大於其他兩方向，可利用樑元素模擬該結構。

樑理論的基本假設為：

- 結構變形可由變數完全決定，而此變數是結構軸向位置的函數。
- 垂直於樑軸線的截面保持為平面。

為使樑理論產生可接受的結果，橫截面的尺度必須小於結構典型軸向尺度的 1/10(此處指全域尺寸、非元素網格尺寸)。下列為典型軸向尺度的例子：

- 支承點之間的距離。
- 橫截面發生顯著變化之間的距離。
- 所關注的最高振型的波長。

劃分網格時橫截面的尺度不一定須要小於典型軸向元素長度的 1/10，但不建議這樣做，在這種情況下實體元素可能更適合。

6.1　樑橫截面幾何

可以用以下三種方法定義樑橫截面的輪廓，詳細如下：

1.從 Abaqus 提供的橫截面庫中選擇(Create Profile→選擇形狀(Shape)

Abaqus 提供各種常用的橫截面形狀，如圖 6-1 所示，選擇後，Abaqus/CAE 會提示所需要的橫截面尺寸，來定義精確的截面外型輪廓。請參閱線上手冊、並搜尋 "Beam cross-section library"。

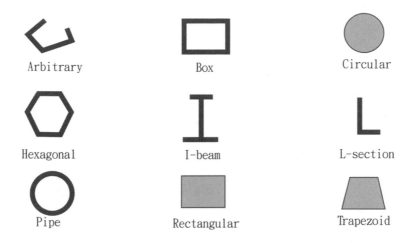

圖 6-1　樑橫截面

2. 利用截面的工程性質來定義 (Create Profile→Generalized)

定義面積、慣性矩和扭轉常數，以代替提供橫截面尺寸。詳情請參閱線上手冊，並搜尋 "Using a general beam section to define the section behavior"。

3. 劃分網格的樑橫截面 (Meshed Beam Cross-Section)

劃分網格的樑橫截面允許包括多種材料和複雜幾何形狀的樑橫截面。詳情請參閱線上手冊，並搜尋"Meshed beam cross-sections"

6.1.1　截面點

當建立樑元素進行建模分析時，可以要求在分析中不斷的計算並更新截面性質 (Section integration: During Analysis)，此時 Abaqus 是透過分布於截面上的截面點(Section Points)來進行計算的。截面點的數目及其位置，詳情請參閱線上手冊，並搜尋"Beam cross-section library"。元素的輸出變數，如應力和應變可在任何一個截面點上輸　出；然而，預設是僅在幾個選定的截面點提供輸出。如在 "Beam cross-section library" 所舉例，對於矩形橫截面，所有的截面點如 6-2 所示。對於該橫截面，在點 1、5、21 和 25 上提供預設的輸出。在圖 6-2 中所示的樑元素中總共使用了 50 個截面點，2 個積分點，每個積分點上有 25 個截面點，來計算其勁度。

但當要求在分析前計算樑截面的性質時(Section integration:Before analysis)，Abaqus 直接以截面外型計算性質已決定響應，並不會透過任何截面點進行計算，此時截面點僅作為輸出位置，而用戶需要指定想要輸出的截面點。

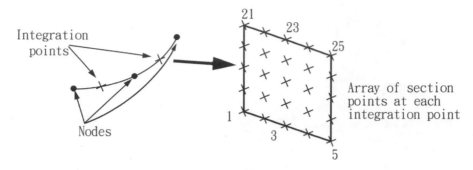

圖 6-2　在 B32 矩形樑元素中的積分點和預設截面點

✎ 6.1.2　橫截面方向

樑元素的橫截面方向由一局部、右手定則的坐標系訂定，三個向量為 t、n1、n2。從元素的第一節點順著樑軸向到下一個節點的向量被定義為沿著切線向量 **t**，樑的橫截面垂直於這個局部切線向量。向量 **n₁** 和 **n₂** 則是分別為 1、2 方向 (見圖 6-3)。

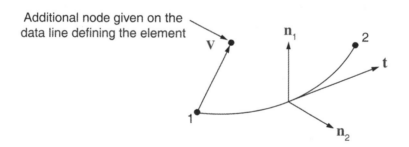

圖 6-3　樑元素切線向量 **t**，樑截面軸 **n₁** 和 **n₂** 的方位

對於二維樑元素，**n₁** 的方向總是(0.0, 0.0, −1.0)。

對於三維樑元素，有幾種方法來定義局部樑截面軸的方向。第一種方法是在定義元素的資料行中指定一個額外的節點(這種方法需要對由 Abaqus/CAE 產生的輸入檔(.inp)進行手動編輯)。利用從樑元素的第一個節點到這個附加節點的向量 **v**(見圖 6-3)，作為初始的近似 **n₁** 方向，Abaqus 再定義樑的 **n₂** 方向為 **t**×**v**。**n₂** 確定後，Abaqus 定義實際的 **n₁** 方向為 **n₂**×**t**。上述程序確保了局部切線與局部樑截面軸構成了一個正交座標系。

另一種方法是在 Abaqus/CAE 中定義樑截面特性時，給定一個近似的 **n₁** 方向，然後 Abaqus 利用上述過程計算實際的樑截面軸。如果用戶不但指定了一個額外的節點，又給

定一個近似的 n_1 方向，將優先採用額外節點的方法。如果沒有提供近似的 n_1 方向，Abaqus 將從原點到點(0.0, 0.0, −1.0)的向量作爲預設的 n_1 方向。

這裏有兩種辦法可以用來變更由 Abaqus 定義的預設 n_2 方向；兩種辦法都要手動編輯輸入檔。一種是在節點座標後，給定 n_2 向量的分量作爲節點座標的第 4、第 5 和第 6 個資料值，另一種是使用**NORMAL** 選項直接指定法線方向(添加該選項可透過 Abaqus/CAE 中的 **Keywords Editor**。如果同時採用了這兩種辦法，以後者優先。Abaqus 再由 $n_2 \times t$ 定義 n_1 方向。

用戶提供的 n_2 方向不必正交於樑元素的切線 **t**。當用戶提供了 n_2 方向，局部樑元素切線 **t** 將被重新定義爲 $n_1 \times n_2$ 的外積。在這種情況下，很有可能重新定義的局部樑切線 **t** 與從第一節點到第二節點的向量所定義的樑軸線不一致。如果 n_2 方向與垂直於元素軸線的平面之夾角超過了 20°，Abaqus 將在資料檔案中發出一個警告資訊。

在第 6.4 節 "例題：貨物吊車" 的例子中，將說明如何用 Abaqus/CAE 設定樑橫截面的方向。

✎ 6.1.3　樑元素曲率

樑元素的曲率是基於相對於樑軸的 n_2 方向之方位。如果 n_2 方向不與樑軸正交(即樑軸的方向與切向 **t** 不一致)，樑元素認定爲有初始彎曲。由於曲樑的行爲與直樑的行爲不同，必須不斷地檢查模型以確保正確的法線，進而使用正確的曲率。對於樑和殼，Abaqus 使用同樣的演算法來決定多個元素共用節點的法線。請參見"Beam element cross-section orientation," Section 29.3.4 of the Abaqus Analysis User's Manual。

如果用戶打算模擬曲樑結構，需要使用在前面敘述 2 個方法來定義 n_2 方向，提供用戶對曲率更多的控制。即使用戶打算模擬由直樑組成的結構，當在共用節點處的法線被平均化，也可能要引入曲率。如前面所述的，透過直接定義樑的法線，就能矯正這個問題。

✎ 6.1.4　樑截面的節點偏置

當使用樑元素作爲殼模型的加強件時，讓樑元素和殼元素共同的節點是很方便的。殼元素的節點預設於殼中面上，而樑元素的節點位於樑的橫截面上某點。因此如果殼和樑元素共用節點，殼與樑加強件將會重疊，除非樑橫截面偏置於節點位置(見圖 6-4)。

採用工字型、梯型和任意多邊形的樑截面形式，可能要將該截面幾何形狀定位在與截面的局部座標系原點(原點位於元素節點)有一定距離的位置上。由於很容易地將這些橫截面的樑偏離它們的節點，可以應用它們作為如圖 6-4(b)所示的加強件(如果加強件的翼緣或腹板的挫曲是很重要時，則應該採用殼元素來模擬加強件)。

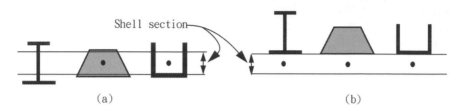

圖 6-4 樑作為殼元素的加強零件：(a)樑截面無偏置，(b)樑截面有偏置

圖 6-5 所示的工字型樑附著在一個 1.2 元素厚的殼上。透過定義從工形截面底部的樑節點偏移量，樑截面的定位可如圖 6-5 所示。在這種情況下，偏移量為 – 0.6，亦即殼厚度的一半。

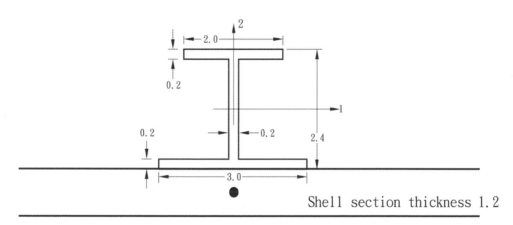

圖 6-5 工字樑作為殼元素的加強件

也可以指定形心和剪力中心的位置，這些位置也可以從樑的節點偏置，進而讓用戶順勢地模擬加強件。

另外也可以分別定義樑節點和殼節點，並在兩個節點之間採用一個剛性樑的拘束連接樑和殼。詳情請參閱線上手冊，並搜尋"Linear constraint equations"。

6.2　數學式和積分

在 Abaqus 中的所有樑元素都是樑柱元素，意謂它們允許軸向、彎曲和扭轉變形。Timoshenko 樑元素還考慮了橫向剪力變形的影響。

❧ 6.2.1　剪力變形

一階元素(B21 和 B31)和二階元素(B22 和 B32)是考慮剪切變形的 Timoshenko 樑元素，因此它們既適用於剪力變形很重要的短構件，又適用於剪力變形不重要的細長樑。這些元素橫截面的特性與厚殼元素橫截面的特性相同，如圖 6-6(b)所示，詳見第 5.2 節 "殼體公式─厚殼或薄殼"。

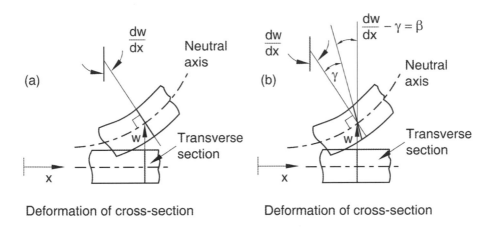

圖 6-6　樑的橫截面特性：(a)細長樑，(b)深樑

Abaqus 假設這些樑元素的橫向剪力勁度為線彈性和常數。另外，樑的數學式的建立，使其橫截面面積可以是軸向變形的函數而變化，僅在幾何非線性模擬中考慮它的影響，此時截面的蒲松比非零(詳見第 8 章 "非線性")。只要樑橫截面尺寸是小於結構典型軸向尺寸的 1/10，這些元素就可以提供可靠的結果(這通常被視為樑理論的適用性極限)；如果樑的橫截面在彎曲變形時不能保持為平面，樑理論是不適合模擬這種變形的。

在 Abaqus/Standard 中，Euler-Bernoulli 樑元素(B23 和 B33)為三階樑元素，它們不能模擬剪切變形。這些元素的橫截面與樑的軸線保持垂直(見圖 6-6(a))。因此，三階樑元素在模擬相對細長構件的結構時效率最好。由於三階元素模擬沿元素長度方向上的位移三階變數，所以對於靜態分析，常常可用一個三階元素模擬一個結構構件，對於動態分析，採用少量的元素。這些元素假設剪力變形是可以忽略的。一般情況下,如果橫截面尺寸小於結構典型軸向尺寸的 1/15,這個假設就是有效的。

✎ 6.2.2 扭轉響應－翹曲

結構構件經常承受扭矩,幾乎所有的三維構架都會發生這種情況。在一個構件中引起彎曲的負載,可能在另一個構件中造成扭轉,如圖 6-7 所示。

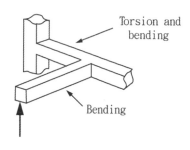

圖 6-7 構架中的扭轉

樑對扭轉的響應依賴於它的橫截面形狀。一般說來,樑的扭轉會使橫截面產生翹曲或非均勻的離面位移。Abaqus 僅在三維元素中考慮扭轉和翹曲的影響,在翹曲計算中假設翹曲位移很小。在扭轉時,以下橫截面的行為是不同的:實心橫截面、閉口薄壁橫截面、和開口薄壁橫截面。

實心橫截面

在扭轉作用下,非圓型的實心橫截面不再保持平面,而是發生翹曲。Abaqus 應用 St.Venant 翹曲理論,在橫截面上每一個截面點處計算由翹曲引起的剪力應變的分量。這種實心橫截面的翹曲被認為是無約束的,產生的軸向應力可忽略不計(翹曲約束只影響非常靠近約束端處的結果)。實心橫截面樑的扭轉勁度取決於材料的剪力模數 G 和樑截面的扭轉常數 J。扭轉常數取決於樑橫截面的形狀和翹曲特徵。對於在橫截面上產生大量非彈性變形的扭轉負載,用這種方法不能夠得到精確的模擬。

閉口薄壁橫截面

閉口薄壁非圓型橫截面(箱型或六面體)的樑具有明顯的抗扭勁度,因此其性質與實心橫截面樑類似。Abaqus 假設在這些橫截面上的翹曲也是無約束的。橫截面的薄壁性質允許 Abaqus 考慮剪應變沿壁厚是一個常數。當壁厚是典型樑橫截面尺寸的 1/10 時,一般的薄壁假設是有效的。關於薄壁橫截面的典型尺寸包括：

- 管截面的直徑。
- 箱型截面的邊長。
- 任意形狀截面的邊長。

開口薄壁橫截面

當翹曲是無約束時，開口薄壁橫截面在扭轉中是非常易變形的，而這種結構抗扭勁度的主要來源是對軸向翹曲應變的約束。約束開口薄壁樑的翹曲會引起軸向應力，該應力又會影響樑對其他類型負載的響應。Abaqus/Standard 具有剪力變形的樑元素，B31OS 和 B32OS，它們包括了在開口薄壁橫截面中的翹曲影響。當模擬採用開口薄壁橫截面的結構在承受顯著扭轉負載時，例如管道(定義為任意多邊形截面)或者工字型，就必須使用這些元素。

翹曲函數

翹曲所引起的軸向變形在樑橫截面上之變化是由截面的翹曲函數來定義。在開口截面樑元素中，採用一個額外的自由度 7 來處理這個函數的大小。約束住這個自由度可以使被約束的節點不會發生翹曲。

所以，在每個構件分支上的翹曲量可以不同，在構架中開口截面樑之間的連接點處，通常被模擬成每個構件分支使用各自不同的節點(見圖 6-8)。

然而，如果連接方式的設計已經防止翹曲，所有的構件應該共用一個節點，並約束住翹曲的自由度。

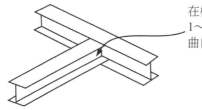

在構件連接處使用不同的節點，束制 1～6 自由度，使其一樣，單獨保留翹曲自由度 7，必要時分別拘束之。

圖 6-8　開口截面樑的連接

當剪力沒有通過樑的剪力中心時，會產生扭轉，扭轉力矩等於剪力乘以它到剪切中心的偏心距。對於開口薄壁樑截面，其形心和剪切中心常常不會重合(見圖 6-9)。如果節點不是位於橫截面的剪力中心，外力作用下截面可能扭轉。

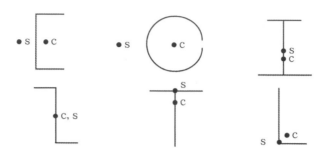

圖 6-9　關於一些樑橫截面的剪力中心 s 和形心 c 的大致位置

6.3　選擇樑元素

- 在任何包含接觸的模擬中，應該使用一階、剪力變形樑元素(B21，B31)。
- 如果橫向剪切變形很重要，採用 Timoshenko(二階)樑元素(B22，B32)。
- 如果結構非常剛硬或者非常柔軟，在幾何非線性模擬中，應當使用 Abaqus/Standard 中的混合樑元素(B21H，B32H 等)。
- 在 Abaqus/Standard 中的 Euler-Bernoulli 三階樑元素(B23，B33)在模擬承受分佈載荷作用，例如動態振動分析，精度很高。
- 在 Abaqus/Standard 中，模擬開口薄壁橫截面的結構應該採用那些應用了開口橫截面翹曲理論的樑元素(B31OS，B32OS)。

6.4　例題：貨物吊車

　　一個輕型的貨物吊車，如圖 6-10 所示，求出當它承受 10kN 載荷時的靜撓度。用戶也要辨識出結構中的關鍵構件和節點，如最大應力和負載的位置。由於這是一個靜態分析，用戶將應用 Abaqus/Standard 分析這個貨物吊車。

　　吊車由兩個桁架結構藉由交叉支撐連接在一起。兩個主要桁架結構主要由箱型截面鋼樑構成(箱型橫截面 box section)。兩個主要桁架結構主要由箱型截面鋼樑構成(箱型橫截面 box section)。每節桁架結構由內部支撐加勁，鉸接在主要構件上。連接兩桁架的交叉支撐以螺栓連接在桁架結構上，這些連接不能傳遞彎矩(如果存在彎矩的話)，因此可視為鉸接。內部支撐和交叉支撐也均採用箱型橫截面鋼樑，尺寸小於桁架結構主要構件的橫截面。兩個桁架結構在它們的端點(在 E 點)連接，這種連接方式允許它們在 3 方向上獨立移動和所有的轉動，同時約束在 1 方向和 2 方向的位移相等。吊車在點 A、B、C 和 D 牢固地鉸接在大型結構上。吊車的尺寸如圖 6-11 所示，桁架 A 包括構件 AE、BE 和它們的內部支撐，桁架 B 包括構件 CE、DE 和它們的內部支撐。

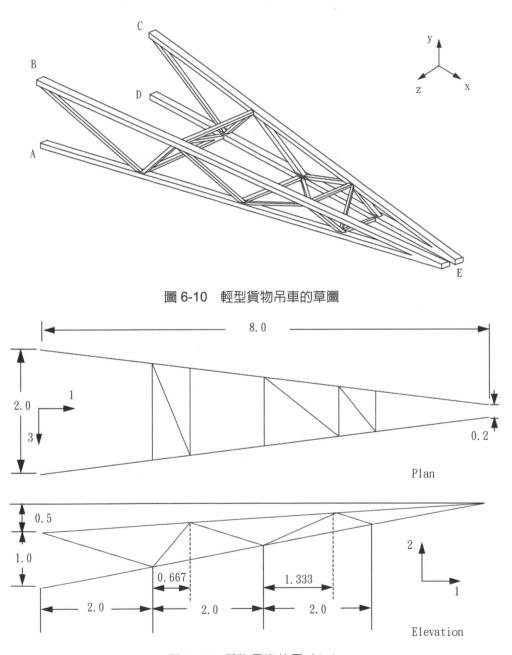

圖 6-10　輕型貨物吊車的草圖

圖 6-11　貨物吊車的尺寸(m)

在吊車的主要構件中，典型橫截面的尺寸與全域軸向長度的比值遠小於 1/15。就算在內部支撐使用的最短構件中，這個比值也約為 1/15，因此使用樑元素模擬吊車是合理的。

6.4.1　前處理－應用 Abaqus/CAE 建立模型

我們使用 Abaqus/CAE 來建立分析所需之模型。若依照以下指導卻遇到困難，或是希望檢查所建立的模型是否有誤，Abaqus 有提供程序檔，可完整重製出習題設定內容之 CAE 檔，程序檔可從下列位置中找到：

- 在本書的第 A.4 節 "Cargo Crane"，提供了這個例子的 Python 程序檔(*.py)。關於如何提取和執行程序檔，請參閱附錄 A，"Example Files"。

- Abaqus/CAE 的外掛工具(Plug-in)中提供了此範例的外掛程序檔。在 Abaqus/CAE 的環境下執行程序檔，選擇 Plug-ins → Abaqus → Getting Started；將 Cargo Crane 標記，按下 Run。在本書的第 A.4 節 "Cargo Crane"，提供了這個例子的 Python 程序檔(*.py)。關於如何提取和執行程序檔，請參閱附錄 A，"Example Files"。

如果用戶無權進入 Abaqus/CAE 或者其他的前處理器，可以手動建立關於這個問題的輸入檔(.inp)，請參閱線上手冊，並搜尋 "Example: cargo crane"。

建立零件

吊車主要構件和內部支撐間的鉸接點，提供了從模型一個區域到鄰近區域，平移和轉動的完全連續性，因此在模型中每一個鉸接點僅需要一個幾何實體(即頂點)，單一零件代表主要構件和內部支撐。為了方便，兩個桁架結構將視為一個零件處理。

交叉支撐連接到桁架結構的是螺栓連接點，以及桁架結構端點的連接點，和鉸接點是不同的。由於這些節點對於所有的自由度並沒有提供完整的連續性，也因為需要明確的幾何實體模擬螺釘接合，所以交叉支撐必須視為分開的零件。而在分離的節點之間，需要定義適當的約束。

我們從討論如何定義桁架幾何外形的技巧開始。由於兩個桁架結構完全一致，所以只要用單一桁架結構的幾何形狀來定義零件的基礎特徵就已足夠。儲存該桁架的幾何草圖，然後加入第二個桁架結構到零件的定義中。

圖 6-11 的尺寸是以全域卡式座標系統標示給定，然而基礎特徵必須畫在局部平面上，因此，為了繪圖方便，我們將利用參考基準作圖。我們以平行於其中一個桁架(如圖 6-10

中的桁架 B)的參考基準面作為草圖面，草圖面的方位以參考基準軸定義之。定義單一桁架的幾何形狀：

1.　在建立一個基準平面之前，先建立一個零件。為此，建立包含一個參考點的零件。首先建立一個三維、可變形零件，使用「點(point)」作為基礎特徵，設定近似的零件尺寸(Approximate size)為 20.0，命名為 Truss。將參考點置於原點，此點對應圖 6-10 的 D 點。

2.　使用 **Create Datum Point: Offset From Point** 工具，建立兩個距離參考點分別為 (0,1,0)以及(8,1.5,0.9)的基準點。這兩點代表圖 6-10 的 C 點及 E 點。為了看到整個模型，使用 **View Manipulation** 工具列的 **Auto-Fit View** 工具來重設視窗。

3.　使用 **Create Datum Plane：3 Points** 工具，建立一個當做繪圖面的基準面。請先點選參考點，再以逆時針方向點選其餘兩個基準點。點滑鼠鍵 2 退出。

> **注意**：雖然並不一定要以上述方式選取點，但可讓後續的操作更方便。例如，若以逆時針方向點選，平面的法線指離圖形窗，且草繪平面會自動轉成 1-2 視角。如果以順時針方向點選，平面的法線是指向圖形窗，就必須調整草繪平面。

4.　使用 Create Datum Axis: Principle Axis 工具，建立一個平行 Y 軸的基準軸。跟先前一樣，此軸會用來定位草繪平面。

5.　現在已做好畫幾何特徵的準備，使用 Create Wire：Planar 工具來進入草繪器。首先選擇基準面當作繪製線幾何的草圖面；接著選取基準軸，作為等等草圖的左側。草圖可能需要重新縮放視圖，以方便選取。

6.　進入草圖後，使用 Sketcher Options 工具，在 General 頁面將 Sheet size 改為 20 以及 Grid spacing 改為 8。為了更清楚地檢視基準點，拉近視角。

> **注意**：如果草圖不是 1-2 平面的方向，使用 Views Toolbox 來改成 1-2 平面的方向。

使用 Create Lines：Connected 工具，繪製代表主桁架的線段，如圖 6-12 所示。投影的基準點是當作草圖的固定點，任何連接到這些基準點的線段，在該點處，都有固定不動的拘束。

7. 接下來，建立一系列相接的線段，概略表示桁架內部的支架，如圖 6-13 所示。
   在這個階段，繪製的內部支架只是近似形狀，內部支架的端點必須設置在主桁架的線段上，圖中，會以空心小圓表示。注意不要建立 90°的夾角的額外拘束。

8. 將主桁架在跟內部支架相交處分開(split)。

9. 對草圖左方兩點標註垂直距離，以及標註草圖右方端點跟參考點的水平距離，如圖 6-14 所示。標註時接受提示區所顯示的尺寸，這些標註的尺寸將當作草圖額外的拘束。這些數值代表零件從全域卡氏坐標投影到草繪平面的尺寸(如圖 6-11 所示)。

10. 對主桁架每個上方線段施加平行拘束，再對底部線段重複此步驟。此步驟確保這些線段保持共線。

11. 為了完成草圖，從圖 6-11 可以看出，內部支架將主桁架的上下線段，分隔成多個等長的線段。為此，對主桁架上方各線段施加等長拘束，對底部線段重複此步驟。最後的草圖如圖 6-15 所示。

12. 使用 Save Sketch As ⬛ 工具，儲存草圖，命名為 Truss。

13. 點擊 **Done** 退出草圖，儲在該零件的基本特徵。

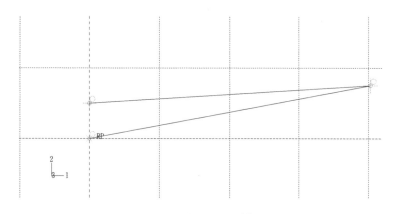

圖 6-12 桁架的主構件

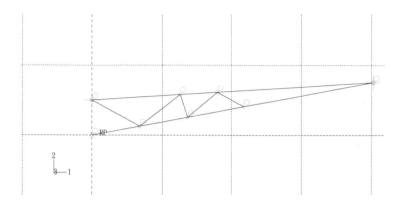

圖 6-13　桁架內部構件的概略擺設

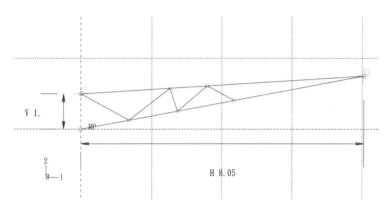

圖 6-14　標註尺寸後的草圖

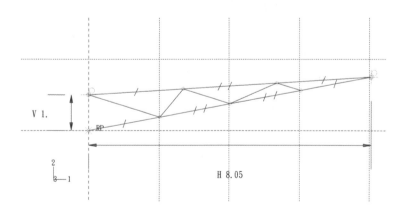

圖 6-15　單桁架結構的最終草圖

將這個桁架投影到新的基準面，以平面線段的特徵，建立另一個桁架。

定義第二個桁架結構的幾何：

1. 從桁架的端點使用偏置定義三個基準點，如圖 6-16 所示。

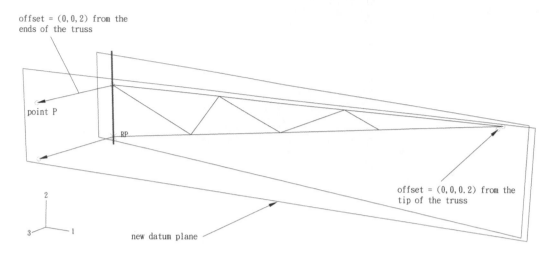

offset = (0,0,2) from the ends of the truss

point P

RP

2

3   1

offset = (0,0,0.2) from the tip of the truss

new datum plane

圖 6-16　基準點、基準面和基準軸

從母體端點的偏置已在圖中標出。可以旋轉視角以觀察基準點。

2.　以此三點建立一個基準面，同前，以逆時針方向選取此三點。

3.　使用 **Create Wire：Planar** 工具給零件增加一個特徵。選取基準面作爲繪圖平面，和選取基準軸作爲邊界，該一條放垂直向，放草圖左側的邊。

4.　應用 **Add Sketch** 🔲 工具重新獲得桁架草圖。選擇新桁架左上方的頂點作爲平移向量的起點，和標記爲 P 的基準點作爲平移向量的終點來平移草圖，如圖 6-16 所示。如果需要，可以放大和旋轉視角以便於選取。

> **注意**：如果不是以逆時針方向選取定義原點跟基準面的點，在平移草圖前必須先做鏡射，如果必要的話，取消草圖回復功能，建立鏡射時需要的建構線，然後再取回草圖。

5.　在提示區點擊 **Done** 退出草圖。

最終的桁架零件如圖 6-17 所示，隱藏顯示所有參考基準以及參考幾何。

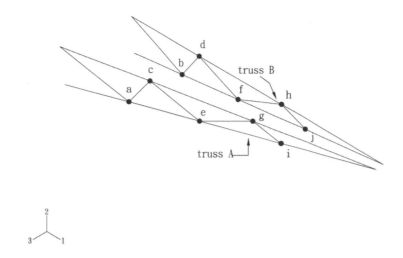

圖 6-17　桁架結構的最終幾何；放大標示的點表示鉸接點的位置

　　回顧交叉支撐必須以分離的零件處理，才能正確表示在支撐與桁架之間的鉸接關係。然而繪製交叉支撐最簡單的辦法是直接在桁架連接點的位置之間建立線特徵，因此我們將採用如下的方法建立交叉支撐零件：首先建立一個桁架零件的複製件，在其上添加代表交叉支撐的線段(我們不能採用這一新的零件，這是因為在鉸接點處是共用的，這樣不能代表一個鉸接點)，然後我們將使用在 **Assembly** 模組中的切割特徵，在含有交叉支撐的桁架和沒有交叉支撐的桁架間進行布林(**Boolean**)切割，保留交叉支撐幾何為一個明確的零件。其過程詳述如下。

建立交叉支撐的幾何：

1. 在模型樹中，對 **Parts** 子集合下的 **Truss** 項目按右鍵，從選單中選取 **Copy**。在 **Part Copy** 對話框中，命名新零件為 Truss-all，並點擊 **OK**。

2. 鉸接位置標示於在圖 6-17 中，使用 **Creat Wire: Point to Point** 工具 ✎，在 Create Wire Frame 對話框中，接受 Chained wires 預設值，按下 ➕ 在新的零件增加交叉的支架幾何，如圖 6-18 所示(在該圖中的點對應於圖 6-17 中標記的點；在圖 6-18 中隱藏顯示桁架)。採用如下的座標指定類似的視角：**Viewpoint**(1.19, 5.18, 7.89)，**Up Vector**(−0.40, 0.76, −0.51)。

> 提示：如果在連接交叉支撐幾何時出現錯誤，可以使用 **Delete Feature** 工具 ✎ 刪除線段，但不能恢復被刪除的特徵。

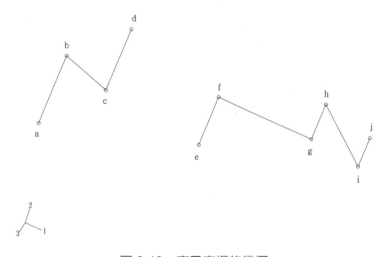

圖 6-18 交叉支撐的幾何

3. 在 Assembly 模組中，建立 Truss 和 Truss-all 的分身(Instance)。

4. 從 Assembly 模組的主選單中，選擇 **Instance → Merge/Cut**。在 **Merge/Cut Instance** 對話框中，命名新零件為 Cross Brace，在 **Operations** 域中選擇 **Cut Geometry**，並點擊 **Continue**。

5. 從 **Instance List** 中，選擇 Truss-all-1 作為被切割的零件分身，再選擇 Truss-1 作為將用於切割的零件分身。

切割完成後，Abaqus 會建立一個名爲 Cross Brace 的零件，僅包含交叉支撐的幾何。目前的組裝模型只包含這個零件的一個複製體，而原來的複製體預設被刪除了。由於在模型的組裝中我們需要使用原來的桁架，在 Instance 子集合下點選 Truss-1，按滑鼠右鍵，從跳出來的選單中選取 Resume，回復這個零件複製體。

現在我們要定義樑截面性質。

定義樑截面性質

在該分析中，由於假設材料行爲是線彈性，從計算的觀點考慮，採用預先計算樑截面性質的方法將大幅提高計算效率。假定桁架和支撐都是由中等強度的鋼材製造，楊氏模數 $E = 200.0 \times 10^9$ Pa，浦松比 $v = 0.25$，$G = 80.0 \times 10^9$ Pa。在該結構中所有的樑都是箱型橫截面。

箱型截面如圖 6-19 所示。在吊車中兩個桁架的主要構件尺寸如圖 6-19 所示。支撐構件的樑截面尺寸如圖 6-20 所示。

定義樑截面性質：

1. 在模型樹中，按兩下 **Profiles** 子集合，建立桁架主構件的箱型輪廓；再來，爲內部以及交叉支架建立第二個箱型輪廓。將兩個輪廓分別命名爲 MainBoxProfile 和 BraceBoxProfile。採用在圖 6-19 和 6-20 所示的尺寸完成輪廓的定義。

2. 爲桁架結構的主構件，內部和交叉支撐各建立一個 Beam 截面，分別命名爲 MainMemberSection 和 BracingSection。

   a. 對於兩個截面的定義，在分析前設定截面的積分(Section integration: Before analysis)。當選擇了這種類型的截面積分，材料性質定義爲截面定義之一部分，而不是另外的材料定義。

   b. 選擇 MainBoxProfile 作爲主構件的截面定義，選擇 BraceBoxProfile 作爲支撐截面的定義。

   c. 點擊 Basic 頁面，在對應資料欄位中輸入楊氏模數和剪切模數。

   d. 在 **Edit Beam Section** 對話框內對應的空格內輸入 Section Poisson's ratio。

3. 將 MainMemberSection 套用到代表桁架主構件的幾何區域，並將 BracingSection 套用到代表內部和交叉支撐構件的區域。使用位於模組切換欄裡的 **Part** 列表，叫出每一個零件。由於不再需要 Truss-all 零件，可以忽略它。

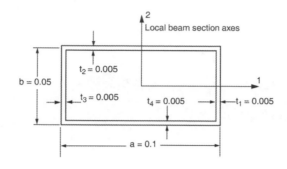

圖 6-19   主構件的橫截面幾何形狀和尺寸(m)

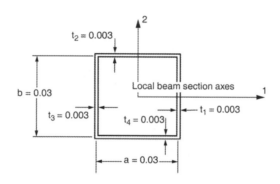

圖 6-20   內部和交叉支撐構件的橫截面幾何形狀和尺寸(m)

定義樑截面方向

主構件的樑截面軸定位為：樑的 1 軸正交於桁架結構的側視圖(圖 6-11)，而樑的 2 軸正交於該平面中的元素。而內部桁架支撐和與之相應的桁架結構的主構件，其近似的 n_1 向量是相同的。

在其局部座標系中，Truss 零件的方向如圖 6-21 所示。

從 Proper 為模組的主選單中，選擇 **Assign → Beam Section Orientation** 為每個桁架結構指定一個近似的 n_1 向量。如前面所述，該向量的方向必須正交於桁架的平面，因此對於桁架 B，近似的 n_1 =(−0.1118, 0.0, 0.9936)；而另一個桁架結構(桁架 A)，其近似的 n_1 =(−0.1118, 0.0, −0.9936)。

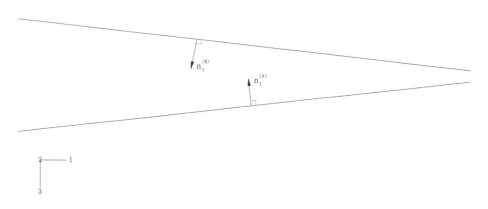

圖 6-21　桁架在其局部座標系中的方位

你或許會想檢查樑的截面特性跟方位是否正確，從主選單中選擇 **View → Part Display Options** 然後開啓 **Render beam profiles**，以圖形的方式來檢視樑的輪廓。在進行下個步驟前取消 **Render beam profiles**。這個功能也存在於 Visualization 模組，在 ODB DBplay Option 對話框中。

從主選單中，選擇 **Assign → Element Tangent** 指定樑的切線方向。必要時，翻轉切線方向，如圖 6-22 所示。

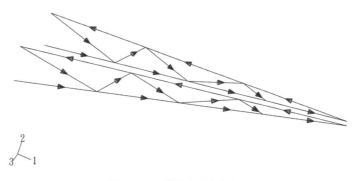

圖 6-22　樑的切線方向

所有交叉支撐和每個桁架結構內部的支撐都具有相同的樑截面幾何，而它們的樑截面軸方向卻各不相同。由於方形交叉支承構件主要是承受軸向負載，它們的變形對橫截面的取向並不敏感，因此我們可以假設，方便指定交叉支撐的方向。所有的樑法線($\mathbf{n}_2$ 向量)必須大約位於貨物吊車上視圖的平面內(見圖 6-11)，這個平面相對於全域 1-3 平面只有輕微的傾斜。定義這個方向的簡單辦法就是提供一個正交於這個平面近似的 $\mathbf{n}_1$ 向量，該向量應該幾乎是平行於全域的 2 方向。因此，對於交叉支撐，指定 $\mathbf{n}_1$＝(0.0,1.0,0.0)，使其與零件的(全域的) y 軸一致。

樑的法線

在這個模型中，如果用戶提供的資料僅定義了近似的 n_1 向量方向，會出現模擬誤差。如果不覆蓋的話，樑法線的平均化方式(見第 6.1.3 節 "樑截面曲率")將引起 Abaqus 對於貨物吊車模型使用不正確的幾何形狀。可用 **Visualization** 模組顯示樑截面軸和樑切線向量就可以了解(見第 6.4.2 節 "後處理")。如果沒有對樑法線方向進一步的修正，在吊車模型中的法線將在 **Visualization** 模組中正確顯示，但事實上它們將有輕微的偏差。

圖 6-23 顯示桁架結構的幾何形狀。從該圖可以看出對於吊車模型，其正確的幾何形狀要求在頂點 V1 有三個獨立的樑法線：R1 區及 R2 區各一個，R3 區和 R4 區共用一個。套用 Abaqus 關於平均法線的邏輯，顯然在 R2 區中頂點 V1 的樑法線將與在該點的相鄰區域的法線進行平均。在這個例子中，平均邏輯的重要性在於當法線對參考法線的夾角小於 20°時，將對該法線與參考法線平均化來定義一條新的參考法線。假設在該點的初始參考法線是 R3 區和 R4 區的法線，由於在 R2 區頂點 V1 處的法線與初始參考法線的夾角小於 20°，所以它會與初始參考法線取平均化，在該點處定義新的參考法線。另一方面，由於在 R1 區頂點 V1 處的法線與初始參考法線的夾角大約是 30°，因此它有一個獨立的法線。

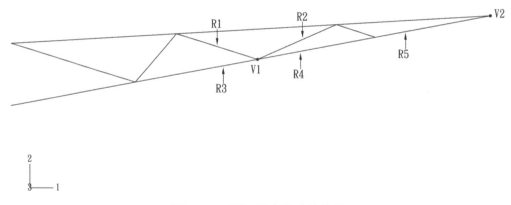

圖 6-23　需要指定樑法線的位置

這個不正確的平均法線表示在 R2、R3 和 R4 區中建立了元素，並在 V1 處共用節點，這些元素具有對樑軸線方向扭曲的截面幾何形狀，但這並不是所希望的幾何體。所以在相鄰區域法線的夾角小於 20°的位置，用戶必須明確地指定法線方向，這樣才能避免 Abaqus 利用平均演算法。在這個例子中，吊車的兩側桁架中，對應的的有關區域都需要採取這種辦法。

在桁架結構頂點 V2 處的法線也存在這個問題，同樣是因為與這個頂點連接的兩個區域之間的夾角也小於 20°。由於我們模擬的是直樑，每根樑兩端的法線是常數，直接指定樑的法線方向就可以修正這個問題。如前所述，在吊車的兩側對應的區域都需要採取這種辦法。

目前在 Abaqus/CAE 中指定樑法線方向的唯一方法是使用 **Keywords Editor**。**Keywords Editor** 是一個專門的文字編輯器，在提交輸入檔進行分析前，它允許用戶修改由 Abaqus/CAE 產生的 Abaqus 輸入檔。這樣就允許用戶添加 Abaqus/Standard 或 Abaqus/Explicit 的功能，而這些功能尚不支援目前的 Abaqus/CAE 版本。關於 **Keywords Editor** 的更多資訊，請參閱線上手冊，並搜尋"Adding unsupported keywords to your Abaqus/CAE model"。

稍後將指定樑的法線方向。

建立組裝層級下的集合

我們現在關心的是如何組裝模型。因為零件已如圖 6-11 所示，與全域卡式座標係一致，不需要再做進一步的操作。

此時，在組裝層級下，定義之後會使用到的幾何集合會比較方便。在模型樹中，展開 **Assembly** 子集合並按兩下 **Sets**。定義一個包含點 A 到點 D 的端點集合(確切位置請參照圖 6-10)，命名為 Attach。在定義此集合時，確定選擇的是桁架的端點而不是參考點，可利用 **Selection** 工具列來協助點選。

另外，為桁架末端的點定義點集合(圖 6-10，E 點附近)，分別命名為 Tip-a 以及 Tip-b，Tip-a 為桁架 A 的幾何集合(參考圖 6-17)。最後，為每個將指定樑法線的區域定義一個集合，請參考圖 6-17 跟圖 6-23。對桁架 **A**，將標示為 **R2** 的區域定義為 **Inner-a** 集合，將標示為 **R5** 的區域定義為 **Leg-a** 集合；對桁架 B，建立對應的 **Inner-b** 以及 **Leg-b** 集合。

建立分析步定義和指定輸出

在 Step 模組，建立一個一般靜態(**Static，General**)分析步，命名為 Tip load，並輸入下面的分析步描述：Static Tip Load On Crane。

為了用 Abaqus/CAE 作後處理，將在節點處的位移(U)、反力(RF)以及在元素中的截面力(SF)作為場變數寫入輸出資料庫。

定義拘束方程

在 **Interaction** 模組中指定在節點自由度之間的約束。每個方程的形式是

$$A_1 u_1 + A_2 u_2 + \cdots + A_n u_n = 0$$

式中 A_i 是與自由度 u_i 有關的係數。

在吊車模型中，將兩個桁架的頂端連接在一起，這樣自由度 1 和 2(在 1 和 2 方向的平移)是相等的，而其他的自由度(3-6)是獨立的。我們需要兩個線性拘束，一個為設定兩個頂點的自由度 1 相等，而另一個為設定兩個頂點的自由度 2 相等。

建立線性方程式：

1. 在模型樹中，按兩下 **Constraint** 子項目群，命名約束為 TipConstraint-1，並指定為方程式拘束。

2. 在 **Edit Constraint** 對話框中，在第一行中輸入係數(Coefficient)1.0，集合名 Tip-a 和自由度 1。在第二行中輸入係數–1.0，集合名 **Tip-b** 和自由度 1。點擊 **OK**。
    這樣就定義了自由度 1 的拘束方程。

> **注意**：在 Abaqus/CAE 中，文字輸入是區分大小寫的。

3. 對 **Constraint** 子項目群下的 **TipConstraint-1** 項目按右鍵，從選單中選擇 Copy。將 TipConstraint-1 複製到 TipConstraint-2。

4. 按兩下 Constraint 子項目群下的 TipConstraint-2，將兩線段的自由度改為 2。

在勁度矩陣中，將消去定義在拘束方程中與第一個集合有關的自由度，因此這個集合將不能出現的其他的拘束方程中，而且邊界條件也不能施加在消去的自由度上。

模擬在桁架和交叉支撐之間的鉸接

與桁架內部的支撐不同，交叉支撐是用螺栓連接在桁架構件上。用戶可以假設這些螺栓連接處不能傳遞轉動和扭轉，必須在兩個相同節點處定義這樣的拘束。在 Abaqus 中，可以用多點拘束、拘束方程或者連接元素來定義這樣的拘束，在本例中將採用最後一種方法。

　　連接元素允許模擬在模型組裝成品中任意兩點之間的連接(或者在組裝成品中的任意一點與地面之間)。在 Abaqus 中，包含一個龐大的連接元素庫。關於每種連接件類型的描述和總表，詳情請參閱線上手冊，並參閱"Connector element library"。

　　利用 JOIN 連接元素模擬螺栓連接。由這種連接元素建立的鉸接拘束了相等的位移，而轉動(如果它們存在)則保持獨立。

　　在 Abaqus/CAE 中，連接元素的模擬需透過連接元素截面之套用。用戶可以在組裝層級下建立一個線特徵，來定義連接元素的幾何，以及一個連接元素截面，來定義連接形式。可以使用一個連接元素截面的指派來模擬所有鉸接的連接(類似於元素及其截面性質之間的關係)。對於共點的連接關係，可用特殊的工具來簡化建模，如下所述。

1.　　從 Interaction 模組的主選單中，選擇 Connector → Coincident Builder。

2.　　使用 Selection 工具列，限制選取範圍為 Vertices。

3.　　在圖形窗內，拖曳游標，全選整個模型，接著在提示區中點籍 Done。
　　　10 對點顯示於 Coincident Point Builder 的表中，每一個對應於圖 6-17 中 a 到 j 的鉸接位置。

4.　　在 Cincident Poin Build 對話框中，點擊 ⬚，建立一個截面性質。

5.　　在 Create Connector Section 對話框內，Connection Category 中選擇 Basic。從可用的平移種類中，選取 Join，接受所有的預設，點擊 Continue。

6.　　不須額外設定截面。因此，在跳出來的連接元素截面蝙輯器中，按 OK。

7.　　在 Coincident Point Builder 對話框中，點擊 OK，建立連接關係。

定義負載和邊界條件

　　總計為 10kN 的負載施加在桁架端部的負 y 方向。回顧由一個拘束方程連接集合 Tip-a 和 Tip-b 的 y 向位移，其中集合 Tip-a 的自由度已經從系統方程中消除。因此施加一為–10000 的集中力到集合 Tip-b 上，命名為 Tip load。由於拘束，負載將由兩個桁架平均承擔。

　　吊車牢固地固定在主結構上，建立一個固定邊界條件(Encastre)，命為 Fixed end，施加在 Attach 集合上。

建立網格

採用三維、細長的三階樑元素(B33)模擬貨物吊車。在這些元素中的三階內插允許我們對每個構件只採用一個元素,在所施加的彎曲負載下仍然可以獲得精確的結果。這個模擬中採用的網格如圖 6-24 所示。

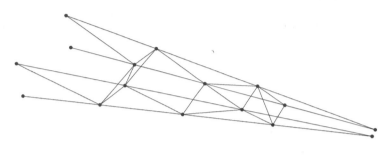

圖 6-24 貨物吊車的網格

在模型樹中,展開 **Parts** 子項目群內的 **Truss** 項目。按兩下清單中的 **Mesh**,對所有的區域設定全域網格密度為 2.0。對零件 **Cross brace** 重複上述動作。

> 提示:在 Mesh 模組從文字方塊 Object 內的一個位置,複製、貼上資料到另一位置。

使用線性三階空間樑(B33 元素)對兩個零件複製體鋪設網格。

使用 Keywords Editor 和定義分析作業

使用 **Keywords Editor** 添加必要的關鍵詞選項來完成模型的定義(即指定樑法線方向的選項)。如果需要瞭解對所用語法的說明,請查閱 Abaqus Keywords Reference Manual。

在關鍵字編輯器中增加選項:

1. 在模型樹中,對 **Model-1** 按右鍵,從選單中選擇 **Edit Keywords**。
   在跳出的 **Keywords Editor** 對話框中,包含為了這個模型已經產生的輸入檔。

2. 在 **Keywords Editor** 中,每個關鍵字都顯示在自己的文字區塊。只有白色背景的文字方塊可被編輯。選擇剛好出現在位於*END ASSEMBLY 選項前面的文字方塊,點擊 **Add After**(添加)增加一個空的文字方塊。

3. 在出現的文字方塊中，輸入以下內容：

*NORMAL, TYPE=ELEMENT

Inner-a,	Inner-a,	−0.3986,	0.9114,	0.1025
Inner-b,	Inner-b,	0.3986,	−0.9114,	0.1025
Leg-a,	Leg-a,	−0.1820,	0.9829,	0.0205
Leg-b,	Leg-b,	0.1820,	−0.9829,	0.0205

> 提示：從文字方塊內的一個位置，複製、貼上資料到另一位置。

4. 完成後，點擊 **OK** 退出 **Keywords Editor**。

在進行下一步之前，將模型重新命名為 Static。這個範例還會用於第 7 章 "線性動態學"。

將模型儲存在名為 Crane.Cae 的模型資料檔中，並建立名為 Crane 的分析作業。

提交作業進行分析，並監控分析過程。如果遇到任何的模擬錯誤，修正之；找出任何警告訊息的原因，必要時採取適當的措施。

∽ 6.4.2 後處理

切換到 **Visualization** 模組，開啟 Crane.odb，Abaqus 顯示吊車模型的未變形圖。

畫出變形的模型形狀

在開始練習時，首先將變形後的模型重疊在未變形的模型上，採用(0,0,1)作為觀察點向量的 X-、Y-和 Z-座標，和(0,1,0)作為向上向量的 X-、Y-和 Z-座標，指定一個非預設的視角。

Tip：也可以從 **Views** 工具列中點擊 ↑Yx，得到所要的視角。

吊車的變形圖疊加在未變形圖上，如圖 6-25 所示。

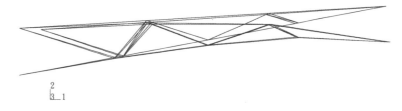

圖 6-25　貨物吊車的變形圖

使用顯示群組繪圖元素和節點集合

用戶可以使用顯示組畫出已存在的節點和元素集合，也可以在圖形窗中直接選取節點或元素建立顯示群組。用戶將建立一個僅包含與桁架 A 主構件有關的元素顯示群組。

建立並繪出顯示群組：

1. 在結果樹中，展開輸出資料庫檔 **Crane.odb** 下的 **Sections** 子項目群。

2. 為了方便選取的工作，使用 **Views** 工具列的 工具，將視角轉回預設的視角。

> 提示：如果看不見 Views 工具列，從主選單選擇 View → Toolbars → Views。

3. 下一步，按下子項目群中的項目，直到跟桁架 A 主構件相關的元素，在視圖窗中標示出來。在此項目上按滑鼠鍵 3，從選單中選擇 **Replace**。

    Abaqus 只顯示此元素組。

4. 為了儲存這個顯示群組，按兩下結果樹中的 **Display Groups**；或使用 **Display Group** 工具列的 工具。

    跳出 **Create Display Group** 對話框。

5. 在 Create Display Group 對話框中，按下 Save As 並輸入 MainA 作為顯示群組的名稱。

6. 點擊 Dismiss 關閉 Create Display Group 對話框。

    此顯示群組會出現在結果樹中，**Display Groups** 子項目群的下方。

樑橫截面方向

用戶可在未變形圖上繪出截面軸和樑切線。

繪製樑截面軸：

1. 從主選單中，選擇 **Plot → Undeformed Shape**，或用工具箱中的 工具只顯示模型的未變形圖。

2. 從主選單中，選擇 **Options → Common**；然後在跳出的對話框中，點擊 **Normals** 頁面。

3. 勾選 Show Normals，並接受 On elements 的預設。

4. 在 **Normals** 頁面底部的 **Style** 區域中，指定 **Length** 為 **Long**。

5. 點擊 **OK**。

截面軸和樑切線顯示在未變形圖上。

顯示的結果如圖 6-26 所示。在圖 6-26 中標示截面軸和樑切線的文字註解將不會出現在螢幕上。顯示的樑局部 1 軸向量 n_1 是藍色的，顯示的樑 2 軸向量 n_2 是紅色的，而顯示的樑切線向量 **t** 是白色的。

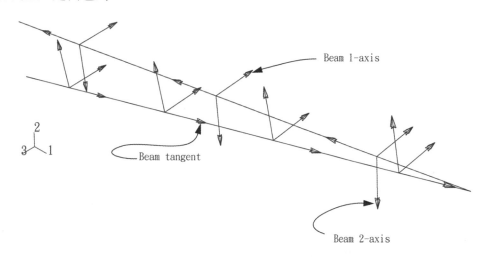

圖 6-26　對於在顯示群組 MainA 中元素的樑截面軸和切線圖

重現樑截面

繪出真實的樑截面以及應力結果的分布圖。

重現樑截面：

1. 從主選單中，選擇 View → ODB Display Options。

跳出 ODB Display Options 對話框。

2. 在 General 頁面中，勾選 Render beam profiles，接受預設的放大倍數 1。

3. 點擊 OK

Abaqus/CAE 會先顯示出正確尺寸以及方向的樑輪廓。整個模型的樑輪廓如圖 6-27 所示。可以儲存用戶的變更 session。

4. 點擊 ⬙，在重現的輪廓上，繪出應力分布雲圖。

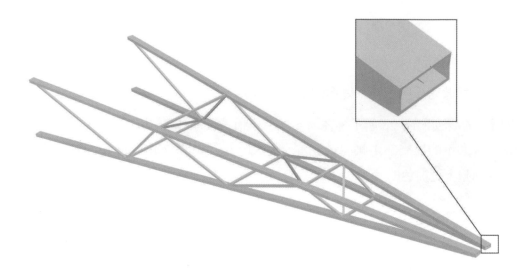

圖 6-27 重現樑輪廓的吊車

建立硬拷貝(Hard Copy)

用戶可以將當下的圖形儲存到檔案中。

建立當下圖形的 PostScript 檔：

1. 從主選單中，選擇 **File** → **Print**。
   跳出 **Print** 對話框。

2. 在 Print 對話框的 **Settings** 區域中，選擇 **Black&White** 作為 **Rendition** 種類；選擇 **File** 作為 **Destination**。

3. 選擇 **PS** 作為 **Format**，並輸入 Beam.ps 作為 **File Name**。

4. 點擊 ▤▦ 。
   跳出 PostScript Options 對話框。

5. 在 **PostScript Options** 對話框中，選擇 600 dpi 作為 Resolution；關閉 **Print** Date。

6. 點擊 **OK** 確認全部選項，關閉對話框。

7. 在 **Print** 對話框中，點擊 **OK**。

Abaqus/CAE 建立了一個當下圖形的 PostScript 檔，並以檔名 Beam.ps 儲存在當下的工作目錄。為了列印 PostScript 檔，可使用系統指令列印該文件。

位移總結(Displacement Summary)

將顯示群組 MainA 中所有節點位移的總結寫入一個名為 crane.rpt 的報表檔案中。在吊車尖端沿 2 方向的峰值位移為 0.0188 公尺。

截面力和彎矩

Abaqus 對於結構元素，可提供作用在特定點橫截面上，以力和彎矩形式之輸出。這些截面力和彎矩定義在局部的樑座標系中。關閉重視樑截面將顯示群組 MainA 中元素對樑 1 軸的截面彎矩的繪出分布雲圖。為了清楚起見，重新設置視角，使元素顯示在 1-2 平面內。

建立 "彎矩" 類型的分布雲圖：

1. 從 Field Output 工具列左邊的欄位中，選擇其中一個變數，Primory。

2. 從此工具列的中間，選擇 SM。

   Abaqus/CAE 自動選取 SMl，在 Field Output 工具列中的右邊列表內中第一個分量名稱，在變形圖中，顯示對樑 1 軸的彎曲力矩的分布雲圖。在此分析中不考慮幾何非線性，所以自動選取變形放大係數。

3. 開啟 Common Plot Options 對話框，選擇 Uniform 的變形放大係數 1.0。

   對於一維元素，如樑，這類型的彩色分布圖通常用途不大。比較有用的是 "彎曲力矩" 類型的圖，可使用分布雲圖的選項來產出圖形。

4. 選單中，選擇 Options → Contour；或使用工具盒中的 Contour Options 工具。

   跳出 Contour Plot Options 的選項；預設進入 Basic 頁面。

5. 在 Contour Type 域中，勾選 Show tick marks for Iine elements。

6. 點擊 OK。

   如圖 6-28 所示，在每個節點上變數的大小被標記在與分布圖曲線相交，垂直於元素所繪出的 "標記棒"，這類的 "彎曲力矩" 圖可以用於各種一維元素，包含桁架以及軸對稱殼與樑，的所有變數(不只是彎曲力矩)。

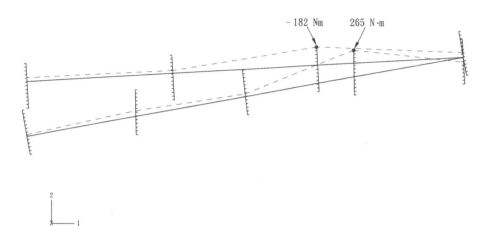

圖 6-28　顯示群組 MainA 的元素彎曲應力圖(對樑 1 軸的力矩)，標示出最高應力
　　　　(源自元素之彎曲)的位置

6.5　相關的 Abaqus 例題

請參閱線上手冊，並搜尋

- "Detroit Edison pipe whip experiment"
- "Buckling analysis of beams"
- "Crash simulation of a motor vehicle"
- "Geometrically nonlinear analysis of a cantilever beam"

6.6　建議閱讀之參考文獻

基本樑理論

- Timoshenko, S., *Strength of Materials: PartII*, Krieger Publishing Co., 1958.
- Oden, J.T. and E.A. Ripperger, *Mechanics of Elastic Structures*, McGraw-Hill, 1981.

基本計算樑理論

- Cook, R.D., D.S.Malkus, and M.E. Plesha, *Concepts and Applications of Finite Element Analysis*, John Wiley & Sons, 1989.
- Hughes, T.J.R., *The Finite Element Method*, Prentice-Hall Inc., 1987.

6.7　小　結

- 樑元素的行為可以由截面的數值積分來決定，或者以面積、慣性矩和扭轉常數的形式直接地給定。
- 以數值定義樑的橫截面特性時，可以在分析開始時計算截面特性(假設材料行為是線彈性)，或者在分析過程中計算(允許線性或非線性材料行為)。
- Abaqus 包含多種標準的橫截面形狀，其他的形狀，假設是薄壁，可以用"任意"(ARBITRARY)橫截面來建模。
- 必須定義橫截面的方向，透過指定一個第三點，或定義一個以部分的元素性質定義的法線向量作為元素性質定義之一部份。在 Abaqus/CAE 的 **Visualization** 模組中可以繪製法線。
- 樑的橫截面可以從定義樑的節點處偏置。此方法在模擬殼上的加強件時是非常有用的。
- 一階和二階樑包含剪力變形的影響。在 Abaqus/Standard 中的三階樑元素不考慮剪切變形。在 Abaqus/Standard 中的開口截面樑元素正確地模擬薄壁開口截面上的扭轉和翹曲(包括翹曲拘束)的影響。
- 多點拘束、拘束方程和連接元素可以用來連接在節點處的自由度，以模擬鉸接、剛性連接等。
- "彎矩"類圖形可使像樑這樣的一維元素，檢視其結果變得更容易。
- 顯示設定可重視樑截面，提供模型更好的圖形表示。
- 由 Postscript(PS)、Encapsulated Postscript(EPS)、Tag Image File Format(TIFF)和 Portable Network Graphics(PNG)格式，可以輸出 Abaqus/CAE 的圖形。

Chapter 7

線性動態分析

　　若用戶對結構承受負載後的長期響應感興趣，靜態分析(Static Analysis)就已經足夠。但是，如果負載歷時很短(例如地震)，或者如果負載在性質上是動態的(例如來自旋轉機械的負載)，用戶就必須採用動態分析(Dynamic Analysis)。本章將討論應用 Abaqus/Standard 進行線性動態分析；關於應用 Abaqus/Explicit 進行非線性動態分析的討論，請參閱第 9 章 "非線性顯式動態分析"。

7.1 引　言

　　動態分析是將慣性力包含在動態平衡方程中：

$$M\ddot{u} + I - P = 0$$

其中，M：結構的質量。

　　$\ddot{u}$：結構的加速度。

　　I：在結構中的內力。

　　P：所施加的外力。

　　上面的公式即為牛頓第二運動定律($F = ma$)。

　　在靜態和動態分析之間最主要的區別在於平衡方程中是否包含慣性力($M\ddot{u}$)，而另一個區別則是對內力 I 定義的不同。在靜態分析中，內力僅由結構的變形引起；而在動態分析中，內力包括源於運動(例如阻尼)和結構變形的貢獻。

✍ 7.1.1 自然頻率和模態形狀

　　最簡單的動態問題是彈簧質點的自由振動，如圖 7-1 所示。

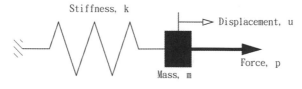

圖 7-1　質量－彈簧系統

在彈簧中的內力給出為 ku，所以它的動態運動方程為

$$m\ddot{u} + ku - P = 0$$

這個質量－彈簧系統的自然頻率(Natural Frequency)(單位是弧度/秒(rad/s))如下式：

$$\omega = \sqrt{\frac{k}{m}}$$

如果質量塊被移動後再釋放，它將以這個頻率作自然振動。若一個動態外力以此頻率施加，則位移的幅度將劇烈增加，這種現象即所謂的共振。

實際結構體具有無限多個自然頻率。因此在設計結構時，重要的是儘量避免讓可能的負載頻率過於接近自然頻率。藉由考慮無外力負載之結構(在動平衡方程中令 $P = 0$)的動態響應可以確定自然頻率。則運動方程變為

$$M\ddot{u} + I = 0$$

對於無阻尼系統，$I = Ku$，因此有

$$M\ddot{u} + Ku = 0$$

這個方程的解具有形式為

$$u = \phi e^{i\omega t}$$

將此式代入運動方程，得到了特徵值(Eigenvalue)問題的式子

$$K\phi = \lambda M\phi$$

其中 $\lambda = \omega^2$。

該系統具有 n 個特徵值，其中 n 是在有限元素模型中的自由度數目。λ_j 是第 j 個特徵值，它的平方根 ω_j 是結構的第 j 階模態的自然頻率(Natural Frequency)，而 ϕ_j 是對應的第 j 階特徵向量(Eigenvector)。特徵向量也就是所謂的模態形狀(Mode Shape)，因為它是結構在第 j 階模態振動的變形形狀。

在 Abaqus/Standard 中，利用頻率的提取程序以決定結構的模態形狀和頻率。這個程序很容易，用戶只要指出所需要的模態數目或所關心的最高頻率即可。

∽ 7.1.2　模態疊加

在線性問題中，可以利用結構的自然頻率和模態來定性分析它在負載作用下的動態響應，稱作模態疊加(Modal Superposition)技術，是藉由將結構中每一階模態乘以一個比例因子形成的模態組合，以計算出結構的變形。在模型中的位移向量 u 定義為，其中 α_i 是模態 ϕ_i 的比例因子。

$$u = \sum_{i=1}^{\infty} \alpha_i \phi_i$$

這個方法僅在模擬小變形、線彈性材料和無接觸條件的情況下是有效的，換句話說，就是線性問題。

在結構的動力學問題中，結構的主要響應往往被相對較少的幾階模態所控制，因此在計算這類系統時，應用模態疊加法是具有相當效率的。考慮一個含有 10,000 個自由度的模型，對動態運動方程的直接積分將在每個時間點上同時需要聯立求解 10,000 個方程，但是如果以 100 個模態來描述結構的動態響應，則在每個時間增量步上只需疊加 100 個方程，且模態方程是解耦的，已非原來耦合的運動方程。所以在程序中，剛開始計算模態和頻率時需要一點成本，然而在計算響應時將會節省龐大的計算量。

如果模擬中存在非線性，在分析中自然頻率會發生明顯的變化，因此模態疊加法將不再適用。在這種情況下，只能要求對動力平衡方程直接積分，而花費時間通常遠大於模態分析。

具備下列特點的問題才適合於進行線性的暫態動態分析：

- 系統應該是線性的：線性材料行為，無接觸條件，以及沒有非線性幾何的影響。
- 結構響應應該只受相對少數的頻率支配。當參與響應的頻率模態數量增加時，諸如是衝擊和碰撞的問題，模態疊加技術的效率將會降低。
- 負載的主要頻率應該在所提取的頻率範圍之內，以確保對負載的描述足夠精確。
- 特徵模態(Eigenmode)應能精確地描述因任何突加負載所產生的初始加速度。
- 系統的阻尼不能過大。

7.2　阻　尼

　　如果允許一個無阻尼結構自由振動，則它的振幅會是一個常數。然而在實際情況下，能量會被結構的運動所耗散，振動的幅度將減小至振動停止。這種能量耗散行為稱為阻尼 (Damping)作用。通常假設阻尼具有黏滯性，或者正比於速度。若考慮阻尼，則運動方程式改寫成如下式：

$$M\ddot{u} + I - P = 0$$
$$I = Ku + C\dot{u}$$

其中，C：結構的阻尼矩陣。

　　　$\dot{u}$：結構的速度。

　　能量耗散來自於諸多因素，其中包括結構連接處的摩擦和局部材料的遲滯效應。阻尼是一種具有能量吸收而又無需具體模擬效果的方法。

　　在 Abaqus/Standard 中，特徵模態計算無阻尼系統。然而儘管阻尼再小，大多數工程問題都還是得考慮阻尼效應。對於每個模態，在有阻尼和無阻尼的自然頻率之間的關係是

$$\omega_d = \omega\sqrt{1 - \xi^2}$$

其中，ω_d：阻尼特徵值。

　　　$\xi = \dfrac{c}{c_0}$：臨界阻尼比。

　　　c：該模態的阻尼。

　　　c_0：臨界阻尼。

　　對於 ξ 的較小值($\xi < 0.1$)，有阻尼系統的特徵頻率非常接近於無阻尼系統的相應值；當 ξ 增大時，無阻尼系統的特徵頻率變得不太準確；而當 ξ 接近 1 時，採用無阻尼系統的特徵頻率就成為無效的。

　　如果結構處於臨界阻尼($\xi = 1$)，在任何擾動後，結構不會有擺動而是儘可能迅速地恢復到它的初始靜止構形(見圖 7-2)。

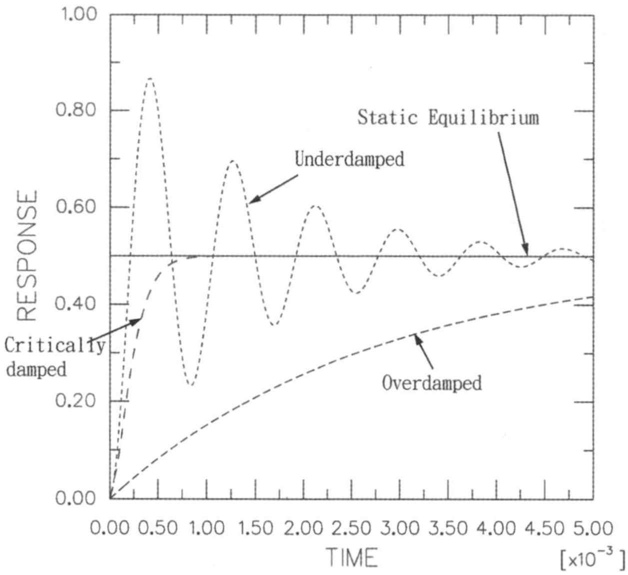

圖 7-2　相對不同 ξ 值之阻尼運動

✑ 7.2.1　在 Abaqus/Standard 中阻尼的定義

對於暫態模態分析，在 Abaqus/Standard 中可以定義一些不同類型的阻尼：直接模態阻尼(Direct Modal Damping)，雷利阻尼(Rayleigh Damping)和複合模態阻尼(Composite Modal Damping)。

阻尼是針對模態在動態分析中來定義的，它在分析步中一併定義，每階模態可以定義不同量值的阻尼。

直接模態阻尼

利用直接模態阻尼可以定義與每階模態有關的臨界阻尼比 ξ，其典型的取值範圍是在臨界阻尼的 1%到 10%之間。直接模態阻尼允許用戶精確地定義系統的每階模態的阻尼。

Rayleigh 阻尼

在 Rayleigh 阻尼中，假設阻尼矩陣是質量和剛度矩陣的線性組合，其表示式如下：

$$C = \alpha M + \beta K$$

其中 α 和 β 是由用戶定義的常數。雷利阻尼正比於質量和剛度矩陣，其假設沒有嚴格的物理基礎，實際上我們對於阻尼在結構的分佈無法完全得知，也就不能保證其他更爲複雜的模型是正確的。一般而言，這個模型並不適用於大阻尼系統，即超過臨界阻尼的大約 10％。相對於其他形式的阻尼，用戶可以精確地定義系統的每階模態的 Rayleigh 阻尼。

對於一個給定模態 i，臨界阻尼值爲 ξ_i，而 Rayleigh 阻尼值 α 和 β 的關係爲

$$\xi_i = \frac{\alpha}{2\omega_i} + 2\beta\omega_i$$

複合阻尼

在複合阻尼中，對於每種材料定義一個臨界阻尼比，這樣就得到了對應於全域結構的複合阻尼值。當結構中有多種不同的材料時，這一選項是有用的。在本指南中將不對複合阻尼做進一步的討論。

✧ 7.2.2　選擇阻尼值

在大多數線性動態問題中，適當地定義阻尼對於獲得精確的結果是十分重要的。但是在某種意義上，阻尼只是近似地模擬了結構吸收能量的特性，並非試圖去模擬引起這種效果的物理機制。在模擬中確定所需要的阻尼資料是很困難的，有時候用戶可以從動態試驗中獲得這些資料，但是有時候用戶不得不查閱參考資料或從經驗獲得這些資料。在這些情況下，用戶必須十分謹愼地解釋分析結果，並且由參數分析研究來評估模擬對於阻尼值的敏感性。

7.3　元素選擇

事實上，Abaqus 的所有元素均可用於動態分析，選取元素的一般原則與靜態分析相同。但是在模擬衝擊和爆炸負載時，應該選用一階元素，因爲它們具有集中質量公式，這種公式模擬應力波的效果優於二階元素採用的一致質量公式。

7.4 動態問題的網格分割

當用戶正在設計使用於動態模擬的網格時，用戶需要考慮在響應中將被激發的模態，並且使所採用的網格能夠充分地反映出這些模態。這意味著能夠滿足靜態模擬的網格，不一定能夠計算由於負載激發的高頻模態的動態響應。

例如考慮圖 7-3 所示的板。一階殼元素的網格適用於分析板受靜力均布負載，也適合一階模態的預測。但是該網格明顯過於粗糙，以至於不能夠精確地模擬第六階的模態。

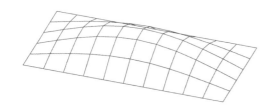
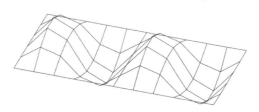

(a) Mode 1：31.1 Hz　　　(b) Mode 6：140 Hz

圖 7-3　粗網格板各振動頻率相應的模式形狀

圖 7-4 顯示以分割精細的一階元素網格來模擬同樣的板。而在第六階模態的位移形狀看起來明顯變好，對於該階模態所預測的頻率更加準確。如果作用在板上的動態負載會顯著地激發該階模態，則必須採用精細的網格，採用粗網格將得不到準確的結果。

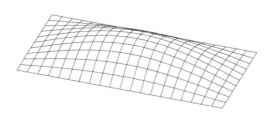
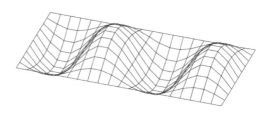

(a) Mode 1：30.2 Hz　　　(b) Mode 6：124 Hz

圖 7-4　細網格板各振動頻率相應的模式形狀

7.5 例題：貨物吊車－動態負載

這個例子採用在第 6.4 節"例題：貨物吊車"中已分析過的同樣的貨物吊車，現在要求研究的問題是當 10 kN 的負載在 0.2 秒的時間中落到吊車掛鉤上所引起的響應。在 A、

B、C 和 D 點(見圖 7-5)處的連接僅能夠承受的最大拉力為 100 kN。用戶必須決定這些連接的任何一個是否會斷裂。

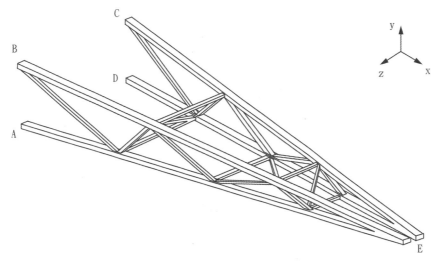

圖 7-5　貨物吊車

　　施加負載的持續時間很短表示慣性效應可能很重要，基本上要進行動態分析。這裏沒有提供關於結構的阻尼的任何資訊。由於在桁架和交叉支撐之間採用的是螺栓連接，因此由摩擦效應引起的能量吸收可能是比較顯著的，所以利用經驗可以對每一階模態選擇 5％的臨界阻尼。

　　施加負載的值與時間的關係，如圖 7-6 所示。Abaqus 有提供上述問題的範本，若依照以下的指導遇到了困難，或是用戶希望檢查所建立的模型是否有誤，便可利用下列任一種範例來建立完整的分析模型。

- 在本書附錄 A-5 節，"<u>Cargo crane – dynamic loading</u>, "，提供了程序檔(*.py)。關於如何提取和執行此程序檔，將在 附錄 A 中說明。

- Abaqus/CAE 的插入工具組(Plug-in)中提供了此範例的插入檔案。在 Abaqus/CAE 的環境下執行插入檔，選擇 Plug-ins → Abaqus → Getting Started；將 Cargo CraneDynamic Loading 標記，按下 Run。更多關於入門指導插入檔案的介紹，請參閱線上手冊，並搜尋"<u>Running the Getting Started with Abaqus examples</u>"

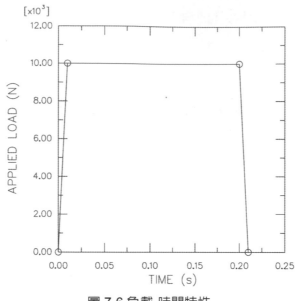

圖 7-6 負載-時間特性

如果用戶沒有連結開啓 Abaqus/CAE 前處理器,也可以手動建立關於這個問題的輸入檔案,關於這方面的討論,請參閱線上手冊,並搜尋"Example: cargo crane under dynamic loading"。

✆ 7.5.1　修改模型

開啓模型資料庫檔 Crane.Cae,將 Static 模型複製成一個名爲 Dynamic 的模型。除了下面敘述的修改之外,動態分析的模型基本上與靜態分析的模型相同。

材料

在動態分析中,必須給定每種材料的密度,這樣才能形成質量矩陣。吊車的鋼材的密度爲 7800 kg/m³。

在這個模型中,材料屬性是截面特性定義的一部分,並由其所給定。所以需要在屬性模組中編輯 BracingSection 和 MainMemberSection 截面定義來指定密度。在 **Edit Beam Section**(編輯樑截面)對話框的 **Section Material Density**(截面材料密度)區域中,爲每個截面輸入密度值爲 7800。

注意：如果材料資料的定義獨立於截面屬性，編輯材料定義可以將密度包括在內，也就是在 **Edit Material** 對話框中選擇 **General → Density**。

分析步

應用於動態分析的分析步定義與靜態分析的分析步定義具有本質上的不同，兩個新的分析步將取代前面所建立的靜態分析步。

在動態分析中的第一個分析步用於計算結構的自然頻率和模態形狀。第二個分析步則用這些資料來計算吊車的暫態(模態)動態響應。在這個分析中，我們假設一切都是線性的。如果用戶想在分析中分析討論任何的非線性問題，必須使用隱式動態(Implicit Dynamic)程序對運動方程進行直接積分。關於進一步的細節請參閱第 7.9.2 節 "非線性動態分析"。

Abaqus/Standard 提供了 Lanczos 和子空間疊代(Subspace Iteration)的特徵值運算方法。對於具有很多自由度的系統，當要求大量的特徵模態時，一般來說 Lanczos 方法的速度較快。當僅需要少數幾個(少於 20)特徵模態時，則使用子空間疊代法的速度可能更快。

在這個分析中，我們使用 Lanczos 特徵值求解器並求解前 30 個的特徵值。除了指定所要運算模態的數目，也可以指定所感興趣的最小和最大頻率，因此一旦 Abaqus/Standard 已經找到了在這個指定範圍內的所有特徵值，就會結束該分析步。也可以指定一個變換點(Shift Point)，距離這個變換點最近的特徵值將被提取出。在預設情況下，不使用最小或最大的頻率或變換點。如果結構沒有約束以避免剛體模態運動的發生，此時就必須設置變換值為一個小的負值，以避免由於剛體運動產生的數值問題。

採用頻率提取分析步代替靜態分析步：

1. 在模型樹中，展開 **Steps** 子項目群。對名為 **Tip Load** 的分析步按滑鼠鍵 3，並從選單中選擇 **Replace**。在 **Replace Step**(替換分析步)對話框中，從 **Linear Perturbation**(線性擾動)程序的列表中，選擇 **Frequency**(頻率)。

    不能轉換的模型參數將被刪除。在本例中刪除了集中力，因為在頻率提取分析中不會用到它們，不過頻率提取分析步繼承了與靜態分析步有關的邊界條件和輸出需求。

2. 在 **Edit Step**(編輯分析步)對話框的 **Basic**(基礎)頁面中，輸入分析步描述 First 30 modes，接受 Lanczos 特徵求解器選項，並要求前 30 階特徵值。

3. 將分析步重新命名為 Extract Frequencies。

在結構動態分析中，響應通常與低階模態有關。應該提取足夠的模態使結構的動態響應有較好地表達。查看在每個自由度上全部的有效質量是否已經提取了足夠數量的特徵值，此方法之目的是要顯示在所提取模態的每個方向上啟動了多少質量。在資料檔案(.dat)的特徵值輸出中，給出了有效質量的列表。理想情況下，對於每個模態在每個方向上，有效質量的總和應至少占總質量的 90%。在第 7.6 節"模態數目的影響"中將有進一步的討論。

應用模型動態程序進行暫態動態分析。暫態響應是以在第一個分析步中提取的全部模態為基礎；在全部的 30 階模態中均採用了 5%的臨界阻尼。

建立暫態模型動態分析步：

1. 在模型樹中，按兩下 **Steps** 子項目群來新增一個分析步。從 **Linear Perturbation** 程序列表中選擇 **Modal Dynamics**，並命名分析步為 Transient modal dynamics。在上面定義的頻率提取分析步之後插入這個分析步。

2. 在 **Edit Step** 對話框的 **Basic** 頁面中，輸入分析步的描述 Simulation Of Load Dropped On Crane，並指定分析步的時間為 0.5 和時間增量(Time Increment)為 0.005。在動態分析中，時間是一個真實的物理量。

3. 在 **Edit Step** 對話框的 **Damping** 頁面中，指定直接模態阻尼(Direct Modal)，並對第 1 階至第 30 階的模態輸入臨界阻尼比為 0.05。

輸出

利用 **Field Output Request Manager**(場變數輸出管理器)，修改場變數輸出設置需提取頻率分析步，因此選擇 **Preselected Defaults**(預選預設值)。在預設情況下，Abaqus/Standard 將模態寫入到輸出資料庫檔(.odb)，以便利用 **Visualization** 模組繪製模態圖。對於每階模態的節點位移都是經過正規化的，所以最大的位移為 1 單位。因此這些結果和對應的應力及應變是沒有物理意義的：它們只能用於互相的比較(即比較值)。

完成動態分析通常比靜態分析需要更多的增量步。結果是來自動態分析的輸出量可能非常大，用戶應該控制輸出要求以確保輸出檔案具有一個合理量。在本例中，要求在每第 5 個增量步結束時，向輸出資料庫檔案輸出一次位移形狀。在分析步中有 100 個增量步(0.5/0.005)，因此有 20 組場變數輸出。

另外在每個增量步中，將模型負載施加端(例如 **Tip-a** 集合)的位移和固定端(Attach 集合)的反力作為歷史資料寫入到輸出資料庫檔案中，以便從這些資料中得到更好的解答。在動態分析中，我們也關心在模型中的能量分佈以及能量採用的形式。在模型中表現出的動能是質量運動的結果，表現出的應變能是結構位移的結果，阻尼也耗散了能量。在預設情況下，對於模型動態程序，整個模型的能量將作為歷史資料寫入到.odb 檔中。對於此分析，要限制動能、內能和黏性耗散能量的輸出。

對暫態模態分析步(Transient Modal Dynamics Analysis Step)中的輸出請求：

1. 打開 Field Output Request Manager，在標記 Transient Modal Dynamics 的列中(可能需要拉大這列表格才能看見完整的分析步名稱)，選擇標有 Created 的行格。

2. 編輯場變數輸出要求，使得每第 5 個增量步的節點的位移將寫入到.odb 檔中。

3. 打開 **Histroy Output Request Manager**，編輯預設的輸出需求，僅要求在每個分析步紀錄 ALLIE，ALLKE 以及 ALLVD 等變數。在標記 Transient Modal Dynamics 的分析步中建立兩個新的輸出要求。第一個輸出要求為輸出集合 Tip-a 在每個增量步結束時的位移，第二個是輸出集合 Attach 在每個增量步結束時的反力。

負載和邊界條件

邊界條件與在靜態分析中的條件相同。由於在分析步替換程序中保留了這些條件，無需再定義新的邊界條件。

在吊車的端部施加一個集中力，它的大小是與時間相關的，如圖 7-6 所示。與時間有關的負載可以用幅值曲線(Amplitude Curve)進行定義。透過幅值曲線上的值乘以負載的值(−10,000 N)，可以獲得當時任意點處施加負載的實際值。

指定與時間有關的負載：

1.首先定義幅值。從在 Load 模組的主功能表欄中，選擇 **Tools → Amplitude → Create**，命名幅值為 Bounce，並選擇 **Tabular**(資料表)類型。在 **Edit Amplitude**(編輯幅值)對話框中，輸入表 7-1 中所示的資料。接受預設的 **Step Time**(分析步時間)的選擇作為時間跨度，並輸入 0.25 作為光滑參數值。

注意：點擊滑鼠鍵 3，進入表格選項。

表 7-1　幅值曲線資料

時間(秒)	幅值
0.0	0.0
0.01	1.0
0.2	1.0
0.21	0.0

2. 現在定義負載。從主功能表欄中，選擇 **Load** → **Create**，在 Transient modal dynamics 分析步中施加負載，命名為 DYN Load，並選擇 **Concentrated Force**(集中力)作為負載類型，施加負載到集合 Tip-b。在集合 Tip-a 和 Tip-b 之間，前面定義的約束方程代表吊車的兩半部分將平均地分擔負載。

3. 在 **Edit Load** 對話框中，輸入−1.E4 作為 **CF2**(2 方向作用力)的值，並為幅值選擇 Bounce。

　　在本例中，結構預設沒有初始的速度或者加速度，然而若用戶希望定義初始的速度，可以在此設定。在主功能表欄中選擇 **Field** → **Create**，並在分析步開始時，將初始平移速度設置到在模型中所選擇的區域。為了引入初始條件，用戶也需要編輯模型動態分析步的定義。

執行分析

　　在作業(Job)模組中，建立一個名為 DynCrane 的作業，採用以下的描述：3-D Model Of Light-Service Cargo Crane-Dynamic Analysis。

　　將模型保存在模型資料庫檔案中，並提交作業進行分析和監控求解程序；如此用戶即可對發現的任何一個模擬發生的錯誤進行糾正，並進一步分析探討引起任何警告訊息的原因，如果必要則採取對應的措施。

❧ 7.5.2　結　果

　　在分析中對於每一個增量步，**Job Monitor**(作業監視器)給出了所採用的自動時間增量步的簡短總結。一旦該增量步結束就立刻寫出相應的資訊，這樣用戶可以在作業執行中監控分析的程序。對於大型、複雜的問題，這個功能很有用。在 **Job Monitor** 中給出的資訊與在狀態檔(DynCrane.sta)中給出的資訊相同。

查看 **Job Monitor** 和列印的輸出資料檔案(DynCrane.dat)以評估分析結果。

Job Monitor

在 **Job Monitor** 中，第 1 行顯示了分析步編號，第 2 行給出了增量步編號。在每個增量步中爲了得到收斂的結果，第 6 行顯示了 Abaqus/Standard 所需要的疊代次數。觀察 **Job Monitor** 的內容，可以發現在分析步 1 中與單一增量步相關的時間增量非常小？因爲時間與頻率提取程序無關，所以這個分析步沒有佔用時間。

在分析步 2 的輸出顯示，在整個分析步中時間增量的大小保持爲常數，而且每個增量步只需疊代一次。在圖 7-7 中顯示了 **Job Monitor** 的結束部分。

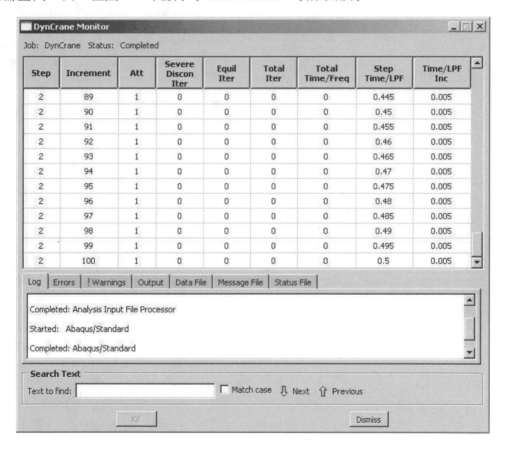

圖 7-7　Job Monitor 的結束部分：貨物吊車動態分析

資料檔案

打開 **Job Monitor** 的 **Data File** 頁面 對於分析步 1 的主要結果是提取的特徵值

(Eigenvalue)、參與係數(Participation Factor)和有效質量(Effective Mass)，如下所示：

```
                    E I G E N V A L U E     O U T P U T
MODE NO  EIGENVALUE          FREQUENCY              GENERALIZED  MASS  COMPOSITE MODAL DAMPING
                        (RAD/TIME)  (CYCLES/TIME)

     1      1773.4       42.112      6.7023         151.92            0.0000
     2      7016.8       83.766      13.332         30.206            0.0000
     3      7644.1       87.431      13.915         90.400            0.0000
     4      22999.       151.65      24.136         250.64            0.0000
     5      24714.       157.21      25.020         275.88            0.0000
     6      34811.       186.58      29.695         493.15            0.0000
     7      42748.       206.76      32.906         1106.4            0.0000
     8      46473.       215.58      34.310         86.173            0.0000
     9      47446.       217.82      34.667         2577.2            0.0000
    10      56050.       236.75      37.680         3569.2            0.0000
....
    25    2.26885E+05    476.32      75.809         207.46            0.0000
    26    2.42798E+05    492.75      78.423         127.02            0.0000
    27    2.84057E+05    532.97      84.825         1240.8            0.0000
    28    2.92450E+05    540.79      86.069         330.74            0.0000
    29    3.13943E+05    560.31      89.176         272.39            0.0000
    30    3.64774E+05    603.97      96.124         64.971            0.0000
```

所提取的最高頻率為 96Hz，與此頻率對應的周期為 0.0104 秒，可以將它與固定的時間增量 0.005 秒相比較。由比較中可發現，在所提取的模態中，其最小周期(最高頻率)大於時間增量，如此時間增量必定能夠解出感興趣的最高頻率。

廣義質量行(Generalized Mass)列出了對應於該階模態的單自由度系統的質量。

模態參與係數(Participation Factor)列表反映了在哪個自由度上該模態起主導作用。例如根據結果可以看出 1 階模態主要在 3 方向上起作用。

```
              P A R T I C I P A T I O N   F A C T O R S

MODE NO   X-COMPONENT    Y-COMPONENT    Z-COMPONENT    X-ROTATION     Y-ROTATION      Z-ROTATION

    1   -6.11696E-04   -6.14521E-03    1.4284         0.71335       -6.0252        -3.37773E-02
    2    0.18470       -0.25677        8.31954E-04    1.68388E-03   -6.05012E-03   -1.6826
    3   -0.17440        1.5515         4.88123E-03   -8.04039E-03    3.24495E-02    9.2746
    4   -8.68256E-05   -9.61259E-03    8.23615E-02    0.21604        1.2334        -2.97905E-02
    5   -3.80675E-03    1.13829E-03   -3.04304E-02   -0.59220        1.7593        -2.20144E-02
    6    3.71618E-02   -0.35674        6.05241E-03   -1.67946E-02    6.71292E-03   -0.96432
    7   -2.48508E-03   -1.58332E-03    6.19821E-02    5.09235E-02   -0.29901       -6.65849E-04
    8   -7.03851E-02    2.31655E-02    0.72459        0.49275       -3.8778         6.69085E-02
    9    3.59820E-02   -2.34811E-02    2.23695E-02    1.47243E-02   -0.12808        6.65955E-04
   10    3.48679E-02    4.02884E-02    1.96398E-02    1.09545E-02   -6.84066E-02    3.72037E-02
```

```
. . . .
    25    -8.25375E-02    -0.22218      -3.54545E-02     3.39238E-02    -2.18245E-02    -0.18688
    26    -1.98905E-02    -0.35111       4.61269E-02    -2.12563E-02    -1.27532E-02    -0.18939
    27     1.71772E-02     2.51340E-02    2.26524E-02    -1.02593E-02    -4.31559E-02     2.78870E-02
    28     4.73352E-02     2.79265E-02   -0.11860        5.19825E-02     0.24175         1.12541E-04
    29     9.83488E-03    -3.64823E-03    4.65504E-03    -3.17284E-03    -1.56708E-02    -2.82848E-03
    30     4.83733E-02     1.85495E-02    0.13426        -2.21861E-02    -0.35882        -1.87612E-02
```

　　有效質量(Effective Mass)列表反映了對於任何一個模態在每個自由度上所啓動的質量的大小。結果顯示，在方向 2 上具有顯著質量的第一個模態是第 3 階模態。在該方向上總模型有效質量為 378.26 kg。

```
                        E F F E C T I V E   M A S S

MODE NO  X-COMPONENT    Y-COMPONENT    Z-COMPONENT    X-ROTATION     Y-ROTATION      Z-ROTATION

    1     5.68458E-05    5.73721E-03    309.98         77.309         5515.3          0.17333
    2     1.0304         1.9915         2.09072E-05    8.56481E-05    1.10567E-03     85.521
    3     2.7495         217.62         2.15392E-03    5.84420E-03    9.51888E-02     7776.2
    4     1.88952E-06    2.31599E-02    1.7002         11.699         381.31          0.22244
    5     3.99797E-03    3.57461E-04    0.25547        96.753         853.88          0.13370
    6     0.68104        62.759         1.80648E-02    0.13910        2.22229E-02     458.58
    7     6.83296E-03    2.77373E-03    4.2507         2.8692         98.926          4.90544E-04
    8     0.42691        4.62440E-02    45.243         20.923         1295.8          0.38578
    9     3.3366         1.4209         1.2896         0.55874        42.275          1.14296E-03
   10     4.3393         5.7933         1.3767         0.42830        16.702          4.9402
. . . .
   25     1.4133         10.241         0.26078        0.23875        9.88154E-02     7.2457
   26     5.02526E-02    15.658         0.27026        5.73911E-02    2.06589E-02     4.5558
   27     0.36612        0.78387        0.63672        0.13060        2.3110          0.96499
   28     0.74106        0.25794        4.6523         0.89371        19.329          4.18897E-06
   29     2.63473E-02    3.62545E-03    5.90262E-03    2.74218E-03    6.68933E-02     2.17924E-03
   30     0.15203        2.23557E-02    1.1711         3.19804E-02    8.3651          2.28687E-02

TOTAL    22.198         378.26         373.69         269.78         8348.4          8518.0
```

　　前面在資料檔案中，給出了模型的總質量為 414 .34kg。

　　為了確保已經選取了足夠的模態，在每個方向上的總有效質量必須佔模型質量的絕大部分(即 90%)。然而模型中的某些質量與約束節點相聯繫，這些約束的質量佔與約束節點相連接的所有元素質量約 1/4，在本例中約為 28 kg，因此在模型中能夠運動的質量是 385 kg。

提示：要確定質量的約束節點的元素，切換到 Mesh 模組中，單擊 "查詢工具" ⓘ，並從列表中選擇 Mass properties 的一般查詢。在提示區中，選擇 Select mesh entities，並選擇 6 個元素附加約束的節點。在訊息區會顯示總質量（114kg）。

在 x-、y-和 z-方向上的有效質量分別爲可運動質量的 6%，98%和 97%。在 2-和 3-方向上的總有效質量遠遠超過了前面所建議的 90%，在 1-方向上的總有效質量是低得多。然而由於負載是作用在 2-方向上的，在 1-方向上的反應是不明顯的。

對於模型動態分析步，由於關閉了所有資料檔案的輸出要求，所以在資料檔案中並不包含任何結果。

✎ 7.5.3　後處理

進入 Visualization 模組，並開啟輸出資料庫檔 DynCrane.odb。

繪製模態形狀

繪製一個給定的自然頻率對應的模態，可以觀察其變形狀態。

選擇一個模態並繪製對應的模態形狀：

1.　從環境欄中，選擇框架選取工具 🖫。

　　跳出 **Frame Selector** 對話框，爲了清楚看見分析步名稱，拖曳對話框的底邊來放大對話框。

2.　拖曳框架滑軌，在 **Extract Frequencies** 分析步中選擇框架 1。這是第一個模態。

3.　從主功能表欄中，選擇 **Plot → Deformed Shape**，或者使用工具箱中的 🖳 工具。

　　Abaqus/CAE 顯示關於第一階模態的變形形態，如圖 7-8 所示。

4.　從 **Frame Selector** 對話框中，選擇第三階模態(**Extract Frequencies** 分析步的框架 3)，結束後關閉對話框。

　　Abaqus/CAE 顯示出第三階模態形狀，如圖 7-9 所示。

注意：在 **Step/Frame** 對話框中(**Results → Step/Frame**)，可以得到完整的框架清單。此對話框提供另一個切換框架的方法。

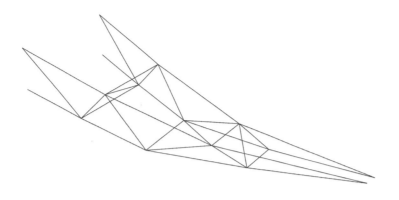

Step:　"Extract frequencies", First 30 modes
Mode　1: Value =　　1773.5　　Freq =　　6.7025　　(cycles/time)

Deformed Var: U　Deformation Scale Factor: +8.000e-01

圖 7-8　第一階模態

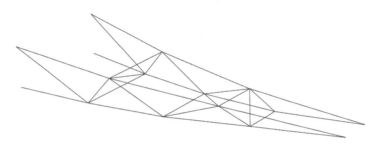

Step: "Extract frequencies", First 30 modes
Mode　3: Value =　7647.5　　Freq =　13.918　　(cycles/time)

Deformed Var: U　Deformation Scale Factor: +8.000e-01

圖 7-9　第三階模態

結果的動畫演示

用動畫(Animate)演示分析的結果。首先建立一個第三階特徵模態的動畫放大係數,然後建立一個暫態結果的時間歷史動畫(Time-History Animation)。

建立一個特徵模態的動畫放大係數:

1. 從主功能表欄中，選擇 **Animate** → **Scale Factor**，或者使用工具箱中的 工具。
   由從 0 到 1 不同的變形放大係數，Abaqus/CAE 顯示第三階模態和步驟。
   在提示區的左側，Abaqus/CAE 也顯示了電影播放控制器。

2. 在提示區中，點擊 **▌▌** 停止動畫。

建立暫態結果的時間歷史動畫：

1. 從主功能表欄中，選擇 **Results** → **Active Steps/Frames**，來選擇要在歷程動畫中顯示的框架。
   Abaqus/CAE 顯示 **Active Steps/Frames** 對話框。

2. 選擇第二個負載步(Transient Modal Dynamics)。

3. 點擊 **OK** 接受以上的選擇並關閉對話框。

4. 從主功能表欄中，選擇 **Animate** → **Time History**；或者使用工具箱中的 工具。
   Abaqus/CAE 在提示區的左邊顯示出電影播放控制器，並開始播放第二個分析步中的每一個畫面。狀態區(Status Block)在動畫放映過程中顯示了目前的分析步和增量步。在到達該分析步的最後一個增量步後，動畫便會自動地重播。

5. 在動畫的播放過程中，用戶可以根據需要改變變形圖，使其放大或縮小。

   a. 顯示 Common Plot Options 對話框。

   b. 在 Deformation Scale Factor(變形放大係數)區域中，選擇 Uniform(一致性)。

   c. 輸入 15.0 作為變形放大係數值。

   d. 點擊 **Apply**，採用所作的修改。
      現在，Abaqus/CAE 以變形放大係數為 15.0 播放第二個負載步的每一個圖片。

   e. 在 Deformation Scale Factor 區域中，選擇 Auto-Compute(自動計算)。

   f. 點擊 **OK** 採用所作的修改，並關閉 **Common Plot Options** 對話框。
      現在 Abaqus/CAE 以預設的變形放大係數為 0.8 播放第二個負載步的每一個圖片。

決定拉力的峰值

為了找出固定連接點處的拉力峰值，建立固定連接點處在 1 方向的反力(變數 RF1)的 X-Y 曲線圖。在曲線圖中可以同時繪製多條曲線。

繪製多條曲線：

1.　在結果樹中，對輸出資料 DynCrane.odb 的 History Output 按右鍵，從選單中選擇 Filter。

2.　在過濾區域中輸入*RF1*，將歷程輸出限制為方向 1 的反作用力。

3.　從提供的歷程輸出清單中，選擇具有以下形式的 4 條曲線(用**[Ctrl]**+點擊)：

　　Reaction Force: RF1 PI: TRUSS-1 Node xxx in NSET ATTACH

4.　按滑鼠鍵 3，並從選單中點擊 **Plot**(繪圖)。

　　Abaqus/CAE 顯示選擇的曲線。

5.　按下來 ❎ 取消目前的程序

架設格線：

1.　對圖形按兩下來開啟 **Chart Options** 對話框。

2.　在對話框中，切換到 **Grid Area** 頁面。

3.　在此頁的 **Size** 區域，選擇 **Square** 選項。

4.　使用滑塊將尺寸設為 75。

5.　在此頁的 Position 區域，選擇 Auto-align 選項。

6.　從提供的對齊選項中，選擇最後一個(將格線設在視圖窗的右下角)。

7.　按下 Dismiss。

設置說明：

1.　按兩下說明來打開 Chart Legend Options 對話框。

2.　在此對話框中，切換到 **Area** 頁面。

3.　在此頁的 **Position** 區域，點選 **Inset**。

4.　為了在說明中顯示最大最小值，切換到對話框的 **Contents** 頁面。在此頁的 **Numbers** 區域，點選 **Show min/max values**。

5.　按下 Dismiss。

6.　在視圖區中以拖曳的方式重新放置說明。

　　結果圖顯示在圖 7-10 中(用戶可以修改)。對於在每節桁架頂端的兩個節點(B 點和 C 點)之曲線，幾乎是在每節桁架底端的兩個節點(A 點和 D 點)曲線之反射。

> **注意**：欲修改曲線的類型，對任意一條曲線按兩下來打開 **Curve Options** 對話框。

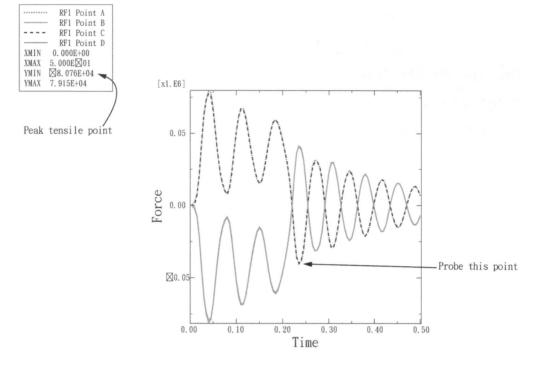

圖 7-10　在固定端連接點處反力的歷時圖

在每個桁架結構的頂端的固定連接點處，峰值拉力約為 80 kN，低於連接點 100 kN 的承載能力。注意到在 1 方向的反力為負值，意味著桿件受力朝外拉伸。當施加負載時，下面的連接點受壓(正向的反力)，但是在卸載之後，反力在拉力和壓力之間振盪。峰值拉力約為 40 kN，遠小於允許值。觀察 X-Y 圖可以發現這些值。

查看 X-Y 圖：

1.　從主功能表欄中，選擇 **Tools** → **Query**。

　　顯示 **Query**(查詢)對話框。

2.　在 Visualization Module Queries 區域按下 Probe values。

　　顯示 **Probe Values** 對話框。

3.　選擇在圖 7-10 所示的點。

　　該點的 Y-座標值是–40.3 kN，它對應於在 1 方向的反力值。

7.6　模態數量的影響

對於上述分析例，採用了 30 個模態來表現結構的動態特性。這 30 個模態的總模態有效質量佔在 *y*-方向和 *z*-方向可運動的結構質量 90％以上，表示此計算例之結果已經充分地反映了結構的動態特性。

圖 7-11 顯示的是在集合 **Tip-a** 中的節點於第 2 個自由度方向的位移－時間曲線，說明了使用少量的模態對結果質量的影響。

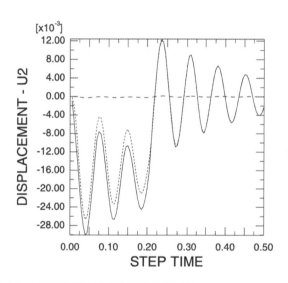

圖 7-11　不同模態數量對結果的影響

如果檢查有效質量列表，用戶會發現在 2 方向上起重要作用的第一個模態是第 3 階模態，可見僅當採用兩個模態時的動態響應是不足的。且分析該節點在自由度 2 方向的位移，採用五個模態與三十個模態的結果在 0.2 秒之後是相似的；但是在 0.2 秒之前的反應卻是有區別的，這表示在第 5 至第 30 階模態之間存在著對早期響應起重要作用的模態。在採用五個模態時，在 2 方向上總模態有效質量僅佔可運動質量的 57％。

7.7　阻尼的影響

在本分析例中，對所有的模態均採用 5%的臨界阻尼。這個值是根據經驗選擇的，它基於這樣一個事實：作為局部摩擦效應的結果，在桁架和交叉支撐之間的螺栓連接可能吸收顯著的能量。在這種難以得到準確資料的情況下，研究所選取的資料對結果的影響是很重要的。

當使用 1%、5%和 10%的臨界阻尼時，圖 7-12 比較了在頂部連接處 C 點的反力變化歷時。

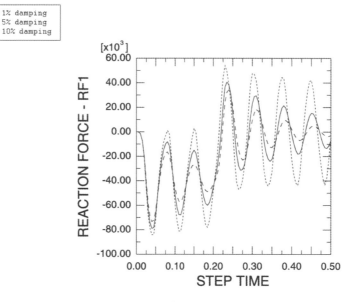

圖 7-12　阻尼對結果的影響

正如所預料的那樣，在高阻尼時比在低阻尼時的振動衰減快得多，並且在採用低阻尼時在模型中力的峰值更高些。即使當阻尼低到 1%時，拉力的峰值為 85 kN，仍低於連接的強度(100 kN)。所以在此落下負載作用下，貨物吊車依然能夠保持完好的狀態。

7.8　與直接時間積分的比較

由於這是個暫態動態分析，所以會很自然地想到將結果與對運動方程採用直接積分得到的結果進行比較。進行直接積分可以採用隱式方法(Abaqus/Standard)，或者採用顯式方式(Abaqus/Explicit)。這裏我們採用顯式動態程序以延伸該分析。

直接比較前面給出的結果是不可能的，因爲在 Abaqus/Explicit 中沒有提供 B33 元素類型和臨界阻尼。因此在 Abaqus/Explicit 分析中，元素類型改換爲 B31 及採用了 Rayleigh 阻尼以代替臨界阻尼。

將 Dynamic 模型複製成一個名爲 Explicit 的新模型，必須對 Explicit 模型進行如下的修改。

修改模型：

1.　刪除模型動態分析步。Abaqus/CAE 會警告你刪除分析步也會刪除相關分析步，按下 Yes。

2.　用一個顯式動態分析步(Dynamic，Explicit)代替保留下的頻率提取分析步，並指定分析步時間期限爲 0.5 s，另外將分析步驟編輯成線性幾何(取消幾何非線性 **Nlgeom**)，目的在進行線性分析。

3.　將分析步改名爲 Transient Dynamics。

4.　建立兩個新的歷史變數輸出要求。第一個要求輸出集合 **Tip-a** 的位移歷時資料；第二個要求輸出集合 **Attach** 的反力歷時資料。

5.　在配置截面特性時，加入質量比例阻尼(在主功能表欄中，選擇 **Section → Edit → BracingSection**；在截面編輯器中，點擊 **Damping**)。
在 **Stiffness Proportional Material Damping** 區域，對 **Alpha** 採用的值爲 15，而其他的值保持爲 0。
對於在結構的低階和高階頻率上臨界阻尼的值，這些值作出了一個合理的權衡。對於三個最低的自然頻率，ξ 的有效值大於 0.05，但是圖 7-11 顯示，前兩階模態對於響應沒有顯著的貢獻。對於剩下的模態，ξ 的有效值均小於 0.05。ξ 隨自然頻率的變化如圖 7-13 所示。

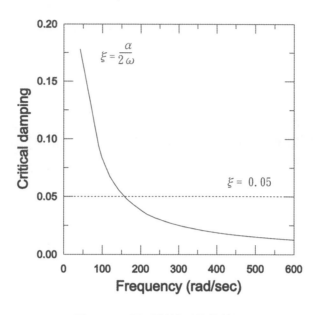

圖 7-13 阻尼對結果的影響

6. 對於主要構件的截面特性，重覆上述步驟。

7. 重新定義在集合 Tip-b 的尖端負載。設置 **CF2**=−10000，並使用幅值定義 Bounce。

8. 改變元素庫為 **Explicit**，對於模型的所有區域設置元素類型為 B31。

9. 建立一個新作業，命名為 expDynCrane，並將其提交分析。

　　當作業完成後，進入 **Visualization** 模組查看結果，特別去比較之前從 Abaqus/Standard 與現在從 Abaqus/Explicit 得到的尖端位移歷時資料。如圖 7-14 所示，在動態響應方面它們的區別很小。這些區別是由於在模型動態分析中採用了不同的元素和阻尼類型。事實上，如果修改 Abaqus/Standard 的分析，使其採用 B31 元素和質量比例阻尼，那麼由兩種分析方法得到的結果幾乎沒有區別(見圖 7-14)，這確定了模型動態方法的準確性。

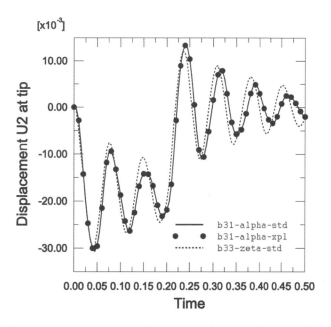

圖 7-14　比較由 Abaqus/Standard 和 Abaqus/Explicit 得到的尖端位移歷時資料

7.9　其他的動態程序

現在簡單地回顧在 Abaqus 中的其他動態程序，即線性模態動態(Linear Modal Dynamics)和非線性動態(Nonlinear Dynamics)。

🐾 7.9.1　線性模態法的動態分析

在 ABAQUES/Standard 中還有其他幾種採用了模態疊加技術的線性、動態程序。這些程序與模態動態程序不同，其計算響應為頻域(Frequency Domain)資料，而模態動態程序則在時域(Time Domain)上計算響應，這可以使我們從另外的角度來分析結構的行為。

詳情請參閱線上手冊，並搜尋"Example: cargo crane under dynamic loading"**穩態動態**(Steady-State Dynamics)

在用戶指定頻率範圍內的諧和波外力激振下，這個程序用於計算引起結構響應的振幅和相位。以下是一些典型的例子：

- 汽車發動機支座在發動機運轉速度範圍內的響應。

- 在建築物中的旋轉機械。
- 飛機發動機的部件。

響應譜(Response Spectrum)

當結構承受在它的固定點處的動態運動時，該程序提供了對峰值響應的評估(位移、應力等)。固定點處的運動是所謂的"基礎運動"(Base Motion)，地震發生時引起的地面運動就是一個例子。當設計需要估計峰值響應時，這是一種典型的方法。

隨機響應(Random Response)

在承受隨機連續的外力激振時，該程序用於預測系統的響應。激振外力是採用具有統計意義的能量譜密度函數來表示的。以下是隨機響應分析的例子：

- 飛機對擾動的響應。
- 結構對噪音的響應，例如噴射引擎產生的噪音。

❧ 7.9.2　非線性動態分析

如前面所述，模型動態程序僅適用於線性問題。當對非線性動態響應感興趣時，必須對運動方程進行直接積分。在 Abaqus/Standard 中，完成對運動方程的直接積分採用一個隱式動態程序。應用這個程序時，在每個點上都要建立即時的質量、阻尼和剛度矩陣並求解動力平衡方程。由於這些操作的計算量很大，因此直接積分的動態分析比模態的方法昂貴得多。

由於在 Abaqus/Standard 中的非線性動態程序是採用隱式時間積分，所以它適用於求解非線性結構動態問題，例如某一突然事件激發的動態響應，如衝擊，或者在結構的響應中包含由於塑性或黏滯性阻尼引起的大量能量耗散。在這些研究中，初始時高頻響應十分重要，但是它們會因為在模型中的耗散機制而迅速地衰減。

另一種非線性動態分析是在 Abaqus/Explicit 中的顯式動態程序。如在第 2 章"Abaqus 基礎"中所討論的，顯式演算法以應力波的方式在模型中傳播結果，一次一個元素地傳播，因此它最適合求解應力波影響很重要的問題，且所需模擬分析的事件是時間很短 (典型為不超過 1 秒)的問題。

與顯式演算法有關的另一個優點是它能夠模擬不連續的非線性問題，例如接觸和失效，比採用 Abaqus/Standard 更容易些。而對於大型、高度不連續的問題，即使響應是準靜態(Quasi-Static)的，採用 Abaqus/Explicit 模擬通常會比較更容易。在第 9 章 "非線性顯式動態" 中將進一步討論顯式動態分析。

7.10　相關的 Abaqus 例題

請參閱線上手冊，並搜尋

- "Linear analysis of the Indian Point reactor feedwater line"
- "Explosively loaded cylindrical panel"
- "Eigenvalue analysis of a cantilever plate"

7.11　建議閱讀之參考文獻

- Clough, R. W. and J. Penzien, *Dynamics of Structures*, McGraw-Hill, 1975.
- NAFEMS Ltd., A Finite Element Dynamics Primer, 1993.
- Spence, P. W. and C. J. Kenchington, *The Role of Damping in Finite Element Analysis*, Report R0021, NAFEMS Ltd., 1993.

7.12　小　結

- 動態分析包括了結構慣性的效應。
- 在 Abaqus/Standard 中的頻率提取程序可提取結構的自然頻率和模態形狀。
- 透過模態疊加技術，可以利用模態決定線性系統的動態響應。雖然這個方法效率很高，但是不能用於非線性問題。
- 在 Abaqus/Standard 中的線性動態程序可以計算暫態負載下的暫態響應、諧和負載下的穩態響應、基礎運動的峰值響應，以及隨機負載的響應。
- 爲了獲得結構的動態行爲的準確表示，必須提取足夠多的模態。在發生運動的方向上總模型有效質量必須佔總的可運動質量的至少 90％以上，才能產生準確的結果。

- 在 Abaqus/Standard 中，用戶可以定義直接模態阻尼、Rayleigh 阻尼和複合模態阻尼。但是由於自然頻率和模態的計算都是基於無阻尼的結構，所以只能分析低阻尼的結構。
- 模態技術不適用於非線性的動態分析，在這類分析中必須採用直接時間積分方法或顯式分析。
- 用振幅(Amplitude)曲線可以定義任何隨時間變化的負載或指定的邊界條件。
- 模態和暫態結果可以在 Abaqus/CAE 的 Visualization 模組中用動畫顯示，這對於理解動態響應和非線性靜態分析很有幫助。

Chapter 8

非線性

這一章討論在 Abaqus 中的非線性結構分析。在線性與非線性分析之間的區別概述如下。

線性分析

到目前爲止所討論的分析均爲線性分析：在外加負載與系統的響應之間爲線性關係。例如，如果一個線性彈簧在 10 N 的負載作用下靜態地伸長 1 M，那爲當施加 20 N 的負載時它將伸長 2 M。這意味著在 Abaqus/Standard 的線性分析中，結構的柔度矩陣(將勁度矩陣求其反矩陣)只需計算一次。在採用相同的邊界條件爲前提，透過新的外力負載，可得到結構對於其負載情況的線性響應。此外，結構對於各種外力負載的結果響應，可以用常數放大或是疊加(或相乘)來決定一種全新負載的結果。

在線性動態分析中，Abaqus/Standard 也使用了外力負載疊加原理，我們已在第 7 章 "線性動態分析"中進行了討論。

非線性分析

所有的物理結構均是非線性的，是指結構的剛度隨其變形而改變的問題。大部分的設計用線性分析的假設都可以得到不錯的結果。但是有許多結構分析(包含加工)，諸如鍛造、沖壓、碰撞及橡膠的分析，是無法倚靠線性分析。舉個簡單例子如(圖 8-1)，一個具有非線性響應的彈簧。

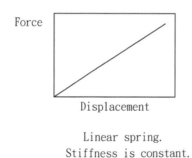
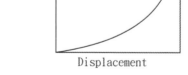

Linear spring.
Stiffness is constant.

Nonlinear spring.
Stiffness is not constant.

圖 8-1　線性和非線性彈簧特性

由於剛度現在是依賴於位移，所以不能再用初始柔度乘以外力負載的方法來計算任意負載時彈簧的位移了。在非線性隱式分析中，結構的剛度矩陣在整個分析程序中必須進行許多次的生成和反轉，這使得分析求解的成本比線性隱式分析昂貴得多。在顯式分析中，非線性分析增加的成本是由於穩定時間增量減小而造成的。在第 9 章 "非線性動態分析" 中將進一步討論穩定時間增量。

由於非線性系統的響應不是所施加外力值的線性函數，因此不可能透過疊加來獲得不同負載情況的解答。每種負載情況都必須作為獨立的分析進行定義和求解。

8.1　非線性的來源

在結構力學分析中有三種非線性的來源：

- 材料非線性。
- 邊界非線性。
- 幾何非線性。

8.1.1　材料非線性

這種非線性可能是人們最熟悉的，我們將在第 10 章 "材料" 中進行更深入的討論。大多數金屬在低應變值時都具有良好的線性應力/應變關係；但是在高應變時材料發生降伏，此時材料的響應成為了非線性和不可恢復的(見圖 8-2)。

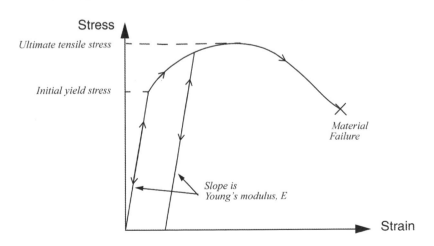

圖 8-2　彈－塑性材料軸向拉伸的應力－應變曲線

橡膠材料可以用一種非線性、可恢復(彈性)響應的材料來近似(見圖 8-3)。

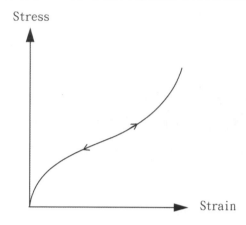

圖 8-3 橡膠類材料的應力－應變曲線

材料的非線性也可能與應變以外的其他因素有關。應變率相關材料資料和材料失效都是材料非線性的形式。材料性質也可以是溫度和其他預先定義的場變數的函數。

8.1.2 邊界非線性

如果邊界條件在分析過程中發生變化，就會產生邊界非線性問題。考慮圖 8-4 所示的懸臂樑，它隨著施加的負載產生撓曲，直至碰到障礙物。

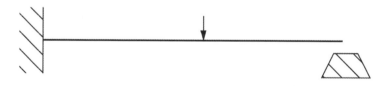

圖 8-4 將碰到障礙物的懸臂樑

樑端點在接觸到障礙物以前，其豎向撓度與外力負載成線性關係(如果產生的撓度量值相當小)。當碰到障礙物時樑端點的邊界條件發生了突然的變化，阻止了任何進一步的豎向撓度，因此樑的響應將不再是線性的。邊界非線性是極度的不連續；當在模擬中發生接觸時，將在結構中產生即時的且相當大的變化。

另一個邊界非線性的例子是將板材材料沖壓入模具的過程。在與模具接觸前，板材在壓力下比較容易發生伸展變形。在與模具接觸後，由於邊界條件的改變，必須增加壓力才能使板材繼續成型。

在第 12 章"接觸"中將討論邊界非線性。

✍ 8.1.3　幾何非線性

非線性的第三種來源是與在分析中模型的幾何形狀改變有關。幾何非線性發生在位移的大小影響到結構響應的情況。這可能是由於：

- 大撓度或是旋轉(Large deflections or rotations)。
- "突然翻轉"(Snap Through)。
- 預應力或負載遞增(Initial stresses or load stiffening.)。

例如，考慮在底端加上負載的懸臂樑(見圖 8-5)。

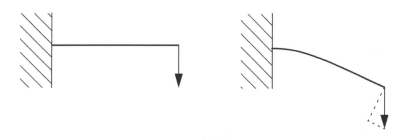

圖 8-5　懸臂樑的大撓度

如果端部的撓度較小，可以認為是近似的線性分析。然而，如果端部的撓度較大，結構的形狀乃至於其剛度都會發生改變。另外，如果負載不能保持與樑垂直，負載對結構的作用將發生明顯的改變。當懸臂樑撓曲時，負載的作用可以分解為一個垂直於樑的分量和一個沿樑長度方向的分量。這兩種效應都會貢獻到懸臂樑的非線性響應中(即隨著樑承受負載的增加，樑的剛度發生變化)。

我們希望大撓度和大轉動對結構承載的方式會產生顯著的影響。然而，並不一定位移相對於結構尺寸很大時，幾何非線性才顯得重要。考慮一塊很大的具有小曲率的板，如圖 8-6 所示，在所受壓力下的"突然翻轉"。

在此案例中，當板子突然翻轉時，剛度就會在變形時產生劇烈的變化，剛度就會變成負值，儘管位移的量值相對於板子的尺寸來說很小，但是產生了明顯的幾何非線性，就必須在分析中加以考慮。

在此須注意，不同的分析產品有一個很大的差異：Abaqus/Standard 預設的假設是小變形理論，Abaqus/Explicit 預設的假設則是大變形理論。

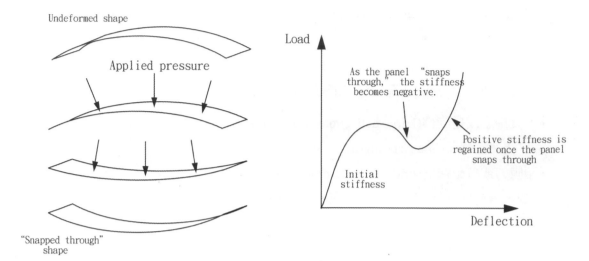

圖 8-6 大板的突然翻轉

8.2 非線性問題的求解

關於結構的非線性負載－位移曲線，如圖 8-7 所示，分析的目標是決定其響應。考慮作用在物體上的外部力 P 和內部(節點)力 I，(分別見圖 8-8 (a)和圖 8-8 (b))。由包含一個節點的各個元素中的應力引起了作用於該節點上的內部力。

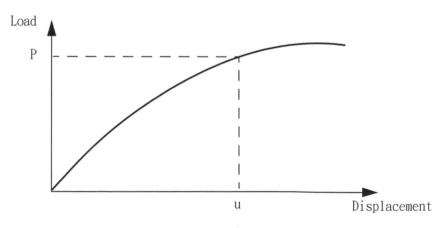

圖 8-7 非線性負載－位移曲線

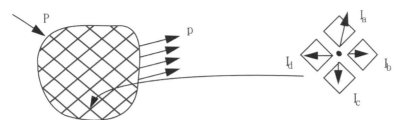

(a) External loads in a simulation.　　　(b) Internal forces acting at a node.

圖 8-8　物體上的外部負載和內部作用力

為了使物體處於靜態平衡，作用在每個節點上的靜力必須爲零。靜態平衡的基本狀態是內部力 I 和外部力 P 必須互相平衡：

$$P - I = 0$$

Abaqus/Standard 應用 Newton-Raphson 演算法獲得非線性問題的解答。在非線性分析中，不能像在線性問題中做的那樣，透過單一系統的方程計算求解，而是增量地施加給定的外力求解，逐步地獲得最終的解答。因此，Abaqus/Standard 將分析模擬劃分爲一定數量的負載增量步(Load Increments)，並在每個負載增量步結束時尋求近似的平衡構形。對於一個給定的負載增量步，Abaqus/Standard 通常需要採取若干次疊代才能確定一個可接受的解答。所有這些增量步反應的總和就是非線性分析的近似解答。因此，爲了求解非線性問題，Abaqus/Standard 組合了增量步和疊代過程。

Abaqus/Explicit 決定了動力平衡方程式 $P - I = M\ddot{u}$ 的解答，藉由透過顯式地從上一個增量步前推出動力狀態而無需進行疊代。顯式地求解一個問題，不需要切線剛度矩陣的計算。顯式中央差分運算元滿足了在增量步開始時刻 t 的動力平衡方程；利用在時刻 t 計算的加速度，前推出在時刻 $t + \Delta t / 2$ 的速度解答和在時刻 $t + \Delta t$ 的位移解答。對於線性和非線性問題是相似的，顯式方法都需要一個小的時間增量步，它只依賴於模型的最高階自然頻率，而與外力負載的類型和載入時間無關。典型的模擬需要大量的增量步；然而事實上，由於在每個增量步中無需求解全體方程的集合，所以每一個增量步的計算成本，顯式方法比隱式方法要小得多。正是顯式動態方法的小增量步特點，使得 Abaqus/Explicit 非常適合非線性分析。

∾ 8.2.1　分析步、增量步和疊代步

本節將引入一些新辭彙以描述分析程序的不同部分。清楚地理解在分析步(Step)、載荷增量步(Load Increment)和疊代步(Iteration)之間的區別是很重要的。

- 模擬計算的載入歷史包含一個或多個步驟。用戶定義的分析步，一般包括一個分析程序選項、外力負載選項和輸出要求選項。在每個分析步可以應用不同的負載、邊界條件、分析程序選項和輸出要求。例如：
- 步驟一：在剛性夾具上夾持板材。
- 步驟二：加入負載使板材變形。
- 步驟三：確定已變形板材的自然頻率。
- 增量步是分析步的一部分。在非線性分析中，施加在一個分析步中的總負載被分解成更小的增量步，這樣就可以按照非線性求解步驟進行計算。

  在 Abaqus/Standard 中，用戶可以建議第一個增量步的大小。Abaqus/Standard 會自動地選擇後續增量步的大小。在 Abaqus/Explicit 中，時間增量步是完全地由 Abaqus 自動設定的，而非由用戶設定。由於顯式方法是條件穩定的，對於時間增量步具有穩定極限值。在第 9 章 "非線性顯式動態分析" 中將討論穩定時間增量。

  在每個增量步結束時，結構是處於(近似的)平衡狀態，並且可以將結果寫入輸出資料庫、重啓動、資料、或者結果檔案中。如果選擇在某一增量步將計算結果寫入輸出資料庫檔案，這些增量步稱爲 Frames。

- 在 Abaqus/Standard 和在 Abaqus/Explicit 的分析中，與時間增量有關的問題是非常不同的，原因是在 Abaqus/Explicit 中的時間增量通常更小一些。
- 當採用隱式方法求解時，每次的疊代，都是嘗試在一個增量步中找尋平衡的解答。在疊代結束時，如果模型不是處於平衡狀態，Abaqus/Standard 將進行新一輪疊代。經過每一次疊代，Abaqus/Standard 獲得的解答應當更加接近平衡狀態；有時 Abaqus/Standard 可能需要許多次疊代才能得到平衡解答。當已經獲得了平衡解答，增量步即告完成。當一個增量步結束時才能輸出所需要的結果。
- 在一個增量步中，Abaqus/Explicit 無需疊代即可獲得解答。

✒ 8.2.2　Abaqus/Standard 中的平衡疊代和收斂

對於一個小的負載增量ΔP，結構的非線性反應如圖 8-9 所示。Abaqus/Standard 應用基於結構初始幾何形狀 u_0 的結構初始剛度 K_0，和ΔP 計算關於結構的位移修正值 (Displacement Correction)c_a。利用 c_a 將下一個計算增量步的結構幾何形狀更新爲 u_a。

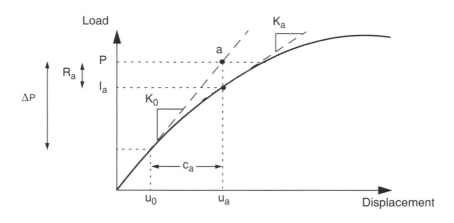

圖 8-9　在一個增量步中的首次疊代

收斂性(Convergence)

　　Abaqus/Standard 基於結構更新的結構幾何形狀 u_a，形成了新的剛度 K_a。也利用更新的結構幾何形狀，Abaqus/Standard 計算內部作用力 I_a。現在可以計算在所施加的總負載 P 和 I_a 之間的差為：

$$R_a = P - I_a$$

其中 R_a 是對於疊代的殘留力(Force Residual)。

　　如果 R_a 在模型中的每個自由度上均為零，在圖 8-9 中的 a 點將位於負載－撓度曲線上，並且結構將處於平衡狀態。在非線性問題中，幾乎不可能使 R_a 等於零，因此 Abaqus/Standard 將 R_a 與一個容許值進行比較。如果 R_a 小於這個殘留力容許值，Abaqus/Standard 就接受結構的更新幾何形狀作為平衡的結果。預設的容許值設置為在整個時間段上作用在結構上的平均力的 0.5％。在整個分析程序中，Abaqus/Standard 自動地計算這個在空間和時間上的平均力。

　　如果 R_a 比目前的容許值小，認為 P 和 I_a 是處於平衡狀態，而 u_a 就是結構在所施加負載下有效的平衡結構形狀。但是，在 Abaqus/Standard 接受這個結果之前，還要檢查位移修正值 c_a 是否相對小於總增量位移，$\Delta u_a = u_a - u_0$。若 c_a 大於增量位移的 1％，Abaqus/Standard 將再進行一次疊代。只有這兩個收斂性檢查都得到滿足，才認為此負載增量下的解是收斂的。上述收斂判斷規則有一個例外，即所謂線性增量情況。若增量步內最大的作用殘留力小於時間上的平均力乘以 10^{-8} 的任何增量步，將其定義為線性增量。任何採用時間上平均力的情況，凡是通過了如此嚴格的最大作用殘留力的比較，即被認為是線性的並不需要進一步的疊代，其位移修正值的解答無需進行任何檢查即認為是可接受的。

如果疊代的結果不收斂，Abaqus/Standard 進行下一次疊代以試圖使內部和外部的力達到平衡。第二次疊代採用前面疊代結束時計算得到的剛度 K_a，並與 R_a 共同來決定另一個位移修正值 c_b，使得系統更加接近平衡狀態(見圖 8-10 中的點 b)。

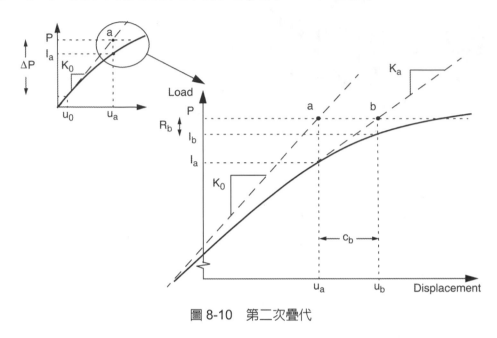

圖 8-10　第二次疊代

Abaqus/Standard 利用來自結構新的結構幾何 u_b 的內部作用力計算新的作用殘留力 R_b，再次將在任何自由度上的最大作用力殘差值 R_b 與作用力容許殘差值進行比較，並將第二次疊代的位移修正值 c_b 與總位移增量值 $\Delta u_b = u_b - u_0$ 進行比較。如果需要，Abaqus/Standard 將做進一步的疊代。

對於在非線性分析中的每次疊代，Abaqus/Standard 形成模型的剛度矩陣，並求解系統的方程組。這意味著在計算成本上，每次疊代都等價於進行一次完整的線性分析。現在必須非常清楚，在 Abaqus/Standard 中的非線性分析的計算費用可能比線性分析遠高許多倍。

利用 Abaqus/Standard 可以在每一個收斂的增量步保存結果。所以，對於同一個幾何結構，來自非線性模擬分析計算的輸出資料量是來自線性分析資料量的許多倍。在規劃用戶的電腦資源時，需要考慮這些因素和用戶所要進行的非線性模擬分析計算的類型。

✎ 8.2.3　Abaqus/Standard 中的自動增量控制

Abaqus/Standard 自動地調整負載增量步的大小，因此它能便捷而有效地求解非線性問題。用戶只需在每個分析步模擬中給出第一個增量步的值，然後 Abaqus/Standard 自動地調整後續增量步的值。如果用戶未提供初始增量步的值，Abaqus/Standard 會試圖將該分析步中所定義的全部負載施加在第一個增量步中。在高度非線性的問題中，Abaqus/Standard 不得不反覆減小增量步，從而導致佔用了 CPU 時間。一般來說，提供一個合理的初始增量步的值會有利於問題的求解(例如第 8.4.1 節 "修改模型")；只有在很平緩的非線性問題中才可能將分析步中的所有負載施加於單一增量步中。

對於一個外力負載增量，得到收斂解所需的疊代步數量的變化取決於系統的非線性程度。在預設情況下，如果其解仍不能收斂或者結果顯示出發散，Abaqus/Standard 放棄當前增量步，並將增量步的值設置為原來值的 25%，重新開始計算。利用比較小的負載增量來嘗試找到收斂的解答。若此增量仍不能使其收斂，Abaqus/Standard 將再次減小增量步的值。在中止分析之前，Abaqus/Standard 預設地允許最多五次減小增量步的值。

對於 Aabqus/Standard 而言，要考慮幾何非線性僅需確認在分析步中的定義設定，然而對於 Abaqus/Explicit 來說，幾何非線性就是預設考慮的設置。在 Abaqus/Standard 的分析步中，用戶還可以指定所允許的增量步的最大數目。如果完成分析步所需的增量步數目超過了這個限制，Abaqus/Standard 將中止分析並給出錯誤資訊。對於一個分析步，預設的增量步數目是 100；如果在分析中出現了顯著的非線性，有可能需要更多的增量步進行分析。用戶可以指定 Abaqus/Standard 採用的增量步數目的上限，而不是它必須使用的增量步數目。

在非線性分析中，一個分析步是發生於一段有限的 "時間" 內的；除非慣性效應或率相關(rate-dependent)行為是重要的因素，否則這裏的 "時間" 並沒有實際的物理含義。在 Abaqus/Standard 中，用戶指定了初始時間增量 $\Delta T_{initial}$ 和分析步的總時間 T_{total}。在第一個增量步中，初始時間增量與分析步總時間的比值決定了外力負載施加的比例。初始負載增量給定為：

$$\frac{\Delta Tinitial}{Ttotal} \times \text{Load magitude}$$

在 Abaqus/Standard 的某些非線性分析中，初始時間增量的選擇可能是非常關鍵的，但是對於大多數分析，介於分析步總時間的 5% 至 10% 之間的初始增量值通常是足夠的。為了方便，在靜態分析時通常設置分析步的總時間為 1.0，除非在模型中包含了率相關材料效應或阻尼器等特例。採用分析步的總時間為 1.0 時，所施加負載的比例總是等於當前的時間步；也就是當分析步時間是 0.5 時，施加了總體負載的 50%。

儘管在 Abaqus/Standard 中用戶必須指定初始增量值，Abaqus/Standard 將自動地控制後續的增量值。這種增量值的自動控制適合大多數應用 Abaqus/Standard 進行的非線性分析計算，然而對於增量值的進一步控制也是可能的。如果由於收斂性問題引起了增量值的過度減小，使其低於最小值，Abaqus/Standard 將會中止分析。預設的最小容許時間增量 ΔT_{min} 為 10^{-5} 乘以分析步的總時間。除了分析步的總時間之外，Abaqus/Standard 預設沒有增量值的上限值 ΔT_{max}。根據用戶的 Abaqus/Standard 分析，用戶可能希望指定不同的最小和/或最大的容許增量值。例如，如果用戶意識到施加了過大的負載增量，分析計算可能會難以得到解答，這可能是由於模型經歷了塑性變形，所以用戶可能希望減小 ΔT_{max} 的值。

如果增量步在少於五次疊代時就達到了收斂，這表示很容易得到了解答。因此，如果連續兩個增量步都只需少於五次的疊代就可以得到收斂解，Abaqus/Standard 會自動地將增量步的值提高 50%。

在資訊檔案(.msg)中給出了自動負載增量演算法的詳細內容，在第 8.4.2 節 "作業診斷" 中將給出更詳細的描述。

8.3 在 Abaqus 分析中包含非線性

在 Abaqus/Standard 模型中，此分析結合幾何非線性的影響只有微量的變化，您需要確保步驟有考慮幾何非線性效應的定義，這在 Abaqus/Explicit 中是預設值，你還需要設置詳細的時間遞增參數，請參考內容第 8.2.3 節， "Abaqus/Standard 中的自動增量控制"。

✎ 8.3.1 幾何非線性

局部方向

在幾何非線性分析中，在每個元素中的局部材料方向可以隨著變形而轉動。對於殼、樑和桁架元素，局部的材料方向總是隨著變形而轉動。對於實體元素，僅當元素中提供了非預設的局部材料方向時，它的局部材料方向才隨著變形而轉動；否則預設的局部材料方向在整個分析中將始終保持不變。"Transformed coordinate systems"

定義在節點上的局部方向在整個分析中保持不變；它們不隨變形而轉動。關於進一步的詳細內容，請參閱線上手冊，並搜尋。

對後續分析步的影響

一旦在一個分析步中包括了幾何非線性，在所有的後續分析步中就都會考慮幾何非線性。如果在一個後續分析步中沒有要求幾何非線性的效應，Abaqus 會發出警告，聲明幾何非線性已經被包含在任何分析步驟中。

其他的幾何非線性效應

啓用幾何非線性時，不只要評估模型是否有大變形，Abaqus/Standard 也會考慮劇增的負載(Load Stiffness)引起的勁度計算。另外殼中的薄膜負載，以及電纜和樑中的軸向負載，也都會對剪切負載有很大的貢獻。幾何非線性的啓用會考慮上述三點以增加收斂性。

∾ 8.3.2　材料非線性

在第 10 章 "材料" 中討論了關於 Abaqus 模型的材料非線性問題。

∾ 8.3.3　邊界非線性

邊界非線性將在第 12 章 "接觸" 討論。

8.4　例題：非線性斜板

這個例子是在第 5 章 "應用殼元素" 中所描述的線性斜板模擬的延續，如圖 8-11 所示。已經應用 Abaqus/Standard 模擬分析板的線性響應，現在用戶將應用 Abaqus/Standard 對它進行重新分析，包含幾何非線性的影響。從線性分析的結果表示對於此問題非線性的效應可能是重要的，由此次分析的結果，用戶將判斷這個結論是否正確。

如果用戶願意，可以根據本例題後面的指導，應用 Abaqus/Explicit 將模擬擴展到動態分析。

Abaqus 有提供上述問題的範本，若依照以下的指導遇到了困難，或是用戶希望檢查所建立的模型是否有誤，便可利用下列任一種範例來建立完整的分析模型。

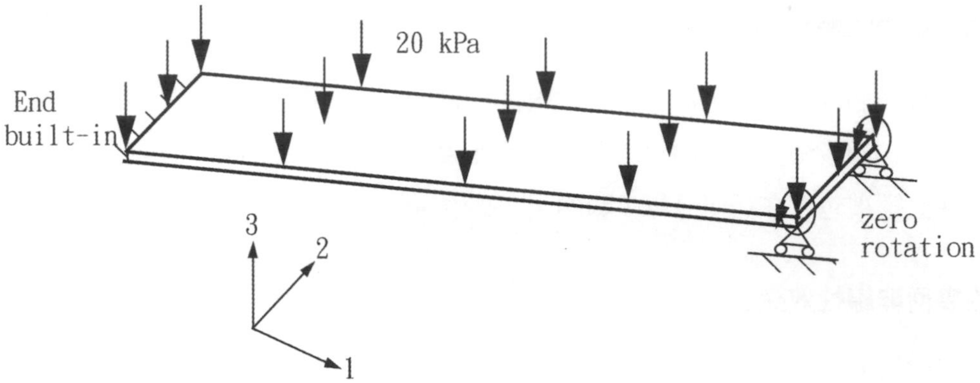

圖 8-11　斜板

- 在本書的第 A.6 節 "Nonlinear Skew Plate"，提供了 Python 程序檔(*.py)。關於如何提取和執行此 Python 程序檔，將在附錄 A，"Example Files"中說明。

•Abaqus/CAE 的外掛工具(Plug-in)中提供了此範例的輸入檔案。在 Abaqus/CAE 的環境下執行輸入檔，選擇 Plug-ins → Abaqus → Getting Started；將 Nonlinear Skew Plate 標記，按下 Run。更多關於入門指導輸入檔案的介紹，請參閱線上手冊，並搜尋"Running the Getting Started with Abaqus examples"。

如果用戶沒有進入 Abaqus/CAE 或者其他的前處理器，可以手動建立關於這個問題的輸入檔案，關於這方面的討論，請參閱線上手冊，並搜尋"Example: nonlinear skew plate"。

❧ 8.4.1　修改模型

開啓模型資料庫檔案 SkewPlate.cae，將名字爲 Linear 的模型複製成名爲 Nonlinear 的模型。

對於非線性斜板模型，用戶將考慮包含幾何非線性效應和改變輸出要求。

定義分析步

在模型樹中，按兩下在 **Steps** 子項目群下的 **Apply Pressure** 分析步，來編輯分析步定義。在 **Edit Step** 對話框的 **Basic** 頁面中，選中 **Nlgeom**(註：幾何非線性的縮寫)以考慮幾何非線性的效應，並設置分析步的時間周期爲 1.0。在 **Incrementation**(增量步)頁面中，設置初始增量步的值(Initial Increment Size)爲 0.1。預設的增量步最大數目(Maximum Number Of Increments)爲 100；Abaqus 可能採用少於這個上限的增量步數目，但是如果需要高於這個上限的增量步數目，分析就會中止。

用戶可能希望改變分析步的描述，以反映它現在是一個非線性分析步。

輸出控制

在線性分析中，Abaqus 僅求解一次平衡方程，並以此解答來計算結果。非線性分析可以產生更多的輸出，因為在每一個收斂的增量步結束時都可以要求輸出結果。如果用戶不注意選擇輸出要求，輸出檔案會變得非常大，可能會占滿用戶的電腦的磁碟空間。

如前所述，資料輸出有四種不同的檔案形式：

- 輸出資料庫(.odb)檔案，它包含以二進位格式儲存的資料，應用 Abaqus/CAE 後處理結果需要它。
- 資料(.dat)檔案，它包含了選定結果的資料報表(僅應用於 Abaqus/Standard)。
- 重啓動(.res)檔案，應用於繼續分析。
- 結果(.fil)檔案，由第三方後處理器使用的檔案。

這裏只討論輸出資料庫(.odb)檔案。如果注意選擇，在分析程序中可以經常存儲資料，而又不會過多地佔用磁碟空間。

開啓 **Field Output Request Manager**，在對話框的右邊，點擊 **Edit** 來打開場變數輸出編輯器。在 **Output Variables**(輸出變數)域中，選擇 **Preselected Defaults**，刪除對線性分析模型定義的場變數輸出要求，並指定預設的場變數輸出要求。對於一般的靜態程序，這個輸出變數的預選設置是最常用的場變數輸出設置。

爲了減小輸出資料庫檔案的尺寸，選擇在每兩個增量步寫一次場變數輸出((Every n time increments；n = 2)。如果用戶只感興趣最終的結果，用戶也可以或者選擇 **The Last Increment**(最終增量步)或者設置保存輸出的頻率等於一個較大的數值。不論指定什麼值，在每個分析步結束時總會保存結果；所以使用一個較大的數值會導致僅保存最終的結果。

從前面的分析中，可以保留指定在跨中節點位移的歷史資料輸出，我們將在 Visualization 模組中應用 *X-Y* 曲線圖功能演示這些結果。

執行及監控作業

在 Job 模組中，爲非線性(Nonlinear)模型建立一個作業，命名爲 NlSkewPlate，並給出描述爲 Nonlinear Elastic Skew Plate。記住將用戶的模型保存爲一個新的模型資料庫檔案。

提交作業進行分析並監控求解進程。如果遇到了任何錯誤，必須糾正它們；如果發出了任何警告資訊，必須調查它們的來源，並在必要時採取糾正的措施。

對於這個非線性斜板例題，圖 8-12 顯示了 **Job Monitor**(作業監視器)的內容。第一列顯示了分析步序號，在本例中只有一個分析步。第二列給出了增量步序號。第六列顯示在每個增量步中為了得到收斂解，Abaqus/Standard 所需要的疊代步的數目；例如，在增量步 1 中，Abaqus/Standard 需要 3 次疊代。第八列顯示已經完成的總體分析步時間，第九列顯示增量步的大小(ΔT)。

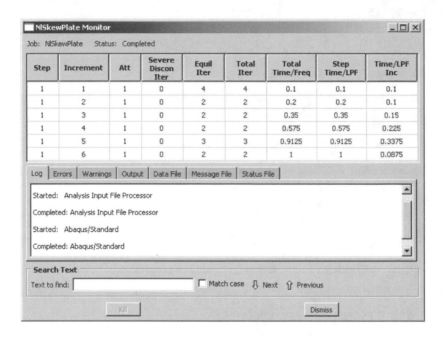

圖 8-12　Job Monitor：非線性斜板分析

這個例子顯示了 Abaqus/Standard 如何自動地控制增量步的大小，即在每個增量步中負載施加的比例。在這個分析中，Abaqus/Standard 在第一個增量步中施加了總負載的 10%；用戶指定了初始增量 $\Delta T_{initial}$ 為 0.1 和分析步的總時間為 1.0。在第一個增量步，Abaqus/Standard 需要 3 次疊代才收斂到解答。在第二個增量步，Abaqus/Standard 只需要 2 次疊代，因此，它自動地對下一個增量步的值增加了 50%，達到 ΔT = 0.15。在第四個和第五個增量步，Abaqus/Standard 也增加了 ΔT。它調整最後一個增量步的值使得分析步剛好完成；在本例中，最後增量步的值為 0.0875。

❧ 8.4.2　作業診斷(Job Diagnostics)

　　Abaqus/CAE 不僅可以讓用戶監控分析作業的過程，而且還提供了一個視覺化的診斷工具幫助用戶瞭解這個分析模型的收斂行為，以及在必要時對模型進行除錯。Abaqus/Standard 在輸出資料庫中儲存了分析作業的每一個分析步、增量步、嘗試計算和疊代的資訊。當用戶執行每一個作業時，將自動地儲存診斷的資訊。如果分析運算時間超出了預先估計的時間，或者提早中斷，用戶可以觀察由 Abaqus/CAE 提供的作業診斷資訊，以幫助查找問題的原因和修改模型的方法。

　　進入 **Visualization** 模組，並打開輸出資料庫 NlSkewPlate.odb 以檢查收斂紀錄。從主功能表欄中，選擇 **Tools → Job Diagnostics** 打開 **Job Diagnostics**(作業診斷)對話框。在 **Job History**(作業歷史)列表中，點擊"＋"號以擴展列表，它包括了在分析作業中的分析步、增量步、嘗試計算和疊代列表。例如，在 **Increment-1** 下，選擇 **Attempt-1**，如圖 8-13 所示。

　　在對話框右側的 **Attempt** 資訊中包含了基本資訊，如增量步大小和疊代嘗試次數等。選擇本次嘗試計算的 **Iteraction-1** 查看關於第一次疊代的詳細資訊。在 **Summary**(摘要)頁面中的資訊表示在本次疊代並沒有達到收斂，所以點擊 **Residuals**(殘差)頁面以便查明原因。

　　如圖 8-14 所示，**Residuals** 頁面顯示了在模型中的平均力 q^α 和時間平均力 $\tilde{q}^\alpha$ 的值。它也顯示了最大作用力殘差 r_{max}^α、最大位移增量 Δu_α 和最大位移修正值 c_α，以及發生這些值的節點和自由度。在對話框的底部，選擇 **Highlight Selection In Viewpoint**(在視圖窗高亮度顯示)，可以在視圖窗的模型中高亮度顯示任何節點和自由度的位置。診斷標準的選擇是即時追蹤的，所以用戶可以在對話框左邊的疊代列表中快速移動，以查看在疊代過程中某指定疊代準則的位置變化。如果用戶正在試圖對大型、複雜的模型除錯，這可能是非常有用的。類似的顯示可用於查看轉動自由度(在 **Variables**(變數)列表中，選擇 **Rotation**(轉動))。

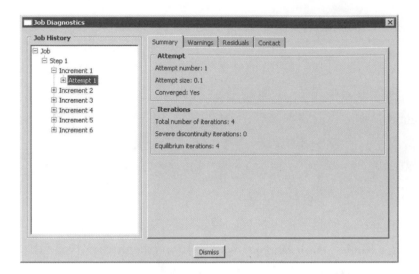

圖 8-13　第一個增量步的第一次嘗試計算的資訊摘要

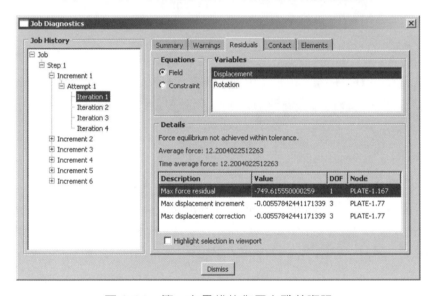

圖 8-14　第一次疊代的作用力殘差資訊

　　在這個例題中，在分析步定義中指定了初始時間增量為 0.1 s。關於增量步的平均力為 12.2 N；由於這是第一個增量步，它與時間平均力 $\tilde{q}^\alpha$ 的值相同。在這個模型中，最大殘餘力 r^α_{max} 是 −749.6 N，明顯大於 $0.005 \times \tilde{q}^\alpha$。$r^\alpha_{max}$ 出現在節點編號 167 的自由度 1 上。由於包含了殼元素，Abaqus/Standard 還必須檢查在模型中力矩的平衡。力矩/轉動場也未能滿足平衡檢查。

　　儘管不滿足平衡檢查就足以使 Abaqus/Standard 進行新一輪的疊代，但是用戶也應該檢查位移修正值。在第一個分析步的第一個增量步的第一次疊代中，位移的最大增量 Δu^α_{max}

和最大位移修正值 c^{α}_{max} 均為-5.587×10^{-3} m；且轉動的最大增量和轉動修正值都是-1.598×10^{-2} 弧度。由於在第一個分析步的第一個增量步的第一次疊代中，增量值與修正值總是相等的，所以關於節點變數的最大修正值小於 1%最大增量值的檢驗將總是失敗的。然而，如果 Abaqus/Standard 判定結果是線性的(基於殘差量值的判斷，$r^{\alpha}_{max} < 10^{-8}\tilde{q}^{\alpha}$)，就會忽略該準則。

由於 Abaqus/Standard 在首次疊代中未找到平衡解答，因此它嘗試了第二次疊代。第二次疊代的殘差資訊如圖 8-15 所示。

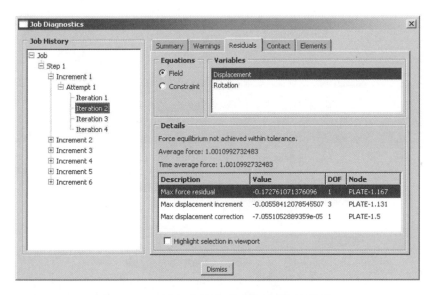

圖 8-15　第二次疊代的作用力殘差資訊

在第二次疊代中，在節點 167 的自由度 1 上 r^{α}_{max} 已降至-0.173N。然而，由於 $0.005 \times \tilde{q}^{\alpha}$ 仍比 r^{α}_{max} 小，其中 $\tilde{q}^{\alpha} = 1.00$ N，在此次疊代中平衡尚未得到滿足。最大位移修正準則也未能滿足，因為發生在節點 5 的自由度 1 上的位移修正值 $c^{\alpha}_{max} = -7.055 \times 10^{-5}$ 大於 1%的最大位移增量 $\Delta u^{\alpha}_{max} = -5.584 \times 10^{-3}$。

在第二次疊代中，力矩殘差值檢查和最大轉動修正值檢查都是滿足的，然而 Abaqus/Standard 必須進行另一次疊代，因為解答未能通過作用力殘差值檢查(或最大位移修正值準則)。圖 8-16、8-17 顯示了在第一個增量步中需要得到平衡解所做的又一次疊代的殘差資訊。

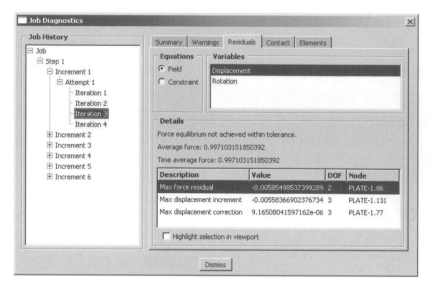

圖 8-16 第三次疊代的作用力殘差資訊

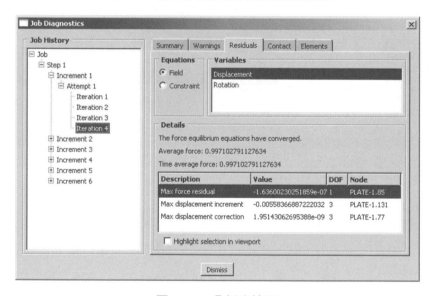

圖 8-17 分析步摘要

在第四次疊代後，$\tilde{q}^{\alpha}$ = 0.997 N 和在節點 76 的自由度 1 上 r_{max}^{α} = 1.794 × 10⁻⁷ N。這些值滿足 r_{max}^{α} < 0.005×$\tilde{q}^{\alpha}$，因此作用力殘差值檢查得到了滿足。將 c_{max}^{α} 與最大位移增量進行比較，表示位移修正值小於所要求的準則，因此作用力和位移的解答達到收斂。對於力矩殘差值和轉動修正值的檢查是繼續滿足的，自從第二次疊代它們就已經滿足了。由於得到了一個對於所有變數(在本例中為位移和轉動)都滿足平衡的解答，第一個載荷增量步就完成了。嘗試運算的摘要(圖 8-13)列出了此增量步所需的疊代次數和增量步的大小。

Abaqus/Standard 繼續這種施加載荷增量然後疊代求解的過程，直到完成整個分析(或者達到用戶所指定的最大增量步數目)，在此分析中，還需要五個增量步。分析步摘要如圖 8-18 所示。

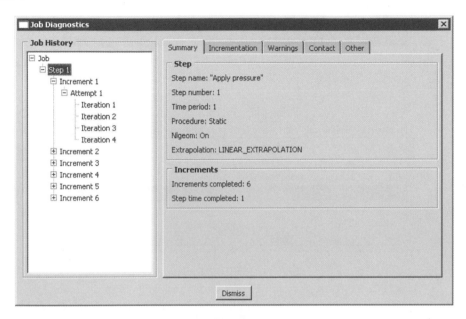

圖 8-18

除了上面討論的殘差資訊外，如果存在與數值奇異、矩陣零主元和負特徵值相關的任何警告資訊，都將顯示在 **Job Diagnostics** 對話框中(在 Warning 選項頁面)。總是要檢查這些警告出現的原因。

⤳ 8.4.3　後處理

現在將對結果進行後處理。

顯示畫面

開始這個練習，首先要確定可用的輸出畫面(將結果寫入輸出資料庫的增量步間隔)。

顯示可用畫面：

1. 從主功能表欄中，選擇 **Result → Step/Frame**。

   跳出 **Step/Frame** 對話框。

在分析時，Abaqus/Standard 根據要求在每兩個增量步將場變數輸出結果寫入到輸出資料庫檔案。Abaqus/CAE 顯示畫面列表，如圖 8-19 所示。

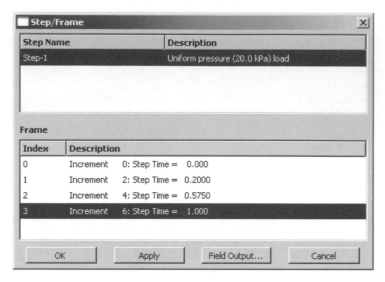

圖 8-19 可用的 Frame

表中列出了儲存場變數的分析步和增量步。此分析中只包含一個分析步和 6 個增量步，已經預設地保存了關於增量步 0 的結果(即分析步的初始狀態)，並按照要求保存了第 2、4 和 6 增量步的結果。預設情況下，Abaqus/CAE 總是使用保存在輸出資料庫檔案中的最後一個增量步的資料。

2. 點擊 **OK** 關閉分析 **Step/Frame** 對話框。

顯示變形前後的模型形狀

使用 **Allow Multiple Plot States** 工具，將未變形圖疊加在變形圖上，一起顯示變形前後的模型形狀。將顯示格式設為線架構，並取消重疊圖的半透明選項。旋轉視圖得到類似於圖 8-20 所示的圖形(為了能清楚分辨，未變形圖的邊緣以虛線表示)。

應用來自其他 Frame 的結果

從保存在輸出資料庫檔案中的其他增量步資料中，用戶可以選擇適當的 Frame 來評估結果。

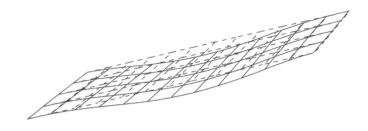

圖 8-20　斜板變形前和變形後的模型形狀

選擇一個新的 Frame：

1.　從主功能表欄中，選擇 **Result → Step/Frame**。

　　顯示 Step/Frame 對話框。

2.　從 **Frame** 功能表中，選擇 **Increment 4**(增量步 4)。

3.　點擊 **OK** 應用這些變化，並關閉 **Step/Frame** 對話框。

　　現在，所需要的任何繪圖將使用來自增量步 4 的結果。重覆這個過程，使用所感興趣的增量步加以替換，調用在輸出資料庫檔案中的資料。

X-Y 曲線圖

　　對於分析中的每一個增量步，用戶保存了跨距中間節點(節點集合 Midspan)的位移作為輸出到資料庫檔案 NlSkewPlate.odb 中的歷史變數部分，用戶可以使用這些結果來繪製 X-Y 曲線圖。特別是用戶將繪製位於板跨中邊界處節點的豎向位移歷時資料。

建立跨中位移的 X-Y 圖形：

1.　首先，只顯示在跨中的節點；在結果樹中，展開名爲 **NlSkewPlate.odb** 輸出檔案下的 **Node Sets** 子項目群。對 **MIDSPAN** 集合按滑鼠鍵 3，從選單中選擇 **Replace**。

　　2.用 **Common Plot Options** 對話框去顯示節點的標示(例如編號)，來確認哪些節點落在平板跨中上(Labels>>Show node labels)。

3.　在結果樹中，展開輸出檔案中的 History Output，其命名爲 NlSkewPlate.odb，從選單中選擇 Filter。

4. 找出標示爲 **Spatial displacement： U3 at Node xxx in NSET MIDSPAN**。每條曲線各代表了在跨中上的一個節點的垂直運動。

5. 選擇(用**[Ctrl]**+點擊)兩個跨中邊界節點的垂直方向運動,用節點編號確定用戶需要選擇的曲線。

6. 按滑鼠鍵 3,從選單中選擇 **Plot**。Abaqus 從輸出檔案讀取曲線的資料,繪製成類似圖 8-21 的圖形(爲了能清楚分辨,第二條曲線改爲以虛線表示,也改變格線跟說明預設的位置)。

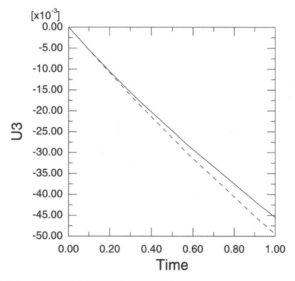

圖 8-21 在板跨中邊界的位移歷時圖

從這些曲線中可以清楚地看到該分析的非線性性質:隨著分析的進行,板會逐漸變硬。幾何非線性的效應意味著結構的剛度將隨著變形而改變。在該模擬分析中,由於薄膜效應使板在變形時變得剛硬。因此,所得到的位移峰值比線性分析預測的小,因爲在線性分析中沒有包括這種效應。

應用保存在輸出資料庫檔案(.odb)中的歷史變數資料或場變數資料,用戶可以建立 X-Y 曲線圖。X-Y 曲線的資料也可從外部檔案讀入,或者交互地鍵入到 **Visulization** 模組中。一旦建立了曲線,可以進一步利用這些資料,並以圖形的形式繪製到螢幕上。

在第 10 章"材料"中將進一步討論 **Visualization** 模組的 X-Y 曲線圖功能。

資料報表

建立一個跨距中央位移的資料報表。應用節點集合 Midspan 建立一個適當的顯示組。報表內容顯示如下。

```
Field Output Report

Source 1
---------


  ODB: NlSkewPlate.odb
  Step: "Apply pressure"
  Frame: Increment       6: Step Time =     1.000


Loc 1 : Nodal values from source 1

Output sorted by column "Node Label".

Field Output reported at nodes for Region(s) PLATE-1: ...


          Node        U.U1            U.U2            U.U3
          Label       @Loc 1          @Loc 1          @Loc 1
-----------------------------------------------------------------------

             1    -2.68697E-03     -747.394E-06     -49.4696E-03
             2    -2.27869E-03     -806.331E-06     -45.4817E-03
             7    -2.57405E-03     -759.298E-06     -48.5985E-03
             8    -2.49085E-03     -775.165E-06     -47.7038E-03
             9    -2.4038E-03      -793.355E-06     -46.533E-03
            66    -2.62603E-03     -750.246E-06     -49.0086E-03
            70    -2.53886E-03     -762.497E-06     -48.1876E-03
            73    -2.45757E-03     -778.207E-06     -47.144E-03
            76    -2.36229E-03     -794.069E-06     -45.9613E-03


Minimum         -2.68697E-03     -806.331E-06     -49.4696E-03

    At Node               1                2                1
Maximum         -2.27869E-03     -747.394E-06     -45.4817E-03

    At Node               2                1                2
```

將這些位移值與在第 5 章"應用殼元素"中應用線性分析得到的結果進行比較。該分析中的跨距中央最大位移比由線性分析預測的位移約小 9%。在分析中包括非線性幾何效應，減小了板跨中的豎向撓度(U3)。

兩種分析的另一個區別是在非線性模擬中沿 1 和 2 方向有非零撓度。在非線性分析中，是什麼效果使得面內位移 U1 和 U2 非零呢？爲什麼板的豎向撓度會小呢？

板變形後成了彎曲形狀：在非線性模擬分析中考慮了幾何改變，結果薄膜效應使得部分載荷由薄膜作用來承受而不是僅由彎曲作用單獨承受，這使得板更加剛硬。另外，始終保持垂直於板面的壓力負載隨著板的變形也開始具有沿 1 和 2 方向的分量。非線性分析中考慮了這種剛性效應和壓力方向的改變，而在線性分析中這兩種效應均未考慮。

在線性和非線性分析之間的差別是相當大的，表示在這種特殊負載條件下，對於該板應用線性模擬分析是不合適的。

8.4.4　用 Abaqus/Explicit 運算分析

以一個選作的練習，用戶可以修改模型並在 Abaqus/Explicit 中計算斜板的動態分析。爲此，用戶需要爲 Steel 的材料定義添加一個 7800 kg/m³ 的密度，應用一個顯式動態分析步替換已存在的分析步，並改變元素庫爲 **Explicit**。此外，用戶必須編輯歷史變數輸出要求，將集合 MidSpan 的平移和轉動寫入輸出資料檔案。這些資訊將有助於評估板的動態響應。在作出適當的模型修改之後，用戶可以建立並執行一個新的作業以觀察在板上突然施加負載的暫態動態效應。

8.5　相關的 Abaqus 例題

- 其他與主題相關，請參閱線上手冊，並搜尋
- "Elastic-plastic collapse of a thin-walled elbow under in-plane bending and internal pressure"
- "Laminated composite shells: buckling of a cylindrical panel with a circular hole"
- "Unstable static problem: reinforced plate under compressive loads"
- "Large rotation of a one degree of freedom system"
- "Vibration of a cable under tension"

8.6　建議閱讀之參考文獻

以下參考文獻提供了關於非線性有限元素方法的更多資料。有興趣的讀者可以由此更加深入這個題目。

有關非線性分析的一般文獻

- Belytschko, T., W. K. Liu, and B. Moran, *Nonlinear Finite Elements for Continua and Structures*, Wiley & Sons, 2000.

- Bonet, J., and R. D. Wood, Nonlinear Continuum Mechanics for Finite Element Analysis, Cambridge, 1997.

- Cook, R. D., D. S. Malkus, and M. E. Plesha, *Concepts and Applications of Finite Element Analysis*, Wiley & Sons, 1989.

- Crisfield, M. A., Non-linear Finite Element Analysis of Solids and Structures, Volume I: Essentials, Wiley & Sons, 1991.

- Crisfield, M. A., Non-linear Finite Element Analysis of Solids and Structures, Volume II: Advanced Topics, Wiley & Sons, 1997.

- E. Hinton (editor), NAFEMS Introduction to Nonlinear Finite Element Analysis, NAFEMS Ltd., 1992.

- Oden, J. T., Finite Elements of Nonlinear Continua, McGraw-Hill, 1972.

8.7　小　結

- 在結構問題中有三種非線性的來源：材料、幾何和邊界(接觸)。這些因素的任意組合可以出現在 Abaqus 的分析中。

- 只要產生的位移大小影響到結構的響應，就發生了幾何非線性。它包括了大位移和大轉動、突然翻轉及負載剛度的效應。

- 在 Abaqus/Standard，應用 Newton-Raphson 方法疊代求解非線性問題。非線性問題比線性問題所需要的電腦資源要多許多倍。

- Abaqus/Explicit 不需要進行疊代以獲得解答；但是，因為幾何變化很大，由穩定時間增量的減小使得計算成本可能上升。

- 一個非線性分析步可以分為許多增量步。

  Abaqus/Standard 透過疊代，在每一個新的負載增量步結束時近似地達到靜態平衡。Abaqus/Standard 在整個模擬分析中利用收斂控制來控制負載的增量。

  Abaqus/Explicit 從一個增量步前推出下一個增量步的動態狀態來確定解答，與在隱式方法常採用的增量步比較，它採用更小的時間增量步。穩定時間增量限制了增量步的值。在預設情況下，Abaqus/Explicit 自動地完成增量步的確定。

- 當作業執行時，**Job Monitor**(作業監視器)對話框允許監控分析的進程。**Job Diagnositcis**(作業診斷)對話框包含了負載增量和疊代過程的詳細資訊。

- 在每個增量步結束時可以保存結果，因此結構響應的發展可以顯示在 Visualization 模組中。結果也可以用 X-Y 曲線圖的形式繪出。

Chapter **9**

顯式非線性動態分析

前面的章節中，已經探討了顯示動態程序的基本內容;而在本彰中，我們將對這個問題來進行更詳細的討論。顯示動態分析在各式各樣的非線性或結構力學，甚至在一些廣泛的應用上，都是非常有效的工具。它相對於隱式求解器來看，是一種互補的工具，顯式與隱式方法的區別在於：

- 顯示求解器(Abaqus/Explicit)的時間增量步較小，取決於模型的最高自然頻率，而與負載的類型和持續的時間無關。一般的問題分析需要取 10000 至 1000000 個增量步，每個增量步的計算成本相對較低。

- 隱式求解器(Abaqus/Standard)對時間增量步的大小沒有內在的限制;增量的大小通常取決於精度和收斂情況。典型的隱式分析所採用的增量步數目要比顯式分析小幾階。然而，由於在每次增量步的疊代都需再求取一次新的勁度平衡方程式，所以對於每一增量步的成本，隱式方法遠高於顯式方法。

瞭解兩個程序的這些特性，能夠幫助用戶決定哪一種方法更適合解決問題。

9.1　Abaqus/Explicit 適用的問題類型

在討論顯示動態分析前，我們提供一些範例，來讓使用者能更了解 Abaqus/Explicit 適合求解哪些類型的問題。如下:

高速動態(High-Speed Dynamic)事件

最初發展顯示動態分析的用意是為了解決隱式求解器在高速動力事件上的分析成本。我們可已從第 10 章"材料"中分析一塊鋼板在短時間爆炸的響應來看，由於爆炸負載的是非常迅速的，使得結構在響應變化非常的快，由於應力波與系統的最高頻率有關，為了能更精準追蹤鋼板內的應力波，因此為了得到更精確的答案就需要更多小的時間增量。

複雜的接觸(Contact)問題

顯示動態分析所建立的接觸條件公式比隱式分析容易得多。是因為 Abaqus/Explicit 比較能夠處理多個物體交互作用的複雜接觸問題。尤其在受衝擊後，結構內部會瞬間發生複雜相互接觸作用的動態響應問題。在第 12 章"接觸"中所展示的電路板落下試驗，就是這一類的問題。這個範例中，一塊在封裝中的電路板從 1m 的高度跌落到地板上，問題內就包刮封裝和地板之間的衝擊以及電路板在封裝內的接觸作用。

複雜的後挫曲(Postbuckling)問題

Abaqus/Explicit 能夠較容易地解決不穩定的後挫曲問題。在此類問題中，隨著負載的施加，結構的勁度會發生劇烈的變化。在挫曲降伏後的結構反應中常常包括接觸交互作用的影響。

高度非線性的準靜態(Quasi-Static)的問題

由於各種原因，Abaqus/Explicit 常能夠有效解決某些在本質上是靜態的問題。準靜態過程分析問題包括複雜的接觸，如鍛造、滾壓和薄板成型等過程一般屬於這類問題。薄板成型問題通常包含非常大的膜變形、褶皺和複雜的摩擦接觸條件。體積成型問題的特徵有大扭曲、瞬間變形以及與模具之間的相互接觸。在第 13 章"Abaqus/Explicit 準靜態分析"中，將展示一個準靜態成型模擬分析的例子。

材料退化(Degradation)和失效(Failure)

在隱式分析程序中，材料的退化和失效常常導致嚴重的收斂困難，但是 Abaqus/Explicit 能夠很好地模擬這類型材料。混凝土裂開模型就是一個材料退化的例子，其拉伸裂縫導致材料勁度成為負值。而在金屬的延性失效也就是一個材料失效的範例，其材料勁度就退化並且降低到零。而在這 Abaqus/Explicit 分析過程中，這些失效的元素可以被完全除掉。

這些類型分析的每一個問題都有可能包含溫度和熱傳導的影響。

9.2　有限元素方法動態顯式分析

這一節包括 Abaqus/Explicit 求解器的演算法描述，在隱式和顯式時間積分之間進行比較，並討論了顯式方法的優越性。

✎ 9.2.1　顯式時間積分

Abaqus/Explicit 應用中央差分方法對運動方程進行顯式的時間積分，利用一個增量步的動態條件計算下一個增量步的動態條件。在增量步開始時，程序求解動態平衡方程，表示為用節點質量矩陣 **M** 乘以節點加速度 **ü** 等於節點的合力(在所施加的外力 **P** 與元素內力 **I** 之間的差值)：

$$M\ddot{u} = P - I$$

由目前的增量步開始時(t 時刻)，計算加速度為：

$$\ddot{u}\,|_{(t)} = (M)^{-1} \cdot (P - I)\,|_{(t)}$$

由於顯式演算法總是採用一個對角的、或者集中的質量矩陣，所以求解加速度並不複雜，不必同時求解聯立方程。任何節點的加速度完全取決於節點質量和作用在節點上的合力，使得節點計算的成本非常低。

對加速度在時間上進行積分採用中央差分方法，在計算速度的變化時假設加速度為常數。利用這個速度的變化值加上前一個增量步中點的速度來確定當前增量步中點的速度：

$$\dot{u}\,\Big|_{(t+\frac{\Delta t}{2})} = \dot{u}\,\Big|_{(t-\frac{\Delta t}{2})} + \frac{(\Delta t\,|_{(t+\Delta t)} + \Delta t\,|_{(t)})}{2}\,\ddot{u}\,|_{(t)}$$

速度對時間的積分加上在增量步開始時的位移，來決定增量步結束時的位移：

$$u\,|_{(t+\Delta t)} = u\,|_{(t)} + \Delta t\,|_{(t+\Delta t)}\,\dot{u}\,\Big|_{(t+\frac{\Delta t}{2})}$$

這樣一來，在增量步開始時提供了滿足動力平衡條件的加速度。得到了加速度，在時間上"顯式地"前推速度和位移。所謂"顯式"是指在增量步結束時的狀態僅依賴於該增量步開始時的位移、速度和加速度。這種方法精確地積分常值的加速度。為了使該方法產生精確的結果，時間增量必須相當小，這樣在增量步中加速度幾乎為常數。由於時間增量步必須很小，一個典型的分析需要成千上萬個增量步。幸運的是因為不必同時求解聯立方程組，所以每一個增量步的計算成本很低。大部分的計算成本消耗在元素的計算上，以此決定作用在節點上的元素內力。元素的計算包括決定元素應變，和利用材料本構關係(元素勁度)決定元素應力，從而進一步地計算內力。

將顯式動態分析法整理如下：

1.　節點計算

    a.　動態平衡方程

$$\ddot{u}_{(t)} = (M)^{-1} \cdot (P_{(t)} - I_{(t)})$$

  b. 對時間顯式積分

$$\dot{u}_{(t+\frac{\Delta t}{2})} = \dot{u}_{(t-\frac{\Delta t}{2})} + \frac{(\Delta t_{(t+\Delta t)} + \Delta t_{(t)})}{2} \ddot{u}_t$$

$$u_{(t+\Delta t)} = u_{(t)} + \Delta t_{(t+\Delta t)} \dot{u}_{(t+\frac{\Delta t}{2})}$$

2.　元素計算

    a.　根據應變速率 $\dot{\varepsilon}$，計算元素應變增量 $\Delta \varepsilon$

    b.　根據結構關係計算應力 σ

$$\sigma_{(t+\Delta t)} = f(\sigma_{(t)}, \Delta \varepsilon)$$

    c.　集成節點內力 $I_{(t+\Delta t)}$

3.　設置時間　t 為 $t + \Delta t$，返回到步驟 1。

❧ 9.2.2　比較隱式和顯式時間積分程序

對於隱式和顯式時間積分程序，都是以所施加的外力 P、元素內力 I 和節點加速度的形式定義平衡：

$$M\ddot{u} = P - I$$

其中 M 是質量矩陣。兩個程序求解節點加速度，並使用同樣的元素計算以獲得元素內力。兩個程序之間最大的不同在於求解節點加速度的方式上。在隱式程序中，以直接求解的方法求解一組線性方程組，與使用顯式方法節點計算的相對較低成本比較，求解這組方程組的計算成本要高得多。

在完全牛頓疊代求解方法的基礎上，Abaqus/Standard 使用自動增量步。在時刻 $t + \Delta t$ 增量步結束時，牛頓方法尋求滿足動態平衡方程，並計算出同一時刻的位移。由於隱式演算法是無條件穩定的，所以時間增量 Δt 比應用於顯式方法的時間增量相對地大一些。對於非線性問題，每一個典型的增量步需要經過幾次疊代才能獲得滿足給定容許誤差的解答。每次牛頓疊代都會得到對於位移增量 Δu_j 的修正值 c_j。每次疊代需要求解的一組暫態方程為

$$\hat{K}_j c_j = P_j - I_j - M_j \ddot{u}_j$$

對於較大的模型，這是一個昂貴的計算過程。有效勁度矩陣 $\hat{K}_j$ 是關於本次疊代的切向勁度矩陣和質量矩陣的線性組合。直到滿足的容許誤差才結束疊代，如殘留力、位移修正值等。對於一個平滑的非線性響應，牛頓方法以二次速率收斂，敘述如下：

疊代	相對誤差
1	1
2	10^{-2}
3	10^{-4}
.	.
.	.
.	.

然而，如果模型包含高度的非連續過程，如接觸和滑動摩擦，就需要大量的疊代過程，在某些情況下，雖然隱式分析和顯示分析的時間增量會在同一量級上，不過隱式分析仍然承擔著疊代的高求解成本，甚至有可能造成不收斂的情況。

無論隱式(Abaqus/Standard)或是顯式(Abaqus/Explicit)求解器，在大型問題求解中都會優先處理元素及材料的計算。隨著問題尺度的增加，對求解器的效能也需更加提升，然而在實際分析上，隱式(Abaqus/Standard)求解器往往需要大量疊代，而需佔用相當量的磁碟空間和記憶體數量。

✎ 9.2.3　顯式時間積分方法的優越性

顯示(Abaqus/Explicit)求解式特別適合用於求解高速動態問題，為了能得到高精度的解答需透過許多較小的時間增量。

顯示(Abaqus/Explicit)求解器能夠較容易模擬接觸及極度不連續的情況，並且針對節點下去求解而不必疊代。為了平衡在接觸時的外力和內力，可以調整節點加速度。

顯式方法最明顯的特點是沒有在隱式方法中所需要的整體切線勁度矩陣。由於是顯式地前推模型的狀態，所以不需要疊代和收斂準則。

9.3　自動時間增量和穩定性

顯示(Abaqus/Explicit)求解器再進行計算的一個重要因素為所能採用的最大時間步長。下一章節將敘述最大時間步長的限制並討論如何確定這個值，也將討論模型質量、材料和網格分割等，對於時間步長的限制。

✎ 9.3.1　顯式方法的條件穩定性

應用顯式方法，是從增量步開始時刻 t 的模型狀態，經過時間增量 Δt 往前推到當前時刻的模型狀態。這使得狀態能夠前推並仍能夠保持對問題精確描述的時間是非常短暫的。如果時間增量大於這個最大的時間步長，則此時間增量已經超出了穩定時間增量(Stability Limit)。超過穩定時間增量可能導致數值不穩定，它可能造成運算結果不收斂。由於一般不可能精確地定出穩定時間增量，因而且保守的估計值。因為穩定時間增量對可靠性和精確性有很大的影響，所以必須一致且保守地定出這個值。為了提高計算的效率，Abaqus/Explicit 選擇時間增量，使其儘可能地接近而且又不超過穩定時間增量。

✎ 9.3.2　穩定性限制的定義

以在系統中的最高頻率(ω_{max})的形式定義穩定時間增量。無阻尼的穩定時間增量由下式定義

$$\Delta t_{stable} = \frac{2}{\omega_{max}}$$

而有阻尼的穩定時間增量由下面的運算式定義

$$\Delta t_{stable} = \frac{2}{\omega_{max}}(\sqrt{1+\xi^2} - \xi)$$

式中，ξ 是最高頻率模態的臨界阻尼比(回顧臨界阻尼，它定義了在自由的和有阻尼的振動關係中在有振盪運動與無振盪運動之間的限制。為了控制高頻振盪，Abaqus/Explicit 總是以體積黏性的形式引入一個小量的阻尼)。這也許與工程實務上的直覺相反，在工程實務上，阻尼通常是減少穩定時間增量。

　　要實際算出系統中的最高頻率，是不太可能達到的，因為這組頻率是基於複雜的相互作用。在模型中的個體元素跟元素組合模型是息息相關，因此可以藉由計算每個元素的最高頻率來定義。

　　基於逐個元素的估算，穩定時間增量可以用元素長度 L^e 和材料波速 c_d 重新定義：

$$\Delta t_{stable} = \frac{L^e}{c_d}$$

　　對於大多數元素類型而言，如何決定元素的長度並沒有明確的做法。以一個扭曲四邊形元素為例，上述的方程式只是個別元素做穩定性限制的估算，其中最短的元素尺寸可以做為近似值，元素長度越短其穩定性限制越小。此外材料波速也是一個影響特性。對於浦松比為零的線彈性材料

$$c_d = \sqrt{\frac{E}{\rho}}$$

其中，E 是楊氏係數，ρ 是密度。當材料的勁度越大，則波速越高，與穩定時間增量成反比；密度越高，則波速越低，與穩定時間增量大小成正比。

　　這種簡單的穩定時間增量能使使用者在直覺上的理解，當材料波速通過元素的特徵長度所需的時間。假如我們知道元素的最小尺寸和材料的波速，就可以估算穩定時間增量。例如，當最小元素尺寸是 5 mm，膨脹波速是 5000 m/s，則穩定的時間增量就是在 1×10^{-6} s 的量級上。

❧ 9.3.3 在 Abaqus/Explicit 中的完全自動時間增量與固定時間增量

在分析的過程中，Abaqus/Explicit 應用在前一節討論過的那些方程調整時間增量的值，使得基於模型的當前狀態的穩定時間增量永不越界。時間增量是自動的，並不需要用戶來干涉，甚至不需要建議初始的時間增量。穩定限制是從數值模型得到的一個數學概念。因為有限元素套裝程序包含了所有的相關細節，所以能夠定出一個有效且保守的穩定限制。然而 Abaqus/Explicit 容許用戶不必顧及自動時間增量。在第 9.7 節 "摘要" 中簡單地討論了人工時間增量控制。

在顯式分析中所採用的時間增量必須小於中央差分運算元的穩定極限。如果未能使用足夠小的時間增量則會導致不穩定的解答，當解答成為不穩定時，求解變數(如位移)的時間歷時響應一般會隨著振幅的增加而振盪。總體的能量平衡也將發生顯著的變化。如果模型只包含一種材料，則初始時間增量直接與網格中的最小元素尺寸成正比。如果網格中包含了均勻尺寸的元素但卻包含有多種材料，那麼具有最大波速的元素將決定初始的時間增量。

在具有大變形和/或非線性材料響應的非線性問題中，模型的最高頻率將連續地變化，並因而導致穩定限制的變化。對於時間增量的控制，Abaqus/Explicit 有兩種方案：完全的自動時間增量(程序中考慮了穩定時間增量的變化)和固定的時間增量。

此處應用了逐個元素法和整體法兩種估算方法來決定穩定時間增量。在分析開始時總是使用逐個元素估算法，並在一定的條件下轉變為整體估算法。

逐個元素估算法是保守的，與基於整體模型最高頻率的真正穩定時間增量相比較，它將給出一個更小的穩定時間增量。一般來說，約束(如邊界條件)和動態接觸具有壓縮特徵值反應譜的效果，而逐個元素估算法沒有考慮這種效果。

另一方面，整體估算法利用目前的膨脹波波速來決定整個模型的最高階頻率。這種演算法為了得到最高頻率將連續地更新估算值。整體估算法一般允許時間增量超過逐個元素估算法得到的值。

在 Abaqus/Explicit 中也提供了固定時間增量演算法。決定固定時間增量的值是使用在分析步中初始的逐個元素穩定性估算法，或者採用由用戶直接指定的時間增量。當要求更精確地表達問題的高階模態響應時，固定時間增量演算法可能更有用。在這種情況下，可能採用比逐個元素估算法更小的時間增量值。當在分析步中使用了固定時間增量，Abaqus/Explicit 將不再檢查計算的響應是否穩定。經由仔細地檢查能量歷時資料和其他的反應變數，用戶應能確定得到了有效的結果。

👈 9.3.4　質量縮放以控制時間增量

由於質量密度影響穩定時間增量，在某些情況下，縮放質量密度能夠潛在地提高分析的效率。例如許多模型需要複雜的離散，因此有些區域常常包含著控制穩定時間增量的非常小或者形狀極差的元素。這些控制元素通常數量很少，而且可能只存在於局部區域。只要增加這些控制元素的質量，就可以明顯地增加時間增量的大小，而對模型的整體動態力學行為的影響是可以忽略的。

在 Abaqus/Explicit 中的自動質量縮放功能，可以阻止這些有缺陷的元素不影響時間增量。質量縮放可以採用兩種基本方法：直接定義一個縮放因數，或者給那些質量需要縮放的元素逐一定義所需要的穩定時間增量。這兩種方法都容許用戶來控制運算時的穩定性，與主題相關資訊也參閱線上手冊，並搜尋"Mass_scaling"。然而當採用質量縮放時也要小心，因為模型質量的顯著變化可能會改變物理上的問題。

👈 9.3.5　材料對穩定性的影響

材料模型透過它對膨脹波波速的限制作用來影響運算的時間增量的大小。在線性材料中，波速是常數，所以在分析過程中穩定性的唯一變化來自於最小元素尺寸的變化。在非線性材料中，例如產生塑性的金屬材料，當材料降伏且材料的勁度變化時，波速會發生變化。在整個分析過程中，Abaqus/Explicit 觀察在模型中材料的有效波速，並利用在每個元素中目前的材料狀態來估算穩定時間增量。在降伏之後勁度下降，降低了波速並因而增加了穩定時間增量。

👈 9.3.6　網格對穩定性的影響

時間增量與元素最短尺寸成比例，所以應該優先使用大的元素尺寸。可惜的是，為了得到較精確的分析結果，常常需要將網格細分。由於時間增量是基於模型中最小的元素尺寸，甚至一個單獨微小元素或者形狀極差的元素都會降低穩定時間增量大小，最好的方式是盡量採用一個盡可能均勻的網格，得到較高時間增量。為了避免元素過小這個問題，Abaqus/Explicit 在檔案(.sta)中提供了 10 個最小的元素清單，這些元素和其他元素相比小很多的話，或許應該考慮將模型重新分割會得到較均勻的網格尺寸。

∾ 9.3.7 數值不穩定性

在大多數情況下，Abaqus/Explicit 對於大多數元素保持穩定。但是如果定義了彈簧和減振器元素，它們在分析過程中有可能成為不穩定。因此能夠在用戶的分析過程中辨別是否發生了數值不穩定性是相當重要的。如果確實發生了數值不穩定，典型的情況是結果是無界的，沒有物理意義的，而且其解通常是振盪的。

9.4 例題：在棒中的應力波傳遞

本例題展示了在第 2 章"Abaqus 基礎"中所敘述過的顯式動態分析的一些基本思想。它也描述了穩定時間增量，以及在求解時網格細劃和材料的影響。

棒的尺寸如圖 9-1 所示。

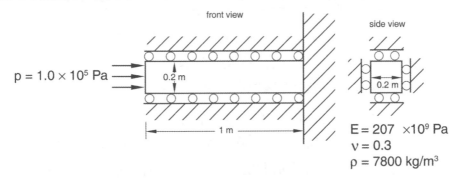

圖 9-1 在棒中波傳遞的問題描述

為了使問題成為一個一維的應變問題，四個側面均由滾軸支撐，這樣的三維模型模擬了一個一維問題。材料為鋼材，其性質如圖 9-1 所示。棒的自由端承受一個大小為 1.0×10^5 Pa 的爆炸負載，如圖 9-2 所示，爆炸負載的持續時間為 3.88×10^{-5} s。

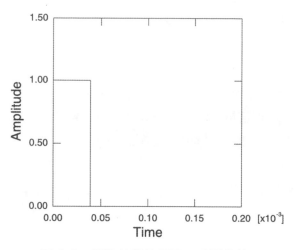

圖 9-2　爆炸負載的幅值－時間曲線

9.4.1　前處理－用 Abaqus/CAE 建立模型

在這一節中，我們將討論如何應用 Abaqus/CAE 建立這個模擬分析所用的模型。Abaqus 有提供上述問題的範本，若依照以下的指導遇到了困難，或是用戶希望檢查所建立的模型是否有誤，便可利用下列任一種範例來建立完整的分析模型。

- 在本書的第 A.7 節"Stress Wave Propagation In A Bar"，提供了重播檔案(*.py)。關於如何提取和執行此重播檔案，將在附錄 A，"Example Files"中說明。

•Abaqus/CAE 的外掛工具(Plug-in)中提供了此範例的插入檔案。在 Abaqus/CAE 的環境下執行插入檔，選擇 **Plug-ins → Abaqus → Getting Started**；將 **Stress WavePropagation In A Bar** 反白，按下 Run。更多關於入門指導插入檔案的介紹，與主題相關資訊也參閱線上手冊，並搜尋"Running the Getting Started with Abaqus examples"。

如果用戶沒有進入 Abaqus/CAE 或者其他的前處理器，可以手動建立關於這個問題的輸入檔案，關於這方面的討論，與主題相關資訊也參閱線上手冊，並搜尋"Example: stress wave propagation in a bar"。

定義模型幾何

在這個例子中，用可拉伸實體的基本特徵，將建立一個三維的可變形物體。首先畫出一個棒子的二維輪廓圖，然後將它拉伸成型。

建立部件：

1. 建立一個部件並命名為 Bar，接受三維的變形體和可拉伸實體的基本特徵之預設設置，對於模型採用近似的尺寸為 0.50。

2. 利用圖 9-3 中的尺寸畫棒的橫截面。

可以採用如下的步驟：

    a. 使用 **Create Lines：Rectangle** 工具，來建立一個大致以原點為中心的矩形，

    b. 利用尺寸標註使矩形截面為 0.20 m 高× 0.20 m 寬。

    c. 當完成繪製輪廓圖後，在提示區點擊 **Done**。

       顯示 **Edit Base Extrusion**(編輯基礎拉伸)對話方塊。為了完成部件定義，用戶必須指定橫截面拉伸的距離。

    d. 在對話方塊中，輸入拉伸深度 1.0 m。

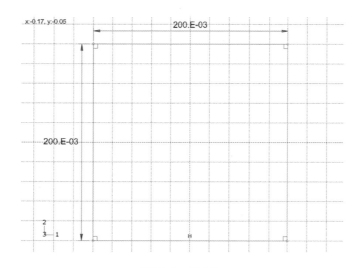

圖 9-3　矩形

3. 將模型保存到名為 Bar.cae 的模型資料庫檔案中。

定義材料和截面性質

    建立一個單一線彈性材料，命名為 Steel，採用密度 7800 kg/m³，楊氏係數為 207E9 Pa 和蒲松比 0.3。

    建立一個均勻的實體截面定義，命名為 BarSection，接受 **Steel** 作為材料。

    將截面定義 BarSection 賦予整個部件。

建立裝配件

進入 **Assembly** 模組,並建立一個部件 Bar 的實體。模型按照預設方向放置,整體的 3 軸位於棒的長度方向。

建立幾何集合和面

建立幾何集合 TOP、BOT、FRONT、BACK、FIX 和 OUT,如圖 9-4 所示(集合 OUT 包含稜邊,在圖 9-4 中如粗黑線所示)。建立面命名為 LOAD,如圖 9-5 所示。這些區域將用於施加負載和邊界條件,以及定義需要的輸出變數。

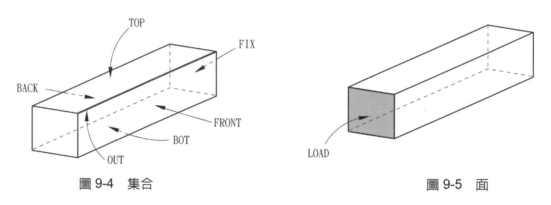

圖 9-4　集合　　　　　　　　　　　　　圖 9-5　面

定義分析步

建立一個單一的動態、顯式分析步(Dynamic,Explicit),命名為 BlastLoad。鍵入 Apply pressure load pulse 作為分析步的描述,並設置 Time Period 為 2.0E-4 s。在 **Edit Step** 對話方塊中,點擊 **Other** 頁。為了保持應力波的真實性,將 **Quadrastic bulk viscosity parameter**(二次體積黏性參數,將在第 9.5.1 節 "體積黏性" 中討論)設置為 0。

設置輸出要求

編輯預設的場變數輸出要求,這樣在分析步 BlastLoad 中,將預先選擇的場變數資料以四個相等的空間間隔寫入輸出資料庫。

刪除已存在的預設的歷時變數輸出請求,而建立一個新的歷時變數輸出請求的集合。在 **Create History Output**(建立歷時變數輸出)對話方塊中,接受預設的名稱 H-Output-1 和選擇的分析步 BlastLoad,點擊 **Continue**。點擊在 **Domain**(範圍)選項框旁邊的箭頭,選擇 **Set Name**(集合名稱),然後選擇 OUT。在 **Output Varables**(輸出變數)列表中,點擊在

Stresses 左邊的三角形，點擊在 **S, Stress Components and Invariants**(應力分量與不變數) 左邊的三角形，並選中 **S33** 變數，它是在棒的軸向之應力分量，指定在每個增量步都輸出一次 S33(Every n time increments ; n = 1)。

定義邊界條件

建立以下邊界條件，在 initial 底下

1. 命名 Fix right end，選取集合 Fix

　　將三個方向全拘束(U1.U2.U3.UR1.UR2.UR3)

2. 命名 Top，選取集合 Top，

　　拘束法線方向(U2)

3. 命名 Bot，選取集合 Bot，

　　拘束法線方向(U2)

4. 命名 Front，選取集合 Front，

　　拘束法線方向(U1)

5. 命名 Back，選取集合 Back，

　　拘束法線方向(U1)

定義負載歷時

　　建立一個幅值定義(Amplitude)，命名為 Blast，採用在圖 9-6 中所示的資料。爆炸負載將以它最大值短暫施加且保持常數，負載持續時間為 3.88×10^{-5} s，接著全部去除並保持為零值。

　　在本問題中，任意時刻的壓力負載值是指壓力負載的給定量乘以由幅值曲線插值的值。

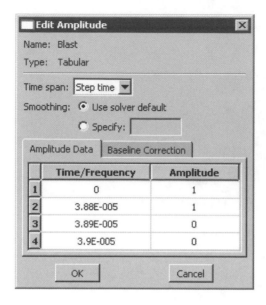

圖 9-6 定義爆炸負載幅值的資料

建立壓力負載，命名爲 Blast load，並選擇 BlastLoad 作爲負載施加的分析步。將負載施加在 LOAD 面上。選擇 **Uniform**(均勻)分佈，指定值爲 1.0E5 Pa 作爲負載大小，並選擇幅值爲 **Blast**。

建立網格

利用材料性質(忽略了浦松比)，我們可以利用前面介紹的公式計算材料的波速

$$c_d = \sqrt{\frac{E}{\rho}} = \sqrt{\frac{207 \times 10^9\,\text{MPa}}{7800\,\text{kg}\,/\,\text{m}^3}} = 5.15 \times 10^3\,\text{m}\,/\,\text{s}$$

而我們感興趣的是隨著時間應力沿著棒長度方向的傳播，所以需要一個足夠精細的網格來精確捕捉應力波。看起來使爆炸負載發生在 10 個元素的跨度內是適合的，因爲爆炸持續了 3.88×10^{-5} s，這意味著我們希望爆炸持續時間乘以波速等於 10 個元素的長度：

$$L_{10el} = (3.88 \times 10^{-5}\,\text{s})c_d$$

波以這個速度在 1.94×10^{-4} s 時通過棒的固定端。10 個元素的長度爲 0.2 m。因爲棒的長度爲 1.0 m，這表示我們要在長度方向上劃分 50 個元素。爲了保持網格均勻，在每個橫向上也劃分了 10 個元素，使得網格爲 $50 \times 10 \times 10$，如圖 9-7 所示。

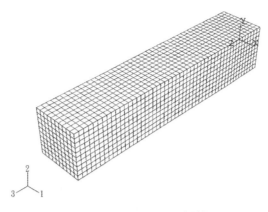

圖 9-7　50×10×10 網格

我們使用目標的整體元素尺寸 0.02 來播撒種子，選擇 C3D8R 作為元素類型，並分割網格。

注意：若使用建議的網格密度，網格數會超過 Abaqus Student Edition 的限制。如果您
　　　使用的是此版本，請使用下列一種設定：

- 0.04 的全域元素尺寸
- 50 × 3 × 3 的網格
- 25 × 5 × 5 的網格

建立、執行和監控作業

建立一個作業，命名為 Bar，並鍵入 Stress Wave Propagation In A Bar (SI Units)作為作業的描述。提交作業並監控分析結果，如果遇到了任何錯誤，必須修改模型和重新模擬。調查任何警告訊息的來源和採取適當的措施，某些警告訊息可以安全地忽略，而其他的警告訊息則需要採取糾正的措施。

狀態檔案(.sta)

用戶也可以觀察狀態檔案 Bar.sta 來監控作業的進程,其中的資訊包括關於慣性矩,接著是我們關心的穩定性資訊。按照順序列出了 10 個具有最低穩定時間限制的元素。

```
Most critical elements:
Element number    Rank     Time increment    Increment ratio
(Instance name)
-----------------------------------------------------------------
        1          1       2.237266E-06      1.000000E+00
BAR-1
       10          2       2.237266E-06      1.000000E+00
BAR-1
       21          3       2.237266E-06      1.000000E+00
BAR-1
       30          4       2.237266E-06      1.000000E+00
BAR-1
       31          5       2.237266E-06      1.000000E+00
BAR-1
       40          6       2.237266E-06      1.000000E+00
BAR-1
       51          7       2.237266E-06      1.000000E+00
BAR-1
       60          8       2.237266E-06      1.000000E+00
BAR-1
       61          9       2.237266E-06      1.000000E+00
BAR-1
       70         10       2.237266E-06      1.000000E+00
BAR-1
```

在狀態檔案中繼續給出求解過程的資訊。以下的資訊也顯示在 **Job Monitor** 中。

```
STEP 1  ORIGIN 0.0000

Total memory used for step 1 is approximately 67 megabytes.
Global time estimation algorithm will be used.
Scaling factor 1.0000
Variable mass scaling factor at zero incremenL: 1.0000
```

INCREMENT	STEP TIME	TOTAL TIME	CPU TIME	STABLE INCREMEN	CRITICAL ELEMENT	KINETIC ENERGY	TOTAL ENERGY
0	0.000E+00	0.000E+00	00:00:00	1.819E-06	1	0.000E+00	0.000E+00

```
IN5TNCE WITH CRITICAL ELEMENT: BAR-1
ODB Field Frame Number      0 of      4 requested lntervals at increment zero.
```

INCREMENT	STEP TIME	TOTAL TIME	CPU TIME	STABLE INCREMEN	CRITICAL ELEMENT	KINETIC ENERGY	TOTAL ENERGY
5	1.119E-05	1.119E-05	00:00:00	2.237E-06	70	4.504E-05	1.963E-06
10	2.237E-05	2.237E-05	00:00:00	2.237E-06	2010	9.189E-05	−2.218E-06
15	3.471E-05	3.471E-05	00:00:00	2.931E-06	2090	1.434E-04	−2.361E-06
19	4.640E-05	4.640E-05	00:00:00	2.910E-06	1040	1.607E-04	1.850E-06
21	5.221E-05	5.221E-05	00:00:00	2.902E-06	600	1.588E-04	2.585E-06

```
ODB Field Frame Number        1 of        4 requested intervals at    5.176230E-05
        25   6.380E-05   6.380E-05   00:00:00   2.890E-06           590   1.569E-04    6.082E-07
        29   7.535E-05   7.535E-05   00:00:00   2.880E-06          4640   1.553E-04   -7.049E-07
        33   8.685E-05   8.685E-05   00:00:00   2.873E-06          4670   1.537E-04   -1.386E-06
```

　　類似的信息在 Job Diagnostics 對話框中的可視化模組。此對話框可讓你繪製歷時數據，如圖 9-8 所示。選擇步驟的 Job History，在選單中選擇 Incrementation 標籤，選取 columm 的 Inc 及 Stable inc，點擊 Plot selected columm，建立一個歷時曲線。

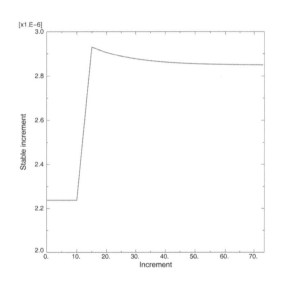

圖 9-8　穩定的時間增量圖

✎ 9.4.2　後處理

　　以下提供兩個方式開啓.odb 檔案。模型樹中，對名爲 **Bar** 的作業(job)按右鍵，從選單中選擇 **Results** 來進入 Abaqus/CAE 的 **Visualization** 模組。另一種方式是主功能表欄中選擇 **File** → **Open** 開啓.odb 檔案，並雙擊合適的檔案。

沿路徑(Path)繪製應力

　　我們希望觀察沿著棒長度方向的應力分佈是如何隨著時間變化的。爲此，我們將觀察在整個分析過程中三個不同時刻的應力分佈。

　　對於輸出資料庫檔案的前三個圖框的每一個圖，建立一條沿著棒的中心線 3 方向應力 (S33)變化的曲線。爲了建立這些繪圖，用戶首先需要定義沿著棒的中心的直線路徑。

沿著棒的中心建立一條由點構成的路徑(Point List Path)：

1. 在結果樹中，按兩下 **Paths**。

   顯示 **Create Path**(建立路徑)對話方塊。

2. 命名路徑為 Center，選擇 **Point list** 作為路徑類型，並點擊 **Continue**。

   顯示 **Edit Point List Path**(編輯點列路徑)對話方塊。

3. 在 **Point Coordinates**(點座標)列表中，輸入棒兩端中心的座標。例如，如果我們使用前述的方法產生了幾何和網格，那麼在列表輸入中是 0, 0, 1 和 0, 0, 0 (這個輸入指定了從(0,0,1)到(0,0,0)的一條路徑，如同在模型的整體座標系中所定義的)。

4. 當完成後，點擊 **OK** 關閉 **Edit Point List Path** 對話方塊。

保存在三個不同時刻沿此路徑的應力之 X-Y 曲線圖：

1. 在結果樹中，按兩下 **XY Data**。

   顯示 **Create XY Data**(建立 XY 資料)對話方塊。

2. 選擇 **Path**(路徑)作為 XY 資料的來源，並點擊 **Continue**。

   顯示 **XY Data From Path**(從路徑中獲取 XY 資料)對話方塊，以及用戶已經建立在路徑列表中可以找到的路徑。如果現在顯示的是未變形的模型形狀，在視圖中會以高亮度顯示用戶所選擇的路徑。

3. 在 **Point location**(點位置)，選中 **Include Intersection**(包括交叉點)。

4. 在對話方塊的 **X Values**(X 值)部分中，接受 **True Distance**(真實距離)作為選擇。

5. 在對話方塊的 **Y Values**(Y 值)部分中，點擊 **Field Output**(場變數輸出)以開啟 **Field Output** 對話方塊。

6. 選擇 **S33** 應力分量，並點擊 **OK**。

   在 **XY Data From Path** 對話方塊中的場輸出變數發生變化，表示將建立在 3 方向的應力資料將被建立。

> **注意**：Abaqus/CAE 可能警告用戶場輸出變數將不會影響目前的圖像，保留繪圖模式為 **As is**，並點擊 **OK** 繼續。

7. 在 **XY Data From Path** 對話方塊中的 **Y Values** 部分，點擊 **Step/Frame**。

8. 在跳出的 **Step/Frame** 對話方塊中，選擇 Frame 1，它是 5 個記錄圖框的第 2 個圖 (列出的第 1 個圖框為 Frame 0，它是模型在分析步開始時的基本狀態)。點擊 **OK**。

 在 **XY Data From Path** 對話方塊中的 **Y Values** 部分發生改變，表示將從第一個分析步的 Frame 1 建立資料。

9. 保存 **X-Y** 資料，點擊 **Save As**。

 顯示 **Save XY Data As** 對話方塊。

10. 命名 **X-Y** 資料為 S33_T1，並點擊 **OK**。

 在 **XY Data Manager** 中，顯示出 S33_T1。

11. 重覆步驟 7 到步驟 9，建立 Frame 2 和 Frame 3 的 X-Y 資料，並分別命名資料集合為 S33_T2 和 S33_T3。

12. 關閉 **XY Data From Path** 對話方塊，點擊 **Cancel**。

繪製應力曲線：

1. 在 **XY Data Manager** 對話方塊中，拖動游標高亮度顯示所有的 3 組 XY 資料集。

2. 按下滑鼠右鍵，從選單中點擊 **Plot**。

 Abaqus/CAE 繪製出沿著棒中心 3 方向上對應於 Frame 1、2 和 3 的應力，它們分別對應於大約的分析時刻為 5×10^{-5} s、1×10^{-4} s 和 1.5×10^{-4} s。

3. 在提示區按下 ✕ 來取消目前的程序。

設置 XY 曲線圖：

1. 對 Y 軸按兩下。

 顯示 **Axis Options** 對話方塊，**Y Axis** 已被選取。

2. 在 **Scale** 頁面的 **Tick Mode** 區域，選擇 **By increment** 並指定 **Y** 軸的主要刻度出現在 20E3 s 增量(Increments)。

 用戶也可以設置每個軸的標題。

3. 點擊 **Titles**(標題)頁。

4. 指定 Stress-S33(Pa)為 Y 軸的標題。

5. 若要對 X 軸做編輯，從對話框中選擇 **X Axis** 區域的座標軸標題。在對話框的 **Title** 頁面，輸入 **Distance along bar (m)**做為 X 軸標題。

6. 點擊 Dismiss 關閉 Axis Options 對話方塊。

設置在 X-Y 繪圖中曲線的顯示：

1. 在視覺化工具箱中選擇 ⋀，來開啟 **Curve Options** 對話方塊。

2. 在 Curves 區域中，選擇 S33_T2。

3. 對於 S33_T2 曲線，選擇點線類型。
   S33_T2 曲線變成點線。

4. 重覆步驟 2 與 3，使 S33_T3 成為虛線。

5. 關閉 **Curve Options** 對話方塊。
   所設置的繪圖顯示在圖 9-9 中。(為了清楚的呈現，已改變預設的格線以及說明的位置。)

我們可以看到在三條曲線的每一條，應力波在棒的長度上之影響大約是 0.2 m。這個距離應該對應於爆炸波在作用時間內傳播的距離，可以透過簡單的計算來驗證。如果波前的長度為 0.2 m 和波速為 5.15×10^3 m/s，那麼波傳播 0.2 m 所用的時間為 3.88×10^{-5} m/s。正如所預料的，這就是我們所施加的爆炸負載的作用時間。當應力波沿著棒傳遞時並不是嚴格的方波，尤其是在應力突然改變之後有回復或者擺動。在本章後面將要討論的線性體黏性，它減緩了這種回復，因此對結果並未有負面的影響。

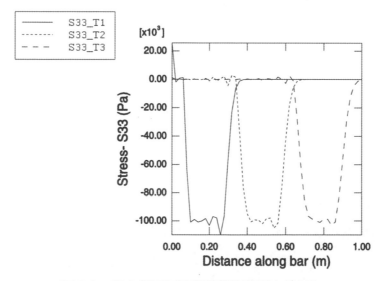

圖 9-9　在 3 個不同時刻沿著棒的應力(S33)

建立歷時曲線圖

　　另一種研究結果的方法是觀察在棒中的三個不同點的應力歷時結果，例如距離棒的施力端為 0.25 m、0.50 m 和 0.75 m 的三個點。為此我們必須先確定位於這些位置處的元素編號。要確定這些元素編號，一個簡單的方法是在包含沿著棒邊界的元素(集合 OUT)的顯示組中查詢這些元素。

建立和繪出顯示組並查詢元素編號：

1. 在模型樹中，展開輸出結果檔 **Bar.odb** 下的 **Element Sets** 子集合，對集合 **Out** 按下滑鼠右鍵，從選單中選擇 **Replace**。

2. 為了儲存此集合，在結果樹中按兩下 **Display Groups**；或使用 **Display Group** 工具列中的 工具。
    Create Display Group(建立顯示組)對話方塊。

3. 在 Create Display Group 對話方塊中，按下 Save As 並輸入 History plots 為顯示組名稱。

4. 點擊 Dismiss 關閉 Create Display Group 對話方塊。
    此時這個顯示組出現在結果樹的 **Display Groups** 子集合中。

5. 從主功能表欄中，選擇 **Tools** → **Query**；或使用 **Query** 工具列的 工具。

6. 在跳出的 **Query(查詢)** 對話方塊中，選擇 **Elements**。

7. 點擊在圖 9-10 中的陰影元素(在棒中的每第 13 個元素)。元素的 ID(編號)顯示在 **Probe Values** 對話方塊中。記下這三個陰影元素的編號。

圖 9-10　History plot 顯示組

繪製應力歷時：

1. 在結果樹中，對名為 **Bar.odb** 的輸出檔的 **History Output** 按滑鼠右鍵。從選單中選擇 **Filter**。

2. 用[Ctrl]+點擊，選擇多組 X-Y 資料集合，對於已經標示的三個元素(每第 13 個元素)，選擇在 3 方向上的應力(S33)資料。

3. 按下滑鼠右鍵，從選單中選擇 **Plot**。

Abaqus/CAE 繪製出在每個元素中的應力(縱軸)隨時間變化的 X-Y 圖。

4. 在提示區中按下 ▣，關閉對話方塊。

如前面所敘述，用戶可以設置圖的顯示。

設置 X-Y 圖：

1. 對 X 軸按兩下。

顯示 **Axis Options** 對話方塊。

2. 點擊 **Title** 頁。

3. 在 **X-Axis** 區域，指定 X 軸標題為 Total Time(s)。

4. 點擊 **Dismiss** 關閉對話方塊。

設置在 X-Y 圖中曲線的顯示：

1. 在視覺化工具箱中選擇 ∿，來開啟 **Curve Options** 對話方塊。

2. 在 **Curves** 區域中，選擇對應於最接近棒結構自由端的元素其暫時的 X-Y 資料編號。(在這個集合中的元素最先受到應力波的影響)。

3. 在 **Legend Text**(圖例文字)區域中，鍵入 S33-0.25。

4. 在 **Curves** 區域中，選擇對應於在棒中間的元素其暫時的 X-Y 資料編號。(這是下一個受應力波影響的元素)。

5. 指定 S33-0.5 作為曲線的圖例文字，並改變曲線類型為點線(Dotted)。

6. 在 **Curves** 區域中，選擇對應於最接近於棒固定端的元素其暫時的 X-Y 資料編號。(這是最後一個受應力波影響的元素)。

7. 指定 S33-0.75 作為曲線的圖例文字，並改變曲線類型為虛線(Dashed)。

8. 點擊 **Dismiss** 關閉對話方塊。

設置後的圖顯示在圖 9-11 中。(為了清楚的呈現，已改變預設的格線以及說明的位置。)

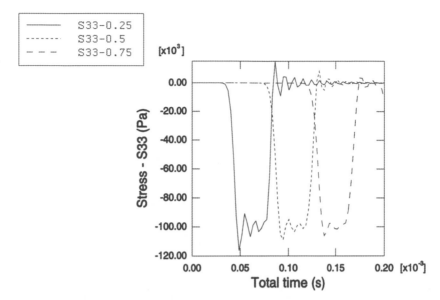

圖 9-11　在沿著棒的長度上三個點(0.25m，0.5m，0.75m)的應力(S33)歷時

　　我們從應力歷時圖上可以看到，當應力波通過所給出的點時應力開始增加。一旦應力波完全地通過了該點，該點的應力值在零的附近振盪。

🐎 9.4.3　網格對穩定時間增量和 CPU 時間的影響

　　在第 9.3 節 "自動時間增量和穩定性" 中，我們討論過網格細劃對穩定極限和 CPU 時間的影響，這裏我們將以波的傳遞問題來說明這個影響。我們從方形元素的一種合理的精細網格開始，沿長度方向劃分 50 個元素，兩個橫向方向各劃分 10 個元素。為了說明問題，我們現在採用一種 25×5×5 元素的粗糙網格，並觀察在各種方向上如何細劃網格改變 CPU 時間。四種網格如圖 9-12 所示。

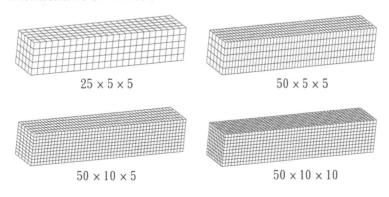

圖 9-12　從最粗糙到最細劃的網格劃分

表 9-1 顯示了本問題的 CPU 時間隨著網格細劃的改變(以粗糙網格的模型結果進行了正規化)。基於在本指南中介紹的簡單穩定性方程，表格的前半部提供了期望值，表格的後半部給出了在電腦工作站上由 Abaqus/Explicit 執行分析得到的結果。

表 9-1 網格細劃和求解時間

網格	簡化理論			實際		
	Δt_{stable} (秒)	元素數	CPU 時間 (秒)	最大 Δt_{stable} (秒)	元素數	CPU 時間 (秒)
$25 \times 5 \times 5$	A	B	C	6.06e-6	625	1
$50 \times 5 \times 5$	A/2	2B	4C	3.14e-6	1250	4
$50 \times 10 \times 5$	A/2	4B	8C	3.12e-6	2500	8.33
$50 \times 10 \times 10$	A/2	8B	16C	3.11e-6	5000	16.67

對於理論解答，我們選擇 $25 \times 5 \times 5$ 的最粗糙網格作為基本狀態，並且定義穩定的時間增量、元素數量和 CPU 時間分別為變數 A、B 和 C。隨著網格的細劃，產生了兩種結果：最小的元素尺寸縮小了，以及在網格中的元素數目增加了，這些影響的每一種都會增加 CPU 時間。在第一次細劃的 $50 \times 5 \times 5$ 網格中，最小元素的尺寸減少了一半，並且元素的數目增加了一倍，因此增加的 CPU 時間是前一種網格的四倍。進一步加倍網格數目至 $50 \times 10 \times 5$，不改變最小元素的尺寸，僅僅加倍了元素數量，因此 CPU 時間是 $50 \times 5 \times 5$ 網格的二倍。進一步地細劃網格為 $50 \times 10 \times 10$，使元素成為均勻的方形，再次加倍了元素的數量和 CPU 時間。

這種簡單的計算良好地預測了網格細劃如何影響穩定時間增量和 CPU 時間的趨勢，然而為什麼我們沒有將預測值與實際的穩定時間增量值進行比較？這是有原因的。首先回憶一下我們給出的穩定時間增量的近似公式為

$$\Delta t_{stable} = \frac{L^e}{c_d}$$

然後我們假定元素特徵長度 L^e 是最小的元素尺寸，而 Abaqus/Explicit 實際上是根據元素的整體尺寸和形狀來確定元素特徵長度，另外一個原因是 Abaqus/Explicit 採用了一個整體穩定性估算，它允許使用一個更大的穩定時間增量。事實上這些因素使得在執行分析之前難以準確地預測穩定時間增量。不過由於預測的趨勢與簡單的理論符合得很好，因此可以直接預測穩定時間增量如何隨著網格細劃而發生變化。

✎ 9.4.4　材料對穩定時間增量和 CPU 時間的影響

同樣的波傳遞分析在不同的材料中進行，將需要不同的 CPU 時間，這取決於材料的波速。例如我們改變材料從鋼到鋁，波速將從 5.15×10^3 m/s 變為

$$c_d = \sqrt{\frac{E}{\rho}} = \sqrt{\frac{70 \times 10^9 \, \text{Pa}}{2700 \text{kg} / \text{m}^3}} = 5.09 \times 10^3 \, \text{m} / \text{s}$$

因為剛性和密度幾乎改變了相同的量，所以從鋁到鋼對穩定時間增量只有微小的影響。在鉛的情況下，差別則變得非常大，其波速減少為

$$c_d = \sqrt{\frac{E}{\rho}} = \sqrt{\frac{14 \times 10^9 \, \text{Pa}}{11240 \text{kg} / \text{m}^3}} = 1.11 \times 10^3 \, \text{m} / \text{s}$$

這個值大約是鋼的波速的五分之一。鉛棒的穩定時間增量將是鋼棒的穩定時間增量的五倍。

9.5　動態振盪的阻尼

在模型中加入阻尼有兩個原因：限制數值振盪，或是為系統增加物理性阻尼。Abaqus/Explicit 提供了幾種在分析中加入阻尼的方法。

體黏性提供了體積相關應變的阻尼，目的是提高模擬高速動力學問題時的正確性。Abaqus/Explicit 提供了一階跟二階的體黏性模式，您可以使用*BULK VISCOSITY 功能，來一步步設定體黏性參數，但很少需要這麼做。體黏性壓力僅會產生數值方面的影響，所以並不會包含在材料點壓力範圍中。因此，體黏性並不屬於材料構成的反應。

✎ 9.5.1　體黏性(Bulk viscosity)

體黏性引入了與體積應變有關的阻尼。它的目的是改進對高速動態事件的模擬分析。Abaqus/Explicit 包括體黏性的線性和二次的形式。用戶可以在定義分析步時修改預設的體黏性參數，儘管只有在很少情況才需要這麼做。因為只把它當作一個數值影響，所以在材料點的應力中不包括體黏性壓力，這樣並不將它考慮為部分的材料結構響應。

線性體黏性

預設的情況下，包括線性體黏性來降低元素最高頻率中的震盪。根據下面的方程，它產生一個與體積應變率成線性關係的體黏性壓力：

$$p_1 = b_1 \rho c_d L^e \dot{\varepsilon}_{vol}$$

其中 b_1 是一個阻尼係數，它的預設值爲 0.06，ρ 是目前的材料密度，c_d 是目前的膨脹波速，L^a 是元素的特徵長度，和 $\dot{\varepsilon}_{vol}$ 是體積應變速率。

二次體黏性

只有在實體元素中(除了平面應力元素 CPS4R 外)包括二次體黏性，並且只有當體積應變速率可壓縮時才採用。根據下面的方程，體黏性壓力是應變速率的平方：

$$p_2 = \rho(b_2 L^e)^2 \left|\dot{\varepsilon}_{vol}\right| \min(0, \dot{\varepsilon}_{vol})$$

其中 b_2 是阻尼係數，它的預設值爲 1.2。

二次體黏性抹平了一個僅橫跨幾個元素的振盪波前，引入它是爲了防止元素在極端高速梯度下發生破壞。設想一個元素的簡單問題，固定元素一個側面的節點，並且另一個側面的節點有一個指向固定節點方向的初始速度，如圖 9-13 所示。穩定時間增量尺度正好等於一個膨脹波穿過元素的暫態時間。因此如果節點的初始速度是等於材料的膨脹波速，在一個時間增量裏，這個元素會發生崩潰至體積爲零。二次體黏性壓力引入一個阻抗壓力以防止元素壓潰。

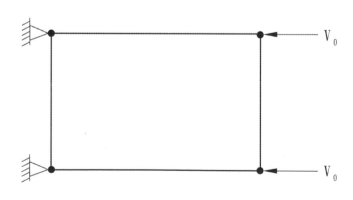

圖 9-13 具有固定節點和指定速度的元素

基於體黏性的臨界阻尼比

　　體黏性壓力只是以每個元素的膨脹模式爲基礎。在最高階元素模式中的臨界阻尼比由如下方程給出：

$$\xi = b_1 - b_2^2 \frac{L^e}{c_d} \min(0, \dot{\varepsilon}_{vol})$$

其中 ξ 是臨界阻尼比。線性項單獨代表了 6% 的臨界阻尼，而二次項一般是更小的值。

✎ 9.5.2　黏性壓力

　　黏性壓力負載一般是應用在結構問題或者是準靜態問題，以阻止低階頻率的動態影響，從而以最少數目的增量步達到靜態平衡。這些負載作爲由以下公式定義的分佈負載施加：

$$p = -c_v (\overline{\mathbf{v}} \cdot \overline{\mathbf{n}})$$

其中 p 是施加到物體上的壓力，c_v 爲黏度，在資料行中作爲負載的量值給出；$\overline{\mathbf{v}}$ 是在施加黏性壓力的面上的點之速度向量，$\overline{\mathbf{n}}$ 是該點處表面上的單位向外法線向量。對於典型的結構問題，不能指望它吸收掉所有的能量。在典型的情況下，設置 c_v 等於 ρc_d 量的一個很小的比例(可能是百分之 1 或者 2)，是目前動力影響最小化的有效方法。

✎ 9.5.3　材料阻尼

　　對於許多應用來說，材料模型本身可能就以塑性消散或者黏彈性的形式提供了阻尼。另一個選擇是使用 Rayleigh 阻尼。與 Rayleigh 阻尼有關的阻尼係數有兩個：質量比例阻尼係數 α_R 和勁度比例阻尼係數 β_R。

質量比例阻尼

　　α_R 係數定義了一個與元素質量矩陣成比例的阻尼貢獻。引入的阻尼力源於模型中節點的絕對速度。可以把結果影響比作模型在做一個穿越黏性液體的運動，這樣在模型中任何點的任何運動都能引起阻尼力。合理的質量比例阻尼不會明顯地降低穩定極限。

勁度比例阻尼

β_R 係數定義了一個與彈性材料勁度成比例的阻尼。"阻尼應力" σ_d 與引入的總體應變速率成比例，使用以下公式：

$$\tilde{\sigma}_d = \beta_R \tilde{D}^{el} \dot{\varepsilon}$$

其中 $\dot{\varepsilon}$ 為應變速率。對於高度彈性(Hyperelastic)和高度泡棉(Hyperfoam)材料，定義 $\tilde{D}^{el}$ 作為初始彈性勁度。對於所有其他材料，$\tilde{D}^{el}$ 是材料目前的彈性勁度。這一阻尼應力添加到當形成動平衡方程時在積分點處由結構響應引起的應力上，但是在應力輸出中並不包括它。對於任何非線性分析，都可以引入阻尼，而對於線性分析，提供了標準的 Rayleigh 阻尼。對於一個線性分析，勁度比例阻尼與定義一個阻尼矩陣是完全相同的，它等於 β_R 乘以勁度矩陣。必須慎重地使用勁度比例阻尼，因為它可能明顯地降低了穩定限制。為了避免大幅度地降低穩定時間增量，勁度比例阻尼係數 β_R 應該小於或等於未考慮阻尼時的初始時間增量的值。

✎ 9.5.4　離散減振器

另外一種選擇是定義單獨的減振器元素，每個減振器元素提供了一個與它的兩個節點之間相對速度成正比的阻尼力。這種方法的優點是使用戶能夠把阻尼只施加在用戶認為有必要施加的節點上。減振器可以和其他元素共同使用，例如:彈簧或者衍架，因此不會讓系統穩定性極限明顯的下降。

9.6　能量平衡

能量輸出經常是 Abaqus/Explicit 分析的一個重要部分。可以利用在各種能量分量之間的比較，幫助用戶評估一個分析是否得到了合理的反應。

✎ 9.6.1　能量平衡的敘述

對於整體模型的能量平衡可以寫出為

$$E_I + E_V + E_{FD} + E_{KE} - E_W - E_{PW} - E_{CW} - E_{MW} = E_{total} = \text{constant}$$

其中 E_I 爲內能，E_V 爲黏性耗散能，E_{FD} 是摩擦耗散能，E_{KE} 是動能，E_W 是外加負載所做的功，而 E_{PW}、E_{CW} 以及 E_{MW} 分別是接觸逞罰、拘束逞罰以及推動增加的質量所做的功。這些能量分量的總和爲 E_{total}，它必須是個常數。在數值模型中，E_{total} 只是近似的常數，一般有小於 1%的誤差。

內能

內能是能量的總和，它包括可恢復的彈性應變能 E_E、非彈性過程的能量耗散(例如塑性)E_P、黏彈性或者潛變過程的能量耗散 E_{CD}、和假應變能 E_A：

$$E_I = E_E + E_P + E_{CD} + E_A$$

假應變能包括了儲存在沙漏阻力以及在殼和梁元素的橫向剪切中的能量。出現大量的假應變能則表示必須對網格進行細劃或對網格進行其他的修改。

黏性能

黏性能是由阻尼機制引起的能量耗散，包括體黏性阻尼和材料阻尼。作爲一個在整體能量平衡中的基本變數，黏性能不是指在黏彈性或非彈性過程中耗散的那部分能量。

施加力的外力功

外力功是向前連續地積分，完全由節點力(力矩)和位移(轉角)定義的功。指定的邊界條件也對外力功作出貢獻。

❧ 9.6.2　能量平衡的輸出

對於整體模型、特殊的元素集合、單獨的元素、或者在每個元素中的能量密度，都可以要求輸出每一種能量值和繪出能量歷時。在表 9-2 中列出了在整個模型或者元素集上與能量值有關的變數名稱。

表 9-2　整個模型能量輸出變數

變數名	能量值
ALLIE	內能，E_I：ALLIE = ALLSE+ALLPD+ALLCD+ALLAE+ALLDMD+ALLDC+ALLFC
ALLKE	動能，E_{KE}

表 9-2 整個模型能量輸出變數(續)

變數名	能量值
ALLVD	黏性耗散能，E_V
ALLFD	摩擦耗散能，E_{FD}
ALLCD	黏彈性耗散能，E_{CD}
ALLWK	外力的功，E_W
ALLPK	接觸懲罰的功，E_{PW}
ALLCK	拘束懲罰的功，E_{CW}
ALLMK	推進增加質量的功(基於質量放大)，E_{MW}
ALLSE	彈性應變能，E_E
ALLPD	非彈性耗散能，E_P
ALLAE	假應變能，E_A
ALLIHE	內部熱能，E_{IHE}
ALLHF	通過外流的外能，E_{HF}
ALLDMD	破壞耗散能，E_{DMD}
ALLDC	扭曲控制的耗散能，E_{DC}
ALLFC	流體空穴能(流體空穴的虛功)，E_{FC}
ETOTAL	能量平衡：$E_{TOT} = E_I + E_V + E_{FD} + E_{KE} + E_{IHE} - E_W - E_{PW} - E_{CW} - E_{MW} - E_{HF}$

另外，Abaqus/Explicit 能夠提供元素級的能量輸出和能量密度輸出，如表 9-3 所列。

表 9-3 整個元素能量輸出變數

變數名	整個元素能量值
ELSE	彈性應變能
ELPD	塑性耗散能
ELCD	潛變耗散能
ELVD	黏性耗散能
ELASE	偽能量=孔洞(Drill)能+沙漏能
EKEDEN	元素的動能密度
ESEDEN	元素的彈性應變能密度
EPDDEN	元素的塑性耗散能密度
EASEDEN	元素的偽應變能密度
ECDDEN	元素的潛變應變能密度耗散

表 9-3　整個元素能量輸出變數(續)

變數名	整個元素能量值
EVDDEN	元素的黏性能密度耗散
ELDMD	破壞造成元素的能量耗散

9.7　小　結

- Abaqus/Explicit 利用中央差分方法對時間進行動態顯式積分。
- 顯式方法需要許多小的時間增量。因為不必同時求解聯立方程，每個增量計算成本很低。
- 隨著模型尺寸的增加，顯式方法比隱式方法能夠節省大量的計算成本。
- 穩定時間增量是用來前推動力學狀態並仍保持精度的最大時間增量。
- 在整個分析過程中，Abaqus/Explicit 自動地控制時間增量以保持穩定性。
- 隨著材料勁度增加，計算穩定性降低；隨著材料密度的增加，計算穩定性提高。
- 對於單一材料的網格，穩定時間增量大致上與最小元素的尺寸成比例。
- 一般來說，Abaqus/Explicit 利用質量比例阻尼來減弱低階頻率振盪，並應力勁度比例阻尼來減弱高階頻率振盪。

Chapter 10

材　料

在 Abaqus 中的材料庫允許分析絕大多數的工程材料，包括金屬、塑膠、橡膠、泡沫塑料、複合材料、顆粒狀土壤、岩石、以及素混凝土和鋼筋混凝土。本指南只討論三種最常用的材料模型：線彈性、金屬塑性和橡膠彈性。所有材料模型的詳細資訊，請參閱線上手冊，並搜尋"Materials"。

10.1 在 Abaqus 中定義材料

您可以在模擬中使用任意數量的不同材料，每一種材料定義都有一個名稱。透過材料名稱的截面屬性設定，將模型中的不同區域與不同材料定義建立了聯繫。

10.2 延性金屬的塑性

許多金屬在小應變時表現出近似線彈性的性質(見圖 10-1)，材料勁度是一個常數，即楊氏係數或彈性模量。

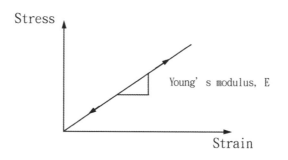

圖 10-1 線彈性材料的應力－應變行為，如在小應變下之鋼材

在高應力(和應變)情況下，金屬開始具有非線性、非彈性的行為(見圖 10-2)，稱其為塑性。

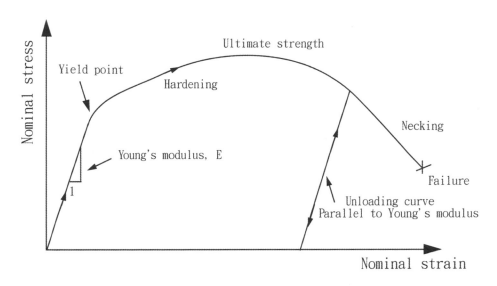

圖 10-2　彈塑性材料在拉伸實驗中所定義的應力－應變行為

✍ 10.2.1　延性金屬的塑性性質

材料的塑性行為可以用它的降伏點和降伏後的硬化來描述。從彈性到塑性行為的轉變發生在材料應力－應變曲線上的某個確定點，即所謂的彈性極限或降伏點(見圖 10-2)。在降伏點上的應力稱為降伏應力。大多數金屬的初始降伏應力為材料彈性模量的 0.05％到 0.1％。

金屬在到達降伏點之前的變形只產生彈性應變，在卸載後可以完全恢復。然而，當在金屬中的應力超過了降伏應力，就開始產生永久(塑性)變形。與這種永久變形有關的應變稱為塑性應變。在降伏後的區域上，由彈性和塑性應變累積成了金屬的變形。

一旦材料降伏，金屬的勁度會顯著下降(見圖 10-2)。已經降伏的延性金屬在卸載後將恢復它的初始彈性勁度(見圖 10-2)。材料的塑性變形通常會提高材料持續負載時的降伏應力：此一特性稱為工作硬化。

金屬塑性的另一個重要特性是非彈性變形，與幾乎不可壓縮材料的特性有關，分析此一效應使得彈－塑性模擬中能夠使用的元素類型有了嚴格的限制。

在拉伸負載作用下的金屬塑性變形，可能在材料失效時經歷了高度局部化的伸長與變細，稱為頸縮(Necking)(見圖 10-2)。變形前每單位面積上的力稱為工程應力(Nominal Stress)，與之相對應為工程應變(Nominal Strain)，即變形前每單位長度的長度變化。當正在發生頸縮時，在金屬中的工程應力遠低於材料的極限強度。這種材料特性由試件的幾何形狀、實驗本身的特點以及使用的應力和應變測量引起的，例如試件在受壓力負載下變形時不會變細者，則由相同材料的壓縮實驗所產生的應力－應變曲線就不會有頸縮區域。然而，理想的數學模型在描述金屬的塑性行為時，應該要能考慮壓縮和拉伸行為的不同，它與結構的幾何形狀或施加負載的特性無關。為了實現這個目的，應當將已經十分熟悉的工程應力 F/A_0 和工程應變 $\Delta l/l_0$ 的定義(這裏用下標 0 代表材料未變形狀態下的值)，更換為考慮在有限變形中面積改變之新的應力和應變度量。

10.2.2 有限變形的應力和應變的測量

只有在考慮極限 $\Delta l \to dl \to 0$ 的情況下，拉伸和壓縮下的應變才是相同的，即

$$d\varepsilon = \frac{dl}{l}$$

和

$$\varepsilon = \int_{l_0}^{l} \frac{dl}{l} = \ln(\frac{l}{l_0})$$

其中 l 為目前長度，l_0 為初始長度，ε 為真實應變(True Strain)或對數應變(Logarithmic Strain)。

與真實應變共軛的應力量稱為真實應力(True Stress)，並定義為

$$\sigma = \frac{F}{A}$$

其中 F 是施加在材料上的力，A 是目前面積。承受有限變形的延性金屬在拉伸和壓縮的作用下，若畫出真實應力對應於真實應變的曲線，將具有相同的應力－應變行為。

10.2.3 在 Abaqus 中定義塑性

當在 Abaqus 中定義塑性資料時，必須採用真實應力和真實應變。Abaqus 需要這些值以便正確地換算資料。

材料試驗的資料通常是以工程應力和工程應變的值的形式給出。在這種情況下，必須利用以下的公式將塑性材料的資料從工程應力/應變的值轉換為真實應力/應變的值。

為了建立真實應變和工程應變之間的關係，首先將工程應變表示為

$$\varepsilon_{nom} = \frac{l - l_0}{l_0} = \frac{l}{l_0} - \frac{l_0}{l_0} = \frac{l}{l_0} - 1$$

在運算式兩邊同時加上 1，並取自然對數可以得到真實應變和工程應變之間的關係為

$$\varepsilon = \ln(1 + \varepsilon_{nom})$$

考慮塑性變形的不可壓縮性，並假設彈性變形也是不可壓縮的，建立真實應力和工程應力之間的關係為

$$l_0 A_0 = lA$$

目前的面積與初始面積的關係為

$$A = A_0 \frac{l_0}{l}$$

將目前的面積 A 的定義代入到真實應力的定義中，得到

$$\sigma = \frac{F}{A} = \frac{F}{A_0} \frac{l}{l_0} = \sigma_{nom}(\frac{l}{l_0})$$

其中

$$\frac{l}{l_0}$$

也可以寫為

$$1 + \varepsilon_{nom}$$

將其代入上式，便得到真實應力和工程應力和工程應變之間的關係：

$$\sigma = \sigma_{nom}(1 + \varepsilon_{nom})$$

在 Abaqus 中，典型的金屬塑性模型定義了大部分金屬的後降伏特性。Abaqus 用一連串的直線連接所給定的資料點，以平滑地逼近金屬材料的應力－應變關係。可以利用任意多個點來逼近實際的材料行為，所以有可能模擬出非常接近真實的材料行為。塑性資料將材料的真實降伏應力定義為真實塑性應變的函數。給定的第一組資料定義了材料的初始降伏應力，因此其塑性應變值應該為零。

在材料試驗中用來定義塑性行為的數據所提供之應變，不太可能是材料中的塑性應變，它很可能是材料的總應變，所以必須將總應變分解成為彈性和塑性應變分量。從總應變中減去彈性應變，就得到了塑性應變(見圖 10-3)。彈性應變定義為真實應力除以楊氏模量的值。

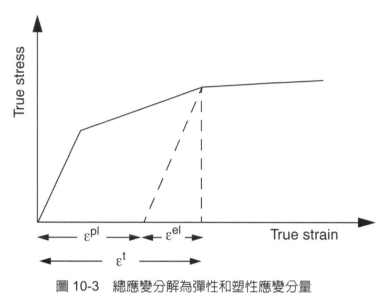

圖 10-3　總應變分解為彈性和塑性應變分量

其關係式為

$$\varepsilon^{pl} = \varepsilon^{t} - \varepsilon^{el} = \varepsilon^{t} - \sigma/E$$

其中，ε^{pl}：真實塑性應變。

ε^{t}：真實總應變。

ε^{el}：真實彈性應變。

σ：真實應力。

E：楊氏模量。

將材料實驗數據轉換為 Abaqus 輸入的例子

以圖 10-4 中的工程應力－應變曲線為例，說明如何將定義材料塑性行為的實驗數據轉換為適當的 Abaqus 輸入格式，我們在工程應力－應變曲線上取 6 個點來決定塑性資料。

首先利用真實應力、工程應力和工程應變，以及真實應變與工程應變的關係式(前面已給出)，將工程應力和工程應變轉換為真實應力和真實應變。一旦這些值已知，就可以利用塑性應變與總應變和彈性應變之間的關係式(前面已給出)來決定與每個降伏應力值有關的塑性應變，轉換後的數據如表 10-1 所示。應變較小時，在真實值和名義值之間的差別很小，而在應變較大時，二者之間就有明顯的差別；因此當模擬時的應變是比較大的情況下，提供給 Abaqus 準確的應力－應變數據就很重要。

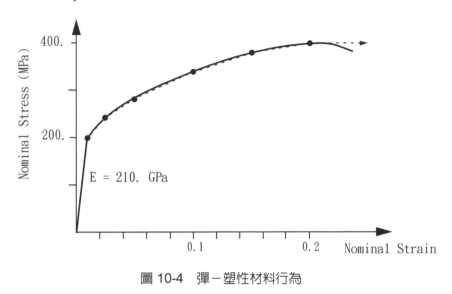

圖 10-4　彈－塑性材料行為

表 10-1　應力和應變的轉換

工程應力	工程應變	真實應力	真實應變	塑性應變
200E6	0.00095	200.2E6	0.00095	0.0
240E6	0.025	246E6	0.0247	0.0235
280E6	0.050	294E6	0.0488	0.0474
340E6	0.100	374E6	0.0953	0.0935
380E6	0.150	437E6	0.1398	0.1377
400E6	0.200	480E6	0.1823	0.1800

在 Abaqus/Explicit 中的資料規則化

在進行分析時，Abaqus/Explicit 也許不能精確地使用由用戶定義的材料資料；為了提高效率，所有以表格形式定義的材料數據都將自動被規則化(Regularized)，這些材料資料可以是溫度、外部場變數以及內部狀態變數(如塑性應變)的函數。每一個材料點的計算都必須透過插值決定材料的狀態，並且為了提高效率，Abaqus/Explicit 採用由等距分佈的點組成的曲線來模擬用戶所定義的曲線，這些規則化的材料曲線是在分析中實際採用的材料數據。了解在分析中使用的規則化材料曲線與給定的曲線之間可能存在的差別是很重要的。

　　爲了說明使用規則化材料數據的含義，考慮下面兩種情形。圖 10-5 顯示了用戶定義的非規則化數據的情況，在此例中，Abaqus/Explicit 產生了 6 個規則數據點，準確地重新產生了用戶的資料。圖 10-6 顯示用戶已經定義的資料難以準確地規則化的情形，在這個例子中，假設 Abaqus/Explicit 把區域分成 10 個間隔來讓資料規則化，但是仍無法準確地重新產生用戶資料點。

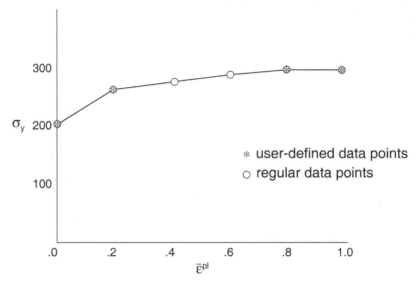

圖 10-5　能夠將用戶資料準確規則化的例子

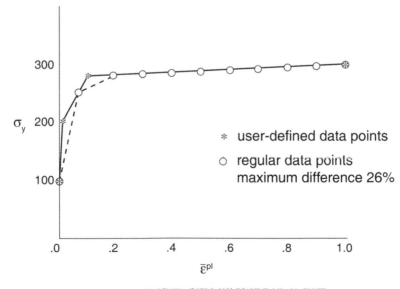

圖 10-6　不能將用戶資料準確規則化的例子

　　Abaqus/Explicit 會試圖用夠多的間隔，使得規則化資料與用戶定義資料之間的最大誤差小於 3%，但您也可以改變這個誤差容限。如果要使用超過 200 個間隔才能得到一條可接受的規則曲線，將會使得資料檢測過程中分析中止並出現錯誤訊息。在一般情況下，如果用戶定義資料中的最小間隔小於獨立變數的區間，那麼規則化將更加困難。在圖 10-6 中，應變為 1.0 的數據點使得應變值的區間比在低應變水準下定義的小間隔來得大，去除最後一個數據點就可以使得資料更容易規則化。

在數據點之間插值

　　Abaqus 在提供的數據點之間進行線性內插(或者在 Abaqus/Explicit 中採用規則化數據)以取得材料響應，並假設在輸入資料定義範圍之外的響應為常數，如圖 10-7 所示。這種材料中的應力絕不會超過 480 MPa，當材料中的應力達到 480 MPa 時，材料將會持續變形且應力不會增加，直到應力降至低於該值。

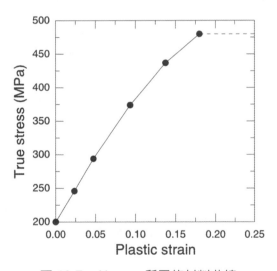

圖 10-7　Abaqus 所用的材料曲線

10.3　彈－塑性問題的元素選取

　　金屬塑性變形中的不可壓縮性質限制了彈－塑性模擬時可使用元素類型，這些限制來自於模擬不可壓縮材料性質使得元素在運動學上的約束增加；在這種情況下，此一限制要求在元素的積分點處的體積保持常數。在某些元素類型中，這些附加的不可壓縮約束使得元素產生了過度約束。當這些元素不能消除這些約束時，就會經歷體積自鎖(Volumetric Locking)，引起元素的響應過於剛硬。體積自鎖就是出現在從元素到元素、或從積分點到積分點之間的靜水壓應力之迅速變化處。

當模型的材料具有不可壓縮特性時，Abaqus/Standard 中的完全積分二次實體元素對體積自鎖非常敏感，因此不能用於彈－塑性問題的模擬。在 Abaqus/Standard 中的完全積分一次實體元素不受體積自鎖的影響，這是因為在這些元素中 Abaqus 實際上採用了常數體積應變，所以它們可以安全地使用於塑性問題。

減積分的實體元素在必須滿足不可壓縮約束上有較少的積分點，因此不會發生過度約束，而且可用於大多數彈－塑性問題的模擬。如果應變超過了 20%至 40%，在使用 Abaqus/Standard 中的減積分二次元素時就需要注意，因為在此應變超過比例下它們可能會體積自鎖，但加密網格就可以降低這樣的影響。

如果不得不使用 Abaqus/Standard 的完全積分二次元素，可以改用專為模擬具有不可壓縮行為設計的混合元素(Hybrid)，但是在這些元素中所增加的自由度將使得分析計算更加費時。

可以採用修正的二次三角形和四面體元素族，它們提供對於一次三角形和四面體元素的改進，並且避免存在於二次三角形和四面體元素的一些問題，尤其是這些元素顯示了最小剪切和體積自鎖。在 Abaqus/Standard 中除了完全積分和混合元素外，還可以使用這些元素，而且在 Abaqus/Explicit 中，它們是唯一的二次實體元素。

10.4　例題：連接環的塑性

在第 4 章 "使用實體元素" 中，鋼製連接環承受因事故引起的極端負載(60 kN)，如果現在要研究在環上發生的變化，線性分析的結果顯示該連接環將發生降伏，您需要確定在連接環中塑性變形的區域和塑性應變的大小，進而評估連接環是否會失效。在這個分析中不需要考慮慣性效應的影響；所以可以使用 Abaqus/Standard 來檢驗連接環的靜態響應。

已知鋼材的非彈性材料數據為降伏應力(380 MPa)及其失效應變(0.15)，並假設鋼材為理想塑性：即材料不發生硬化，且應力絕不超過 380 MPa(見圖 10-8)。

事實上某些硬化可能會發生，但是這樣的假設較為保守；如果材料發生硬化，實際的塑性應變會小於模擬的預測值。

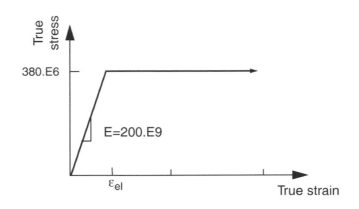

圖 10-8　鋼材的應力－應變行為

　　Abaqus 有提供上述問題的範本，若依照以下的指導遇到了困難，或是用戶希望檢查所建立的模型是否有誤，便可利用下列任一種範例來建立完整的分析模型。

- 在本書的第 A.8 節 "Connecting Lug With Plasticity" 中，提供了重播檔案(*.py)。關於如何提取和執行此重播檔案，將在附錄 A "Example Files" 中說明。

- Abaqus/CAE 的插入工具組(Plug-in)中提供了此範例的插入檔案。在 Abaqus/CAE 的環境下執行插入檔，選擇 **Plug-ins → Abaqus → Getting Started**；將 Connecting Lug With Plasticity 反白，按下 Run。更多關於入門指導插入檔案的介紹，請參閱線上手冊，並搜尋"Running the Getting Started with Abaqus examples"。

　　如果您沒有進入 Abaqus/CAE 或者其他的前處理器，可以手動建立問題所需要的輸入檔案，關於這方面的討論，參閱線上手冊，並搜尋"Example: connecting lug with plasticity"。

∾ 10.4.1　修改模型

　　開啓模型資料庫檔 Lug.cae，複製模型 Elastic 並更改模型名稱爲 Plastic。

材料定義

　　對於 Plastic 模型，您可利用 Abaqus 中的典型金屬塑性模型來指定材料降伏後的特性。在塑性應變爲零時的初始降伏應力爲 380 MPa，由於模擬的是理想塑性的鋼材，因此不需要其他的降伏應力。因爲模型具有非線性材料行爲，所以將進行一般的非線性模擬。

將塑性資料加入到材料模型中

1. 在模型樹中，展開 **Materials** 子項目群，對 Steel 按兩下。
2. 在材料編輯器中，選擇 **Mechanical → Plasticity → Plastic** 叫出典型的金屬塑性模型。輸入初始降伏應力為 380.E6 與相應的初始塑性應變 0.0。

定義分析步和輸出要求

進入 **Step** 模組，編輯分析步定義和輸出要求。在 **Edit Step** 對話方塊的 **Basic** 選項頁中，設定總時間為 1.0，假設在該模擬中的幾何非線性效應並不重要。在 **Incrementation**(增量步)選項頁中，指定初始增量步的大小為總分析時間的 20%(0.2)。此模擬為連接環在極端負載下的靜態分析，您無法事先預測可能需要多少個增量步，但是預設的最大值為 100 個增量步，對於這個分析應算足夠。

開啟 **Field Output Requests Manager**，使用目前的輸出要求，使每個增量步都輸出已經預設的場變數資料。

負載

此模擬中所施加的負載為連接環線彈性模擬中負載的兩倍(從 30 kN 變為 60 kN)，因此在 Load 模組裡，應該在主功能表欄中選擇 **Load → Edit → Pressure load**，並將施加到連接環上的壓力值擴大至兩倍(即改變大小為 10.0E7)。

定義作業

在 Job 模組中建立一個作業，命名為 PlasticLugNoHard，並輸入對作業的描述：Elastic-Plastic Steel Connecting Lug。別忘了儲存您的模型資料檔案。在提交作業進行分析後，應監控求解過程、修改任何模型中的錯誤，並研究任何警告訊息發生的原因。此分析將會提早中斷，原因將在下一節中討論。

⚘ 10.4.2 作業監控和診斷

當分析進行時，查看 **Job Monitor** 可以監視分析的進程。

作業監控器

　　當 Abaqus/Standard 完成模擬時，作業監控器(Job Monitor)將顯示類似圖 10-9 的資訊。Abaqus/Standard 僅對模型施加 94%的指定負載時可以獲得收斂的解答，如最後一列(右邊)所示，在模擬過程中 Job Monitor 顯示 Abaqus/Standard 多次減少了增量步的值，並在第 14 增量步終止分析，Errors 選項頁(見圖 10-9)上的訊息顯示由於時間增量步的值小於在分析中允許的值而導致分析中止。這是出現收斂困難的典型症狀，也是連續地減少時間增量值的直接結果。爲了診斷問題，按下 Job Monitor 對話方塊中的 Message File 選項頁如圖 10-10 所示，錯誤訊息告之：因爲時間步的步長(Increment)比此分析的允許值還小，故分析中斷。按下 Job Monitor 對話方塊中的 Warnings 選項，如圖 10-11 所示，警告訊息與大的應變增量、塑性計算有關的問題，以及此處出現的發散有關。過大的應變增量是塑性計算問題之典型結果，且常導致結果發散，說明這些警告訊息之間有關聯。因此我們懷疑是與塑性計算有關的數值問題，導致了 Abaqus/Standard 的分析過早中斷。

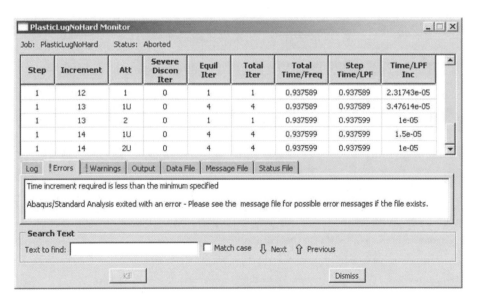

圖 10-9　作業監控器：理想塑性的連接環

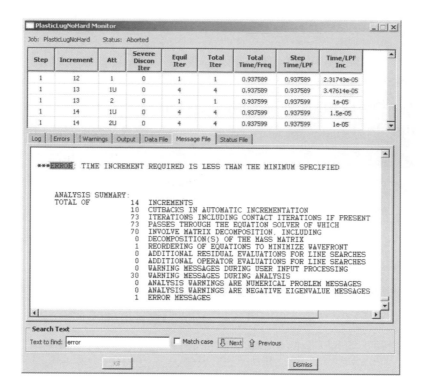

圖 10-10 訊息檔：錯誤描敘

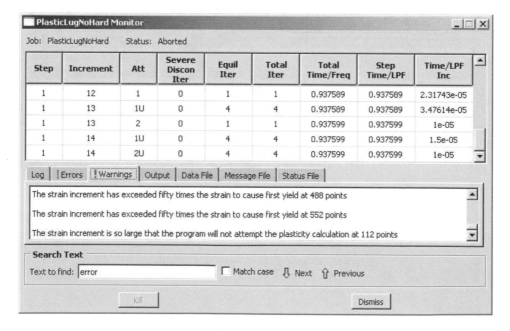

圖 10-11 警告：理想塑性的連接環

作業診斷和訊息檔案

　　進入 **Visualization** 模組，並開啟 PlasticLugNoHard.odb 檔案。打開 **Job Diagnostics** 對話方塊，檢查作業的收斂歷時。觀察在分析中的第一個增量步的訊息(見圖 10-12)，您會發現模型的初始行為是假設線性的，這個判斷是根據殘值 r_{max}^{α} 小於 $10^{-8}\hat{q}^{\alpha}$ (時間平均力)的事實，在這種情況下忽略了位移修正準則，且第二個增量步模型的行為也是線性的(見圖 10-13)。

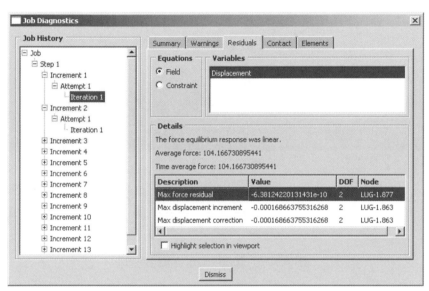

圖 10-12　Increment-1 收斂歷時

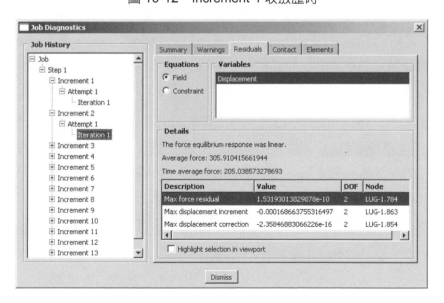

圖 10-13　Increment-2 收斂歷時

在第三個增量步中，Abaqus/Standard 需要數次疊代才能獲得一個收斂的解答，表示在這一步分析時模型發生了非線性行為。在模型中唯一非線性的是材料的塑性行為，所以在此負載的作用下，連接環某處的鋼材必然已經開始降伏。圖 10-14 為第三個增量步在最後一次(收斂的)疊代的總結。

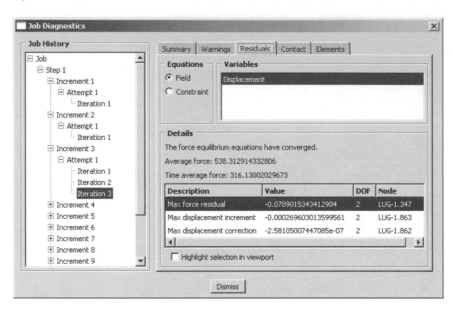

圖 10-14　Increment-3 收斂歷時

Abaqus/Standard 在第四個增量步中使用 0.3 的增量值進行求解嘗試，它表示在此一增量步中施加了全部負載的 30%，即 18 kN。經過幾次疊代後，Abaqus/Standard 放棄了嘗試求解，而將時間增量值減少到在第一次求解嘗試中使用值的 25%，這種對增量值的減少稱為縮減(Cutback)。使用這較小的增量值，Abaqus/Standard 僅用了幾次疊代就找到了一個收斂的解。

在這次嘗試中，Abaqus/Standard 在某些元素的積分點上，偵測到大應變增量步，如圖 10-15 所示。"大應變增量步"指的是應變增量已經超過了初始降伏應變的 50 倍；其中有些也視為過度的增量步，意味著在被影響的積分點，並未嘗試塑性的計算。因此，我們可以看出收斂問題的發生，是直接跟大應變增量步以及塑性的計算有關。

在 Abaqus/Standard 終止分析作業之前，在接下來的增量步會遭遇到新的收斂問題。在這些增量步中，Abaqus/Standard 減少時間增量的長度，因為應變增量步太大，甚至無法進行塑性計算。因此可以推斷，收斂問題主因是來自塑性計算的數值問題。

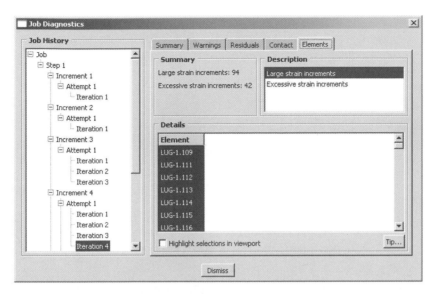

圖 10-15　Increment-4 收斂歷時

　　Abaqus/Standard 爲了確保分析結果的準確跟效率，可自動執行求解的控制，這個針對總應變增量步的量的檢查，是一個執行求解控制的範例。自動執行的求解控制，幾乎適用於所有的模擬分析。用戶不需擔心要提供求解運算參數：只需考慮分析模型的輸入資料。

　　在 Job Diagnostics 對話框中，可觀察到一個現象：實際上，當靠近連接環負載端的節點，發生最大的位移修正，以及靠近連接環固定端的元素，發生大應變或過度應變時，所做的嘗試都會遭遇到收斂問題。這表示負載端產生固定端所不能支撐的變形，變形圖可幫助你更深入的觀察這個現象。

✎ 10.4.3　對結果進行後處理

　　在 **Visualization** 模組中查看結果並探索引起過度塑性的原因。

繪製模型的變形形狀圖

　　建立模型的變形形狀圖，並檢查這個形狀的眞實性。預設的視圖是等視圖。您可以利用 View 功能表中的選項或在 **View Manipulation** 工具欄中的視圖工具設定視圖，如圖 10-16 所示，在這幅圖中已取消了透視功能。

　　圖中所示連接環的位移在轉動部分特別大，但是它們似乎還不至於大到引起所有在模擬中可見到的數值問題。仔細查看在圖的標題中的解釋，使用於該圖的變形放大係數爲 0.02，即位移被放大到它們實際值的 2%(您的變形放大係數可能與此不同)。

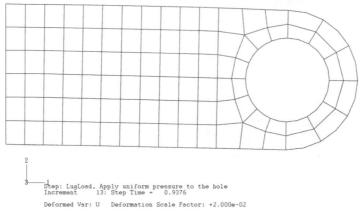

Step: LugLoad, Apply uniform pressure to the hole
Increment   13: Step Time =   0.9376

Deformed Var: U   Deformation Scale Factor: +2.000e-02

圖 10-16　使用沒有硬化的模擬結果之模型變形形狀

　　Abaqus/CAE 在進行幾何線性模擬時，總會將模型的變形形狀縮放到合於視圖窗大小。(和幾何非線性的模擬不同，對於後者 Abaqus/CAE 不縮放位移，而是放大或縮小來調整視圖，使變形形狀適合圖面)。設定變形放大係數為 1.0 以繪製實際的位移，此時將產生一個模型圖，圖中連接環會變形直到與垂直軸(整體的 y 軸)平行。

　　施加 60 kN 的負載已經超出了連接環的極限負載，且當沿厚度方向的所有積分點上的材料降伏時連接環將會失效。由於鋼材的理想塑性後降伏特性，使得連接環沒有勁度能夠抵抗進一步的變形，這和前面觀察到關於最大作用力殘值和位移修正的位置的情況是一致的。

✎ 10.4.4　在材料模型中加入硬化特性

　　利用理想塑性材料特性模擬連接環，我們已經預測到連接環會因為結構失效而導致激烈的破壞。先前提到鋼材在發生降伏後可能會表現出一些硬化特性，您可能猜想在提供了附加勁度且包含了硬化特性後，是否允許連接環承受 60 kN 的負載，所以決定在鋼材的材料性質定義中增加其勁度。假設在 0.35 的塑性應變下，將降伏應力提高到 580 MPa，這就代表了該系列鋼材的典型硬化，修改後的材料應力－應變曲線如圖 10-17 所示。

　　修改您的塑性材料資料使其包含硬化資料。在 **Property** 模組編輯材料定義，可於塑性資料表中添加第二行的資料，輸入降伏應力值 580.E6 和對應的塑性應變值 0.35。

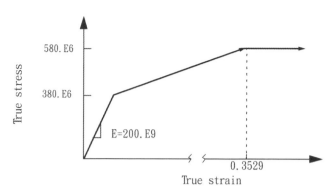

圖 10-17　修改後的鋼材應力－應變特性

✆ 10.4.5　具塑性硬化的分析

建立一個名為 PlasticLugHard 的作業,提交這個作業進行分析,並監控求解過程,然後修改任何的模擬錯誤,並研究任何警告訊息發生的原因。

作業監控

在 **Job Monitor** 中的分析摘要如圖 10-18 所示,顯示在施加了全部 60 kN 負載時,Abaqus/Standard 得到了一個收斂的解。硬化的資料為連接環加入了足夠的勁度,以防止其在承受 60 kN 的負載時發生破壞。

在分析中沒有發出任何警告訊息,因此您可以直接對結果進行後處理。

Step	Increment	Att	Severe Discon Iter	Equil Iter	Total Iter	Total Time/Freq	Step Time/LPF	Time/LPF Inc
1	1	1	0	1	1	0.2	0.2	0.2
1	2	1	0	1	1	0.4	0.4	0.2
1	3	1	0	3	3	0.7	0.7	0.3
1	4	1	0	6	6	1	1	0.3

PlasticLugHard Monitor

Job: PlasticLugHard　　Status: Completed

Log | Errors | Warnings | Output | Data File | Message File | Status File

Completed: Analysis Input File Processor
Started:　Abaqus/Standard
Completed: Abaqus/Standard

Search Text

Text to find:　　　　　　　　　　　☐ Match case　⇩ Next　⇧ Previous

Kill　　　　　　　　　　　Dismiss

圖 10-18　Job Monitor:具有塑性硬化的連接環

✎ 10.4.6　對結果進行後處理

進入 **Visualization** 模組，開啓 PlasticLugHard.odb 檔案。

變形形狀圖和位移峰值

利用新的結果繪製模型變形圖，並改變變形放大係數爲 2，將得到與圖 10-19 類似的圖形。顯示的變形大約是眞實變形的兩倍。

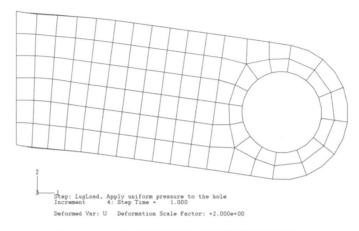

Step: LugLoad, Apply uniform pressure to the hole
Increment 4: Step Time = 1.000

Deformed Var: U　Deformation Scale Factor: +2.000e+00

圖 10-19　含有塑性硬化模擬的模型變形圖

蒙氏應力的等值線圖

繪製模型中的蒙氏應力等值線圖。我們建立一個以 10 種顏色深淺間隔的(即設置變形放大係數爲 1.0)應力等值線圖來表現連接環眞實變形形狀，並隱藏圖形標題和狀態方塊。使用視圖操縱工具將模型定位和尺度縮放，可獲得類似圖 10-20 中所示的結果。

在等高線圖例中列出的值是否讓您感到訝異？其最大的應力值高於 580MPa，這應該是不可能發生的，因爲我們已經假設材料在這個應力大小的表現爲理想塑性。發生這種令人誤解的結果，是由於 Abaqus/CAE 使用的建立元素變數(例如應力)的等值線圖之演算法所造成。建立等值線圖的演算法需要在節點處的資料，然而 Abaqus/Standard 是在積分點處計算元素變數。Abaqus/CAE 經由將積分點處的資料外推(Extrapolation)到節點來計算元素變數的節點值，外推算法的階數由元素類型決定；對於二階、減積分元素，Abaqus/CAE 採用線性外推來計算元素變數的節點值。爲了顯示蒙氏應力的等高線圖，Abaqus/CAE 在每個元素內將應力分量從積分點外推到節點位置並計算蒙氏應力。如果蒙氏應力值中的差值落在所指定的平均門檻值(Threshold)之內，則從圍繞節點的每個元素的應力不變量來計算節點的平均蒙氏應力，由外推過程產生的不變量可能會超出彈性極限。

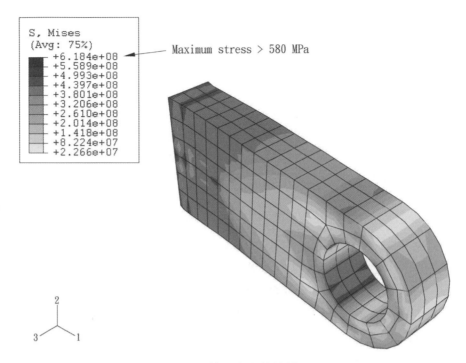

圖 10-20　蒙氏應力等值線圖

　　您可嘗試繪製應力張量的每一分量之等值線圖(變數 S11，S22，S33，S12，S23 和 S13)，可以看到在固定端橫截面上的元素中應力有明顯的變化，這將引起外推的節點應力高於在積分點處的應力，所以從這些值計算出來的蒙氏應力會很高。

　　在積分點處的蒙氏應力絕不會超過元素材料目前的降伏應力，但是在等值線圖中報告的外推節點值就可能會超過。此外，單獨的應力分量可能有些值超出目前的降伏應力值，但只有要求蒙氏應力的值小於或等於目前的降伏應力值。

　　您可以利用在 **Visualization** 模組中的查詢工具檢查在積分點處的蒙氏應力。

查詢蒙氏應力：

1.　在主功能表欄中，選擇 **Tools → Query**。或使用 **Query** 工具列的 ⓘ 工具。
　　跳出 **Query**(查詢)對話方塊。

2.　在 **Visualization Queries**(視覺化後處理查詢)區域中，選擇 **Probe Values**(查值)。
　　跳出 **Probe Values** 對話方塊。

3.　請確認您已選擇了 Elements(元素)和輸出位置 Integration Pt(積分點)。

4.　利用游標選擇連接環約束端附近的元素。
　　Abaqus/CAE 已預設列出了元素的 ID(編號)和類型，以及從第一個積分點開始在每一個積分點處的蒙氏應力值。在積分點處的蒙氏應力值均低於在等值線圖例中列出的值,而且也低於 580 MPa 的降伏應力。您可以按下滑鼠鍵 1 儲存所探測的值。

5. 當完成結果查詢之後,按下 **Cancel**。

外推應力值與積分點處應力值的差別,顯示元素之間應力劇烈變化的事實,且對於精確的應力計算,這樣的網格過於粗糙。如果將網格仔細劃分,將會明顯地減少這種外推應力的誤差,但誤差仍會以某種程度出現,所以在使用元素變數的節點值時一定要小心。

等效塑性應變的等值線圖

材料中的等效塑性應變(PEEQ)是用來表示材料的非彈性變形的純量變數,如果這個變數大於零,表示材料已經降伏。經由主功能表欄中選擇 Result → Field Output,在跳出的對話方塊中的輸出變數列表選擇 PEEQ,可從 PEEQ 的等值線圖裡辨識在連接環中已經降伏的部分。透過調整 **Contour Plot Options**(等高線圖選項)對話方塊,將等高線的最小值設為等效塑性應變的一個小量(例如:-1.0E-4),這樣在 Abaqus/CAE 繪製的模型圖中,任何用深藍色顯示的區域仍具有彈性材料的特性(見圖 10-21,深色的部分),從圖中可以清楚地看到在連接環與母體結構的相連部分有明顯的降伏。在等高線圖例中列出的最大塑性應變為 10%,當然這個值可能包含了來自外推過程的誤差。利用視覺化後處理查詢工具檢查在具有最大塑性應變元素中其積分點處的 PEEQ 值,您將發現在模型中的最大等效塑性應變在積分點處約為 0.087。在塑性變形峰值的附近出現了應變梯度,這不一定表示有很大的外推誤差。

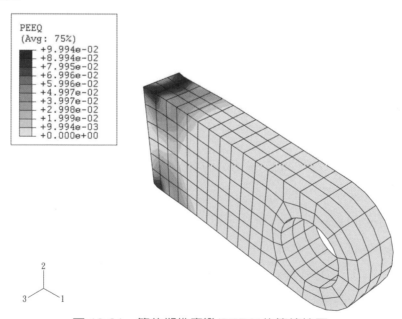

圖 10-21　等效塑性應變(PEEQ)的等值線圖

建立變數－變數(應力－應變)圖

　　前面的章節中已經介紹了 Abaqus/CAE 中的 X-Y 繪圖功能，本節您將學習如何用 X-Y 曲線圖，來表示一個變數作為另一個變數的函數其中的變化。您將利用儲存在輸出資料庫 (.odb)檔案中的應力和應變資料，以建立在連接環約束端附近某個元素中的一個積分點上之應力－應變圖。

　　考慮在圖 10-21 中所示用陰影標示的元素。

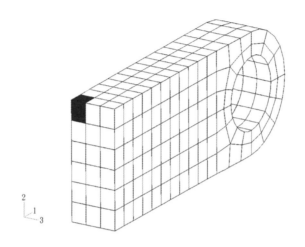

圖 10-22　有最大應力和應變的元素

　　因為在這個元素中的應力和應變值可能是最大的，您必須繪出在這個元素中一個積分點處的應力和應變歷時，您應該選擇積分點，使得這個積分點是在最靠近連接環頂面的一個點，而不是靠近被約束的節點。積分點的編號取決於元素的節點連接順序，所以您需要識別元素的編號以及節點的連接順序以決定採用的積分點。

決定積分點號：

1.　在 **Display Group** 工具列中，選擇 **Replace Selected** ⬤ 工具，點選圖 10-22 中陰影的元素。

2.　繪製該元素的未變形形狀及顯示可見的節點編號。按下自動擬合 🔀 工具得到類似於圖 10-23 所示的圖形。

3.　利用 **Query** 工具獲得這個角元素的節點連接順序(在顯示視窗中，選擇 Element)。您必須將 Nodes 列展開至對話方塊的底部，才能看到全部節點的列表，只需要對前面的 4 個節點感興趣。

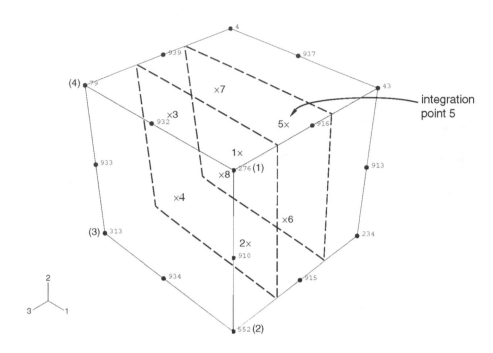

圖 10-23　靠近頂面的積分點的位置

4.　使用未變形模型形狀圖比較節點的連接順序列表，確定哪一個面是 C3D20R 元素的 1-2-3-4 面，詳細定義請參閱線上手冊，並搜尋"Three-dimensional solid element library"，例如在圖 10-23 中，276-552-313-79 面是對應於 1-2-3-4 面，如此一來，積分點編號便如圖中所示。我們只對與積分點 5 相對應的點感興趣。

在以下討論中，假設編號 41 的元素及其積分點 5 滿足上述的要求，但您的元素和/或積分點編號可能有所不同。

建立應力與沿連接環方向的正應變歷時曲線：

1.　在結果樹中，按兩下 **XYData**。
　　跳出 **Create XY Data** 對話框。

2.　在此對話框中，選擇 **ODB field output** 當作來源，按下 **Continue**。
　　跳出 **XY Data from ODB field output** 對話框；預設情況是 **Variables** 頁面在打開的狀況。

3.　在此對話框中，展開下列清單： S：Stress components 以及 E：Strain components。

4. 從提供的應力，應變分量選單中，分別選擇蒙氏以及 E11。

   我們之所以使用蒙氏應力，而不是選擇真實應力張量的分量，是因為塑性模型是以蒙氏應力的形式定義塑性降伏。我們採用 E11 應變分量，因為它是在該積分點處，所有應變張量的最大分量，利用它可以清楚顯示在該積分點處，材料的彈性和塑性行為。

5. 按下 **Elements/Nodes** 標籤。

6. 接受 **Pick from viewpoint** 的選取模式，按下 **Edit Selection**。

7. 在視圖窗中，按下圖 10-22 所示的陰影元素；按下提示區的 **Done**。

8. 按下 Save 來儲存資料，並按下 **Dismiss** 來關閉對話框。

   一共會建立十六條曲線(每一個積分點的每一個變數)，曲線以預設的名稱命名。曲線會出現在 **XYData** 子項目群中。以上建立的每條曲線都是歷時變化圖(變數相對於時間)。您必須將這兩個圖組合，去除對時間的相依性，進而產生所需要的應力－應變圖。

組合歷時曲線產生應力－應變圖：

1. 在結果樹中，按兩下 **XY Data**。

   跳出 **Create XY Data** 對話方塊。

2. 選擇 **Operate on XY data**，並按下 **Continue**。

   跳出 **Operate on XY Data** 對話方塊。展開 **Name** 區域來顯示每條曲線的完整名稱。

3. 從 **Operators** 列表中，選擇 **Combine(X,X)**。

   combine( )顯示在對話方塊頂端的文字方塊中。

4. 在 **XY Data** 區域中，針對感興趣的積分點，選擇應力應變曲線。

5. 按下 **Add to Expression**(添加運算式)。運算式 Combine("E：E11…", "S：蒙氏…")出現在文字方塊中。在這個運算式裡，"E：E11…" 將決定該組合圖中的 x-值，"S：蒙氏…" 將決定 y-值。

6. 在對話方塊底部，按下 **Save As** 儲存組合資料物件。

   跳出 **Save XY Data As**(儲存 XY 資料)對話方塊。在 **Name** 文字方塊中鍵入 SVE11，並按下 OK 關閉對話方塊。

7. 為了觀察組合後的應力－應變圖，在對話方塊的底部按下 **Plot Expression**(繪製運算式)。

8. 按下 **Cancel** 關閉對話方塊。

9. 按下提示區 X 的來關閉目前的程序。

    可以改變 X 和 Y 軸的範圍，使得 X-Y 圖可以更清楚顯示。

設定應力－應變曲線：

1. 對任一個座標軸按兩下，開啓 **Axis Options** 對話方塊。

2. 設定 X 軸(E11 Strain)的最大範圍爲 0.09，Y 軸(蒙氏 stress)的最大範圍爲 500 MPa，
    和最小應力值爲 0.0 MPa。

3. 切換到 **Titles** 頁面，將 X 和 Y 軸的標示改爲圖 10-24 的格式。

4. 按下 **Dismiss** 關閉 **Axis Options** 對話框。

5. 在曲線上的每個資料點做標記也是很有用的。開啓 **Curve Options** 對話方塊。

6. 從 **Curves** 區域中，選擇應力－應變曲線(SVE11)。

    SVE11 資料物件將以高亮度顯示。

7. 選取 **Show Symbol**(顯示標記)並接受預設值，然後在對話方塊的底部按下 Dismiss。

    此時應力－應變曲線的每個資料點上都出現一個標記。

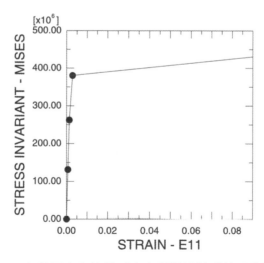

圖 10-24　在角元素上的蒙氏應力與沿連接環的正應變(E11)

您現在會有一張類似於圖 10-24 的圖形。在模擬的前兩個增量步中，應力－應變曲線
顯示對應於該積分點的材料行爲爲線彈性；在分析的第三個增量步中，圖中顯示材料仍然
保持爲線性，然而在這個增量步中材料確實發生了降伏，這個錯覺是因爲圖中所顯示的應

變範圍不適當造成的，如果將顯示的最大應變限制為 0.01，並將最小值設置為 0.0，在第三步中的非線性材料行為可以顯示得更加清楚(見圖 10-25)。

　　這條應力－應變曲線還有另一個明顯的錯誤，它顯示材料在 250 MPa 時降伏，而此一應力水準遠低於初始降伏應力，這個錯誤來自於 Abaqus/CAE 用直線連接曲線上的數據點所導致，如果您限制增量步的大小，在圖中較多的數據點將會提供材料響應更好的顯示，並且說明降伏恰好發生在 380 MPa。

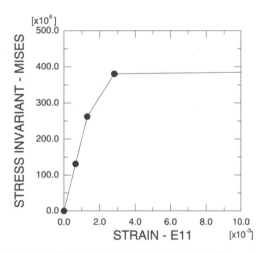

圖 10-25　在角部元素的蒙氏應力與沿連接環的正應變(E11)，最大應變 0.01

　　第二次模擬的結果說明如果在降伏後鋼材硬化，連接環將可以承受 60 kN 的負載。綜合兩次模擬的結果，說明決定鋼材實際的降伏硬化特性是非常重要的。如果鋼材只有少許的硬化，在 60 kN 負載下連接環可能遭到破壞；而如果發生中度的硬化，儘管將會在環中產生較大的塑性降伏(見圖 10-21)，但連接環仍可能承受該負載。但即使是有塑性硬化，對於該負載的安全係數也可能是很小的。

10.5　例題：加強板承受爆炸負載

　　前一個範例描述了在求解關於非線性材料響應的問題時，使用隱式方法可能遇到的某些收斂困難。現在將注意力放在使用顯式動態方法求解關於塑性的問題，顯式求解方法中因為不必進行疊代，在這種情況下便不存在收斂問題。

在這個範例中，您將使用 Abaqus/Explicit 來評估一塊承受爆炸負載下的加強方板響應。板子的四周被牢牢地固定住，並且等間距焊接了三條加強肋，該板為 25 mm 厚和 2 m 見方的鋼板，加強肋則由 12.5 mm 寬和 100 mm 高的厚板構成，圖 10-26 顯示了板的幾何形狀和材料參數的詳細資訊。由於板的厚度明顯小於任何其他的整體尺寸，因此可以使用殼元素來模擬。

本範例的目的在於確定板的響應，並觀察當材料模型的複雜程度增加時板的響應將如何變化。首先我們分析標準彈－塑性材料模型的行為，接下來我們將研究包括材料阻尼和率相關(Rate Dependence)材料性能的影響。

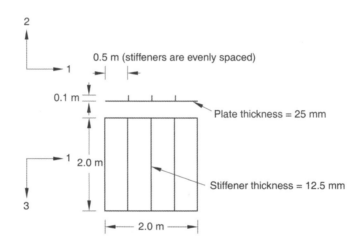

Material properties
General properties:
$\rho = 7800$ kg/m^3
Elastic properties:
$E = 210 \times 10^9$ Pa
$\nu = 0.3$
Plastic properties:

True Stress (Pa)	True Plastic Strain
300×10^6	0.000
350×10^6	0.025
375×10^6	0.100
394×10^6	0.200
400×10^6	0.350

圖 10-26 爆炸負載下平板問題的描述

∽ 10.5.1　前處理－用 Abaqus/CAE 建立模型

您可使用 Abaqus/CAE 建立一個加強板的三維模型，Abaqus 有提供上述問題的範本，若依照以下的指導遇到了困難，或是用戶希望檢查所建立的模型是否有誤，便可利用下列任一種範例來建立完整的分析模型。

- 在本書的第 A.9 節 "Blast Loading On A Stiffened Plate"，提供了重播檔案(*.py)。關於如何提取和執行此重播檔案，將在附錄 A，"Example Files" 中說明。

- Abaqus/CAE 的插入工具組(Plug-in)中提供了此範例的插入檔案。在 Abaqus/CAE 的環境下執行插入檔，選擇 **Plug-ins** → **Abaqus** → **Getting Started**；將 Blast Loading On A Stiffened Plate 反白，按下 Run。更多關於入門指導插入檔案的介紹，請參閱線上手冊，並搜尋"Running the Getting Started with Abaqus examples"。

如果您沒有進入 Abaqus/CAE 或者其他的前處理器，可以手動建立關於這個問題的輸入檔案。有關於這方面的討論，請參閱線上手冊，並搜尋"Example: blast loading on a stiffened plate"。

定義模型的幾何

啓啓動 Abaqus/CAE 後進入 Part 模組，以拉伸殼的基本特徵方式建立一個三維的可變形部件來表示板，令部件尺寸約爲 5.0，並命名部件爲 Plate。對於建立部件的幾何形狀，以下概述了建議採用方法的過程，如圖 10-27 所示。

建立加強板的幾何：

1. 利用 **Create Lines:**工具 **Connected** 去定義板的幾何，繪製一條任意水平線。

2. 定義加強肋幾何，在平板上增加三條垂直的線段。目前不需定義這些線段的水平位置，但是端點必須要在前一個步驟的水平線上。

3. 對三條垂直線施加等長拘束，並標註其中一條線段的尺寸爲 0.1m。

4. 在平板跟補強肋相交的地方將平板分割。

5. 選取平板的兩端來標註長度，設定尺寸值爲 2.0m。

6. 對水平線段的四個部分施加等長拘束。

   部件最後的草圖如圖 10-27 所示。

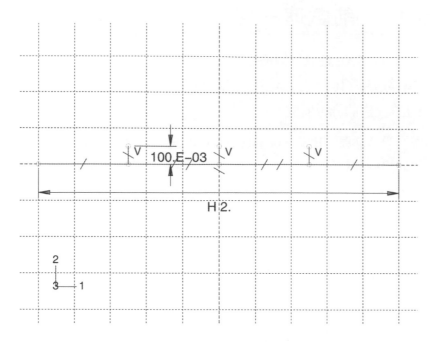

圖 10-27　加強板的輪廓圖(每兩條格線顯示一條)

7.　將草圖拉伸 2.0m 來建立平板。

定義材料性質

　　進入 **Property** 模組，定義關於板和加強肋的材料和截面屬性。

　　建立一個材料命名為 **Steel**，其密度為 7800 kg/m3、楊氏模量 210.0E9 Pa 且蒲松比 0.3。在這個階段，我們還不知道是否會發生任何塑性變形，但是我們知道這種鋼材的降伏應力值和降伏後行為的詳細情況。我們將在材料定義中包含這些資訊。材料的初始降伏應力為 300 MPa，在達到 35% 的塑性變形時，降伏應力增至 400 MPa。為了定義材料的塑性性能，鍵入降伏應力和塑性應變資料如圖 10-26 所示，其塑性應力－應變曲線如圖 10-28 所示。

　　在分析的過程中，Abaqus 由當時的塑性應變計算其相對應之降伏應力。正如前面所討論的，當應力－應變資料是以塑性應變的等間隔分佈時，查尋和插值的過程是最有效的。為了避免讓用戶輸入規則的資料，Abaqus/Explicit 會自動地規則化資料。在本例中，Abaqus/Explici 透過將 0.025 的增量把資料擴展到 15 個等間隔的點，就可使資料規則化。

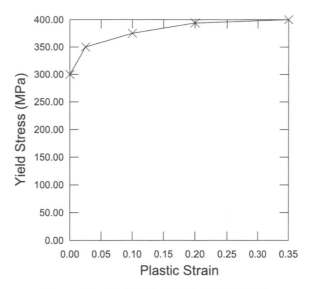

圖 10-28　降伏應力與塑性應變的關係

　　為了說明當 Abaqus/Explicit 不能夠將材料資料規則化時所產生的錯誤資訊，您可以設定規則化的可允許誤差值(Tolerance)為 0.001(在 **Edit Material**(編輯材料)對話方塊中，選擇 **General** → **Regulization**)，且包括一組額外的資料對，如表 10-2 所示。

表 10-2　修改後的塑性資料

降伏應力(Pa)	塑性應變
300.0E6	0.000
349.0E6	0.001
350.0E6	0.025
375.0E6	0.100
394.0E6	0.200
400.0E6	0.350

　　在用戶定義的資料中，較低的可允許誤差值和小間隔的組合將導致在規則化材料定義時遇到困難，以下的錯誤訊息將寫入狀態檔案(.sta)，並顯示在 Job 模組中的 **Job Monitor** 對話方塊中：

```
***ERROR: Failed to regularize material data. Please check
your input data to see if they meet both criteria as
explained in the "MATERIAL DEFINITION" section of the
Abaqus Analysis User's Manual. In general, regularization is
more difficult if the smallest interval defined by the user
is small compared to the range of the independent variable.
```

在繼續下一步之前，將規則化的允許值設回到預設值(0.03)，並刪除額外的一組數據點。

建立和指定截面屬性

建立兩個均勻(Homogeneous)的殼截面屬性，兩個都參考鋼材的定義但是指定不同的殼厚度。將第一個殼截面屬性命名為 PlateSection，選擇 Steel 作為材料，並指定 0.025 m 作為 **Shell Thickness** 的值；將第二個殼截面屬性命名為 StiffSection，選擇 **Steel** 作為材料，並指定 0.0125 m 作為 **Shell Thickness** 的值。

將 StiffSection 定義指定到加強肋(在視圖窗中用**[Shift]**+同時點選多個區域)。

將 PlateSection 定義指定到平板前，先考慮以下因素。如果加強肋與平板在它們的中間面相連接(這是預設的情況)，這樣一部分面積的材料會發生重疊，如圖 10-29 所示。雖然板和加強肋的厚度，與結構的整體尺寸相對很小(這些重疊的面積，以及由此可能產生的多餘勁度，不會對分析的結果產生多大的影響)，將平板的參考面，從它的中間面做一個偏移，可以建立一個更精確的分析模型。此做法可使加強肋的端部頂，位在板面上而又不與板面發生任何材料的重疊，如圖 10-30 所示。

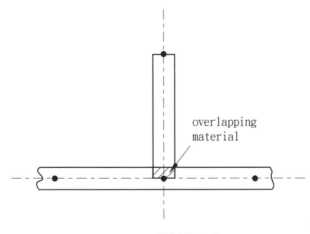

圖 10-29　材料的重疊

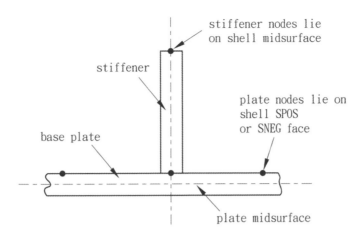

圖 10-30　加強肋連接平板時，參考面從中間面偏移

　　要決定將平板的參考面往正向(SPOS)偏移或是負向(SNEG)偏移，可先查詢薄殼的法線方向(**Tools → Query → Shell Element Normals**)，並注意平板建立補強肋那一面的顏色(棕色表示正向；紫色表示負向)。必要的話可以反轉平板的法線方向(**Assign → Element Normal**)，使平板的各部份能有相同的法線方向。接下來將 PlateSection 指定到平板，在 **Edit Section Assignment** 對話框中點選 Offset，若補強肋那一邊為棕色，則設定 **Top surface**，反之則設定 **Bottom surface**。

建立裝配件

　　對板的模型建立一個獨立實體。這裡採用預設的直角座標系，且平板放置在 1-3 面內。

　　如此我們可以很方便地建立一個用來指定邊界條件和輸出要求的幾何集合，將平板的邊界建立一個命名為 Edge 的集合，並在平板與中間加強肋的交線的中點建立一個命名為 Center 的集合，如圖 10-31 所示。為了建立集合 Center，需要切割半個邊界，您可使用 **Partition Edge：Enter Parameter** ⇥ 工具。

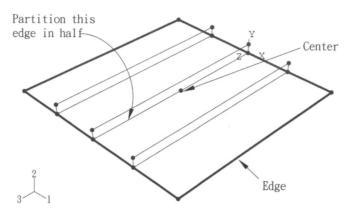

圖 10-31　幾何集合

定義分析步和輸出要求

進入 Step 模組，並建立一個單一的動態、顯式分析步(Dynamic，Explicit)，命名該分析步為 Blast，並指定其為：Apply blast loading。鍵入 50E-3 s 的值作為分析步的時間。

一般的情況下，您應在分析過程嘗試去限制寫入輸出資料庫的數量，以保持輸出資料庫檔案大小的合理性。在本例的分析中，對於結構響應的研究每隔 2 ms 儲存一次資料應可提供足夠詳細的資訊。接下來編輯預設的輸出要求 F-Output-1，並設定預先選擇的場變數資料儲存次數為 25 次作為分析中間隔的數量。由於該分析步的總時間是 50 ms，這樣便可確保在每 2 ms 會寫入所選擇的資料。

模型中所選擇區域有一組更詳細的輸出可儲存為歷時輸出資料。編輯預設的歷時變數輸出要求 H-Output-1，將模型的所有能量(選擇預設值)以及平板中點的位移資料作為歷時資料寫入輸出的資料庫檔，在整個分析過程中共有 500 個點(即模擬時間的每 1.0E-4 s)。

對於 Blast 分析步建立一個歷時變數輸出要求，將其命名為 Center-U2。選擇 Center 作為輸出區域，並選擇 U2 作為轉移輸出變數，輸入 500 作為間隔的數量，以此在分析中儲存輸出。

設定邊界條件和負載

進入 Load 模組來定義在本分析中使用的邊界條件。您可在 Blast 分析步建立一個 **Symmetry/Antisymmetry/Encastre**(對稱/反對稱/固定)的力學邊界條件，並命名為 Fix Edges。利用幾何集合 Edge 將邊界條件施加到板的邊界上，並指定 **ENCASTRE(固定)(U1 = U2 = U3 = UR1 = UR2 = UR3 = 0)**完全地約束該集合。

　　平板將承受隨時間變化的負載：壓力迅速增加，從分析開始時的值爲 0，在 1 ms 時達到了它的最大值 7.0×105 N，在這個峰值點處持續了 9 ms，然後在另一個 10 ms 時衰減爲 0。在分析的剩餘時間裏它一直保持這個零值不變。詳細情形可參考圖 10-32。

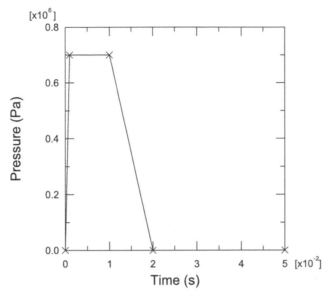

圖 10-32　作為時間函數的壓力負載

　　定義一個列表的振幅(**Amplitude**)曲線，命名爲 Blast。輸入如表 10-3 給出的振幅資料，並指定光滑參數爲 0.0。

　　接下來，定義壓力負載。由於定義負載的量值是由振幅所定義，所以您只需要施加一個單位壓力到平板上。施加該壓力使得它推向板的頂面(此處的加強肋是位於板的底面)，這個壓力負載將使得加強肋的外側纖維受到拉伸。

表 10-3　爆炸負載振幅

時間	振幅
0.0	0.0
1.0E-3	7.0E5
10.0E-3	7.0E5
20.0E-3	0.0
50.0E-3	0.0

定義壓力負載：

1. 在模型樹中，按兩下 **Loads** 子集。在顯示的 **Create Load** 對話方塊中，命名負載為 Pressure load，並選擇 Blast 作為施加負載的分析步。選擇 **Mechanical** 作為負載類型和 **Pressure** 作為負載種類，按下 **Continue**。

2. 選擇所有與板有關的表面。當適當的表面選定後，按下 **Done**。
   Abaqus/CAE 使用兩種顏色來標示薄殼的兩側。為了完成負載的定義，在平板每一側的顏色必須一致。

3. 如果有必要，在提示區中選擇 **Flip A Surface**，在板的一個區域內轉換箭頭的顏色。重覆上述步驟直到在板的頂面上的所有箭頭都具有相同的顏色為止。

4. 在提示區中，選擇顏色代表作用在沒有加強肋的一側板上的箭頭。

5. 在顯示的 **Edit Load** 對話方塊中，指定一個均勻的壓力值為 1.0 Pa，並選擇幅值定義為 Blast，按下 OK 完成對負載的定義。
   平板的負載和邊界條件如圖 10-33 所示。

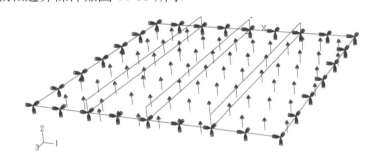

圖 10-33　壓力負載和邊界條件

建立網格和定義作業

以 0.1 的總體元素尺寸在部件實體上播撒種子。此外，選擇 **Seed → Edge By Number** 並在沿加強肋的高度指定建立兩個元素。使用來自 **Explicit** 元素庫中的四邊形殼元素(**S4R**)來劃分板並且加強肋的網格，網格剖分的結果如圖 10-34 所示。這個相對粗糙的網格提供了適當的精度以保持求解時間達到一個最小值。

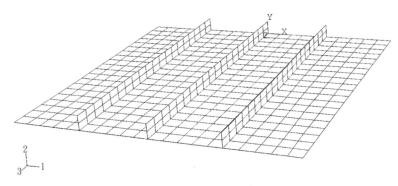

圖 10-34　板的網格

在 Job 模組，建立一個命名為 BlastLoad 的作業。指定的作業描述如下：Blast Load On A Flat Plate With Stiffeners：S4R elements (20×20 mesh) Normal Stiffeners (20×2)。

將您的模型儲存為模型資料庫檔，並提交作業進行分析，然後監控求解過程、改正任何檢查到的模擬錯誤，並研究任何警告訊息發生的原因。

🔊 10.5.2　後處理

完成作業後，進入 **Visualization** 模組，並開啟由這個作業建立的 .odb 文件 (BlastLoad.odb)。

在預設的情況下，Abaqus 以填滿的方式繪製模型的未變形形狀。

改變視圖

預設的視圖為等角視圖，它不能提供一個特別清楚的板的視圖。為了改善視覺效果，您可使用在 **View** 功能表中或在 **View Manipilation** 工具列上的視圖工具對視圖進行旋轉。選擇視角方法旋轉視圖，鍵入視角向量的 X-, Y-, Z-座標為 1, 0.5, 1，以及向上向量的座標為 0, 1, 0。

殼厚度之核對

Abaqus 後處理中，可用顏色來顯示結構厚度並具也可展開截斷面厚度去察看分析結果。例如，結構上的共同厚度區域是可用同一種顏色來顯示。(從 **Color code** 工具列中，選擇 **Section** 去顯示厚度)。延展殼元素的厚度，可在主要工具列中選擇 **View → ODB Display Options** 並視窗中選擇 **Render shell thickness** 並按 **Apply**，確定結構上的厚度是否正確，如圖 10-35 所示，如正確可按 OK 而進行下一階段。

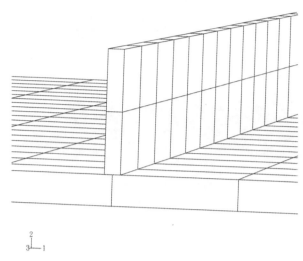

圖 10-35 殼元素厚度之顯示

結果動畫

如前面範例所述,透過動畫顯示結果,為爆炸負載下平板的動態響應提供一般性的理解。首先繪製模型的變形形狀圖,並改變 **Deformed Shape Plot Options** 以顯示 **Filled** 填充圖,然後建立一個變形形狀的時間−歷時動畫,在提示區使用 **Animation Options** 按鈕改變播放方式為 **Play Once**。

從動畫中可以觀察到隨著爆炸負載的施加,板會開始撓曲。在整個負載施加的過程中,板開始振動;在爆炸負載降至零後,這種振動仍然持續。最大位移大約發生在 8 ms 左右,當時的位移狀態如圖 10-36 所示。

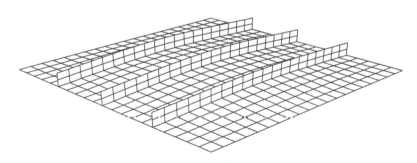

圖 10-36 在 8 ms 時的位移形狀

動畫可以另存檔案供以後播放。

儲存動畫：

1.　從主功能表欄中，選擇 **Animate** → **Save As**。

　　跳出 **Save Image Animation** 對話方塊。

2.　在 **Setting** 區域中，輸入檔案名 blast_base。

　　動畫的格式可以指定為 **QuickTime**，**AVI**，**VRML** 或者 **Compressed VRML**。

3.　選擇 **QuickTime** 格式，按下 OK。

　　將動畫儲存為 blast_base.mov 檔案在您目前的目錄下，在您儲存了動畫後，就可以使用 Abaqus/CAE 以外的其他標準動畫播放工具來播放。

歷時輸出資料

　　由於從變形圖中不容易觀察板的變形，所以最理想的是以圖形的方式觀察中心節點處的撓度響應。由於在中心節點處發生了最大的撓度，所以我們最感興趣的是板的中心處之位移模式。

　　顯示中心節點的位移歷時，如圖 10-37 所示(用毫米顯示位移)。

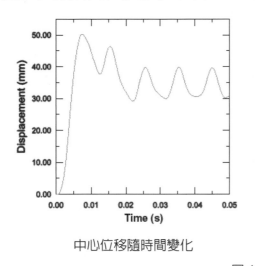 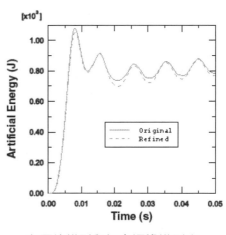

中心位移隨時間變化　　　　　　　　在原始模型和加密網格模型中

圖 10-37

產生中心節點位移的歷時圖：

1.　在結果樹中，按兩下位在板的中心節點處(集合 Center)的歷程輸出，Spatial displacement：U2。

2. 儲存目前的 X-Y 資料：在結果樹中，對資料名稱按右鍵，從選單中選擇 **Save As** 並命名資料爲 DISP。

    在這個圖中位移的單位是米。透過建立一個新的資料物件來修改資料，以便建立一個位移(以毫米爲單位)隨時間變化的圖。

3. 在結果樹中，展開 **XYData** 子項目群。

    DISP 數據會列在下方。

4. 在結果樹中，按兩下 **XY Data**，在 **Creat XY Data** 對話方塊中，選擇 **Operate on XY Data**。按下 **Continue**。

5. 在 **Operate on XY Data** 對話方塊中，用 1000 乘以 DISP 來建立以毫米而不是以米表示位移值的圖。此時在對話方塊頂端的運算式應顯示爲：

    "DISP" * 1000

6. 按下 **Plot Expression** 以觀察修改後的 X-Y 資料，儲存資料爲 U_BASE2。

7. 關閉 **Operate on XY Data** 對話方塊。

8. 按下工具列裡的 **Axis Options** ⊢⟶ 工具，在 **Axis Options** 對話框中，將 X 軸的標題改爲 Time(S)，並且將 Y 軸的標題改變爲 Displacement(mm)。按下 OK 來關閉對話框。結果如圖 10-38 所示。

    圖中顯示在 7.7 ms 時位移達到了最大值 50.2 mm，且在爆炸負載卸載後位移仍然在振盪。

    儲存在歷時輸出資料中的其他所有的模型能量。能量歷時能夠幫助您辨別在模型中可能存在的缺陷，以及有明顯意義的物理影響。顯示五種不同能量的輸出變數的歷時－**ALLKE**、**ALLSE**、**ALLPD**、**ALLIE** 和 **ALLAE**。

產生模型能量的歷時圖型：

1. 將 **ALLAE，ALLIE，ALLKE，ALLPD** 以及 **ALLSE** 輸出變數的歷程輸出，儲存爲 X-Y 曲線。每條曲線都會給定一個預設的名稱：**ALLAE，ALLKE**…等。

2. 在結果樹中，展開 **XYData** 子項目群。

    列出了 **ALLKE**、**ALLSE**、**ALLPD**、**ALLIE** 和 **ALLAE** X-Y 資料物件。

3. 使用**[Ctrl]**+按下選擇 **ALLKE**、**ALLSE**、**ALLPD**、**ALLIE** 和 **ALLAE**；按下滑鼠右鍵並選擇 **Plot** 繪製能量曲線。

4. 為了在圖中更明顯地區分各條不同曲線，開啓 **Curve Options** 對話框，並改變它們的線形。

    *   對於曲線 **ALLSE**，選擇虛線(**Dashed**)線形。
    *   對於曲線 **ALLPD**，選擇點線(**Dotted**)線形。
    *   對於曲線 **ALLAE**，選擇點劃線(**Chain Dashed**)線形。
    *   對於曲線 **ALLIE**，選擇第二細的線形。

5. 開啓 **Chart Legend Options** 對話框，並切換到 **Area** 頁面來變換圖形說明的位置。

6. 在此頁的 **Position** 區域，點選 Inset 並按下 **Dismiss**。拖曳圖形的說明使其跟格線吻合，如圖 10-38 所示。

我們可以看出一旦負載消失，平板會自由的振動，動能會隨著應變能的減少而增加。當平板的變形量最大，也就是說，有最大應變能的時候，幾乎是停止不動的，會產生最小的動能。

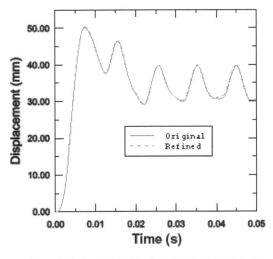
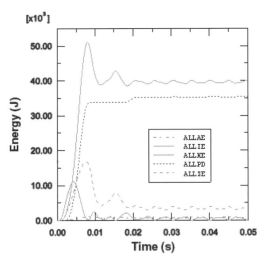

在原始和加密網格的中心點處位移的歷時　　　　能量項作為時間的函數

圖 10-38

注意到塑性應變能上升達到一個穩定的水準，隨後又再次上升。從動能曲線圖中，可以觀察出塑性應變能的第二次上升發生在板從最大位移處彈回並向反方向運動的時刻。因此在爆炸脈衝之後，我們看到了由於回彈引起的塑性變形。

即使這裏沒有指出沙漏在分析中會成為問題，也要研究僞應變能並確認它是否存在。如第 4 章 “使用實體元素” 中所討論的人造能(ALLAE)或 “沙漏勁度” 是用來控制沙漏變形的能量，而輸出變數 **ALLAE** 是累積的偽應變能，則這些關於沙漏控制的討論也適用於殼元素。當板變形時，由於能量在塑性變形中耗散，所以總內能遠大於單獨的彈性應變能，因此在分析中最有意義的是將偽應變能與一個包含了耗散能和彈性應變能的能量作比較，這個變數就是總內能 **ALLIE**，它是所有內部能量的和。偽應變能大約為總內能的 2%，表示沙漏不是問題。

從變形形狀中我們可以注意到一件事，就是中間的加強板承受了幾乎是純粹的面內彎曲。沿加強板的厚度方向上僅使用兩個一階、減積分元素並不足以模擬面內彎曲行為。由於這裏沙漏很小，從這種粗糙網格得到的結果似乎已經足夠，但是為了更加完善，我們研究當仔細劃分加強板的網格時結果將如何變化。請記住必須小心地細劃網格，由於網格細劃將增加元素數量和縮小元素尺寸，造成求解時間增加。

編輯網格，並重新指定網格密度。要求沿每一加強板的高度剖分 4 個元素，並重新剖分部件實體網格。然後進入 Job 模組建立一個新的作業，命名為 BlastLoadRefined。提交這個作業進行分析，當作業運算結束後觀察得到的結果。

這種在元素數量上的增加使得運算時間增加了約 20%，此外在加強板中減少最小元素尺寸的結果是穩定時間增量約減少了 2 倍。因為求解總時間的增加是兩種影響因素的組合，細劃網格的運算時間增加倍數約為原始網格的運算時間的 1.2×2，即 2.4 倍。

圖 10-39 顯示了關於原始網格和加強板網格細劃後的偽能量歷時。

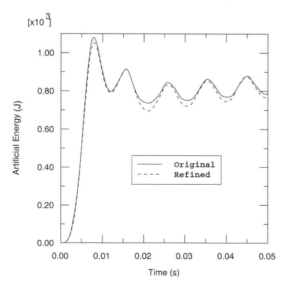

圖 10-39　在原始模型和加密網格模型中的偽能量

　　正如我們所預期，在細劃網格中的偽能量較低，但重要的問題在於從原始網格到細劃網格其結果是否有顯著的變化。圖 10-40 表示在兩種情況下板中心節點的位移幾乎一致，說明最初的網格已經足夠精確地反映整體的響應。不過細劃網格的優點之一是它更能反映加強板上應力和塑性應變的變化。

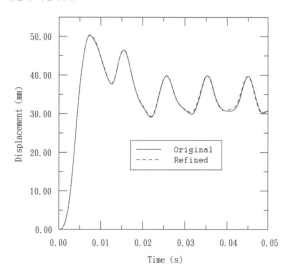

圖 10-40　在原始和加密網格的中心點處位移的歷時

等值線圖：

　　在本節中，您將使用 **Visualization** 模組的等值線繪圖功能來顯示在板中的 Von Mises 應力和等效塑性應變的分佈。您可使用加強板細劃網格的模型來建立圖形，從主功能表欄中選擇 **File → Open** 並選擇檔案 BlastLoadRefined.odb。

產生 Von Mises 應力和等效塑性應變的等值線圖：

1. 從主功能表欄中(**Result → Field Output**)，選擇 **Primary**。

2. 在顯示的 **Field Output** 對話方塊中，從 **Output Variable** 區域中選擇應力輸出變數 (S)。應力不變量顯示在 **Invariant** 區域中，選擇 Von Mises 應力不變數。

3. 從主選單中，選擇 **Result → Section Points**。

4. 在顯示的 **Section Points** 對話方塊中，選擇 **Top and bottom** 並按下 **OK**。

5. 選擇 **Plot → contours → On Deformed Shape**。

　　Abaqus 顯示出 Von Mises 應力的等值線圖。

　　您可以改變前面所設定關於動畫展示的視圖的角度，使應力分佈更加清晰。

6. 使用 **Views** 工具列的 ![icon] 工具，將視角改回預設的等角視圖。

> **提示**：如果看不見 **Views** 工具列，從主選單中選擇 **View** → **Toolbars** → **Views**。

圖 10-41 為分析結束後，Von Mises 應力的等值線圖。

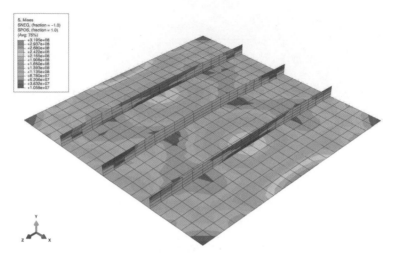

圖 10-41　在 50 ms 時的 Von Mises 應力的等值線圖

7. 同樣地繪出等效塑性應變的等值線圖。從主功能表欄中 **Field Output** 的左邊選擇 **Primary**，從主要輸出變數的列表中，選擇等效塑性應變**(PEEQ)**輸出變數。

圖 10-42 顯示在分析結束時，等效塑性應變的等值線圖。

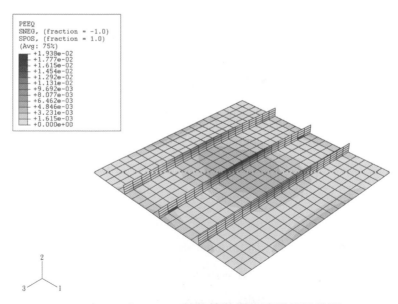

圖 10-42　在 50 ms 時的等效塑性應變等值線圖

∾ 10.5.3　關於分析的回顧

這個分析的目的是研究當板在承受爆炸負載作用時，板的變形和結構不同部分的應力。爲了判斷分析的精確度，您需要考慮在建模時所作的假設和近似，並識別模型的一些限制條件。

阻尼

無阻尼的結構將以一定的振幅持續振動。在該模擬整個 50 ms 時間裏，可以看到振動的頻率約爲 100 Hz。等振幅的振動並不是所期望的實際響應，因爲在這種類型的結構中振動將隨著時間的增加而趨於停止，在 5～10 次振動後，有效的振動便消失了。發生典型的能量損失源於許多種機制，包括支撐的摩擦效果和空氣的阻尼。

接下來我們將要在分析中考慮阻尼的存在以模擬這種能量的損失。由於在分析中存在黏滯效應而耗散的能量(ALLVD)爲非零值，表示已存在著某種阻尼。在預設的情況下，總是存在著體黏滯阻尼(在第 9 章 "非線性顯式動態分析" 中討論過)，將其引入以改善對高速事件的模擬。

在這個殼模型中僅存在著線性阻尼。使用預設值將使該振動終將停止，但是由於體黏滯阻尼很小，振動將會持續很長一段時間，因此必須使用材料阻尼來引入一個更爲眞實的結構響應。現在我們回到 **Property** 模組來修改材料定義。

增加材料阻尼：

1. 在模型樹中，按兩下 **Material** 子項目群下的 **Steel**。

2. 在 **Edit Material**(編輯材料)對話方塊中，選擇 **Mechanical → Damping**，並指定 50 作爲質量比例阻尼係數 **Alpha** 的值，**Beta** 是控制勁度比例阻尼的參數，在目前的狀態下仍設置它爲零值。

3. 按下 **OK**。

板的振動時間周期約爲 30 ms，因此我們需要增加分析時間以允許有足夠的時間使振動被阻尼衰減。進入 **Step** 模組，並將分析步 Blast 的時間周期增加到 150E-3。

阻尼分析的結果清楚地顯示了質量比例阻尼的效果。圖 10-43 顯示對於有阻尼和無阻尼情況下的中心節點的位移歷時(我們將無阻尼模型的分析時間也延長到 150 ms，以便更有效地比較資料)。峰值響應也因爲阻尼而衰減。在阻尼分析的最後階段，振動已經衰減到接近靜態的情況。

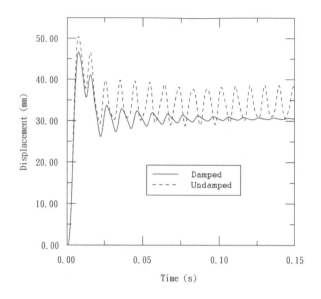

圖 10-43　有阻尼和無阻尼的位移歷時曲線

比率相關(Rate Dependence)

　　某些材料例如低碳鋼，隨著應變速率的增加，降伏應力也會增加。本例題中，載入外力的速率是很高的，因此應變率相關性可能非常重要。

　　回到 **Property** 模組，並在材料定義中添加率相關性。

在金屬塑性材料模型中增加率相關性質：

1.　在模型樹中，按兩下 **Material** 子項目群下的 **Steel**。

2.　在 Edit Material 對話方塊，選擇 Mechanical → Plasticity → Plastic。

3.　選擇 Suboptions → Rate Dependent。

4.　在顯示的 **Suboption Edit** 對話方塊中，對於 **Multipler** 鍵入 40.0 的值，和對 **Exponent** 鍵入 5.0 的值，並按下 **OK**。

　　使用這個率相關行為的定義，等效塑性應變率 $\overline{\varepsilon}^{pl}$ 由動態降伏應力與靜態降伏應力的比值(R)給出，根據公式 $\overline{\varepsilon}^{pl} = D(R-1)^{n}$，式中 D 與 n 為材料常數(在本例中為 40.0 和 5.0)。

　　將分析步 Blast 的時間周期改回到原來 50 ms 的值。建立一個作業，命名為 BlastLoadRateDep，並提交作業進行分析。當分析結束後，開啟輸出資料庫檔案 BlastLoadRateDep.odb，並對結果進行後處理。

　　當包含了率相關效應後，隨著應變速率的增加，顯然降伏應力也會增加。由於彈性模量高於塑性模量，因此在分析中考慮了率相關，我們預計會有較剛硬的響應。圖 10-44 顯示了有和無率相關情況下板中心節點的位移歷時，而圖 10-45 給出了塑性應變能的歷時，

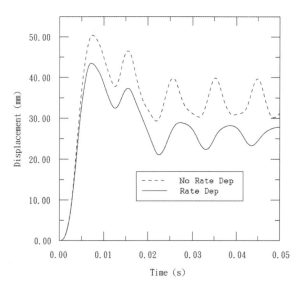

圖 10-44　有和無率相關情況下板的中心節點的位移歷時

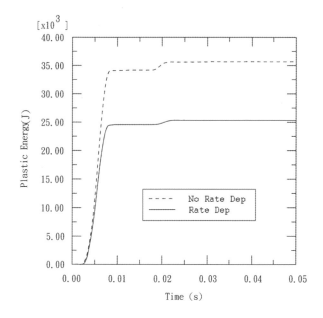

圖 10-45　有和無率相關情況下的板的塑性應變能

並確認當包括率相關時其響應確實變得剛硬。結果當然對於材料資料是相當敏感的。在本例中，D 和 n 的值是低碳鋼的典型值，但是對於具體的設計分析，需要更為精確的材料資料。

10.6　超彈性(Hyperelasticity)

我們現在將注意力轉移到另一類材料非線性，即由橡膠材料表現出來的非線性彈性響應。

✎ 10.6.1　引　言

典型的橡膠材料的應力－應變行為是彈性的，且具有高度的非線性，如圖 10-46 所示。這種材料行為稱為超彈性(Hyperelasticity)。超彈性材料的變形在大應變值時(通常超過100%)，會像橡膠一樣仍然保持為彈性。

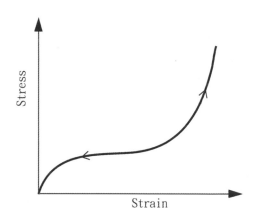

圖 10-46　橡膠的典型應力－應變曲線

Abaqus 當模擬超彈性材料時，作出如下假設：

- 材料行為是彈性。
- 材料行為是等向性。
- 模擬將考慮幾何非線性效應。

另外，Abaqus/Standard 預先假設材料是不可壓縮的，Abaqus/Explicit 則是假設材料是接近不可壓縮的(預設的蒲松比是 0.475)。

彈性泡棉是另一類高度非線性的彈性材料，它們與橡膠材料不同，當承受壓力負載時它們具有非常大的可壓縮性。在 Abaqus 中會使用不同的材料模型來模擬它們，但在本書中並沒有詳細的討論。

ꙮ 10.6.2 　 可壓縮性

與材料的剪切柔度相比，大多數固體橡膠材料具有非常小的可壓縮性。當使用平面應力、殼或膜元素，這個行為不會成為問題；然而當使用其他元素時，如平面應變、軸對稱和三維實體元素，就可能會有問題。例如在使用沒有被高度限制的材料時，假設材料完全不可壓縮，可以得到令人相當滿意的結果—除非熱膨脹，否則材料的體積不可能改變。在材料被高度限制的情況下(如密封墊的 O 形環)，為了獲得精確的結果，就必須正確地模擬可壓縮性。

Abaqus/Standard 擁有一個混合(hybrid)元素的特殊家族，它必須用於模擬出現在超彈性材料中的完全不可壓縮行為，這些混合元素用字母 "H" 標示它們的名字；例如，8 節點實體元素的混合形式，C3D8，就稱為 C3D8H。

除非是平面應力和單軸的情況，否則在 Abaqus/Explicit 中假設材料為完全不可壓縮是不可能的，因為在程式中沒有在每個材料計算點上施加這種約束的機制。不可壓縮材料也具有無限大的波速，導致時間增量步為零，因此我們必須提供某種可壓縮性。在許多情況下的困難在於實際材料行為提供了太小的可壓縮性，導致於演算法不能有效地工作，因此除非是平面應力和單軸的情況，為了使程式能夠執行，用戶必須提供足夠的可壓縮性，這將使得模型的體積行為(Bulk Behavior)比實際的材料偏軟。由於這個數值上的限制，所以需要某種判斷以確定結果是否足夠精確，或是否能夠使用 Abaqus/Explicit 模擬所有的問題。由材料的初始體積模量 K_0 與它的初始剪切模量 μ_0 的比值，我們可以估算材料的相對可壓縮性。蒲松比 ν 也提供了可壓縮性的計算，因為它的定義是

$$\nu = \frac{3(K_0/\mu_0) - 2}{6(K_0/\mu_0) + 2}$$

表 10-4 提供了一些代表性的值。

在超彈性選項中，如果沒有給出材料可壓縮性的值，Abaqus/Explicit 假設的預設值為 $K_0/\mu_0 = 20$，對應的蒲松比為 0.475。由於典型的未填充彈性體所具有的 K_0/μ_0 的比值範圍在 1000 到 10000 之間($\nu = 0.4995$ 到 $\nu = 0.49995$)，而填充彈性體的 K_0/μ_0 比值範圍在 50

到 200 之間($v=0.490$到$v=0.497$)，所以對於大多數的彈性體，這個預設值提供了更多的可壓縮性。然而如果彈性體是相對無約束的，材料體積行為的軟化模型通常提供了相當精確的結果。

表 10-4 可壓縮性與蒲松比的關係

K_0/μ_0	蒲松比
10	0.452
20	0.475
50	0.490
100	0.495
1000	0.4995
10000	0.49995

　　如果您要定義可壓縮性而不接受 Abaqus/Explicit 中的預設值，建議您對 K_0/μ_0 比值的上限取為 100。在動態求解中更大的比值會引起高頻的振盪，且需要使用極小的時間增量。

🔊 10.6.3　應變勢能

　　Abaqus 使用應變勢能(U)(Strain Energy Potential)來表達超彈性材料的應力－應變關係，而不是用楊氏模量和蒲松比。有幾種不同的應變勢能—多項式模型、Ogden 模型、Arruda-Boyce 模型、Marlow 模型和 Van Der Waals 模型。還有多項式模型比較簡單的形式，包括 Mooney-Rivlin 模型、Neo-Hookean 模型、簡縮多項式模型和 Yeoh 模型。

　　多項式形式的應變勢能是常用的形式之一，可以表達為

$$U = \sum_{i+j=1}^{N} C_{ij}(\overline{I}_1 - 3)^i (\overline{I}_2 - 3)^j + \sum_{i=1}^{N} \frac{1}{D_i}(J_{el} - 1)^{2i}$$

其中 U 是應變勢能，J_{el} 是彈性體積比，$\overline{I}_1$ 和 $\overline{I}_2$ 是在材料中的扭曲度量，N、C_{ij} 和 D_i 為可能是溫度的函數之材料參數，參數 C_{ij} 描述了材料的剪切特性，參數 D_i 引入了可壓縮性。若材料為完全不可壓縮(在 Abaqus/Explicit 中不允許這種條件)，則所有的 D_i 值設為 0，且可以忽略上述公式中的第二部分。如果項數 N 為 1，則初始剪切模量 μ_0 和體積模量 K_0 已知為

$$\mu_0 = 2(C_{01} + C_{10})$$

$$K_0 = \frac{2}{D_1}$$

如果材料也是不可壓縮的，則應變能密度的公式為

$$U = C_{10}(\overline{I}_1 - 3) + C_{01}(\overline{I}_2 - 3)$$

該運算式就是一般所謂的 Mooney-Rivlin 材料模型。如果 C_{01} 也為 0，則材料稱為 Neo-Hookean。

其他的超彈性模型在概念上類似，詳細說明請參閱線上手冊，並搜尋 "Hyperelasticity"。

您必須在 Abaqus 中輸入有關的材料參數來使用超彈性材料，對多項式形式來說就是指 N、C_{ij} 和 D_i。當模擬超彈性材料時，將有可能會提供這些參數，但更多的情況則是要提供所要模擬的材料之實驗數據。幸運的是 Abaqus 可以直接接受實驗數據，並為您計算出材料的參數(使用最小平方法擬合)。

☙ 10.6.4　使用實驗數據定義超彈性行為

定義超彈性材料有個方便的方法，就是向 Abaqus 提供試驗的資料，然後 Abaqus 會使用最小平方法計算常數。Abaqus 能夠擬合以下的實驗數據：

- 單軸拉伸和壓縮。
- 等雙軸拉伸和壓縮。
- 平面拉伸和壓縮(純剪)。
- 體積拉伸和壓縮。

在這些試驗中觀察到的變形模式，如圖 10-47 所示。但塑性資料不同的是對於超彈性材料的實驗數據，必須以工程應力和工程應變的值提供給 Abaqus。

如果材料的可壓縮性重要時，才需要給定體積壓縮資料。一般的情況下，在 Abaqus/Standard 中可壓縮性並不重要，所以採用預設的完全不可壓縮行為。正如前面所提到的，若未給定體積實驗數據，則 Abaqus/Explicit 會假設為少量的可壓縮性。

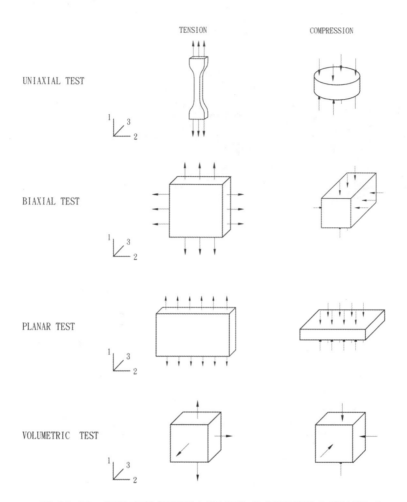

圖 10-47 關於定義超彈性材料行為的各種試驗之變形模式

從資料中獲得最佳材料模型

使用超彈性材料進行模擬，其分析結果的品質與您所提供給 Abaqus 的材料實驗數據有關，典型的試驗如圖 10-47 所示。您還可以做幾件事來幫助 Abaqus 儘可能計算出最佳的材料參數。

可能的話，儘量從至少一種變形狀態獲得更多的實驗數據，這樣使得 Abaqus 更可能產生一個較精確和穩定的材料模型。但對於不可壓縮材料，在圖 10-47 中描述的某些試驗將產生等效的變形模式，以下是不可壓縮材料的等效試驗：

- 單軸拉伸↔等雙軸壓縮。
- 單軸壓縮↔等雙軸拉伸。
- 平面拉伸↔平面壓縮。

如果您已經從其他的試驗中有了特殊變形模式的數據，就不需要包含由特殊試驗中得到的數據。

此外，以下的方法可以改善您的超彈性材料模型：

- 從可能發生在模擬中的變形模式獲得實驗數據。舉例來說，當您的部件是受到壓縮負載，就要確認您的實驗數據包含了壓縮負載而不是拉伸負載。
- 拉伸和壓縮資料均允許使用，其中壓縮應力和應變以負值鍵入。可能的話，應根據實際需要使用壓縮或拉伸資料，因為同時滿足拉伸和壓縮資料的單一材料模型的擬合，通常比滿足每一種單獨試驗的精度要低。
- 儘可能地包含平面試驗的資料，這種試驗測量剪切行為，這一點可能非常重要。
- 您應在所期望的模擬過程中，對材料實際承受的應變大小提供更多的資料。例如當材料只有較小的拉伸應變，如低於 50％，那麼就不需要提供大量的高應變值的實驗數據(超過 100％)。
- 利用 Abaqus/CAE 中的材料評估功能對試驗進行模擬，並將實驗數據與 Abaqus 的計算結果進行比較。一個對您非常重要的特殊變形模式，如果計算的結果很差，您應試著獲得更多關於該變形模式的實驗數據。在第 10.7 節 "例題:軸對稱支座" 中，將討論此一範例的技術，請您閱讀 Abaqus/CAE 手冊獲得更詳細的資訊。

材料模型的穩定性

對於由實驗數據確定的超彈性材料模型，在某些應變大小上會有不穩定的情況，Abaqus 會進行穩定性檢查以決定可能發生不穩定行為的應變大小，並在資料檔案(.dat)中列印警告資訊。當使用 Abaqus/CAE 中的材料評估功能時，這些同樣的資訊將會輸出在 Material Parameters and Stability Limit Information 對話方塊中，您必須仔細地檢查這些資訊，因為如果模型的任一部分承受的應變超過了穩定極限，您就有可能不是在模擬真實的情況。穩定性檢查乃是對於某些特定的變形所進行，如果變形是比較複雜的，在指定的應變水準上材料有可能不穩定；同樣地，如果變形是比較複雜的，材料有可能在更低的應變水準上變得不穩定。如果部分的模型超過穩定極限，在 Abaqus/Standard 中的模擬就可能不會收斂。

10.7 例題：軸對稱支座

您需要求出圖 10-48 中的橡膠支座之軸向勁度，並確定可能限制支座疲勞壽命的最大主應力的任何區域。支座的兩端均支撐固定於鋼板上，它將歷經通過鋼板施加的 5.5 kN 均勻分佈的軸向負載。橫截面幾何和尺寸在圖 10-48 中給定。

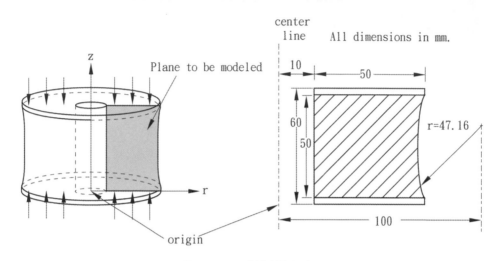

圖 10-48　軸對稱支座

由於模型的幾何形狀和負載均是軸對稱的，所以您可以採用軸對稱元素進行模擬，您只需要模擬通過構件的一個平面，每個元素代表一個完整的 360 度圓環。您要檢查支座的靜態響應，所以將會使用 Abaqus/Standard 進行分析。

✎ 10.7.1　對稱性

由於這是一個以通過支座中心的水平線對稱之部件，所以您不需要模擬它的整個截面。您可以只模擬半個截面，這樣可以讓使用的元素數量減半，因此自由度的數量也能大約剩下一半。如此可明顯減少分析運算的時間和儲存上的需求，換言之，這將允許您使用更為精細的網格。

許多問題都存在一定程度的對稱性，例如一般的鏡射對稱、環形周期對稱、軸對稱或重覆性對稱(見圖 10-49)，然而您希望模擬的結構或部件可能存在有不止一種的對稱性。

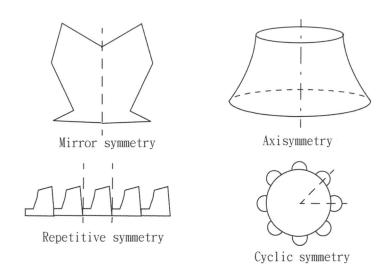

圖 10-49　對稱的各種形式

　　當您只模擬對稱部件中的一部分時，您應該增加邊界條件以確保所建立的模型與整個部件的行為一致。您或許要調整施加的負載來反映所模擬的這部分結構之真實性。考慮在圖 10-50 中所示的門形框架。

　　如圖所示，框架以垂直線對稱。為了保持在模型中的對稱性，在對稱線上的任何節點必須約束在 1 方向的平移和繞 2 或 3 軸的轉動。

　　在框架的問題中，負載沿著模型的對稱平面施加，所以在您模擬的部分上只需要施加整體負載值的一半。

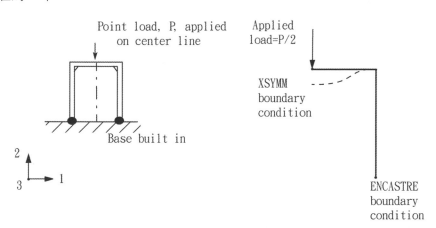

圖 10-50　對稱的門形框架

　　正如這個橡膠支座的例子，在軸對稱分析中使用軸對稱元素，我們需要模擬的僅是部件的橫截面。元素的數學式中將自動包括軸對稱效應。

✎ 10.7.2　前處理－使用 Abaqus/CAE 建立模型

使用 Abaqus/CAE 建立模型，Abaqus 有提供此問題的範本 。當您經由 Abaqus/CAE 執行這個重播檔時，將會建立關於該問題的完整分析模型。如果您依照以下的指導仍遇到困難，或者是想檢查您的工作，就可以執行這個重播檔。

- 在本書的第 A.10 節 "Axisymmetric Mount"，提供了重播檔案(*.py)。關於如何提取和執行此重播檔案，將在附錄 A， "Example Files" 中說明。

- Abaqus/CAE 的外掛工具(Plug-in)中提供了此範例的插入檔案。在 Abaqus/CAE 的環境下執行插入檔，選擇 **Plug-ins → Abaqus → Getting Started**；將 **Axisymmetric Mount** 反白，按下 Run。更多關於入門指導插入檔案的介紹，請參閱線上手冊，並搜尋"Running the Getting Started with Abaqus examples"。

如果您沒有進入 Abaqus/CAE 或者其他的前處理器，可以手動建立問題所需要的輸入檔案，關於這方面的討論，請參閱線上手冊，並搜尋"Example: axisymmetric mount"。

定義部件

建立一個軸對稱、可變形的平面殼部件，命名部件為 Mount，並指定大致的部件尺寸為 0.3。因為考慮了對稱性，所以只需要模擬支座的下半部分。您可以採用以下建議的方法建立部件的幾何模型。當你初次進入草繪器的時候，旋轉軸會以一條綠色且固定在一點上的虛線表示，繪製的草圖不能穿過此軸。

繪製支座的幾何形狀：

1. 在對稱軸右方繪製一個任意的矩形。依照下列指示標註尺寸。
   a. 將對稱軸與矩形左邊線段的尺寸設為 0.01m。
   b. 將矩形的長寬分別設為 0.03m 以及 0.05m。

2. 用 **Create Circle：Center and Perimeter** 工具 ⊙ 繪製一個圓，選擇矩形右方的任一點做為圓心，並將圓周點放置在矩形右方線段的任意位置上。依照下列指示標註圓的尺寸。
   a. 將對稱軸與圓心的水平距離標註為 0.1m。
   b. 將圓心與矩形右上方端點的垂直距離設為 0m。
   c. 將圓周點與矩形右下方端點的垂直距離設為 0.005m。

繪圖顯示如圖 10-51 所示。

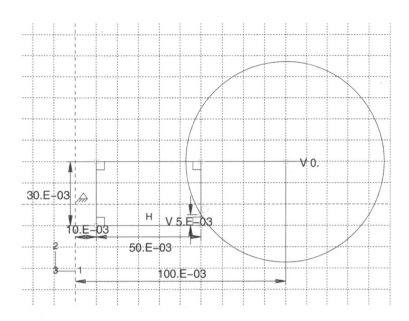

圖 10-51 使用輔助幾何建立部件

3. 使用 **Auto-Trim** 工具來移除多餘的點，如圖 10-52 所示。

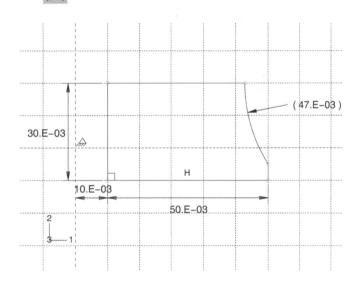

圖 10-52 最終的部件幾何外型

材料屬性：橡膠的超彈性模型

對於使用在支座上的橡膠材料，已經提供給您某些實驗數據，共有三組不同的實驗數據－單軸試驗、雙軸試驗和平面(剪切)試驗，資料如圖 10-53 所示並列在表 10-5、表 10-6

和表 10-7 中，且這些資料是以工程應力與相應的工程應變的形式所給定。

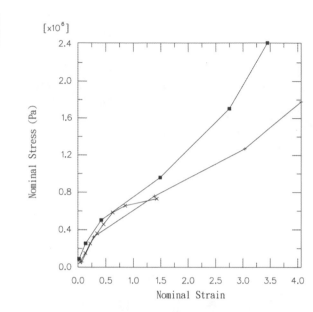

圖 10-53 橡膠材料的材料實驗數據

表 10-5 單軸實驗數據

應力(Stress)(Pa)	應變(Strain)
0.054E6	0.0380
0.152E6	0.1338
0.254E6	0.2210
0.362E6	0.3450
0.459E6	0.4600
0.583E6	0.6242
0.656E6	0.8510
0.730E6	1.4268

表 10-6　雙軸實驗數據

應力(Stress)(Pa)	應變(Strain)
0.089E6	0.0200
0.255E6	0.1400
0.503E6	0.4200
0.958E6	1.4900
1.703E6	2.7500
2.413E6	3.4500

表 10-7　平面實驗數據

應力(Stress)(Pa)	應變(Strain)
0.055E6	0.0690
0.324E6	0.2828
0.758E6	1.3862
1.269E6	3.0345
1.779E6	4.0621

注意：當材料不可壓縮時，不需要體積實驗數據(如本範例的情況)。

　　當使用實驗數據定義超彈性材料時，您也要指定這些要用的資料之應變勢能。Abaqus 利用實驗數據來計算指定的應變勢能需要的係數。驗證在材料定義所預測的行為和實驗數據之間的可接受相關程度是很重要的。

　　您可以在 Abaqus/CAE 中的 **Material → Evaluate** 選項，使用在材料定義中指定應變勢能的實驗數據，來模擬一個或多個標準試驗。

　　定義並估算超彈性材料行為：

1.　在 Property 模組中建立一個超彈性材料，命名為 Rubber。本例使用一階多項式應變勢能函數來模擬橡膠材料，所以在材料編輯器中，從 **Strain Energy Potential** 列表選擇 **Polynomial**，使用材料編輯器中的 **Test Data** 功能表選項，輸入上面所給定的實驗數據。

注意：一般來說，您可能不清楚指定哪一種應變勢能。在這種情況下，您可以在材料編輯器中的 **Strain Energy Potential** 列表中選擇 **Unknown** 。然後可以經由執行使用於多種應變勢能的實驗數據之標準試驗，使用 **Evaluate** 選項來指導您的選擇。

2.　在模型樹中，對 **Materials** 子項目群下的 **Rubber** 按滑鼠右鍵，從選單中選擇 **Evaluate** 來執行(單軸、雙軸和平面)。對於每個試驗，指定最小應變為 0，和最大應變為 1.75，然後只估算一階多項式應變勢能函數。這個形式的超彈性模型就是所謂的 **Mooney-Rivlin** 材料模型。

當完成模擬後，Abaqus/CAE 進入 **Visualization** 模組，會顯示一個包含材料參數和穩定性資訊的對話方塊。此外，對於每個試驗，一條 X-Y 曲線圖顯示了材料的工程應力－工程應變曲線，以及一條實驗數據曲線圖。

各種類型的試驗之計算和試驗結果比較，如圖 10-54、圖 10-55 和圖 10-56 所示(為了方便觀察，沒有顯示某些計算數據點)。

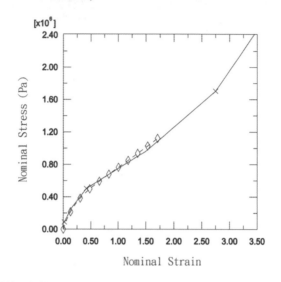

圖 10-54 實驗數據(實線)和 Abaqus/Standard 的計算結果(虛線)比較：雙軸拉伸

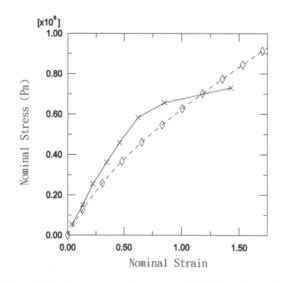

圖 10-55 實驗數據(實線)和 Abaqus/Standard 的計算結果(虛線)比較：單軸拉伸

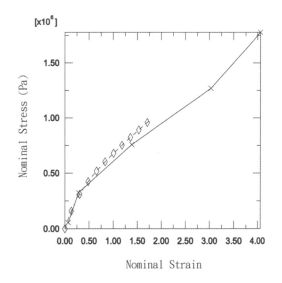

圖 10-56　實驗數據(實線)和 Abaqus/Standard 的計算結果(虛線)比較：平面剪切

　　對於雙軸拉伸試驗，Abaqus/Standard 的計算結果與試驗結果非常吻合；對於單軸拉伸和平面試驗在應變小於 100％時，計算結果與試驗結果也很吻合；對於應變可能大於 100％的模擬，由這些材料實驗數據建立的超彈性材料模型可能不適用於一般性的模擬分析，但如果主應變保持在實驗數據與超彈性模型吻合良好的應變大小之內，則該模型對這個模擬仍然適用。如果您發現結果超過了這個大小或要求您進行不同的模擬，您就非得到更好的材料數據不可，否則您不能夠相信計算的結果。

超彈性材料參數

　　在這個分析中，假設材料爲不可壓縮($D_1 = 0$)，因此不提供體積的實驗數據。在其它的實驗中，若是要模擬可壓縮行爲，就必須額外提供體積實驗數據。

　　Abaqus 從材料實驗數據計算超彈性材料參數－C_{10}、C_{01} 和 D_1，顯示在 **Material Parameters and Stability Limit Information** 對話方塊中，如圖 10-57 所示。材料模型在使用這些材料實驗數據和這個應變能函數時，所有的應變是穩定的。

　　但是如果您指定使用二階(N=2)多項式應變能函數，將會看到如圖 10-58 所示的警告。若您在這個問題中只有單軸實驗數據，在超過一定的應變大小後，就會發現由 Abaqus 建立的 **Mooney-Rivlin** 材料模型將具有不穩定的材料行爲。

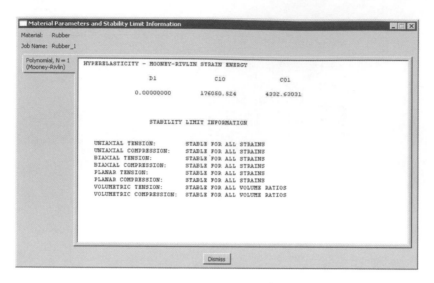

圖 10-57　一階多項式應變能函數的材料參數和穩定極限

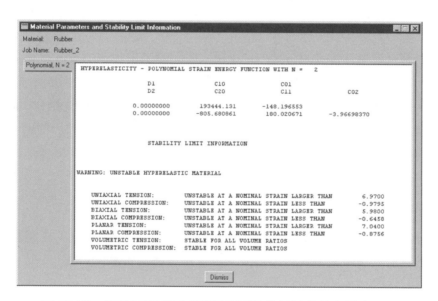

圖 10-58　關於二階多項式應變能函數的材料參數和穩定極限

完成材料和截面定義及指定截面屬性

因為該負載並沒有大到引起鋼材的非彈性變形，所以只模擬鋼材的線彈性性質（ $E = 200 \times 10^9 \text{Pa}$ ， $\nu = 0.3$ ）。回到 **Property** 模組建立一個具有這些性質的材料，命名為 **Steel**，此外建立兩個截面定義：一個命名為 RubberSection，代表橡膠材料，而另一個命名為 SteelSection 代表鋼材。

在指定截面屬性之前，使用 **Partition Face：Sketch** 工具，將部件切割成兩個區域，如圖 10-59 所示。在草繪器中，繪製一條水平線，起點為圓弧跟矩形右方線段的交點，終點在矩形左方線段任意位置。

圖 10-59　使用切割將部件分成兩個區域

上部區域代表橡膠支座，而下部區域則表示鋼板。對每個區域指定對應的截面定義。

建立裝配件和分析步定義

在 **Assembly** 模組中產生相依的部件實體，您可以在這個模擬中接受預設的 r-z(1-2) 軸對稱坐標系。在 **Step** 模組中定義一個命名為 Compress Mount 之單一靜態一般分析步。當模型使用了超彈性材料，Abaqus 假設模型可以經歷大的變形，但是在 Abaqus/Standard 的預設狀態下，並不包含大變形和其他幾何非線性的影響，所以您必須中選擇 **Nlgeom** 來模擬它們，否則 Abaqus/Standard 將中止分析並出現輸入錯誤的訊息。然後設定分析步的總時間為 1.0，初始時間增量為 0.01(即分析步總時間的 1/100)。

為了控制輸出的大小，在位於鋼板區域左下角的頂點，建立一個命名為 Out 的幾何集合。

在每個增量步，將預先選擇的變數和工程應變作為場變數輸出寫到輸出資料庫檔，另外把鋼板底部的一個單獨點的位移作為歷時資料寫到輸出資料庫檔，以便能夠計算支座的勁度，使用為此建立的幾何集合 Out。

施加負載及邊界條件

指定在對稱面區域上的邊界條件(如圖 10-60 所示，U2 = 0；當然使用 **YSYMM** 也能得到可接受的結果)。

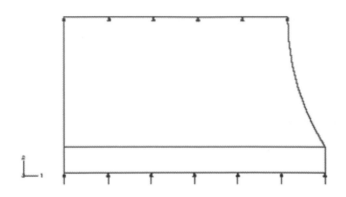

圖 10-60　在橡膠支座上的邊界條件及在鋼板上的壓力負載示意圖

　　由於模型的軸對稱性質不允許結構如剛體般沿徑向(整體 1 方向)移動，所以不需要沿徑向的邊界約束。如果徑向位移沒有邊界條件的話，即使這些節點一開始時是在對稱的軸上(即那些徑向座標為 0.0 的節點)，Abaqus 仍將允許節點沿徑向移動。由於希望在這個分析中允許支座徑向變形，所以不必施加任何邊界條件。再次說明，Abaqus 會自動防止剛體運動。

　　支座必須承受 5.5 kN 的最大軸向負載，它均勻地分佈在鋼板上，所以在鋼板底部施加一個分佈負載，如圖 10-60 所示。壓力的大小給定為

$$p = 5500 / \left(\pi \left(0.06^2 - 0.01^2 \right) \right) \cong 0.50 \times 10^6 \, \text{Pa}$$

建立網格和作業

　　對於橡膠支座，使用一階、軸對稱的混合實體元素(CAX4H)。因為材料是完全不可壓縮的，所以必須使用混合元素。我們預估元素不會受到彎曲，所以在這些完全積分的元素上不必考慮剪切自鎖(Shear Locking)。因為當下面的橡膠發生變形時，鋼板有可能會出現彎曲，所以我們採用單層的非協調(**Incompatible**)模式元素(CAX4I)來模擬鋼板。

　　建立一個結構化的四邊形網格，經由指定沿邊界上的元素數量播撒種子(**Seed → Edge** 或使用 工具)。沿橡膠的每條水平邊界指定 30 個元素，和沿垂直邊界及弧形邊界的 14 個元素，以及 1 個沿鋼材垂直邊界的元素。剖分網格如圖 10-61 所示。

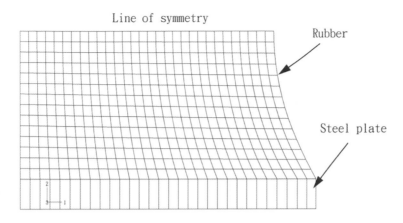

圖 10-61　橡膠支座的網格

建立一個命名爲 Mount 的作業，對該作業描述如下：Axisymmetric Mount Analysis Under Axial Loading。

將您的模型儲存到模型資料庫檔中，並提交作業進行分析，然後監控求解過程、修改任何偵察到的模擬錯誤，並研究產生任何警告訊息的原因和做必要的修正。

❧ 10.7.3　後處理

進入 **Visualization** 模組，並開啓檔案 Mount.odb。

計算支座的勁度

由建立鋼板位移爲施加負載函數的 X-Y 曲線圖，來決定支座的勁度。首先您將用這些已經寫入到輸出資料庫檔中的資料，建立出鋼板上節點的縱向位移圖。在本模型中，就是輸出在集合 Out 中的節點資料。

建立縱向位移的歷時曲線並交換 X-和 Y-軸：

1. 在模型樹中，展開輸出資料檔 Mount.odb 下的 **History Output** 子項目群。

2. 定位並選擇在 Out 節點集合中，節點的縱向位移 U2。

3. 按下滑鼠右鍵，從選單中選擇 **Save As** 來儲存 X-Y 資料。
   跳出 **Save XY Data As** 對話方塊。

4. 在 Name 文字區域中命名曲線爲 SWAPPED，並選擇 **swap(XY)** 去儲存選項，然後按下 **OK**，則時間與位移曲線將顯示出來。

　　現在您已經有了一條時間－位移曲線，而您需要的是外力－位移之曲線，這條曲線很容易產生，因為模擬時施加在支座上的力與分析的總時間成正比。為了繪製力－位移曲線，您所要做的就是把負載的大小(5.5 kN)和曲線 SWAPPED 相乘。

將曲線乘以常數：

1. 在 **Create XY Data** 對話方塊中，選擇 **Operate on XY data**，接著按下 **Continue**。

2. 在 **XY Data** 區域中，按兩下 **SWAPPED**。
   運算式 "SWAPPED" 出現在對話方塊頂端的文字區域中，此時游標應該是在文字區域的末端。

3. 經由鍵入*5500，將施加負載的大小乘以文字區域中的資料物件。

4. 在對話方塊的底部，按下 **Save As** 儲存相乘後的資料物件。
   跳出 **Save XY Data As** 對話方塊。

5. 在 **Name** 文字區域鍵入 FORCEDEF，並按下 **OK** 關閉對話方塊。

6. 為了觀察力－位移圖，在 **Operate On XY Data** 對話方塊的底部，按下 **Plot Expression**。

　　現在您已經建立了具有支座的力－撓度特性的一條曲線(由於您並沒有改變所畫的實際變數，所以軸的標題並不反映該曲線的意義)。為了得到勁度，需要對曲線 FORCEDEF 微分，可以使用在 **Operate On XY Data** 對話方塊中的 Differentiate( )運算元(微分運算元)來完成。

獲得勁度：

1. 在 **Operate on XY Data** 對話方塊中，清除目前的運算式。

2. 從 **Operators** 列表中，按下 **Differentiate(X)**。
   Differentiate( )出現在對話方塊頂端的文字區域中。

3. 在 **XY Data** 區域中選擇 FORCEDEF，並按下 **Add To Expression**。
   運算式 Differentiate("FORCEDEF")出現在文字區域中。

4. 按下在對話方塊底部的 **Save As** 以儲存微分後得到的資料物件。
   跳出 **Save XY Data As** 對話方塊。

5. 在 **Name** 文字區域中，鍵入 STIFF；按下 **OK** 關閉對話方塊。

6. 為了繪出勁度－位移曲線，在 **Operate On XY Data** 的對話方塊的底部，按下 **Plot Expression**。

7. 按下 **Cancel** 關閉對話方塊。

8. 開啟 **Axis Options** 對話框，並切換到 **Titles** 頁。

9. 修改 **Title Text** 區域，輸入如圖 10-62 所示的標題。

10. 按下 **Dismiss** 關閉 **Axis Options** 對話方塊。

　　隨著支座的變形，其勁度幾乎增加了 100%，這是橡膠的非線性特性和它在變形時支座形狀發生改變的結果。另一種可以直接建立勁度－位移曲線的方法，是組合上述所有的運算成為一個運算式。

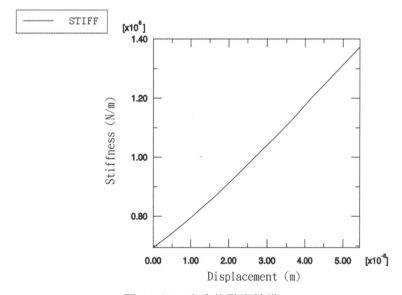

圖 10-62　支座的勁度特性

直接定義勁度曲線：

1. 在結果樹中，按兩下 **XY Data**。

    跳出 **Create XY Data** 對話方塊。

2. 選擇 **Operate on XY Data**，並按下 **Continue**。

    跳出 **Operate on XY Data** 對話方塊。

3. 清除目前的運算式，並從 **Operators** 列表中按下 **Differentiate(X)**。

    在對話方塊頂端的文字區域中出現 Differentiate( )。

4. 從 **Operators** 列表中，按下 **SWAPPED**。

   在文字區域中出現 **Differentiate（"SWAPPED"）**。

5. 將游標直接移到文字區域中的 "SWAPPED" 資料物件後面，並輸入*5500，使常數的總力值乘以交換後的資料。

   在文字區域中出現 Differentiate（"SWAPPED"*5500）。

6. 按下在對話方塊底部的 **Save As** 來儲存微分後的資料物件。

   跳出 **Save XY Data As** 對話方塊。

7. 在 **Name** 文字區域中鍵入 STIFFNESS，並按下 **OK** 關閉對話方塊。

8. 按下 **Cancel** 關閉 **Operate On XY Data** 對話方塊。

9. 設定 X-和 Y-軸的標題(如果您還沒設定的話)，如圖 10-62 所示。

10. 在結果樹中，對 **XYData** 子項目群下的 STIFFNESS 按右鍵，並從選單中選擇 **Plot**，來觀察如圖 10-62 所示的圖，它反映了支座的軸向勁度隨著支座變形的變化情況。

模型形狀圖

現在將繪製支座變形前和變形後的形狀圖，您可由變形圖評估變形後的網格質量，以決定是否需要細分網格。

繪製變形前和變形後的模型形狀：

1. 從主功能表欄中選擇 **Plot → Undeformed Shape**，或者使用在視覺化後處理模組工具列中的 ![] 工具繪製變形前的模型形狀(見圖 10-63)。

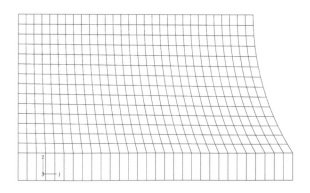

圖 10-63　橡膠支座變形前的模型形狀

2. 選擇 **Plot** → **Deformed Shape**，或使用 ![工具] 工具繪製支座的模型變形形狀(見圖 10-64)。

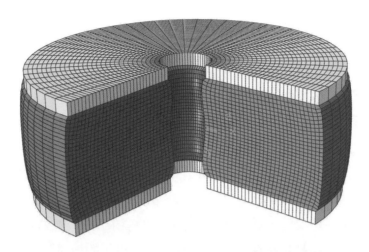

圖 10-64　在施加 5500 N 的負載作用下橡膠模型的變形形狀

如果圖形遮住了圖形的標題，按下 ![工具] 工具可以移動圖，此時按住滑鼠鍵 1 不放將變形形狀圖移動到理想的位置即可，另外您也可以關閉圖的標題(**Viewport** → **Viewport Annotation Options**)。

鋼板被往上推，導致橡膠在邊緣處膨脹。使用 **View Manipulation** 工具列中的 ![工具] 工具放大網格的左下角，然後按下滑鼠鍵 1 並按住不放來定義新視圖的第一個角，移動滑鼠建立一個包含您想要觀察的區域的方框(圖 10-65)，然後放開滑鼠鍵，或從主功能表欄中選擇 **View** → **Specify**，也可以縮放和移動圖形。

您應該會得到類似圖 10-65 的圖形。

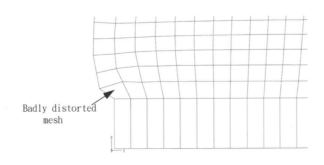

圖 10-65　在橡膠支座模型角部的畸變

由於該區域的網格設計並不適合在這裏所發生的變形，所以在模型的這個角點處的某些元素發生了很嚴重的扭曲。儘管在一開始分析時元素的形狀是好的，但隨著橡膠向外膨脹，元素嚴重地被扭曲，尤其是在角處的元素。如果負載進一步地增加，元素可能會過度變形而導致分析終止。在 10.8 節 "關於大扭曲的網格設計" 中，將討論針對這種問題應如何改進網格設計。

在模型的右下角，由扭曲元素表示的梯形變形顯示它們發生了自鎖。在這些元素中的靜水壓應力的等值線圖(沒有在使用共同節點的元素中取平均)顯示出在相鄰元素之間的壓應力的迅速變化，說明這些元素正遭遇到體積自鎖，在前面第 10.3 節 "彈－塑性問題選擇元素" 中，在塑性不可壓縮性的內容中已經討論過體積自鎖。在這個問題中，體積自鎖是由於過約束引起的。與橡膠相比，鋼材是非常硬的，因此沿著交界線的橡膠元素不能夠側向變形。由於這些元素也必須滿足不可壓縮性的要求，它們被高度約束所以發生了自鎖。涉及體積自鎖的分析技術將在 10.9 節 "減少體積自鎖的技術" 中討論。

繪製最大主應力等值線圖

繪製模型的面內最大主應力圖。按照以下的過程，在支座的實際變形形狀上建立一個填充等值線圖，並隱藏圖例。

繪製最大主應力之等值線圖：

1. Abaqus/CAE 預計 S，蒙氏爲分析結果的主要輸出值。

   在 **Field Output** 工具列中選擇 **Max. Principal**，則 Abaqus/CAE 會自動在支座的變形模型上顯示平面內的最大主應力。

2. 開啓 **Contour Plot Options** 對話方塊。

3. 拖動均勻等值線間隔的滾軸到 8。

4. 按下 **OK** 以觀察等值線圖，並關閉對話方塊。

   建立一個顯示組，僅顯示在橡膠支座中的元素。

5. 在結果樹中，展開結果輸出檔 Mount.odb 下的 **Materials** 子項目群。

6. 對 RUBBER 按下滑鼠右鍵，從選單中選擇 **Replace**，以選擇的元素來替換目前顯示的元素。

7. 在視圖窗中的顯示發生了變化，只顯示出橡膠支座元素，如圖 10-66 所示。

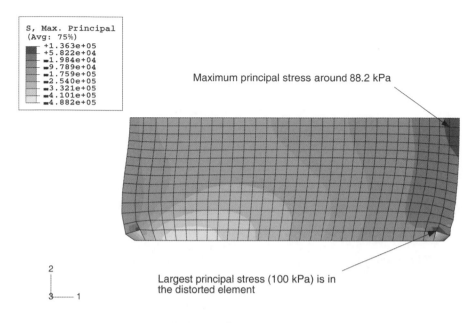

圖 10-66　在橡膠支座中的最大主應力等值線圖

　　從圖例中可以看到在模型中的最大主應力為 136 kPa。儘管該模型的網格剖分相當精細，應力外推的誤差應該很小，但是您可能希望利用查詢工具 ⓘ 來確定積分點處更精確的最大主應力值。

　　當您觀察積分點處的數值時，會發現最大主應力的峰值發生在模型右下角部分的其中一個大變形元素上。因為元素扭曲和體積自鎖的程度，使得這個數值很可能不可靠。如果忽略這個值，則最大主應力出現在對稱面附近的區域上，其值約為 88.2 kPa。

　　檢查模型中主應變的變化範圍，最簡單的方法是在等值線圖例中顯示最大值和最小值。

檢查名義主應變的大小：

1.　從主功能表欄中，選擇 **Viewport** → **Viewport Annotation Options**。

　　跳出 **Viewport Annotation Options** 對話方塊。

2.　按下 **Legend** 選項頁，並選取 **Show min/max values**。

3.　按下 **OK**。

　　最大值和最小值出現在視圖窗中等值線圖例的底部。

4.　在 **Field Output** 工具列中，選擇 **Primary** 為選項。

5.　從輸出變數的列表中，選擇 **NE**。

6. 從不變數的列表中，選擇 **Max. Principal**。

   等值線圖變成顯示最大名義主應變的值。從等值線圖例中注意到最大名義主應變的值。

7. 從 **Field Output** 對話方塊的不變數列表中，選擇 **Min. Principal**。

   等值線圖變成顯示最小名義主應變的值。從等值線圖例中注意到最小名義主應變值。

   最大和最小名義主應變的值表示在模型中的最大拉伸工程應變大約為 100%，和最大壓縮工程應變大約為 56%。由於模型中的工程應變保持在一定的範圍之內，這是 Abaqus 的超彈性模型與材料數據吻合得很好的範圍，因此從材料模擬的角度而言，您可以確定由支座預測的響應是合理的。

10.8　大變形量之網格設計

   我們知道在橡膠支座角點處的元素大變形是不希望發生的結果，在這些區域得到的結果並不可靠，如果繼續增加負載就有可能導致分析失敗，若是採用一個更好的網格設計就可以修正這個問題。圖 10-67 中顯示的網格就是一個可選擇的網格設計，利用它就可以減少在橡膠模型左下角的元素發生過大變形。

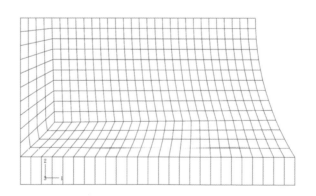

圖 10-67　在模擬中修改網格，使在橡膠模型左下角的元素畸變最小化

   圍繞在對面角點處之網格發生大變形的問題，將在第 10.9 節 "減少體積自鎖的技術" 中說明。現在在左下角區域的元素在初始、未變形結構下是相當扭曲的，但是隨著分析的進行和元素的變形，它們的形狀實際上得到了改善。在圖 10-68 所示的位移形狀圖顯示在

該區域中元素變形的程度有所減少,但在橡膠模型的右下角的網格變形的程度仍然是十分明顯。

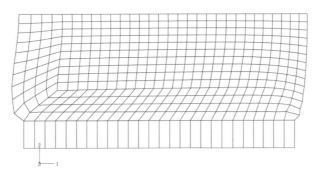

圖 10-68　修改網格後的位移形狀

　　圖 10-69 為最大主應力的等值線圖,顯示在右下角處相當局部的應力只有輕微的減少。

　　大變形問題的網格設計比小位移問題還要困難,網格必須使元素的形狀不只是在一開始時、甚至在整個分析中都要是合理的。您必須利用經驗、手算或者由粗糙元素模型得到的結果,來估計模型將如何變形。

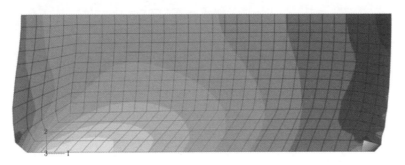

圖 10-69　在修改後的網格中的最大主應力等值線圖

10.9 減少體積自鎖的技術

您可利用兩種技術來消除問題中的體積自鎖。第一種方法涉及在橡膠模型底部兩個角區的網格細劃,以減少在這些區域中的網格大變形;另一種方法是在橡膠材料模型中加入少量的可壓縮性,在可壓縮性是少量的條件下,使用幾乎不可壓縮材料得到的結果將與使用完全不可壓縮材料得到的結果非常類似,即可壓縮性的存在減輕了體積自鎖。

設定材料常數 D_1 為一個非零值來引進可壓縮性,選擇這個值使得初始泊松比 ν_0 接近 0.5。在應變勢能的多項式形式上,請參閱線上手冊,並搜尋"Hyperelastic behavior of rubberlike materials"中給定的方程以 μ_0 和 K_0 的形式(分別為初始剪切和體積模量)建立 D_1 和 ν_0 的關係。例如之前從實驗數據中得到的超彈性材料參數(見第 10.7.2 節"前處理-使用 Abaqus/CAE 建立模型"中的"超彈性材料參數")已知 C_{10} = 176051 和 C_{01} = 4332.63,那麼設定 D_1 = 5E-7 就可以得到 ν_0 = 0.46。

引入上述特性後的模型如圖 10-70 所示(在 Abaqus/CAE 或其他前處理器中改變邊界的種子數目,就很容易產生這個網格)。

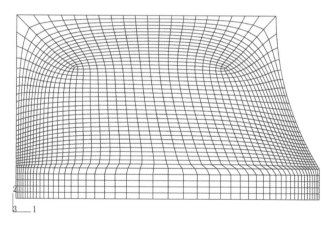

圖 10-70 在兩個角部細劃修改後的網格

與模型有關的位移形狀如圖 10-71 所示。

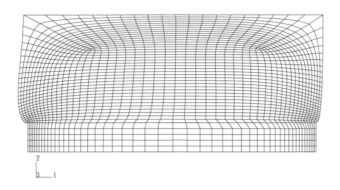

圖 10-71　修改後網格的位移形狀

　　由圖中可知，在橡膠模型的關鍵區域之網格大變形已經明顯減少，且體積自鎖也已經消除。

10.10　相關的 Abaqus 例題

請參閱線上手冊，並搜尋以下關鍵字

- "Pressurized rubber disc"
- "Necking of a round tensile bar"
- "Fitting of rubber test data"
- "Uniformly loaded, elastic-plastic plate"

10.11　建議閱讀之參考文獻

以下提供關於材料建模的資料給有興趣的用戶做進一步參考。

關於材料的一般文獻

- M. F. Ashby And D. R. H. Jones, *Engineering Materials*, Pergamon Press, 1980.
- W. D. Callister, Materials Science & Engineering-An Introduction, John Wiley, 1994.
- K. J. Pascoe, An Introduction To The Properties Of Engineering Materials, Van Nostrand, 1978.

塑性

- Abaqus, Inc., Metal Inelasticity in Abaqus.
- J. Lubliner, *Plasticity Theory*, Macmillan Publishing Co., 1990.
- C. R. Calladine, Engineering Plasticity, Pergamon Press, 1969.

橡膠彈性

- Abaqus, Inc., Modeling Rubber And Viscoelasticity With Abaqus.
- A. Gent, Engineering With Rubber (How to Design Rubber Components), Hanser Publishers, 1992.

10.12　小　結

- Abaqus 擁有一個非常豐富的材料庫來模擬各種工程材料的行為，它包括金屬塑性和橡膠彈性的模型。

- 金屬塑性模型的應力－應變資料必須以真實應力和真實塑性應變的形式定義。工程應力－應變資料可以輕易地轉換為真實應力－應變資料。

- Abaqus 中的金屬塑性模型假設塑性行為具有不可壓縮性。

- 為了提高效率，Abaqus/Explicit 對用戶定義的材料曲線進行規則化處理，即以等間距分佈的資料點來擬合曲線。

- 在 Abaqus/Standard 中的超彈性材料模型允許具有真正的不可壓縮性，但在 Abaqus/Explicit 中的超彈性材料模型就無法做到—在 Abaqus/Explicit 中的超彈性材料預設蒲松比為 0.475，而在某些分析中可能需要增加蒲松比的值來更準確模擬不可壓縮性。

- 多項式、Ogden、Arruda-Boyce、Van Der Waals、Mooney-Rivlin、Neo-Hookean、簡縮多項式和 Yeoh 應變能函數可以使用於橡膠彈性(超彈性)。所有的模型均允許材料的係數直接由實驗數據來決定，且實驗數據必須指定為工程應力和工程應變的值。

- Abaqus/CAE 中的材料評估功能可以用來驗證由超彈性材料模型預測的特性和實驗數據之間的相關性。

- 穩定性警告可能表示超彈性材料模型對於所要分析的應變範圍並不合適。

- 對稱性的存在可以用來減少模擬的規模大小，因為這時候只需要模擬部分的模型，結構其餘部分的影響則可透過適當的邊界條件來表示。

- 大變形問題的網格設計與小位移問題相比更加困難。網格中的元素絕不能在分析的任何階段中變得過度扭曲。

- 允許少量的可壓縮性可以減少體積自鎖。必須小心以引入可壓縮性的值，以確保不會明顯地影響整個問題的結果。

- Abaqus/CAE 的 XY 曲線繪圖功能，可以控制曲線的資料來繪製新的曲線。兩條曲線或是一條曲線跟一個常數，可以相加、相減、相乘或是分離，曲線也可微分、積分或合併。

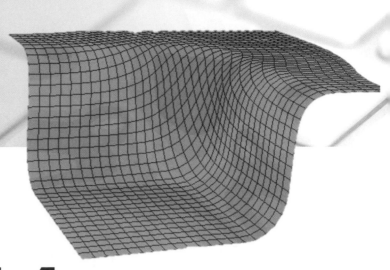

Chapter 11

多步驟分析

　　Abaqus 模擬分析的一般目的是決定模型對所施加負載的響應。我們再次回想負載(Load)在 Abaqus 中的一般含義，負載代表結構從初始狀態到發生變化的一切響應，例如非零邊界條件或施加的位移、集中力、壓力以及場等等。在某些情況下外力負載可能相對簡單，如在結構上的一組集中負載。在另外一些問題中施加在結構上的負載可能會相當複雜，例如在某一時間段內，不同的負載按一定的順序施加到模型的不同部分，或負載的幅值是隨時間變化的函數。在此我們稱之為負載歷時(Load History)，來代表這種作用在模型上的複雜負載。

　　在 Abaqus 中，用戶將整個負載歷時劃分為數個分析步(Step)。每一個分析步是由用戶指定的一個"時間"段，在該時間段內 Abaqus 計算該模型對一組特殊的負載和邊界條件的響應。在每一個分析步中，用戶必須指定響應的類型，稱之為分析過程，且從一個分析步到下一個分析步中，分析過程也可能發生變化。例如可以在一個分析步中施加靜態恆定負載，也有可能是重力負載；而在下一個分析步中計算這個施加了負載的結構對於地震加速度的動態響應。隱式和顯式分析均可以包含多個分析步驟，但是在同一個分析作業中不能夠組合隱式和顯式分析。如果要組合一系列的隱式和顯式分析步，可以利用結果傳遞或輸入功能。如果想了解更詳細的資訊請參閱線上手冊，並搜尋"Transferring results between Abaqus/Explicit and Abaqus/Standard"，而本指南不做進一步的討論。

　　Abaqus 將它的所有分析過程主要劃分為兩類：線性擾動(Linear Perturbation)和一般性分析(General)。在 Abaqus/Standard 或在 Abaqus/Explicit 分析中可以包括一般分析步，而線性擾動分析步只能用於 Abaqus/Standard 分析。兩種情況的負載條件和"時間"定義是不同的，因此，從每一種過程得到的結果應該有不同的解釋。

　　在使用一般分析步(General Step)的分析中，模型的響應可能是非線性的或者是線性的。而在採用擾動過程(Perturbation Step)的分析中，其響應只能是線性的。Abaqus/Standard 處理這個分析步作為由前面的任何一般分析步建立的預載入、預變形狀態的線性擾動(即所謂的基本狀態(Base State))；Abaqus 的線性模擬能力比之單純線性分析的程序是更加廣義的。

11.1　一般分析過程

　　每個一般分析步都是以前一個一般分析步的結束時的變形狀態作爲起點，因此模型的狀態包括了在一系列一般分析步中，對於定義在每個分析步中負載的響應。任何指定的初始條件定義了在分析中第一個一般分析步的起始狀態。

✎ 11.1.1　在一般分析步中的時間

　　Abaqus 在模擬時有兩種時間尺度。增長的總體時間(Total Time)貫穿所有的一般分析步，而且是每個一般分析步總步驟時間的累積。每個分析步也有各自的時間尺度(稱爲分析步時間(Step Time))，分析步時間(Step time)於每個分析步從零開始。隨時間變化的負載和邊界條件可以用其中的任何一種時間尺度來定義。圖 11-1 示範了一個總體時間爲 300 秒的分析，它的歷時分解爲三個分析步，每個 100 秒長。

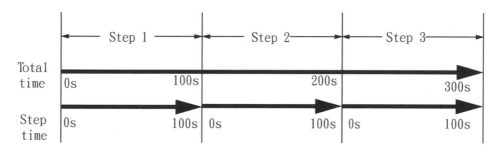

圖 11-1　對於一個模擬的分析步時間和總時間

✎ 11.1.2　在一般分析步中指定負載

　　在一般分析步中，負載必須以總量而不是以增量的形式給定。例如一個集中負載的值，在第一個分析步中爲 1000 N，並在第二個一般分析步中增加到 3000 N，那麼在這兩個分析步中給出的負載值應該是 1000 N 和 3000 N，而不是 1000 N 和 2000 N。

　　在預設情況下，所有在前面定義的負載會傳遞到目前的分析步。在目前的分析步中，用戶可以定義額外的負載以及改變任何前面所定義的負載(例如改變它的大小或停用(Deactivate))。任何前面所定義的負載，如果在目前的分析步沒有修改，它將繼續遵循其有關幅值的定義，此幅值曲線是以總體時間的形式來定義；否則這個負載將保持爲前一個一般分析步結束時的大小。

11.2　線性擾動分析

線性擾動分析步只能用在 Abaqus/Standard 中。

線性擾動分析步的起點稱為模型的基態。如果在分析中的第一個分析步是線性擾動分析步，則基態就是用初始條件所指定的模型狀態，否則基態就是在線性擾動分析步之前一個一般分析步結束時的分析狀態。儘管在擾動分析步中結構的響應被定義為線性，模型在前一個一般分析步中仍可以有非線性響應。對於在前面的一般分析步中有非線性響應的模型，Abaqus/Standard 利用目前的彈性模量作為擾動分析的線性剛度，這個模量是彈−塑性材料的初始彈性模量，和超彈型材料的切線模量(見圖 11-2)；想要瞭解其他材料模型使用的彈性模量，請參閱線上手冊，並搜尋"General and linear perturbation procedures"。

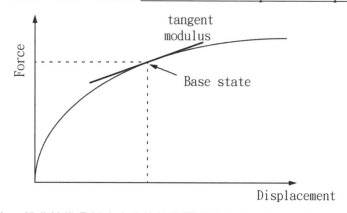

圖 11-2　在一般非線性分析步之後的線性擾動分析步，利用切線模量作為其剛度

在擾動步中的負載應要夠小，這樣模型的響應才不會過於偏離切線模量所預測的響應。如果分析模擬中包括了接觸，則在擾動分析步中兩個接觸面之間的接觸狀態不會發生改變：在基態中閉合的點仍保持閉合，而脫離的點仍保持脫離。

✎ 11.2.1　在線性擾動分析步中的時間

如果在擾動分析步後跟隨另一個一般分析步，它會用前面一個一般分析步結束時的模型狀態作為它的起點，而不是在擾動分析步結束時的模型的狀態。這樣來自線性擾動分析步的響應對分析將不會產生持久的影響。因此在 Abaqus/Standard 分析過程的總時間中，並不包含線性擾動分析步的步驟時間。事實上，Abaqus/Standard 將擾動分析步的步驟時間定義成一個非常小的量(10^{-36})，所以將它添加到總累積時間上時沒有任何影響。唯一的例外是模型動態程序(Modal Dynamics Procedure)。

❧ 11.2.2 在線性擾動分析步中指定負載

在線性擾動分析步中所給定的負載和邊界條件總是在該分析步內有效。在線性擾動分析步中給定的負載大小(包括預設的邊界條件值)總是負載的擾動(增量)，而不是負載的總量值。所以任何結果變數的值僅作為擾動值輸出，而不包含在基態中的變數的值。

舉個簡單載入負載歷時的例子，包含了一般和擾動分析步，如圖 11-3 所示的弓和箭。

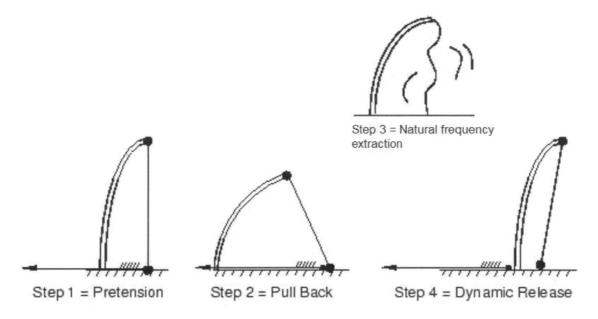

圖 11-3 弓和箭的例子

分析步 1 可能是給弓上弦，預張拉弓弦。分析步 2 是在上弦之後用箭將弦向後拉開，這樣在系統中儲存更多的應變能。然後分析步 3 可能是一個線性擾動分析：分析特徵頻率值以研究這個負載系統的自然頻率。這個分析步也可以被包含在分析步 1 和 2 之間，即在弦剛剛被張拉後，並在拉開將要發射前，研究弓和絃的自然頻率。接著分析步 4 是一個非線性動態分析，此時鬆開了弓弦，因此在系統中由分析步 2 向後張拉弓弦所儲存的應變能將轉換為箭的動能，並使其離開弓。所以這個分析步繼續發展了系統的非線性響應，但是此時包含了動態效應。

在這個例子中很明顯地，每一個非線性一般分析步都必須利用前一個非線性一般分析步結束時的狀態作爲它的初始狀態。例如歷時的動態部分沒有負載，動態響應是由於釋放了儲存在靜態分析步中的某些應變能所引起的。這種效果在輸入檔案中引入了一個內在的順序依賴關係：非線性一般分析步是一個接著一個輸入的，按照所定義事件的發生順序，在這個序列中的適當時間插入線性擾動分析步，以研究系統在這些時間中的線性行爲。

一個更複雜的負載歷時描述在圖 11-4 中，它以在加工過程中的步驟和在不銹鋼水槽的使用爲教學例，圖示了各個步驟。

應用沖頭、沖模和夾具將薄鋼板加工形成水槽。這個成型模擬過程包括了一組一般分析步。典型上，分析步 1 可能涉及施加夾持壓力，並在分析步 2 分析衝壓過程，分析步 3 將涉及移開工具，允許水槽回彈到最終的形狀。這些步驟的每一步都是一般分析步，所以將它們組合在一起就模擬了一個連續的負載歷時，這裏每一步的起始狀態就是前一步結束時的狀態。很明顯地在這些分析步中包含了許多的非線性效應(塑性、接觸、大變形)。在第三步結束時，水槽上存在著由成型過程引起的殘餘應力和非彈性應變。隨著加工過程的直接結果，其厚度也會發生變化。

之後安裝水槽(Step4)：沿著水槽的邊緣和與工作檯頂部接觸的部位施加邊界條件。用戶可能感興趣的地方和必須模擬的地方爲在一些不同的負載條件下水槽的響應。例如可能需要模擬有人站在水槽上以確保水槽不會發生斷裂。因此分析步 4 將採用線性擾動分析步，來分析水槽對局部壓力負載的靜態響應。請記住由分析步 4 得到的結果將是來自水槽成型過程後的狀態的擾動；如果在這個分析步中水槽中心的位移僅有 2 mm，用戶不需感到奇怪，因爲從成型分析開始後水槽的變形遠大於 2 mm 的。這個 2 mm 的撓度只是在成型後(即分析步 3 結束時)從水槽的最終構形中由人體重量引起的附加變形。從未變形的鋼板構形，其總撓度的計算是這個 2 mm 和在分析步 3 結束時的變形之和。

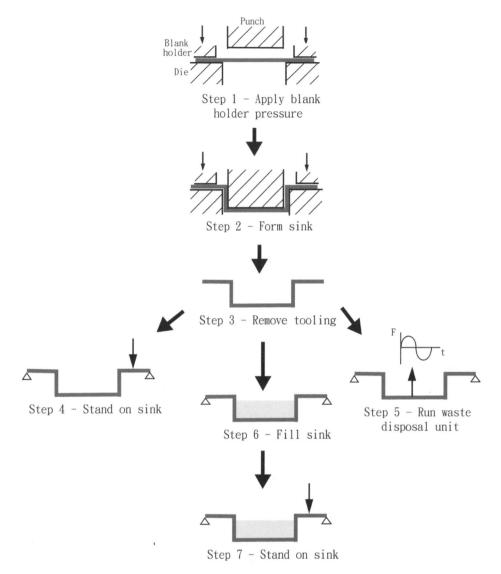

圖 11-4　水槽製造和使用的分析步

　　水槽也要適應廢水排水系統,因此必須模擬它對在某些頻率上的簡諧負載之穩態動態響應。分析步 5 是第二個線性擾動分析步,用施加在排水設備接觸點上的負載,採用直接的穩態動態程序。這一步的基態是前面一般分析步結束時的狀態,即在成型過程(分析步3)結束時的狀態。忽略了前一個擾動分析步(分析步 4)的反應,所以這兩個擾動分析步是分離的,並獨立地模擬水槽對於施加在模型的基態上負載的響應。

　　如果在分析中還包含了另一個一般分析步,在該分析步開始時結構的條件是前一個一般分析步(分析步 3)結束時的狀態。因此分析步 6 將是一個一般分析步,模擬水槽盛滿水的情形。在該分析步中的響應可以是線性的，或是非線性的。緊隨著這個一般分析步，分析步 7 的分析可能是重覆在分析步 4 中的分析。然而在這種情況下，基態(結構在前一個一般分析步結束時的狀態)是分析步 6 結束時模型的狀態，因此這時的響應為水槽盛滿水，而不是空水槽的響應。因為水的質量將大幅度地改變響應，而在分析中沒有考慮，因此進行另一個穩態動力模擬將產生不準確的結果。

在 Abaqus/Standard 中，以下的過程總是採用線性擾動分析步：

- 線性特徵值挫曲(Linear Eigenvalue Buckling)。
- 頻率提取(Frequency Extraction)。
- 暫態模態的動態分析(Transient Modal Dynamics)。
- 隨機響應分析(Random Response)。
- 反應譜分析(Response Spectrum)。
- 穩態動力分析(Steady-State Dynamics)。

靜態分析可以是一般分析或是線性擾動分析。

11.3 例題：管道系統的振動

在本例題中，用戶需要分析管道系統中一根長為 5 m 管段的振動頻率。管材由鋼製造，並有 18 cm 的外直徑和 2 cm 的壁厚(見圖 11-5)。

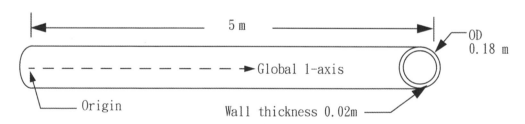

圖 11-5 管道系統被分析部分的幾何尺寸

管的一端被牢固地夾住，在另一端僅能夠沿軸向運動。管道系統中這段 5 m 長的管段可能受到頻率達到 50 Hz 的諧和波負載。未負載結構的最低振動頻率為 40.1 Hz，但是這個值沒有考慮施加到管道結構上的負載對它產生怎樣的影響。為了保證這一段管不發生共振，要求用戶決定其所需要的工作負載大小，以使最低的振動頻率高於 50 Hz。已知管段在工作時將承受軸向拉伸，從 4 MN 的負載值開始考慮。

由於結構的橫截面是對稱的，管的最低振動模態將是沿任何與管軸垂直方向的正弦波變形。用戶利用三維樑元素來模擬這一段管。

分析需要一個自然頻率提取過程，因此用戶將應用 Abaqus/Standard 作為分析工具。

✎ 11.3.1　前處理－用 Abaqus/CAE 建立模型

應用 Abaqus/CAE 建立關於這個例題的模型。Abaqus 有提供上述問題的範本，若依照以下的指導遇到了困難，或是用戶希望檢查所建立的模型是否有誤，便可利用下列任一種範例來建立完整的分析模型。

- 在本書的第 A.11 節 "Vibration Of A Piping System"，提供了重播檔案(*.py)。關於如何提取和執行此重播檔案，將在附錄 A， "Example Files" 中說明。

- Abaqus/CAE 的外掛工具組(Plug-in)中提供了此範例的插入檔案。在 Abaqus/CAE 的環境下執行插入檔，選擇 **Plug-ins → Abaqus → Getting Started**；將 **Vibration Of A PipingSystem** 反白，按下 **Run**。更多關於入門指導插入檔案的介紹，請參閱線上手冊，並搜尋"Running the Getting Started with Abaqus examples"。

如果用戶沒有進入 Abaqus/CAE 或者其他的前處理器，可以手動建立關於這個問題的輸入檔案，關於這方面的討論，請參閱線上手冊，並搜尋"Example: vibration of a piping system"。

部件的幾何形體

在 **Part** 模組中，建立一個三維的、可變形的平面線框(Planar Wire)部件(記住要採用略大於用戶的模型最大尺寸的近似部件尺寸)，命名部件為 Pipe，並用 **Create Lines：Connected** 工具繪製一條長 5.0 m 的水平線段，繪圖的尺寸按照要求以保證精確地滿足長度。

材料與截面屬性

管材由鋼製造，採用彈性模數為 200×10^9 Pa 和蒲松比為 0.3。在 **Property** 模組中，用這些材料性質建立一種線彈性材料，命名為 Steel。由於在該分析中要求提取特徵模態和特徵頻率，以及對於該分析過程需要質量矩陣，所以用戶也必須定義鋼材的密度(7800 kg/m³)。

下一步是建立 Pipe(管道)的輪廓(Profile)，命名為 PipeProfile，並指定管道的外半徑為 0.09 m 和壁厚為 0.02 m。

建立一個 Beam(樑)的截面性質(Beam Section)，命名為 PipeSection。在 **Edit Beam Section**(編輯樑截面)對話方塊中，指定截面積分在分析過程中進行。並將材料 Steel 和輪廓 PipeProfile 賦予截面定義。

最後將截面 PipeSection 賦予到全部的幾何區域，此外定義近似的 n_1 方向作為向量(0.0, 0.0, -1.0)(預設)，在這個模型中，實際的 n_1 向量將與這個近似的向量重合。

組裝件和集合

在 **Assembly** 模組裏，建立一個 Pipe 部件的實體。為了方便，建立包括管道的左端點和右端點的幾何集合，並分別命名為 Left 和 Right。這些區域以後將用來對模型施加負載和邊界條件。

分析步

在這個分析過程中，需要研究當施加 4 MN 的拉力負載時，鋼管段的特徵模態和特徵頻率，所以分析將分為兩個步驟：

分析步 1：一般分析步施加 4 MN 拉力
分析步 2：線性擾動分析步計算模態和頻率

在 **Step** 模組中，建立一個一般靜態(Static，General)分析步，命名為 Pull I，採用下面的分析步描述：Apply Axial Tensile Load of 4.0 MN。在這個分析步中，時間的實際大小將對結果產生影響；除非模型中包含了阻尼或率相關的材料性質，否則"時間"在靜態分析過程中沒有實際的物理意義。因此採用 1.0 的分析步時間。在分析中要包括幾何非線性的效果，並指定一個初始時間增量為總分析步時間的 1/10，這樣導致 Abaqus/Standard 在第一個增量步施加 10%的負載。接受預設的允許增量步數目。

在負載狀態下，需要計算管道的特徵模態和特徵頻率，因此建立第二個分析步，利用線性擾動的頻率提取過程，命名這個分析步為 Frequency I，並給出它的描述如下：Extract Modes and Frequencies。儘管用戶只對第 1 階(最低階)特徵模態感興趣，但我們還是提取了模型的前 8 階特徵模態。由於要求少量的特徵值，採用子空間疊代(Subspace Iteraction)

特徵值求解器。

輸出要求

由 Abaqus/CAE 建立對於每個分析步預設的輸出資料要求是足夠的，用戶不需要另外建立輸出需求的輸出資料庫。

為了能夠輸出到重新啟動檔案，從主功能表欄中，選擇 **Output** → **Restart Requests**。對於標記 Pull I 的分析步，每 10 個增量步向重新啟動檔案寫入一次資料；對於標記 Frequency I 的分析步，每個增量步向重新啟動檔案寫入一次資料。

負載與邊界條件

進入 **Load** 模組，在第一個分析步於鋼段的右端施加一個 4×10^6 N 的拉力，這樣它會沿軸的正方向(整體座標 1 軸)變形。在預設的情況下，在整體坐標系中施加力。

管段在它的左端被完全夾持，另一端也被夾持；由於在這一端上必須施加軸向力，所以只約束了自由度 2 到 6(U2，U3，UR1，UR2 和 UR3)。在第一個分析步中，對 Left 和 Right 集合施加適當的邊界條件。

在第二個分析步中，要求出已伸長管段的自然頻率。這不包括施加的任何擾動負載，並從前一個一般分析步中完全地繼承了固定的邊界條件。因此在這個分析步中，用戶無需指定任何附加的負載或邊界條件。

定義網格和作業

在管段中播撒種子和分割網格，採用 30 個均勻的空間二次管道元素(PIPE32)。

在繼續下面的工作之前，從主功能表欄中，選擇 **Model** → **Rename** → **Model-1**，並重新命名模型為 Original。這個模型將作為後面的第 11.5 節 "例題：重新啟動管道振動分析" 中用在例題討論中的模型基礎。

建立一個作業，命名為 Pipe，採用如下的描述：Analysis Of A 5 Meter Long Pipe Under Tensile Load。

將模型保存到模型資料庫檔案中，並提交作業進行分析。監控求解過程、糾正任何模擬分析中的錯誤，並調查任何警告資訊的原因，當必要時採取修正的措施。

✎ 11.3.2　對作業的監控

在作業執行時點擊 **Job Monitor**。在分析結束時，它的內容將類似於圖 11-6 所示。

圖示顯示了兩個分析步，比較兩分析步，線性擾動分析步的時間很小：此外頻率提取過程或任何線性擾動過程都不會對模型的一般負載歷時作出貢獻。

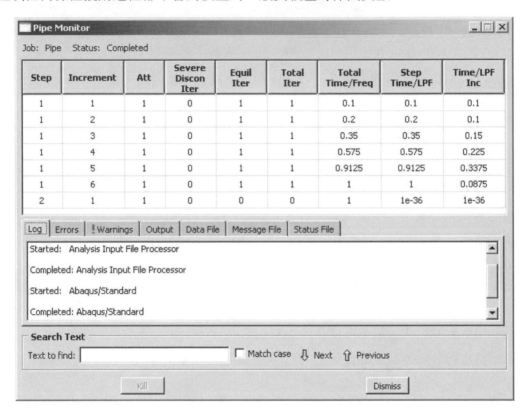

圖 11-6　Job Monitor：原始的管道振動分析

✎ 11.3.3　後處理

進入 **Visualization** 模組，並開啟由這個作業建立的輸出資料庫檔案 Pipe.odb。

來自線性擾動分析步的變形形狀

視覺化後處理模組自動地使用在輸出資料庫檔案中的最後一個畫面。在這個分析中是第二個分析步的結果，也就是管的自然模態和相應的自然頻率。

繪製第 1 階模態：

1.　從主功能表欄中，選擇 **Result → Step/Frame**。

　　顯示 **Step/Frame** 對話方塊。

2.　選擇分析步 Frequency I 和畫面 Mode 1。

3.　點擊 **OK**。

4.　從主功能表欄中，選擇 **Plot→Deformed Shape**。

5.　按下工具箱的 🗗 工具，在視圖窗容許同時顯示多個圖型；接著按下 ▥ 工具，

　　或選擇 **Plot → Undeformed Shape**，在模型的變形圖上重疊未變形圖。

6.　在兩個圖上顯示節點符號(當多個圖形同時顯示的時候，重疊圖選項控制未變形圖的
外觀)。改變節點符號的顏色為綠色，和符號形狀為實心圓。

7.　點擊自動調整顯示工具 ⛶，使全部的畫面縮放並充滿圖形窗。

　　預設的視角為等角視圖。嘗試旋轉模型以便發現觀察第 1 階特徵模態的最佳視角。用
戶旋轉模型應該能夠得到類似於圖 11-7 所示的畫面。

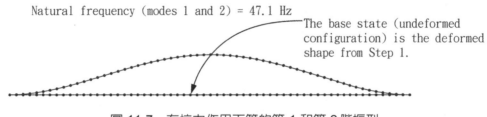

圖 11-7　在拉力作用下管的第 1 和第 2 階振型

　　因為這是一個線性擾動分析步，未變形圖是這個結構的基態形狀，這使得我們可以很
容易地觀察管相對於其基態的運動。利用 **Frame Selector** 選項來繪製其他的模態形狀，可
以發現這個模型有多個重覆的模態，這是管道具有對稱橫截面的結果，造成一個自然頻率
分別在 1-2 以及 1-3 平面各對應一個模態，第二個模態的形狀顯示在圖 11-7。某些更高階
的振動模態形狀如圖 11-8 所示。

　　與每個模態對應的自然頻率將會顯示在圖的標題中。當施加 4 MN 的拉力負載時，管
的最低自然頻率提高為 47.1 Hz。此乃拉力負載增加了管的剛度，因而提高了這段管的振
動頻率。這個最低自然頻率仍是在諧和負載的頻率範圍之內，因此當施加這個諧和負載
時，管的共振可能仍是問題。

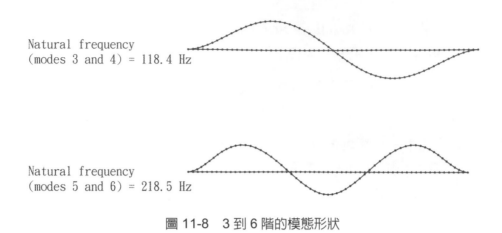

圖 11-8　3 到 6 階的模態形狀

因此，用戶需要繼續模擬並在管段上施加附加的拉伸負載，直到發現這段管的自然頻率提高到一個可接受的程度。用戶可以利用在 Abaqus 中的重新啟動功能，在一個新的分析中繼續前一個模擬分析的負載歷時，而無需重覆整個分析和增加所施加的軸向負載。

11.4　重啟動分析

沒有必要將多步驟模擬分析定義在單一作業中。事際上，一般理想的情況是分階段執行一個複雜的分析，這樣在繼續下一個分析階段之前，允許用戶去檢驗結果，並確認分析是在按照預料的情況進行。Abaqus 的重啟動分析功能(Restart Analysis)允許重新啟動一個模擬工作，並計算模型關於新增負載歷時的響應。

重啟分析功能的詳細討論請參閱線上手冊，並搜尋"Restarting an analysis"。

✎ 11.4.1　重啟動和狀態檔案

Abaqus/Standard 的重啟動檔案(.res)和 Abaqus/Explicit 的狀態檔案(.abq)包含了繼續進行前面的分析所必須的資訊。在 Abaqus/Explicit 中，為了重新啟動一個分析要用到封包檔案(.pac)和選擇結果檔案(.sel)，在第一個作業完成後必須保存這兩個檔案。此外，此二生成檔需要輸出資料庫檔案(.odb)。對於大型模型，重新啟動檔案可能會很大；當需要重新啟動資料時，對於每個增量步或者間隔的資料預設地寫入重新啟動檔案中，因此控制重啟動資料寫入的頻率是非常重要的。有時在一個分析步中允許覆蓋寫入重啟動檔案中的資料是很有用的，這意味著對於每個分析步在分析結束時僅有一組重啟動資料，它對應於在每個分析步結束時的模型狀態。如果由於某種原因中斷了分析的過程，諸如電腦故障，分析就可以從最後一次寫入重啓動資料的地方繼續進行。

∾ 11.4.2　重啓動一個分析

當利用前面分析的結果重新啓動一個模擬工作時，在模擬分析的負載歷時中用戶要指定一個特殊點，作爲重新啓動分析的出發位置。在重啓動分析中應用的模型必須與在原始分析中到達重啓動時刻所用的模型一致。具體要求是：

- 重啓動分析的模型不能修改或增加任何已經在原始分析模型中定義過的幾何體、網格、材料、截面、樑截面輪廓、材料方向、樑截面方向、交互作用性質，或者約束。

- 同樣地，它不能修改在重啓動位置當時或者之前的任何分析步、負載、邊界條件、場、或者交互作用。

在重啓動分析模型中用戶可以定義新的集合(Set)和幅值曲線(Amplitude Curve)。

繼續一個被中斷的作業

重啓動分析可以直接地從前面分析的指定分析步和增量步中繼續進行。如果給定的分析步和增量步並沒有對應於前面分析的結束位置(例如分析由於電腦故障而中斷)，在進行任何新的分析步之前，Abaqus 將試圖完成這個原始的分析步。

在 Abaqus/Explicit 中進行的某些重啓動分析是簡單地繼續一個長的分析步(例如它可能是由於作業超過了時間限制而中止)，用戶可以選用 **Recover** 作業類型來重新啓動，執行這個作業，如圖 11-9 所示。

繼續增加新的分析步

如果前一個分析順利地完成，而且已經觀察了結果，用戶希望在負載歷時中增加新的分析步，指定的分析步和增量步必須是前面分析中的最後分析步和最後增量步。

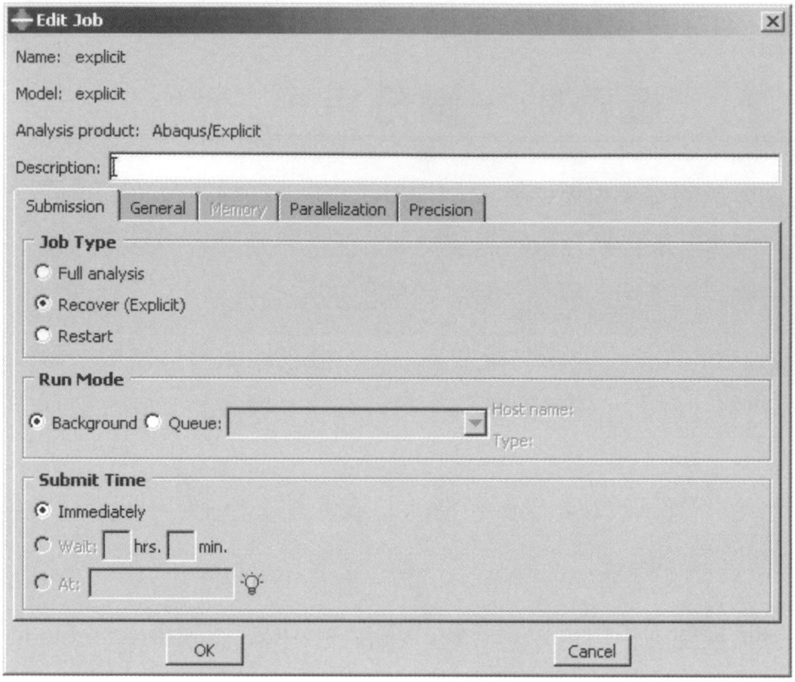

圖 11-9　重啓分析作業類型

改變一個分析

　　有時已經觀察了前面分析的結果，用戶可能希望從一個中間點重啓動分析，並以某種方式改變剩餘的負載歷時，例如增加更多的輸出要求、改變負載，或者調整分析控制。如當一個分析步超過了它的最大增量步的數目時，這可能是必要的。如果因爲超過了增量步的最大數目而重新啓動一個分析，Abaqus/Standard 認爲這個分析是整個分析步的一部分，它會試圖完成該分析步，並立刻再一次超出了增量步的最大數目。

　　在這種情形下，用戶應該定義當前的分析步(step)與增量(increment)，然後分析可以用一個新的分析步繼續。例如一個分析步僅允許最多 20 個增量步，少於完成這個分析步所需要的增量步數目，則需要在整個分析步的定義中定義一個新的分析步，它包括施加的負載和邊界條件，新的分析步與原始分析步中運算的規定相同，而僅作如下修改：

- 應該增加增量步的數目。

- 新的分析步的總時間應該是原分析步的總時間減去完成第一次運算分析的時間。例如分析步的時間原來指定爲 100 秒，而在 20 秒的步驟時間完成了分析，在重啓動分析中的分析步時間應該爲 80 秒。

- 任何指定以分析步的時間形式定義的幅值(Amplitude)需要重新定義，以反映分析步新的時間尺度。總時間形式定義的幅值則無需改變。

在一般分析步中，由於任何負載的值或給定的邊界條件是總體量，所以它們保持不變。

11.5　例題：重啓動管道的振動分析

為了演示如何重新啓動一個分析，採用在第 11.3 節 "例題：管道系統的振動" 中的管段例題，並重新啓動分析作業，增加兩個新的負載歷時分析步。在第一次分析中預估到當管段被軸向伸長後是容易產生共振的；用戶現在需要確定再施加多大的軸向負載將增加管段的最低振動頻率，使其達到一個可接受的水平。

分析步 3 將是一個一般分析步，在管段上增加軸向負載達到 8 MN，而分析步 4 將再次計算特徵模態和特徵頻率。

☙ 11.5.1　建立一個重啓動分析模型

開啓模型資料庫檔案 Pipe.cae。將命名為 Original 的模型複製並命名為 Restart。下面將討論對於該模型的修改。如果用戶沒有進入 Abaqus/CAE 或者其他的前處理器，可以手動建立關於這個問題的輸入檔案，關於這方面的討論，請參閱線上手冊，並搜尋"Example: restarting the pipe vibration analysis"。

模型屬性(Attributes)

為了進行重啓動分析，必須改變模形的屬性以指定模型將再次使用來自前面分析的資料。從主功能表欄中，選擇 **Model → Edit Attributes → Restart**。在顯示的 **Edit Model Attributes**(編輯模型屬性)對話方塊中，指定從 **Pipe** 作業中讀取重啓動分析的資料，並指定重啓動的出發點位於在分析步 Frequency I 的結束處。

分析步定義

建立兩個新的分析步。第 1 個新分析步是一般靜態分析步，命名為 Pull II，並立刻將其插入在分析步 Frequency I 之後。給予該分析步如下的描述：Apply Axial Tensile Load Of 8.0 MN；並設置該分析步的時間長度為 1.0 和初始時間增量為 0.1。

第 2 個新分析步是頻率提取步驟，命名分析步為 Frequency II，並立刻將其插入在分析步 Pull II 之後，給予該分析步如下的描述：Extract Modes and Frequencies；應用 Lanczos eigensolver 求取管段的前 8 階模態和頻率。

輸出要求

對於分析步 Pull II，每 10 個增量步向重啓動檔案寫入一次資料。另外，每個增量步向輸出資料庫檔案寫入預選的場變數資料。

對於頻率提取分析步，接受預設的輸出要求。

負載定義

在 **Load** 模組中修改負載定義，這樣在第二個一般靜態分析步(Pull II)中，施加在管段上的拉力負載提高到二倍。爲了修改負載，在主功能表欄中，選擇 **Load → Edit → Load-1**，並在分析步 Pull II 中施加之作用力的值爲 8.0E+06。

作業定義

在 Job 模組中，建立一個作業，命名爲 PipeRestart，採用如下的描述：Restart Analysis of A 5 Meter Iong Pipe under Tensile Load。設置作業類型爲 **Restart**(重啓動)。(如果作業類型沒有設置爲 **Restart**，Abaqus/CAE 將忽略模型的重啓動屬性)。

將用戶的模型保存入模型資料庫檔案，並交付作業進行分析。監控求解的進程、改正任何分析中的錯誤，並研究任何警告資訊的原因，和採取必要的改正措施。

✎ 11.5.2　監控作業

當作業執行時檢查 **Job Monitor**。分析完成後，它的內容將類似於圖 11-10 所示。

由於分析步 1 和分析步 2 在前面的分析中已經完成，這次分析從分析步 3 開始。現在對應於這個分析，共有兩個輸出資料庫檔案(.odb)。關於分析步 1 和分析步 2 的資料是在 Pipe.odb 檔案中，而有關分析步 3 和分析步 4 的資料是在 PipeRestart.odb 檔案中。當顯示結果時，需要記住在每一個檔案中保存的是哪些結果，而且需要確認 Abaqus/CAE 正在使用正確的輸出資料庫檔案。

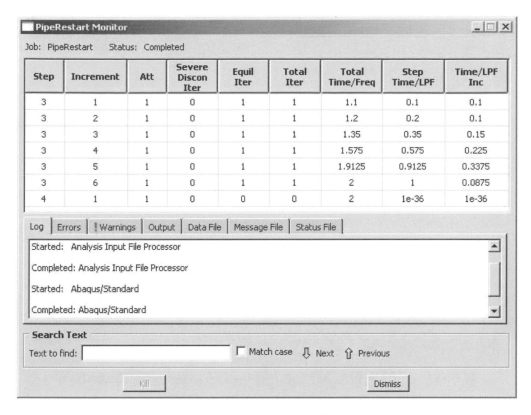

圖 11-10 Job Monitor：管道振動重啓分析

∾ 11.5.3 對重啓動分析的結果做後處理

切換到 **Visualization** 模組，並打開來自重啓動分析的輸出資料庫 PipeRestart.odb。

繪製管道的模態

類似於在前面關於這個分析的後處理，同樣繪製管道的前 6 個模態。利用關於原分析過程的描述，可以繪製模態圖。這些模態和它們的自然頻率如圖 11-11 所示。

在 8 MN 軸向負載作用下，現在最低模態的自然頻率爲 53.1 Hz，大於所要求的最小頻率 50 Hz。欲使最低自振頻率剛好超過 50 Hz，用戶可以改變所施加的負載值並重覆這個重啓動分析。

繪製所選取的分析步的場變數資料之 X-Y 曲線圖

對於整個模擬分析作業，利用儲存在輸出資料庫檔案 Pipe.odb 和 PipeRestart.odb 中的場變數資料繪製在管道中軸向應力的歷時資料。

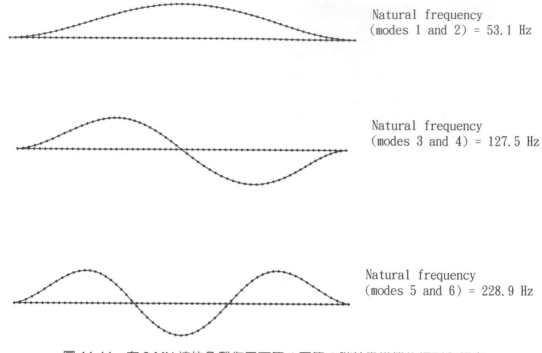

Natural frequency
(modes 1 and 2) = 53.1 Hz

Natural frequency
(modes 3 and 4) = 127.5 Hz

Natural frequency
(modes 5 and 6) = 228.9 Hz

圖 11-11　在 8 MN 拉伸負載作用下第 1 至第 6 階特徵模態的振型和頻率

對於重啟動分析產生管道中軸向應力的歷時曲線：

1.　在結果樹中，按兩下 **XY Data**。

　　顯示 **Create XY Data** 對話方塊。

2.　從這個對話方塊中，選擇 **ODB field output**(ODB 場變數)，並點擊 **Continue** 執行操作。

　　顯示 **XY Data from ODB Field Output**(從場變數輸出建立 XY 資料)對話方塊。

3.　在這個對話方塊的變數(**Variables**)頁中，對於變數位置接受 Integration Point(積分點)
　　的預設選擇，並從有效的應力分量列表中選擇 **S11**。

4.　在對話方塊的底部，對於截面點(section point)選中 **Select**(選擇)，並點擊 **Settings**(設
　　置)以選擇截面點。

5.　在跳出的 **Field Report Section Point Settings**(場變數報告截面點設置)對話方塊中，對
　　於管道截面選取 beam 類型和選取任何的有效截面點，點擊 **OK** 退出對話方塊。

6.　在 **XY Data from ODB Field Output**(從場變數輸出建立 XY 資料)對話方塊的
　　Elements/Nodes(元素/節點)頁中，選擇 **Element labels**(元素編號)作為 **Selection**

Method(選取方式)。在模型中有 30 個元素，而且它們的編號是從 1 至 30 連續排列。在對話方塊的右邊顯示的 Labels(編號)文字區域內鍵入任意元素編號(例如，25)。

7.　按下 Active Steps/Frames，選擇 Pull II 當作唯一提取資料的分析步。

8.　在 XY Data from ODB Field Output 對話方塊的底部，點擊 Plot 來觀察在這個元素中軸向應力的歷時資料。

　　繪圖描繪了在重啓動分析中在元素中每個積分點處的蒙氏應力歷時圖。由於重啓動分析是前面作業的繼續，所以對於從整個分析中(原分析和重啓動分析)觀察結果常常很有用。

　　產生在管道中關於整個分析的蒙氏應力之歷時資料曲線：

1.　在 XY Data from ODB Field Output 對話方塊的底部，點擊 Save 保存目前的圖形。保存了兩條曲線(每一條曲線對應一個積分點)，並使用曲線預設的名字。

2.　重新命名其中任一條曲線爲 RESTART，並刪除另外一條。

3.　從主功能表欄中選擇 File → Open，或使用在 File 工具欄中的 📂 工具開啓檔案 Pipe.odb。

4.　隨後的過程已經在前面列出，保存關於前述的同一個元素和積分點/截面點的軸向應力歷時的曲線，命名這條曲線爲 ORIGINAL。

5.　在結果樹中，展開 XY Data 子集合。
　　列出了 ORIGINAL 和 RESTART 曲線。

6.　用[Ctrl]+點擊同時選擇這兩條曲線，按下滑鼠右鍵，並從選單中點擊 Plot 來建立關於整個分析作業在管道中軸向應力歷時的曲線圖。

7.　爲了改變線的形式，開啓 XY Curve Options 對話方塊。

8.　爲 RESTART 曲線，選取虛線(Dotted)線型。

9.　點擊 Dismiss 來關閉對話框。

10.　爲了改變圖形標題，開啓 Axis Options 對話框。
　　在對話框中，切換到 Titles(標題)頁。

11.　將 X-軸標題改爲 TOTAL TIME。將 Y-軸的標題改爲 STRESS Sll。

12.　點擊 Dismiss 來關閉對話框。

由這些命令建立的曲線如圖 11-12 所示。

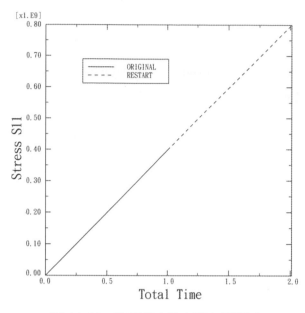

圖 11-12　在管道中軸向應力歷程圖

由選擇 RESTART 一條曲線，可以繪出在分析步 3 中相同元素的蒙氏應力歷時圖(見圖 11-13)。

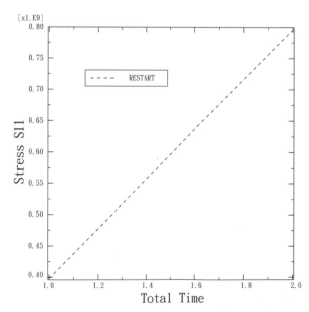

圖 11-13　在分析步 3 中管道的蒙氏 應力歷時圖

11.6　相關的 Abaqus 例題

請參閱線上手冊，並搜尋以下關鍵字

- "Deep drawing of a cylindrical cup"
- "Linear analysis of the Indian Point reactor feedwater line"
- "Vibration of a cable under tension"
- "Random response to jet noise excitation"

11.7　小　結

- 一個 Abaqus 模擬分析作業可以包含任意數目的分析步。
- 在同一個分析作業中，不允許同時進行隱式和顯式分析步。
- 一個分析步就是一段"時間"，在這個時間段內計算模型的一組給定負載和邊界條件之響應。在分析步中所採用的特殊分析過程決定了這個響應的特徵。
- 在一般分析步中結構的響應可以是線性的，或是非線性的。
- 每一個一般分析步的開始狀態是前一個一般分析步的結束狀態，在一個分析中模型的響應涉及到一系列的一般分析步。
- 線性擾動分析步(僅適用於 Abaqus/Standard)計算結構對於擾動負載的線性響應。這個響應是相對於基態而言的，而基態定義為在前一個一般分析步結束時的模型狀態。
- 只要保存了重啟動檔案，就可以重新啟動分析。對於整個分析過程，重啟動檔案可以用來繼續一個中斷的分析或增加新的負載歷時。

Chapter 12

接　觸

許多工程問題都涉及接觸；如果接觸面之間存在摩擦，可能會產生剪力以阻止物體沿切面方向運動(滑動)。接觸可模擬多個部件之間的接觸。在這些問題當中，當兩個物體彼此接觸時，垂直於接觸面的力作用在兩個物體上。模擬的一般目的在於確定表面發生接觸的面積和計算所產生的接觸壓力。

在有限元素分析中，接觸條件是一種特殊的不連續約束，它允許力從模型的一部分傳遞到另一個部分。因為只有當兩個表面發生接觸時才會有約束產生，而當兩個接觸的面分開時，就不存在約束作用了，所以這種約束是不連續的。這些分析必須能夠判斷什麼時候兩個表面發生接觸，並採用對應的接觸約束；同樣地，這些分析也必須能夠判斷什麼時候兩個表面分開，並解除接觸約束。

12.1　Abaqus 接觸功能概述

在 Abaqus/Standard 中接觸的模擬可以基於接觸表面(Surface base)或是基於接觸元素(Contact Element Based)，而在 Abaqus/Explicit 中接觸的模擬只能基於接觸表面，本書僅討論幾何表面的接觸模擬。

基於接觸表面的接觸運算可支援 general contact 或是 contace pair 的演算法，general contact 為自動接觸設定，所有的接觸面為自動生成不需手動設定，面接觸對的設定必須明確的指定要接觸的表面，兩種演算法皆需要設定接觸特性(contact properties)。

本書中將討論到在 Abaqus/Standard 的 contact pair 與 general contact 設定，以及 Abaqus/Explicit 的 general contact 設定。

12.2　定義接觸面(Surface)

表面是由其下層材料的元素面來建立的。以下的討論設定為在 Abaqus/CAE 中定義表面。在如果想了解各類表面之建立限制的詳細資訊，請參閱線上手冊，並搜尋"Surface definition"，請您在開始接觸模擬之前先閱讀這部分內容。

連續元素上的接觸面

對於 2 維和 3 維的連續元素，您可經由在圖形視窗中選擇部件案例的區域來指定部件中接觸表面的部分。

在結構、面和剛體元素上的表面

定義在結構、表面和剛體元素上的接觸面有四種方法：應用單側(Single-Sided)表面、雙側(Double-Sided)表面、基於邊界(Edge-Based)的表面和基於節點(Node-Based)的表面。

應用單側表面時，您必須指定是元素的哪個面來形成接觸面。在正法線方向的面稱為 SPOS，而在負法線方向的面稱為 SNEG，如圖 12-1 所示。我們已經在第 5 章 "應用殼元素" 中討論過，元素的節點次序定義了元素的正法線方向，您可以在 Abaqus/CAE 中查看元素的法線方向。

圖 12-1　在二維殼或剛體元素上的表面

雙側表面更為常用，因為它自動包括了 SPOS 和 SNEG 兩個面及所有的自由邊界作為接觸面的部分。接觸既可以發生在構成雙側接觸面元素的面上，也可以發生在元素的邊界上，例如在分析的過程中，一個從屬節點可以從雙側表面的一側出發，並經過邊界到達另一側。目前雙側表面的功能，只能在三維的殼、膜、面和剛體元素上使用。在 Abaqus/Explicit 中通用接觸演算法及在接觸對中的接觸演算法強化了在所有的殼、膜、面和剛體表面的雙面接觸，即使它們只定義了單側面。

雙側表面不能跟 Abaqus/Standard 預設的接觸公式一起使用，但可以配合某些選用的接觸程式使用；如果想了解更詳細的資訊請參閱線上手冊，並搜尋"Defining contact pairs in Abaqus/Standard"。

基於邊界的表面考慮在模型周圍邊界上發生接觸，例如它們可以用來模擬在殼邊界上的接觸。另外，基於節點的表面，它定義了在節點集合和表面之間的接觸，也可以用來得到同樣的效果，如圖 12-2 所示。

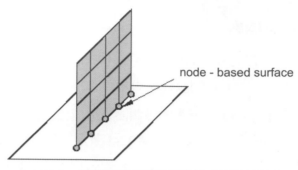

圖 12-2　殼邊界的接觸以節點為基礎的區域

剛體表面

剛體表面是剛體的表面，可以將其定義爲一個解析形狀，或者是基於與剛體相關的元素之表面。

解析剛體表面有三種基本形式。在二維中，一個解析剛體表面的指定形式是一個二維的分段剛體表面，可以在模型的二維平面上以直線、圓弧和拋物線弧定義表面的橫截面；三維剛體表面的橫截面可以用和二維問題相同的方式，將其定義在用戶指定的平面上，然後由這個橫截面繞一個軸掃掠形成一個旋轉表面，或沿一個向量拉伸形成一個長的三維表面，如圖 12-3 所示。

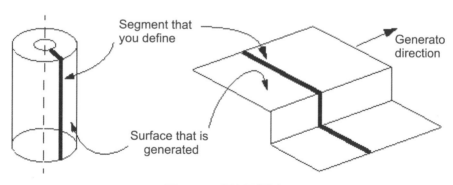

圖 12-3　解析剛體表面

解析剛體表面的優點在於只要用少量的幾何點就可以定義，而且計算效率很高。然而在三維的情況下，利用解析剛體表面所能夠建立的形狀範圍是有限的。

離散的剛體表面是以構成剛體體的元素面爲基礎，所以可以建立比解析剛體表面幾何上更爲複雜的剛體面。定義離散剛體表面的方法與定義可變形體表面的方法完全相同。

12.3　接觸面間的交互作用

　　接觸面之間的交互作用包含兩部分：一部分是接觸面間的法向作用，另一部分是接觸面間的切向作用。切向作用包括接觸面間的相對運動(滑動)和可能存在的摩擦剪應力。每一種接觸交互作用都可以代表一種接觸特性，它定義了在接觸面之間交互作用的模型。在 Abaqus 中有幾種接觸交互作用的模型，預設的模型表面不相黏與無摩擦。

✎ 12.3.1　接觸面的法向行為

　　兩個表面分開的距離稱為間隙(Clearance)。當兩個表面之間的間隙歸零時，在 Abaqus 中即加入了接觸限制。在接觸問題的公式中，對接觸面之間能夠傳遞的接觸壓力大小未作任何限制；當接觸面之間的接觸壓力變成零或負值時，兩個接觸面會分離並且解除限制，這種行為稱為 "硬" (Hard)接觸，圖 12-4 說明接觸壓力與間隙的關係。

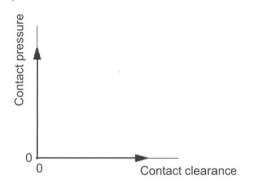

圖 12-4　 "硬" 接觸的接觸壓力與間隙的關係

　　當接觸條件從 "開" (間隙值為正)到 "關" (間隙值為零)時，接觸壓力會發生劇烈的變化，有時可能會使得在 Abaqus/Standard 中的接觸模擬難以完成；但是在 Abaqus/Explicit 中則並非如此，原因在於顯式演算法不需要疊代，其他的接觸對運算方法(如 penalty)，請查閱線上手冊並搜尋"Contact constraint enforcement methods in Abaqus/Standard"中有詳細的討論。在本章的後面將討論用來解決接觸模擬困難的幾個技術，其他的資訊可以搜尋"Common difficulties associated with contact modeling in Abaqus/Standard"，"Common difficulties associated with contact modeling using contact pairs in Abaqus/Explicit" ，"Modeling Contact with Abaqus/Standard"，以及"Advanced Topics: Abaqus/Explicit" 以上關鍵字。

✎ 12.3.2　表面的滑動

除了要確定在某一點是否發生接觸外，一個 Abaqus 分析還必須計算兩個表面之間的相對滑動。這個計算可能非常複雜，因此 Abaqus 在分析時對小的滑動量和那些滑動量可能是有限的問題做了區分。對於在接觸表面之間是小滑動的模型問題，其計算成本雖然很小，但通常很難定義什麼是"小滑動"，不過可以遵循一個一般的原則，即對於一點接觸一個表面的問題，只要該點的滑動量不超過一個典型元素維度的一小部分，就可以用"小滑動"來近似。

✎ 12.3.3　摩擦模型

通常當表面發生接觸時，在接觸面之間會傳遞切向力以及法向力，所以在分析中就要考慮阻止表面之間相對滑動的摩擦力。庫侖摩擦(Coulomb Friction)是經常用來描述接觸面之間的交互作用的摩擦模型，該模型利用摩擦係數 μ 來表示在兩個表面之間的摩擦行為。

預設的摩擦係數為零。在表面摩擦力達到臨界剪應力值之前，切向運動一直保持為零，臨界剪應力取決於法向接觸壓力，根據下面的方程式：

$$\tau_{\text{crit}} = \mu p$$

式中的 μ 是摩擦係數，p 是兩接觸面之間的接觸壓力。這個方程式給出了接觸表面的臨界摩擦剪應力。直到在接觸面之間的剪應力等於極限摩擦剪應力 μp 時，接觸面之間才會發生相對滑動。對於大多數的表面，μ 通常小於 1。庫侖摩擦可以用 μ 或 τ_{crit} 定義，在圖 12-5 中的實線描述了庫侖摩擦模型的行為：當它們是處於黏結狀態時(剪應力小於 μp)，表面之間的相對運動(滑動)為零。如果兩個接觸表面是以元素為基礎的表面，也可以選擇性地指定摩擦應力極限。

在 Abaqus/Standard 的模擬中，黏結和滑動兩種狀態之間的不連續性可能導致收斂問題，因此在 Abaqus/Standard 模擬中，只有當摩擦力對模型的響應有顯著的影響時才應該在模型中包含摩擦。如果在有摩擦的接觸模擬中出現了收斂問題，您首先應該嘗試診斷和修改問題的方法之一，就是在無摩擦的情況下重新運算。而在一般情況下，對 Abaqus/Explicit 引進摩擦並不會引起額外的計算困難。

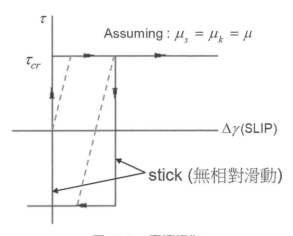

圖 12-5　摩擦行為

　　模擬理想的摩擦行為可能很困難，因此在預設的多數情況下，Abaqus 使用一個允許
"彈性滑動"的罰(Penalty)摩擦公式，如圖 12-5 中的虛線所示。"彈性滑動"是在黏結的
接觸面之間發生少量的相對運動，Abaqus 會自動選擇罰勁度(虛線的斜率)，使得這個允許
的"彈性滑動"是元素特徵長度的一小部分。罰摩擦公式適用於大多數問題，包括在大部
分金屬成型問題中的應用。

　　在那些必須包含理想的黏結－滑動摩擦行為的問題中，可以在 Abaqus/Standard 中使
用"Lagrange"摩擦公式，以及在 Abaqus/Explicit 中使用動力學摩擦公式，但"Lagrange"
摩擦公式在電腦資源上的耗費更加昂貴，這是因為 Abaqus/Standard 對於每個採用摩擦接
觸的表面節點使用額外的變數，此外它的求解收斂速度更慢，使得它常常需要做額外的疊
代運算。在本指南中不會討論這種摩擦公式。

　　在 Abaqus/Explicit 中，摩擦約束的動力學實施方法乃根據預測/修正演算法。在預測
結構中，利用與節點有關的質量、節點滑動的距離、和時間增量來計算保持另一側表面上
節點位置所需要的力。如果以這個力計算在節點上的切應力大於 τ_{crit}，則表面正在滑動，
且施加了一個相當於 τ_{crit} 的力。在任何情況下，對於處於接觸中的從屬節點與主控表面的
節點上，這個力將導致沿表面切向的加速度修正。

　　通常由黏結條件下進入初始滑動的摩擦係數，與正在滑動中的摩擦係數不同。典型
上，前者代表了靜摩擦係數，而後者代表了動摩擦係數。在 Abaqus 中，可用指數衰退律
來模擬在靜和動摩擦之間的轉換(見圖 12-6)，本指南不會討論這個摩擦公式。

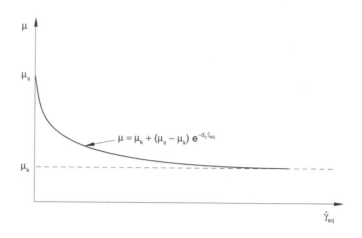

圖 12-6　指數衰退摩擦模型

由於模型中包含了摩擦，在 Abaqus/Standard 的求解的方程組中增加了非對稱項。如果 μ 小於 0.2，這些非對稱項的大小和影響都非常小，使用對稱求解器的工作效果很好(除非接觸面具有很大的曲率)。對於更大的摩擦係數，將會自自動使用非對稱求解器，因為它能改善收斂速度。非對稱求解器所需的電腦記憶體和硬碟空間是對稱求解器的兩倍。大的 μ 值通常在 Abaqus/Explicit 中並不會造成任何困難。

12.3.4　其他接觸交互作用選項

在 Abaqus 中的其他接觸交互作用模型取決於分析結果和使用的演算法，可能包括黏性接觸行為(Adhesive Contact Behavior)、軟接觸行為(Soften Contact Behavior)、點銲(Fastener)和黏性接觸阻尼(Viscous Contact Damping)。本指南沒有討論這些模型，有關的詳細資訊請在手冊中搜尋以上關鍵字。

12.3.5　基於表面的約束

在模擬過程中，束縛(Tie)約束用來將兩個面束縛在一起。在從面(slave surface)上的每一個節點被約束成與在主面(master surface)上距離它最接近的點具有相同的運動，在結構分析上表示約束了所有平移(也可以選擇包括轉動)的自由度。

Abaqus 利用未變形的模型結構來確定哪些從屬節點將被束縛到主面上。在預設的情況下，束縛了位於主面上給定距離之內的所有從屬節點，這個預設的距離乃根據主面上的典型元素尺寸而定。可以用兩種方式其中之一來改變這個預設值：另外自訂一個距離做為準則，使從屬節點位於其中；或對一個包含所有需要約束的節點集合指定名字。

您也可以調整從屬節點，使其剛好位於主面上。如果調整從屬節點使其跨過從屬節點所附著的元素側面上一大段長度距離，元素可能會嚴重地扭曲，所以應盡可能地避免大量的調整。

束縛約束特別可應用在需要大幅度加密網格之處，因為可允許細網格節點不連續。

12.4 在 Abaqus/Standard 中定義接觸

在 Abaqus/Standard 中，在兩個結構之間定義接觸首先要建立表面(Surfaces)，接下來則是建立接觸交互作用使兩個可能發生互相接觸的表面成對，然後定義當表面接觸時支配表面行為的力學性能模型。

當使用通用接觸時，所有的表面設定均為自動的，使用者可以設定額外的接觸表面，以指定不同於全域接觸設定的額外接觸設定，額外指定的接觸設定會取代掉全域接觸設定，舉例來說，如果模型中只有少部分的接觸面需使用較大的摩擦係數，則可以設定額外的接觸表面，並指定上不同的接觸特性。

12.4.1 接觸交互作用

在 Abaqus/Standard 的模擬中，藉由指定接觸面的名字到一個接觸的交互作用來定義兩個表面之間可能發生的接觸。如同每個元素都必須具有一種元素屬性一樣，每個接觸交互作用必須指定一種接觸屬性。在接觸屬性中包含了結構關係，諸如摩擦和接觸壓力與空隙的關係。

當定義接觸交互作用時，必須確定相對滑動的量是小滑動還是有限滑動，預設的是較普遍的有限滑動公式。如果兩個表面之間的相對運動小於一個元素面上特徵長度的一個小的比例時，適合使用小滑動公式。當希望得到一個更加有效的分析時，則應該用小滑動公式。

❧ 12.4.2　從屬(Slave)和主控(Master)表面

Abaqus/Standard 使用單純主－從接觸演算法：在一個表面(從面)上的節點不能穿過另一個表面(主面)的某一部分，然而該演算法並沒有對主面做任何限制，它可以在從面的節點之間穿過從面，如圖 12-7 所示。

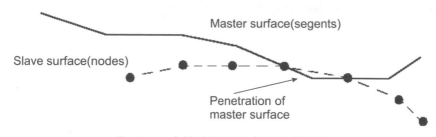

圖 12-7　主控表面可以穿過從屬表面

這種嚴格的主－從關係的後果是您必須非常小心且正確地選擇主面和從面，進而獲得可能最好的接觸模擬。一些簡單的規則如下：

- 從面應該是網格劃分更精細的表面。
- 如果網格密度相近，從面應取較軟材料的表面。
- 從面應該是相對來說可能發生移動的表面。

在 Abaqus/Standard 中通用接觸的演算法會強制接觸面的作用行為平均化；Abaqus/Standard 會自動的指定主從關係。

❧ 12.4.3　小滑動與有限滑動

當使用小滑動公式時，Abaqus/Standard 在一開始模擬時就建立了從面節點與主面之間的關係，Abaqus/Standard 決定了在主面上哪一段將與在從面上的每個節點發生交互作用，且在整個分析過程中都將保持這些關係，絕不會改變主面部分與從面節點的交互作用關係。如果在模型中包括了幾何非線性，小滑動演算法將考慮主面的任何轉動和變形，並更新接觸力傳遞的路徑。如果在模型中沒有考慮幾何非線性，則忽略主面的任何轉動或變形，負載的路徑保持不變。

有限滑動接觸公式要求 Abaqus/Standard 應經常確定與從面的每個節點發生接觸的主面區域，這個計算相當複雜，尤其是當兩個接觸物體都是變形體時。在這種模擬中的結構可以是二維的或者是三維的。Abaqus/Standard 也可模擬一個變形體的有限滑動接觸問題。

在變形體與剛體表面之間接觸的有限滑動公式不像兩個變形體之間接觸的有限滑動公式那麼複雜。主面是剛體面的有限滑動模擬可以在二維和三維的模型上完成。

👁 12.4.4　　元素選擇

在 Abaqus/Standard 中，當為接觸分析選擇元素時，如果使用傳統的接觸運算公式(如node-to-surface)，一般最好在那些將會構成從面的模型部分使用一階元素。在接觸模擬中，二階元素有時候可能會出現問題，原因在於這些元素從常數壓力計算等效節點負載的方式。在表面積為 A 的一個二階、二維元素，常數壓力 P 的等效節點負載如圖 12-8 所示。

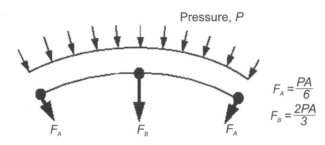

$$F_A = \frac{PA}{6}$$

$$F_B = \frac{2PA}{3}$$

圖 12-8　作用在二維、二階元素上的常數壓力之等效節點負載

node-to-surface 接觸演算法的關鍵在於決定作用在從面節點上的力。如果力的分佈如圖 12-8 所示，演算法會難以辨別它究竟代表了常數接觸壓力，還是在元素面上的實際變化。對於一個三維、二階實體元素的等效節點力則更容易引起混淆，因為對於常數壓力，它們甚至連符號都不相同，這使得接觸演算法難以正確地計算，尤其是對於非均勻的接觸來說。所以為了避免這類問題，Abaqus/Standard 自動增加了一個中面節點到定義從面上二階、三維實體或楔型體的元素中的任一面。在常數壓力作用下採用中面節點的二階元素的面上，其等效節點力具有相同的符號，即使這些節點力的大小仍有很大差異。

對於施加的壓力，一階元素等效節點力的符號和大小總是保持一致性，所以由給定節點力的分佈所表示的接觸狀態並不是模稜兩可的。

如果使用 node-to-surface 運算法且模型的幾何形狀是複雜的且需要利用自動網格產生器，如果使用 2019 以前的 Abaqus 版本，應該使用在 Abaqus/Standard 中的修正二階四面體元素(C3D10M)，該元素是為了用在複雜的接觸模擬問題中而設計的；規則的二階四面體元素(C3D10)在角點處的接觸力為零，導致接觸預測的值很差，所以在 node-to-surface 接觸問題中絕不能使用它們。而修正的二階四面體元素就可以準確地計算接觸壓力，而2019 年之後的 Abaqus 版本，已經更新了元素的定義，因此對於這類型的問題建議直接使用規則的二階四面體元素(C3D10)。

❧ 12.4.5　　接觸演算法

了解 Abaqus/Standard 用來解決接觸問題的演算法，將有助於您理解和診斷在訊息檔案中的輸出，並成功地完成接觸模擬。

在 Abaqus/Standard 中的接觸演算法，它是以第 8 章 "非線性" 中所討論的 Newton-Raphson 方法建立的。Abaqus/Standard 在每個增量步開始時檢查所有接觸交互作用的狀態，以建立從屬節點是否開放或者閉合。如果一個節點是閉合的，Abaqus/Standard 要確定它是處於滑動還是黏結。Abaqus/Standard 對每個閉合節點施加一個約束，而對那些改變接觸狀態從閉合到開放的任何節點解除約束，然後 Abaqus/Standard 進行疊代並利用計算的修正值來更新模型的結構。

在檢驗力或力矩的平衡前，Abaqus/Standard 首先檢驗在從屬節點上接觸條件的變化。任何節點在疊代後其間隙變成負值或零，則它的狀態會從開放改變為閉合。任何節點其接觸壓力變成負值，則它的狀態會從閉合改變為開放。如果在目前的疊代步中偵測到任何接觸變化，Abaqus/Standard 會將其標識為嚴重不連續疊代(Severe Discontinuity Iteration)，並不再進行平衡檢驗。

Abaqus/Standard 會繼續疊代的過程，直到嚴重不連續疊代的影響變小(或是沒有嚴重不連續的發生)，以及達到平衡的容許誤差。或者，用戶可選擇讓 Abaqus/Standard 繼續進行疊代，直到檢查平衡前沒有嚴重不連續的發生。

對於每個完成的增量步，在訊息檔和狀態檔中的總結將顯示出疊代為嚴重不連續疊代和平衡疊代的次數(疊代過程中沒有不連續發生即為平衡疊代)。每個增量步的總疊代數目即為上述兩者之和。在某些增量步中，你會發現所有的疊代皆標示為嚴重不連續疊代(當每次疊代都有接觸狀態的改變且最後達到平衡時)。

對於判斷疊代應該繼續進行或是中斷，Abaqus/Standard 提供了一套很複雜的標準，包括穿透的改變，殘餘應力的改變以及兩次疊代之間發生嚴重不連續發生的次數。由於原則上不需要限制嚴重不連續疊代的次數，因此可以分析會產生大量接觸狀態改變的接觸問題，而不需要更改控制參數。預設的嚴重不連續疊代限制是 50 次，此限制應該永遠大於一個增量步中可能會發生的疊代次數。

12.5 在 Abaqus/Standard 中的剛體表面模擬問題

當在 Abaqus/Standard 中模擬包含剛體表面的接觸時，有幾個問題必須考慮。如果想了解更詳細的資訊請參閱線上手冊，並搜尋"Common difficulties associated with contact modeling in Abaqus/Standard"中詳細討論了這些問題，但是我們在這裏會敘述一些更重要的問題。

- 在接觸交互作用中，剛體表面總是主控表面。

- 剛體表面必須大到足夠保證從屬節點不會滑出該表面和落到其背面(Fall Behind)。如果發生這種情況，解答通常是不能收斂的。延伸剛體表面或包含沿周邊的角點(見圖 12-9)可防止從屬節點落到主控表面的背面。

A node "falling behind" a rigid surface can cause convergence problems

Extending the rigid surface prevents a node from "falling behind" the surface

圖 12-9　延伸剛體表面防止收斂問題

- 為了與剛體表面的任何特徵交互作用，變形體的網格要剖分得足夠精細。如果與剛體表面接觸的變形元素跨過 20 mm，則在剛體表面上不具有 10 mm 寬的特徵尺度：剛體特徵尺度將會穿過變形的表面，如圖 12-10 所示。

Ensure that mesh density on the slave surface is appropriate to model the interaction with the smallest features on the rigid surface

圖 12-10　模擬在剛體表面上小的特徵尺度

- 在變形表面上採用足夠細化的網格，Abaqus/Standard 將防止剛體表面穿過從面。

- 在 Abaqus/Standard 中的接觸演算法要求接觸交互作用的主控表面是平滑的，且剛體表面總是主控表面，所以它必須總是平滑的。Abaqus/Standard 不會對離散的剛體表面進行平滑處理，剖分的精細程度控制了離散剛體表面的平滑度。定義倒角半徑可以使解析剛體表面變得平滑，在解析剛體表面的定義中，可以把它用來讓任意尖角變得平滑(見圖 12-11)。

圖 12-11 使一個解析剛體表面變平滑

- 剛體表面的法向必須總是指向將與其發生交互作用的變形表面。若非如此，則 Abaqus/Standard 將在變形表面上的所有節點檢驗是否發生了嚴重的干涉 (Overclosure)，模擬將可能由於收斂困難而中斷。

透過從構成表面的每條線段和弧線段的起點至終點逆時針旋轉 90°的向量得到的方向，定義為解析剛體表面的法向(見圖 12-12)。

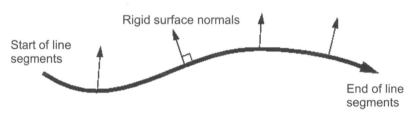

圖 12-12 解析剛體表面的法向

由剛體元素建立的剛體表面之法向，是在建立表面時指定的面所定義。

12.6 Abaqus/Standard 例題：凹槽成型

這是將一塊長金屬薄板加工成型凹槽的模擬，以此說明剛體表面的應用，也同時展示在 Abaqus/Standard 中複雜接觸分析的常用技術。

這個問題包括一條帶狀可變形材料，稱為毛坯，以及工具─衝頭、衝模和毛坯夾具(與毛坯接觸)。這些工具可以模擬為剛體表面，因為它們比毛坯更加剛硬。圖 12-13 顯示了這些部件的基本佈局，毛坯厚度為 1 mm，在毛坯夾具與衝模之間受到擠壓。毛坯夾具的力為 440 kN。在成型過程中，這個力與毛坯和毛坯夾具、毛坯和沖模之間的摩擦力共同作用，控制如何將毛坯材料壓入衝模。您必須要確定在成型過程中作用在衝頭上的力，對於作用在毛坯夾具上的力和在工具與毛坯之間的摩擦係數，您也必須評估所採用的這些特殊的設定對於將毛坯加工成型為凹槽是否適合。

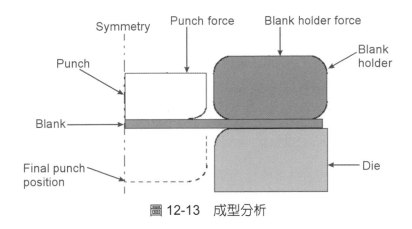

圖 12-13　成型分析

我們將使用二維、平面應變模型。如果結構在延伸出平面的方向上很長,則假設在模型的出平面方向上沒有應變是有效的。因為成型過程對於沿凹槽中心的平面是對稱的,所以只需取凹槽的一半進行模擬。

各個部件的尺寸如圖 12-14 所示。

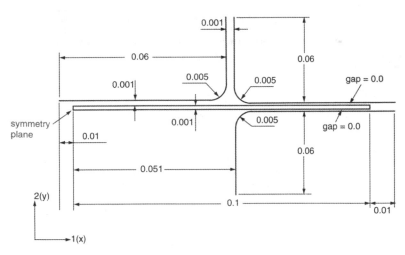

圖 12-14　在成型模擬中部件的尺寸,單位:m

🔊 12.6.1　前處理－用 Abaqus/CAE 建模

使用 Abaqus/CAE 建立這個模型。Abaqus 有提供上述問題的範本,若依照以下的指導遇到了困難,或是用戶希望檢查所建立的模型是否有誤,便可利用下列任一種範例來建立完整的分析模型。

- 在本書的第 A.12 節 "Forming A Channel"，提供了重播檔案(*.py)。關於如何提取和執行此重播檔案，將在附錄 A，"Example Files" 中說明。

- Abaqus/CAE 的外掛工具(Plug-in)中提供了此範例的插入檔案。在 Abaqus/CAE 的環境下執行插入檔，選擇 **Plug-ins** → **Abaqus** → **Getting Started**；將 **Forming A Channel** 反白，按下 **Run** 。更多關於入門指導插入檔案的介紹，請參閱線上手冊，並搜尋"Running the Getting Started with Abaqus examples"。

如果您沒有進入 Abaqus/CAE 或者其他的前處理器，可以手動建立問題所需要的輸入檔案，關於這方面的討論，請參閱線上手冊，並搜尋"Abaqus/Standard 2-D example: forming a channel"。

定義部件

開始 Abaqus/CAE，並進入 **Part** 模組。您將需要建立四個部件：一個可變形的部件代表毛坯，和三個剛體部件代表工具。

可變形的毛坯

以平面殼體基礎特徵，建立一個二維、可變形的實體部件代表可變形的毛坯。採用的部件尺寸大約為 0.25，並命名為 Blank。利用連線工具繪製一個任意尺寸的矩形來定義幾何形狀，然後標記該矩形的水平和垂直方向的尺寸，並編輯這些尺寸以準確地定義部件的幾何形狀，最後的繪圖如圖 12-15 所示。

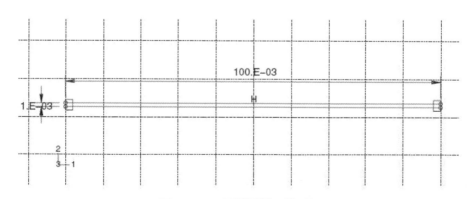

圖 12-15　可變形的毛坯圖

剛體工具

您必須分別對每個剛體工具建立部件,並將利用類似的技術建立每個部件,所以只需要考慮建立這些工具其中之一(例如衝頭)就夠了。建立一個具有線框基本特徵的二維平面的解析剛體部件代表剛體衝頭,使用近似的部件尺寸為 0.25,命名為 Punch。利用 **Create Lines** 和 **Create Fillet**(建立倒角)工具,繪製部件的幾何圖形。為了準確地定義幾何,必要時需要建立和編輯尺寸。最後的圖形如圖 12-16 所示。

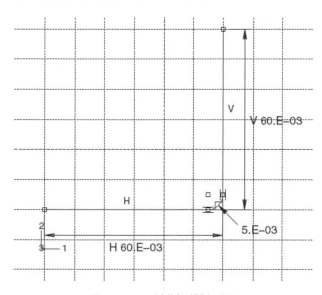

圖 12-16　繪製剛體衝頭

必須建立一個剛體體的參考點(Reference Point)。當完成部件的幾何形狀定義後,退出繪圖(Sketcher)環境並返回到 **Part** 模組中。從主功能表欄中,選擇 **Tools → Reference Point**。在視圖中,選擇圓弧的中心點作為剛體體的參考點。

以下建立另外兩個解析剛體部件,命名為 Holder 和 Die,分別代表毛坯夾具和剛體沖模。由於部件之間有相像之處,欲定義新部件的幾何圖形,最簡單的方式是旋轉對衝頭所建立的圖形(前面討論的部件鏡射工具不能使用於解析剛體部件),例如編輯衝頭特徵並以 Punch 命名後儲存繪圖。然後建立一個部件命名為 Holder,並將 Punch 繪圖添加到部件定義中,接著將圖形繞原點旋轉 90 度。最後建立一個部件命名為 Die,並將 Punch 繪圖添加到部件定義中。在這種情況下,對草圖鏡射兩次:先利用垂直邊,再利用水平邊做鏡射。請您確定在每個部件的圓弧中心都有建立一個參考點。

材料和截面特性

毛坯由高強度的鋼製成(彈性模量 E = 210.0 × 109 Pa，v = 0.3)，它的非彈性應力－應變行為如圖 12-17 所示，並且列在表 12-1 中。當它塑性變形時，材料經歷了一定的工作硬化。在此分析中塑性應變有可能會很大，所以提供的硬化資料高達 50%的塑性應變。

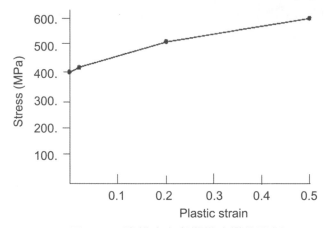

圖 12-17 降伏應力與塑性應變的關係

表 12-1　降伏應力與塑性應變數據

降伏應力(Pa)	塑性應變
400.0E6	0.0
420.0E6	2.0E-2
500.0E6	20.0E-2
600.0E6	50.0E-2

利用這些性質建立一種材料，命名為 Steel。建立一個均勻的實體截面，命名為 BlankSection，使用材料 **Steel**。在位於工具欄下方的 **Part**(部件)列表中，從列出的部件中選取毛坯，並指定它的截面屬性。

當毛坯變形時將經歷明顯的轉動。在一個隨著毛坯運動的旋轉直角座標系下顯示應力和應變的值，會使得結果更容易地被解釋。因此必須建立一個局部座標系，它一開始時與整體座標系一致，但是會隨著元素的變形而運動，您可利用 **Create Datum CSYS：3 Points** 工具 建立一個直角座標系。從主功能表欄中，選擇 **Assign → Material Orientation**。選擇毛坯作為將要指定局部材料方向的區域，在圖形視窗中選取資料座標系作為 **CSYS**(選擇 **Axis-3**，對於外加的旋轉接受預設 **None**)。

裝配部件

您現在將建立一個裝配部件的實體來定義分析的模型。開始建立一個毛坯的實體，然後利用以下的技術建立和定位剛體工具的實體。

建立衝頭的實體並定位

1. 在模型樹中，按兩下 **Assembly** 子集合下的 **Instance**，並選擇 Punch 作為建立實體的部件。

    二維平面應變模型必須定義在總體座標系的 1-2 平面內，因此在建立完實體後就不要再旋轉它。然而您可以將最初的模型擺放在任何方便的位置，1-方向將垂直於對稱平面。

2. 衝頭的底部一開始位於距毛坯頂部 0.001 m，如圖 12-14 所示。從主功能表欄中，選擇 **Constraint → Edge to Edge** 來定位衝頭相對於毛坯的縱向關係。

3. 選取衝頭的水平邊界作為可移動實體的直線邊界，並選取毛坯頂部的邊界作為固定實體的直線邊界。

    兩個實體上均出現了箭頭。衝頭將會移動，使得它的箭頭與毛坯的箭頭指向相同的方向。

4. 如果有必要的話，可在提示區按下 **Flip**(翻轉)來翻轉在衝頭上箭頭的方向，使這兩個箭頭指向相同的方向，否則衝頭將被翻轉。當兩個箭頭指向相同的方向時，按下 **OK**。

5. 鍵入 0.0 m 來指定兩個實體之間分開的距離，。

    在圖形視窗中，將衝頭移動到指定的位置。按下自動調整顯示工具 ⊡，這樣在圖形視窗中整個裝配件會被適當地重新縮放。

6. 衝頭的垂直邊界距毛坯的左端邊界為 0.05 m，如圖 12-14 所示。定義另外一個 **Edge to Edge**(邊對邊)約束以定位衝頭相對於毛坯的水平向關係。

    選擇衝頭的垂直邊界作為可移動實體的直邊界，和毛坯的左端邊界作為固定實體的直邊界。如有必要可翻轉衝頭的箭頭，使得兩者的箭頭方向一致。鍵入−0.05 m 的距離以指定兩個邊界之間的間隔(採用負號距離是因為施加的偏移量是邊界法線的方向)。

    現在已經定位了衝頭相對於毛坯的位置，為了避免在接觸計算時與毛坯有關的任何節點與衝頭相關的剛體表面產生干涉，請檢查以確保衝頭的左端延伸超出了毛坯的左端邊界。如果有需要的話，可返回到 Part 模組並編輯部件的定義來滿足這個要求。

建立夾具的實體並定位

建立和定位夾具實體的過程與建立和定位衝頭的方法非常類似。參考圖 12-14，我們可看出夾具初始時的定位，其水平邊界到毛坯頂面邊界的偏移距離爲 0.0 m，其垂直邊界到衝頭的垂直邊界的偏移距離爲 0.0 m。定義必要的 **Edge to Edge** 約束以定位夾具。記住在必要時可翻轉箭頭的方向，並確認夾具的右端延伸超出了毛坯的右端邊界。如有必要，返回到 Part 模組並編輯部件的定義。

建立沖模的實體並定位

建立和定位沖模實體的過程，非常類似於應用在建立和定位其他工具的方法。參考圖 12-14，我們看到沖模的初始位置，其水平邊界到毛坯底面邊界的偏移距離爲 0.0 m，其垂直邊界到毛坯的左端邊界的偏移距離爲 0.0 m。定義必要的 **Edge to Edge** 約束以定位沖模。記住在必要時可翻轉箭頭的方向，並確認沖模的右端延伸超出了毛坯的右端邊界。如有必要，返回到 **Part** 模組並編輯部件的定義。

最後的裝配圖顯示於圖 12-18 中。

圖 12-18　模型裝配

幾何集合

建立幾何集合是方便用來指定負載和邊界條件以及限制資料輸出。必須建立 4 個幾何集合：在每個剛體的參考點上各爲 1 個，在毛坯的對稱平面爲 1 個。

生成幾何群組(Geometry sets)

對 **Assembly** 子集合下的 **Sets** 項目按兩下來建立下列的幾何集合：

- RefPunch，在衝頭剛體的參考點。
- RefHolder，在夾具剛體的參考點。
- RefDie，在沖模剛體的參考點。
- Center，在毛坯的左側垂直邊界(對稱平面)。

定義分析步和輸出要求

在 Abaqus/Standard 的接觸分析中，主要的困難有二：當 Abaqus/Standard 嘗試去建立所有接觸面的準確條件時，在接觸條件約束的前部件之剛體運動和接觸條件突然改變，導致了嚴重的不連續疊代，所以只要有可能，就要採取預防措施以避免這些情況發生。

消除剛體運動並不會特別困難，只需要簡單確認是否有足夠的約束來防止在模型中所有部件的剛體運動，使用者在使零件進入接觸狀態時，也可以考慮使用邊界條件控制代替施加負載，利用這個演算法可能比原先所預計需要更多的分析步，但問題的求解應該會進行的更加平穩。

除非模擬一個動態碰撞問題，否則建議使用者試著在部件之間建立一個合理的平穩接觸方式，以避免大的干涉接觸以及接觸壓力的劇烈變化。再次強調，這表示在施加全部的負載之前，一般在分析中需要增加額外的分析步使部件進入接觸狀態。儘管需要更多的分析步，這種演算法卻減少了收斂的困難，進而使得求解更有效率。明白了這一點，我們現在可以來定義這個範例的分析步。

這個模擬過程將包括二個分析步。由於模擬涉及材料、幾何和邊界的非線性，必須使用一般分析步。此外，成型過程是一個準靜態過程，因此我們可以在整個模擬中忽略慣性的影響。以下是每個分析步的簡要敘述(包括它的目的、定義和相關輸出要求的細節)，而關於負載和邊界條件是如何施加的問題將在後面詳細討論。

分析步 1

夾具的夾持力大小在很多的成型工序上爲一個控制因子，因此夾持力需爲一個可變動的負載，在此分析步中，夾持力將被施力。

　　已知該問題爲準靜態問題，並考慮實際的非線性響應。產生一個靜態的一般分析步，命名爲 Holder force，輸入以下對分析步的敘述：Apply holder force；並且考慮幾何非線性，將分析總時間設定爲 1.0，初始的時間增量爲 0.05，指定預設的場變數輸出頻率爲每 20 個時間增量記錄一次結果，另外在歷時輸出，新增一個 Punch 的參考點的垂直向反作用力與位移**(RF2 與 U2)**輸出，輸出頻率爲每一個增量步輸出一次，接著設定接觸診斷的輸出**(Output → Diaghostic Print)**。

分析步 2

　　在第二個分析步，也是最後一個分析步中，將衝頭(Punch)向下移動，以完成成型的操作。

　　產生一個靜態的一般分析步，命名爲 Move punch，此分析步安排在 Holder force 分析步後，輸入以下對分析步的敘述：Apply punch stroke，因爲考慮實際的接觸摩擦，接觸的狀態在分析的過程中會一直變動，且考處非線彈性的材料行爲，這些因素會造成此分析步具有重大的非線性，因此將分析步的最大時間增量數設定爲一個大的數值(如 1000)，將初始時間增量設定爲 0.05，分析總時間設定爲 1.0，而輸出參數承上一個分析步，另外指定每 200 個增量步輸出一次重做分析檔案。

監控自由度的值

　　您可以要求 Abaqus 監控在某個選定點處的自由度的值。這個自由度的值顯示在 **Job Monitor** 中，並將在每個增量步裡寫入狀態檔案(.sta)，以及在分析的過程中於指定的增量步寫入訊息檔案(.msg)。此外，當提交分析時將自動產生一個新的圖形視窗，其中將顯示該自由度的整個時間歷時曲線。您可以利用這些訊息監控求解的過程。

　　在這個模型中您將監控在整個分析步中衝頭的參考點的縱向位移(自由度 2)。在開始之前，從位於工具欄下方的 **Step**(分析步)列表中選擇分析步 1，進而啟動第一個分析步(Holder force)。對這個分析步施加的監控定義將自動地沿用到隨後的分析步。

選擇所監控的自由度

1. 從主功能表欄中，選擇 **Output → DOF Monitor**。
   跳出自由度監視器(DOF Monitor)對話方塊。
2. 選擇 **Monitor A Degree Of Freedom Throughout The Analysis**(在分析中監視一個自由度)。

3. 按下 ⟨ 來選擇該區域，在提示區中按下 **Points** 。從跳出的 **Region Selection** 對話框中，選擇 **RefPunch**；並按下 **Continue**。

4. 在 **Degree Of Freedom** 文字方塊中，鍵入 2。

5. 接受將結果寫入訊息檔案的預設頻率(每個增量步)。

6. 按下 **OK** 退出 **DOF Monitor** 對話方塊。

定義接觸交互作用

在毛坯的頂部與衝頭之間、毛坯的頂部與夾具之間、毛坯的底部與衝模之間，必須定義接觸。這些每一個接觸交互作用中，剛體表面必須為主面。每個接觸交互作用必須參考一個控制交互作用行為的接觸交互作用的屬性。

在本例中，我們假設在毛坯與衝頭之間的摩擦係數為零，在毛坯與其他兩個工具之間的摩擦係數假設為 0.1，因此需要定義兩個接觸交互作用的屬性：一個有摩擦，另一個沒有摩擦。

定義以下的表面：在毛坯的頂面邊界為 BlankTop，在毛坯的底面邊界為 BlankBot，衝模面向毛坯的側面為 DieSurf，夾具面向毛坯的側面為 HolderSurf，以及衝頭面向毛坯的側面為 PunchSurf。

現在定義兩個接觸交互作用的屬性 (在模型樹中，按兩下 **Intercation Properties** 子集合來建立接觸特性) 。命名第一個屬性為 NoFric，因為在 Abaqus 中預設的是無摩擦接觸，所以接受切向行為的預設屬性設定(在 **Edit Contact Property** 對話框中選擇 **Mechanical → Tangential Behavior**)。第二個屬性應該命名為 Fric，對於這個屬性則採用摩擦係數為 0.1 的 **Penalty**(罰函數)摩擦公式。

為了減輕因為接觸狀態改變所帶來的收斂性困難(特別是衝頭與胚料之間的接觸)，所以建立一個接觸控制(contact control)來達成自動穩定的目的，將阻尼因子設定為預設的 0.001 倍，其操作步驟如下：

1. 在 Model Tree 中，對 **Contact contrals** 標示雙擊滑鼠左鍵，會跳出 **Creat Contact Control** 對話窗。

2. 將 Control 命名為 Stabilize，選擇擇 **Abaqus/Standard contact contrals**，點擊 **Continue** 。

3. 在 **Stabilization** 標示中，勾選 **Automatic stabilization** 而 **Factor** 設定為 0.01。

4. 按下 **OK** 離開對話窗。

最後定義在表面之間的交互作用，並對每一個定義參考合適的接觸交互作用屬性(在模型樹中，按兩下 **Intercation** 子集合來建立接觸的相互作用)。對於所有的情況，在 Initial 分析步中定義交互作用，並使用預設的有限滑移公式(**Surface-To-Surface Contact (Standard)**)。定義以下的交互作用：

- Die-Blank：在 DieSurf(主面)和 BlankBot(從面)表面之間參考 Fric 接觸交互作用屬性。

- Holder-Blank：在 HolderSurf(主面)和 BlankTop(從面)表面之間參考 Fric 接觸交互作用屬性。

- Punch-Blank：在 PunchSurf(主面)和 BlankTop(從面)表面之間參考 NoFric 接觸交互作用屬性，使用 Interaction Manager 修改第二個分析步(Move punch)的將其改為先前定義的 Stabilize。

Interaction Manager 顯示了在 Initial 分析步中建立的每個交互作用，也可以直接看到所有分析步後續的設定狀況，如圖 12-19 所示。

分析步 1 的邊界條件

在此分析步中胚料與夾具之間的接觸關係將被建立，而衝頭與衝模則被固定住拘束夾具的第 1 與第 6 自由度，第 6 自由度指的是模型所在平面的旋轉自由度；拘束衝頭與衝模的全部自由度，所有施加在剛體上的邊界條件都必須施加於剛體的參考點上，在胚料的對稱面上(幾何群組 Center)施加上對稱條件。

表 12-2

BC Name	Geometry Set	BCs
CenterBC	Center	XSYMM
RefDieBC	RefDie	U1 = U2 = UR3 = 0.0
RefHolderBC	RefHolder	U1 = UR3 = 0.0
RefPunchBC	RefPunch	U1 = U2 = UR3 = 0.0

為了施加夾具的夾持力，產生一個集中力負載命名為 RefHolderForce。此分析所需的夾持力為 440kN，因此施加 CF2 方向的力量，在 CF2 的空格上鍵入 – 440E3。

分析步 2 的邊界條件

在此分析步中將衝頭下移完成成型的操作，使用 Baundary Condition Manager 修改

RefPunchBC 的 U2 方向位移量，指定其值爲 – 0.03，完成 Punch 的位移設定，在繼續之前先將模型的名稱改爲 Standard。

產生網格和定義作業

在設計網格之前，必須考慮所使用的元素的類型。當選擇元素類型時，必須考慮模型的幾個方面，例如模型的幾何形狀、可能出現的變形類型、施加的負載等。在本模擬中，以下幾點是需要考慮的重要因素：

- 在表面之間的接觸。在接觸模擬中應該儘可能地使用一階元素(除了四面體元素)，當使用四面體元素時，在接觸模擬中則必須使用修正的二階四面體元素。

- 在施加負載作用下希望毛坯發生明顯的彎曲。當承受彎曲變形時，完全積分的一階元素將發生剪切自鎖，因此必須應用減積分元素或者是不相容(incompatible)元素。

不相容(incompatible)元素或者減積分元素都適合這個分析。在這個分析中，將採用增強沙漏控制的減積分元素，減積分元素有助於縮短分析的時間，而增強沙漏化控制減少了在模型中沙漏化的可能性。在 **Mesh** 模組中，利用具有增強沙漏控制的 CPE4R 元素(見圖 12-19)剖分網格。經由指定沿每個邊界上元素的數目，在毛坯的邊界上播撒種子。沿著毛坯的水平邊界指定 100 個元素，並沿毛坯的垂直邊界指定 4 個元素)。

由於成型工具已經用解析剛體表面來模擬，所以不需要對它們剖分網格。然而如果成型工具用離散的剛體元素來模擬，網格必須足夠細化以避免接觸收斂困難。例如以 R2D2 元素模擬衝模，在彎曲的角處至少需要用 20 個元素模擬，這樣建立出來的表面才足夠平滑，可以精確地捕捉角處的幾何形狀。當使用離散剛體元素模擬曲線時，要注意使用足夠的元素數量..。

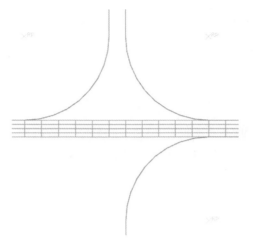

圖 12-19　凹槽成型分析的網格

在 **Job** 模組中，建立一個作業，命名為 **Channel**。給予作業如以下的敘述：**Analysis of the forming of a channel**。將模型儲存到資料庫檔中，並提交作業進行分析，監控求解過程，修改在模擬中發現的任何錯誤，並研究產生任何警告訊息的原因。

當分析還在進行中時，所選擇用於監控的自由度(衝頭的縱向位移)值的 X-Y 曲線將顯示在一個獨立的圖形視窗中。從主功能表欄中，選擇 **Viewport → Job Monitor：Channel** 以追蹤衝頭在 2 方向的位移隨著整個分析運算時間的變化。

✎ 12.6.2　監視作業

完成這個分析需要執行大約 180 個增量步。**Job Monitor** 的開始部分如圖 12-20 所示。

衝頭位移的值顯示在 **Output** 選項頁中。這個模擬包括了很多嚴重不連續疊代，在分析步 2 的第 1 個增量步，Abaqus/Standard 曾經歷了一個確定接觸狀態非常困難的時期，它經歷了三次嘗試才發現了 **PunchSurf** 和 **BlankTop** 表面適合的結構。一旦它找到了正確的結構，Abaqus/Standard 僅需要單一疊代步就能取得平衡。在這個困難發生之後，Abaqus/Standard 迅速地將增量步長增加到一個更合理的值。**Job Monitor** 的拘束部分如圖 12-21 所示。

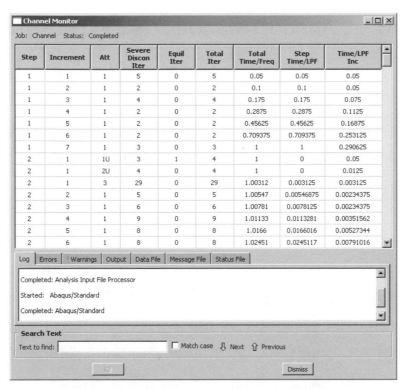

圖 12-20　Job Monitor 的開始部分：凹槽成型分析

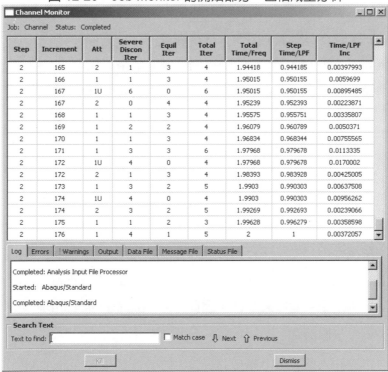

圖 12-21　Job Monitor 的結束部分：凹槽成型分析

∞ 12.6.3　　Abaqus/Standard 接觸分析的故障檢測

一般來說，在 Abaqus/Standard 中完成接觸分析比完成任何其他類型的分析更加困難。因此為了幫助您進行接觸分析，了解所有可能用到的選項是十分重要的。

如果一個接觸分析的運算陷入了困境，首先要檢查的是接觸表面的定義是否正確，最簡單的方法是執行 **datacheck**(資料檢查)分析，並在 **Visualization** 模組中繪出表面的法線。對於表面和結構元素，在變形圖中或在未變形圖中您可以繪出所有的法線。在 **Common Plot Options** 對話方塊中，使用 **Normals** 選項顯示這些法線，以確認表面法線是否沿著正確的方向。

即使接觸面的定義是完全正確的，使用 Abaqus/Standard 進行接觸分析仍可能存在一些問題，這些問題的原因之一可能是預設的收斂準則和限制的疊代次數：它們是相當嚴苛的。在接觸分析中，有時允許 Abaqus/Standard 多疊代幾次，它的效果可能比放棄目前的增量步後重新疊代來得好，這也就是為什麼 Abaqus/Standard 在模擬中明確地區分嚴重不連續疊代和平衡疊代的原因。

對於幾乎每一個接觸分析，診斷接觸資訊是十分重要的。這個資訊對於發現錯誤或問題可能很重要。例如所有的嚴重不連續疊代都涉及同一個從屬節點時，則可以發現振盪。如果發現了這個問題，就必須修改該節點周圍區域的網格或在模型中增加約束。接觸診斷資訊也可以辨別僅有單一從屬節點與表面交互作用的區域，這是一種非常不穩定的狀態，並可能會引起收斂問題。再次提醒您應該修改模型，以增加在這類區域內元素的數目。

接觸診斷

為了說明在 Abaqus/CAE 中如何解釋接觸診斷資訊，考慮在分析步 4 中的第 6 個增量步的疊代。如圖 12-22 所示，這是第一個出現嚴重不連續疊代的增量步，Abaqus/ Standard 需要一次疊代才在模型中建立了正確的接觸條件，即衝頭是否與毛坯發生了接觸。第二次疊代沒有對模型的接觸條件產生任何的改變，所以 Abaqus/Standard 檢查力的平衡，並發現本次疊代的解答滿足了平衡收斂條件。因此一旦 Abaqus/Standard 確定了正確的接觸狀態，它就很容易求得平衡解答。

為了進一步研究在本增量步中模型的行為，您可查看在 Abaqus/CAE 中的視覺化診斷資訊。寫入到輸出資料庫檔中的診斷資訊提供了在模型中接觸條件變化的詳細資訊。例如在一個嚴重不連續疊代中,應用視覺化診斷工具可以獲得在模型中接觸狀態發生改變的每個從屬節點之節點編號和位置,以及所屬的接觸交互作用性質。

進入 **Visualization** 模組,並打開檔案 Channel.odb 查看接觸診斷資訊。在第一個嚴重不連續疊代中(第六個增量步的第一次嘗試),在毛坯上有 46 個節點經歷了過盈接觸(Overclosure),這表示必須改變它們的接觸狀態,可以從 **Job Diagnositic** 對話方塊的 **Contact**(接觸)選項頁中看到這些(見圖 12-24)。查看這些節點在模型中的位置,請選擇 **Highlight Selections In Viewport**(在圖形視窗中高亮度選擇)。

既然在此疊代中,接觸狀態以及平衡都沒通過測試,Abaqus/Standard 移除了這些節點的接觸拘束,並再進行一次疊代。這次 Abaqus/Standard 沒有偵測到接觸狀態的改變,此次疊代的結果,並沒有滿足容許殘留力量的檢測,所以又進行了一次疊代。這次疊代,不僅接觸狀態收斂了,也通過容許殘留力量的檢測,相較於產生最大位移的增量步,位移修正也是可接受的,如圖 12-25 所示。因此,此增量步的第二次平衡疊代產生了一個收斂的結果。

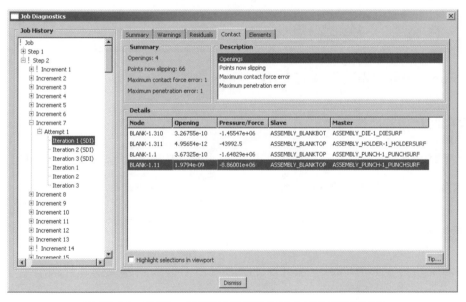

圖 12-22　在第一個嚴重不連續疊代中出現過盈接觸

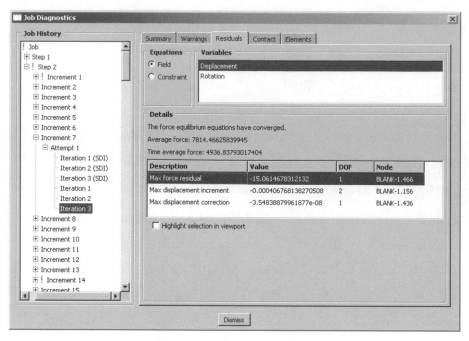

圖 12-23　收斂的平衡疊代

✑ 12.6.4　後處理

在 **Visualization** 模組中，檢查毛坯的變形。

模型的變形形狀和等值線圖

這個模擬的基本結果是毛坯的變形和由成型過程引起的塑性應變。我們可以繪製出模型的變形形狀和塑性應變，如以下所述。

繪製模型的變形形狀

1. 繪製模型的的變形形狀圖。您可以從圖形視窗中移去衝模和衝頭只顯示毛坯。

2. 在結果樹中，展開結果檔案 **Channel.odb** 下的 **Instances** 子集合。

3. 從部件實體列表中，選取 BLANK-1，並按下滑鼠右鍵，從選單選擇 Replace，用指定的元素集合代替目前的顯示組。如果需要，按下 🔳 使模型充滿整個圖形視窗。繪製的結果如圖 12-24 所示。

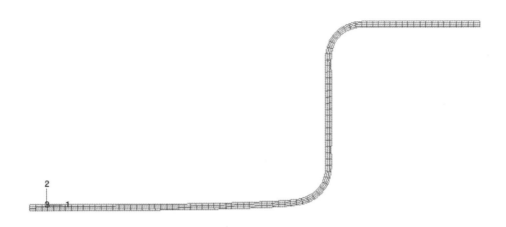

圖 12-24　在分析步 2 結束時毛坯的變形形狀

繪製等效塑性應變的等值線圖

1. 從主功能表欄中，選擇 **Plot → Contours → On Deformed Shape**，或從工具箱中的工具按下 以顯示蒙氏應力的等值線圖。

2. 在對話框中，按下 **Contour Plot Options**。

3. 拖曳 **Contour Intervals**(等值線間隔)滾軸以改變等值線的間隔數目為 7。

4. 按下 **OK** 採用這些設定。

5. 在 **Field Output** 工具列的左端選擇 **Primary**，畫出場變數的等高線分布，選擇 **PEEQ** 作為輸出變數，**PEEQ** 為塑性應變的整合資料，**PEMAG** 為非整合資料。

6. 利用 工具來放大在毛坯上感興趣的任何區域，如圖 12-25 所示。

　　最大的塑性應變是 21%，將它與該材料的失效應變比較，以確定在成型過程中材料是否會被撕裂。

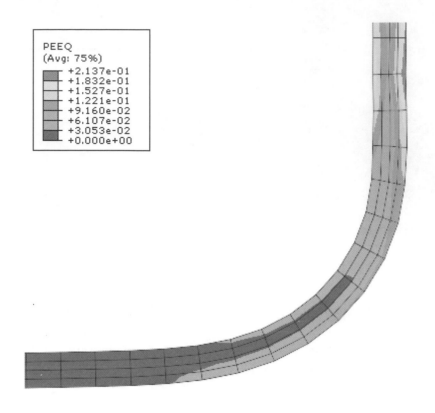

圖 12-25　在毛坯一個角處的純量塑性應變變數 PEEQ 的等值線圖

在毛坯和衝頭上的反作用力之歷時曲線圖

在圖 12-26 中的實線顯示了在衝頭的剛體體參考點上反作用力 RF2 的變化。

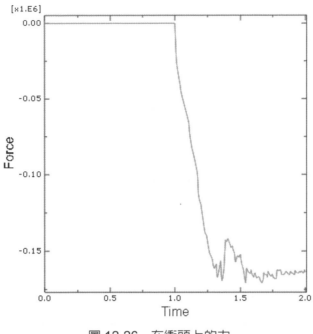

圖 12-26   在衝頭上的力

建立反作用力的歷時曲線

1. 在結果樹中，展開 **History Output** 子集合。按兩下 Reaction force： RF1 PI：
   PUNCH-1Node xxx in NSET REFPUNCH。
   繪製 1 方向的反作用力隨時間變化的曲線。

2. 開啓 **Axis Options** 來標註座標軸。

3. 切換到 **Titles** 頁面。

4. 指定 Reaction Force - RF2 作為 **Y-Axis** 的標題，和 Total Time 為 **X-Axis** 的標題。

5. 按下 **Dismiss** 關閉對話方塊。
   在分析步 2 中，衝頭的力迅速增加至大約 160 kN，如圖 12-28 所示，運算在總時間的
   1.0 至 2.0 之間。

繪製穩定能量與內能

　　確保自動穩定的設定不會對分析結果造成重大的非物理性現象是很重要的，比較穩定
能量與內能的大小為一個常用的方法，理想狀況應爲穩定能量比起內能相對的小(約是內
能的 1~2%)，圖 12-27 顯示出穩定能量與內能的比較圖，很明顯地穩定能足夠小，分析是

合理的。

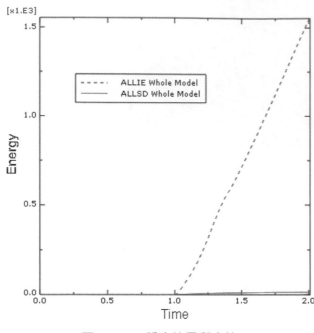

圖 12-27　穩定能量與內能

顯示接觸表面的法向向量

1. 繪製模型的未變形圖。

2. 在結果樹中，展開 **Surface Sets** 子集合，選擇名爲 **BLANKTOP** 以及 **PUNCH-1.PUNCHSURF** 的表面，按下滑鼠右鍵，並從選單中選擇 **Replace**。

3. 使用 Common Plot Options 對話框，開啓法向向量(**On surfaces**)的顯示，並設定向量箭頭的長度爲 **Short**。

4. 如果需要，可利用 🔍 工具放大任何感興趣的區域，如圖 12-28 所示。

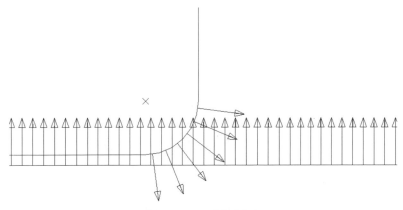

圖 12-28　表面法向

繪製接觸壓力的等值線圖

1. 再次繪製塑性應變的等值線圖。

2. 從 **Field Output** 工具列的左端選擇 **Primary**，如果它還未被選擇的話。

3. 從 **Field Output** 工具列的中間選擇輸出變數為 CPRESS。

4. 從顯示組中移除 PUNCH-1.PUNCHSURF 表面。

   為了在二維模型中，基於表面的變數等值線圖能有更好的顯示，您可以延伸平面應變元素來建構等效的三維視圖。可以採用類似的方法延伸軸對稱元素。

5. 從主功能表欄中，選擇 **View → ODB Display Options**。

   跳出 **ODB Display Options** 對話方塊。

6. 選擇 **Sweep & Extrude** 選項頁，進入 **Sweep / Extrude** 選項。

7. 在對話方塊的 **Extrude** 區域，選中 **Extrude Elements**，並設定 **Depth** 為 0.05，延伸模型完成等值線圖的顯示

8. 按下 **OK** 採用這些設定。

   為了從合適的視角來顯示模型，利用 🔄 工具旋轉模型，如圖 12-29 所示。

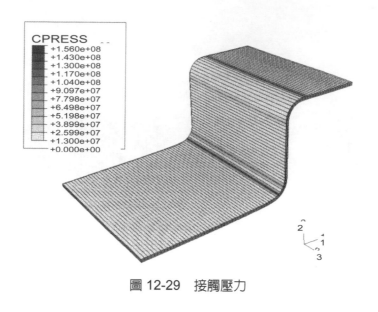

圖 12-29　接觸壓力

12.7 Abaqus/Standard 的通用接觸

在前一個例題，也就是 12.6 節中的"Abaqus/Standard 例題：凹槽成型"接觸的設定是使用接觸對的演算法，使用者必須明確的定義要考慮接觸的表面，另一個選擇為使用 Abaqus/Standard 中的通用接觸完成接觸設定，而接觸區域，接觸特性與表面性質在通用接觸中都是互相獨立的，因此可以更彈性的修改設定的一些細節，使用通用接觸可以簡單的定義接觸，因為接觸的設定為自動的，另外也可以在通用接觸中定義傳統的接觸對，如果接觸面單純的話，反之若接觸面很複雜，一般來說便直接使用通用接觸設定。

在 Abaqus/Standard 中，相比於考慮所有外表面且包含外表面本身的通用接觸，傳統的接觸對在運算上會有效率的多，因此使用者必須決定是要讓設定簡單化，還是要更快的求解速度，Abaqus/CAE 提供了一個接觸探查工具，能大大的簡化傳統接觸對的設定工作，更詳細的資訊請參閱線上手冊，並搜尋"Understanding contact and constraint detection"。

12.8 Abaqus/Standard 3-D 範例：在鉚接處施加剪力

此分析爲考慮結構鉚接處因拉伸而受剪力的情形。

此模型爲兩個重疊的鋁製平板以一鈦製的鉚釘接合，然後在上平板的右端施加拉力，故鉚釘會受剪力，如圖 12-30，因爲模型的對稱性，所以可以用半對稱模型分析以降低分析成本，模型的各個接觸面有考慮摩擦。

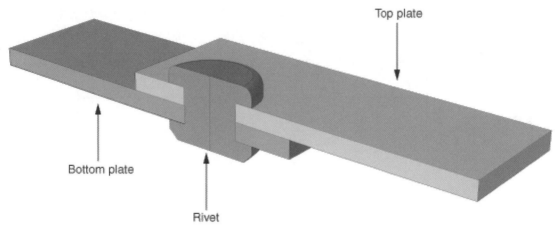

圖 12-30　鉚釘接合分析

🔗 12.8.1　前處理─以 Abaqus/CAE 產生模型

使用 Abaqus/CAE 產生模型，Abaqus 提供自動執行檔，可自動的完成此模型，如果跟隨著以下步驟遭遇到困難，則可以執行自動執行檔以完成模型的建立，自動執行檔可從下列位置取得：

- 本書的第 A.13 節 "Shearing of a lap joint"，提供了自動執行檔(*.py)。關於如何提取和執行此檔案，將在附錄 A，"Example Files" 中說明。
- Abaqus/CAE 的插入工具組(plug-in)中提供了此範例的插入檔案。在 Abaqus/CAE 的環境下執行插入檔，選擇 **Plug-ins** → **Abaqus** → **Getting Started**；將 **Lap joint** 反白，按下 **Run**。更多關於入門指導插入檔案的介紹，請參閱線上手冊，並搜尋 "Running the Getting Started with Abaqus examples"。

如果您沒有進入 Abaqus/CAE 或者其他的前處理器，可以手動建立問題所需要的輸入檔案，關於這方面的討論，請參閱線上手冊，並搜尋"Abaqus/Standard 3-D example: shearing of a lap joint"。

定義部件

開啟 Abaqus/CAE。您將需要生成兩個部件，一個為平板，一個為鉚釘。

平板

以擠出(extruded)的方式，生成一個三維的可變形體實體平板，草圖的尺寸設定為 100.0，將部件命名為 plate，在草圖中任意生成一矩形，然後以尺度工具將矩形的水平長度設為 30，垂直長度設為 10，見圖 12-31。

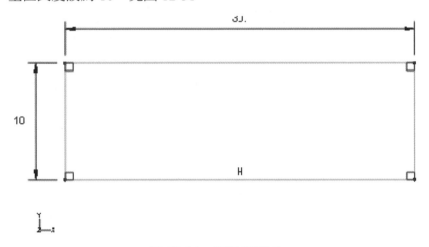

圖 12-31　平板的草圖

擠出部件 1.5 的長度。

使用 **Creat Cut: Extrude** 工具來將平面切割出螺孔，選擇前側平面做為草圖的基準面，右側的邊為草圖的垂直方向，在草圖中畫出螺孔如圖 12-32。

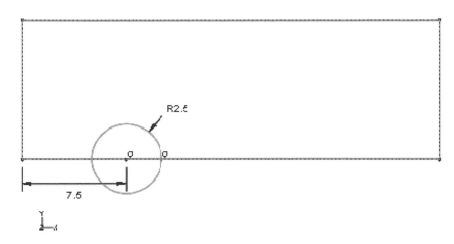

圖 12-32　螺孔的草圖

將切割的深度設定為穿透整個部件。最後平板的形狀如圖 12-33。

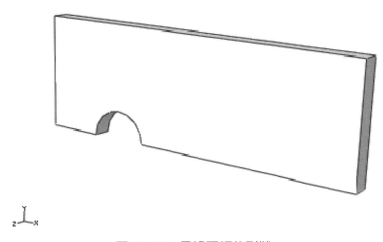

圖 12-33　最終平板的形狀

鉚釘

　　使用迴轉(Revolved)的方式建立一個三維，可變形體的實體鉚釘，使用 20.0 做為草圖尺寸的設定，將部件命名為 rivet，使用 **Create Lines** 工具，生成一個概略的鉚釘草圖，如圖 12-34，使用尺度工具與等長約束工具，見圖 12-34，完成鉚釘的草圖，迴轉此部件 180 度，以生成一個實體部件。

　　修改此鉚釘的實體使其上緣有導圓角，下緣有切角，設定導圓角的半徑為 0.75，切角的長度為 0.75，最終部件的幾何見圖 12-35。

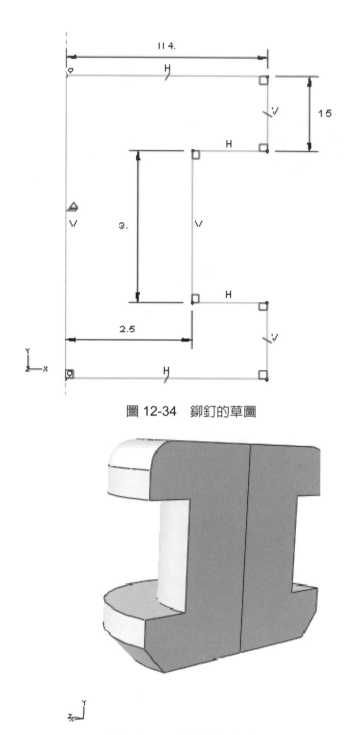

圖 12-34　鉚釘的草圖

圖 12-35　最終鉚釘的幾何

材料與截面特性

　　此平板爲鋁製的，其應力應變曲線如圖 12-36，鉚釘爲鈦製的，其應力應變曲線如圖 12-37。

　　在檔案 lap-joint-alum.txt 與 lap-joint-titaninm.txt 中提供了鋁與鈦的應力應變資料，在 Abaqus Command 中輸入提取指令 **fetch** 如下，取得檔案後再將其複製到模型所在的資料夾下：

　　　　abaqus fetch job: lap*.txt

　　若要將應力應變資料，轉爲 Abaqus 中所使用的材料特性，您將會使用到 **material calibration** 工具來定義材料特性。

　　material calibration 的操作步驟如下：

1.　在模型樹中，雙擊 **calibrations**。

2.　將 **calibration** 命名爲 aluminum，然後點擊 **OK**。

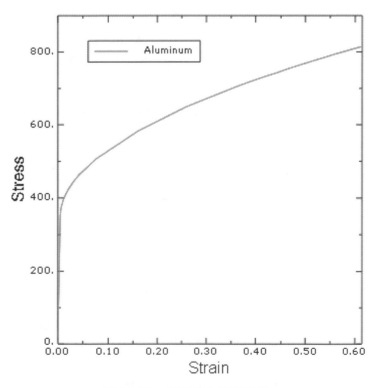

圖 12-36　鋁的應力應變曲線

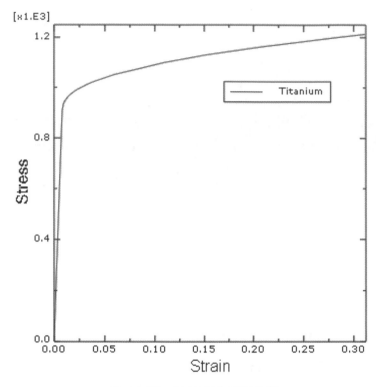

圖 12-37 鈦的應力應變曲線

3. 展開 **Calibrations**，接著展開 aluminum。

4. 雙擊 **Data Sets**。

5. 在 **Create Data Set** 的對話窗中，輸入名稱為 A1 然後點擊 **Import Data Set**。

6. 在 **Read data From Text File** 對話窗中，點擊 📁 然後選擇名為 lap-joint-alum.txt。

7. 在 **Properties** 的區域裡，指定應變會讀取第二行資料，應力會讀取第一行資料。

8. 從 **Data Set Form** 的選項中，選擇 **True** 做為匯入資料的格式。

9. 點擊 **OK** 關閉 **Read Data From Text File** 對話窗。

10. 點擊 **OK** 關閉 **Create Data Set** 對話窗。

11. 在模型樹中，雙擊 **Behaviors**。

12. 將 behavior 命名為 A1-elastic-plastic，選用 **Elastic Plastic Isotropic** 的類型，點擊 **Continue**。

13. 在 **Edit Behavior** 對話窗中，選擇 A1 做為 **Data Set**。

14. 在 Yield Paint 中輸入 0.00488、350(或者，您可以在視窗中直接點選)。

15. 將 **Plastic points** 中滑塊拉至 Min 與 Max 中間來產生塑性資料點。

16. 在 **Poisson's ratio** 輸入 0.33。

17. 在對話的底部，點擊 $\boxed{\sigma_\varepsilon}$ 生成完整的材料資料命名為 aluminum，在 **Edit Material** 介面中，重新命名完成後便點擊 **OK**。

18. 在 **Behavior** 對話窗中，在 **Materialal** 的下拉式選單中選擇 **uminum**。

19. 點擊 **OK** 來施加名為 aluminum 的材料特性。

20. 在模型樹中，展開 **Material** 檢查經由上述步驟完成的材料模型，會發現其中已經存在彈性與塑性資料，如果想要改變塑性資料的點數或是修改降伏點，只需重新回到 **Edit Behavior** 的對話窗中，執行所需的修改，選擇要施加修改結果的材料名稱，然後點擊 **OK**，所選擇的材料模型便會自動被更新。

21. 依照相同的步驟，產生一個名為 titanium 的材料模型，此模型的應力應變曲線資料來自 lap-joint-titanium.txt，其 **Yield points** 為 0.0081，907.0；**Poisson's ratio** 為 0.34。

    產生一個實體的截面特性名為 plate，所依據的材料為 alumium，將其施加在 plate 上。

    產生一個實體的截面特性名為 rivet，所依據的材料為 titanium，將其施加在 rivet 上。

組裝部件

現在我們將要完成一個部件的組裝，以定義一個分析模型，在組裝模組中匯入二個相依的 Plate 實體以及一個相依的 rivet 實體，第一個匯入的 plat 做為頂部的平板，第二個匯入的 plate 做為底部的平板。

匯入與定位平板

1. 在模型樹中，在 **Asembly** 欄位下，雙擊 **Instance** 然後選擇 plate 做為匯入的部件。

2. 再一次匯入 plate，並勾選 **automatically offset from other instance**。

3. 從主選單中，選擇 **Constraint → Face to Face**，選擇第二次匯入的 plate 的背面做為可移動部件，然後選擇第一次匯入的 plate 的背面做為固定的部件，如果必要的話，將顯示的箭頭反向，如圖 12-38，將平移距離設為 0.0。

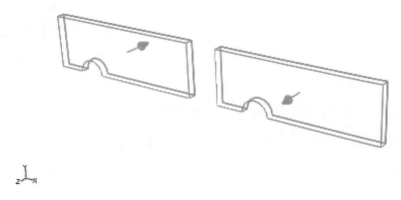

圖 12-38　面對面約束

4. 從主選單中，選擇 **Constraint → Parallel Edge**，選擇第二次匯入的 plate 上邊線為可移動的部件，再選擇第一次匯入的 plate 右邊線為固定的部件，如果必要的話，將顯示的箭頭反向，如圖 12-39。

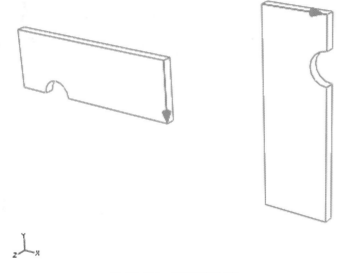

圖 12-39　平行邊約束

5. 從主選單中，選擇 **Constroint → Coaxial**，選擇第二次匯入的 plate 螺孔內面做為可移動的部件，再選擇第一次匯入的 plate 的螺孔內面為固定的部件，如果必要的話，將顯示的箭頭反向，讓兩箭頭為同方向，見圖 12-40。

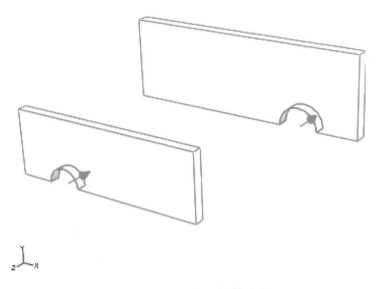

圖 12-40　平板的平行軸約束

匯入與定位鉚釘

1.　在模型樹中，雙擊在 **Assembly** 欄位下的 **Instance**，然後選擇 rivet 做為匯入的部件。

2.　從主選單中，選擇 **Constraint → Coaxial**，選擇 rivet 的螺孔內面做為可移動的部件，再選擇頂部的平板做為固定的部件，如果必要的話，將顯示的箭頭反向，所以箭頭的方向如圖 12-41 所示。

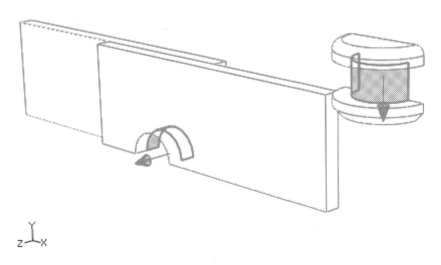

圖 12-41　鉚釘的平行軸約束

最後組裝完成的模型如圖 12-30。

幾何群組

幾何群組的目的，為方便使用者指定負載與邊界條件。

生成幾何群組

雙擊在模型樹中 **Assembly** 欄位裡的 **Set**，來產生幾何群組。

- 在底部平板的左下角角點生成一個名為 corner 的群組，如圖 12-42。

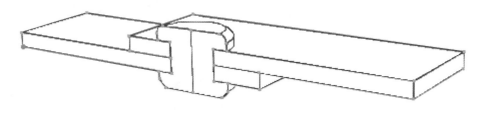

圖 12-42　群組 corner

- 在底部平板的左側表面生成一個名為 fix 的群組，如圖 12-43，用來設定拘束。

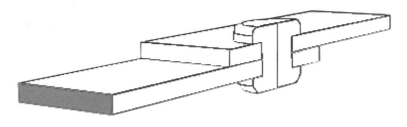

圖 12-43　群組 fix

- 在頂部平板的右側表面生成一個名為 pull 的群組，如圖 12-44，用來設定拉伸邊界條件。

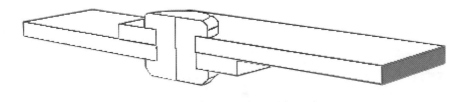

圖 12-44　群組 pull

- 在模型的對稱平面上設定一個名為 symm 的群組，如圖 12-45 用來設定對稱條件。

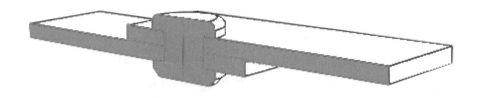

圖 12-45　群組 symm

定義分析步與輸出參數

產生一個通用的靜態分析步，考慮幾何非線性的影響，將初始時間步的大小設定為 0.05，分析總時間為 1.0，接受預設的輸出參數設定。

定義接觸交互作用

接觸設定將使用在 plates 與 rivet，所有部位之間的摩擦係數為 0.05。此分析可以使用接觸對或是通用接觸設定，我們將使用通用接觸來簡化接觸設定的步驟。

產生一個 General contact (standard)交互作用命名為 A11，在 Initial 分析步裡，在 **Edit Interaction** 對話窗中，使用預設的 **All*with self** 做為 **Cantact Domain** 來指定包含自我接觸的接觸設定，所有的接觸區域將會在 Abaqus/Standard 自動設定完成，這是最簡單的接觸設定方式，選用 fric 做為 **Global property assignment**，最後點擊 OK。

定義邊界條件

邊界條件將在通用的靜態分析步中定義，分析模型的左端為拘束，而分析模型的右端施加一拉伸的邊界條件，拉伸方向為 1 方向，角點群組施加一拘束，拘束了方向位移以避免剛體運動，而在對稱面上施加一拘束，拘束之方向的位移，所有的邊界條件如下表 12-3，依上述的條件定義分析模型的邊界。

網格生成與定義工作

需在部件的層級定義網格，因為此模型所有的 **Assembly** 的部件均為相依部件，從模型樹中展開 **port** 的欄位，再展開部件 plate 的欄位，雙擊 **Mesh** 進入 **Mesh** 模組。使用 **C3D8I** 元素配合 **global seed size 1.2** 以及預設的 **sweep mesh** 網格分割技術，生成 plate 的網格。

相同的，使用 **C3D8R** 元素配合 **global seed size 0.5**，以及 **hex-dominated** 的 **sweep mesh** 網格分割技術生成 rivet 的網格，使用此網格分割技術，將會有部份的元素以 **C3D6** 來生成，網格化完成的模型如圖 12-46。

> **備註**：如果您用的是教育版的 Abaqus，因爲生成網格數量的限制，故 plate 的 **global seed size** 設定爲 **1.75**，而 **maximum deriation factor** 設定爲 **0.05**，另外 rivet 的 **global seed size** 設定爲 **1**。

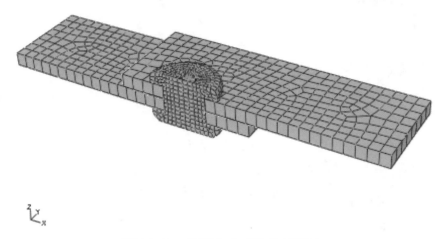

圖 12-46　網格化完成的分析模型

現在您可以產生一個工作並執行此工作，產生一個名爲 lap-joint 的工作，儲存此模型並提交此工作進行求解，監視求解的過程，並排除任何的錯誤，以及觀看警告訊息以了解警告的來源。

❧ 12.8.2　後處理

在 **Visualization** 模組中，檢查模型的分析結果。

模型的變形與雲圖的繪製

模型的變形量與因爲受剪力過程所產生的應力分布爲基本的分析結果，繪製變形與應力分布，如圖 12-47 與圖 12-48。

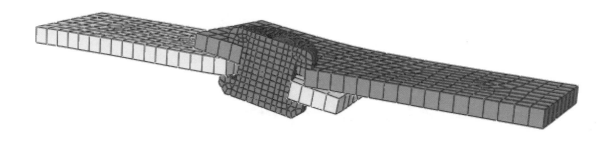

圖 12-47　模型的變形量

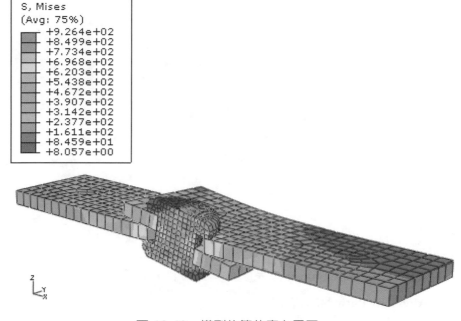

圖 12-48　模型的等效應力雲圖

接觸壓力

現在我們將 lap joint 的接觸壓力繪製出來。

我們很難從一個完整的模型來觀看接觸壓力，所以使用 **Displae Groups** 工具列的功能只顯示出頂部平板。

生成一個路徑來檢視頂部平面的螺孔周圍接觸壓力。

產生一個路徑

1. 在結果樹中，雙擊 **Paths**，在 **Create Path** 的對話窗中，選擇 **Edge list** 類型，然後點擊 **Continue**。

2. 在 **Edit Edge List Path** 對話窗中，將 **Part Instance** 選擇為頂部的平板，然後點擊 **Add After**。

3. 在視窗下方的選擇方式，選擇 **by shortest distance**。

4. 在視窗中，選擇螺孔的左端點做為路徑的起始點，右端點做為路徑的終點，見圖 12-49。

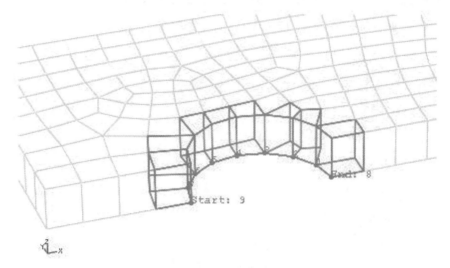

圖 12-49　定義路徑

5. 在視窗下方的區域選擇 **Done**，以完成路徑的選取，點擊 **OK** 儲存所定義的路徑並關閉 **Edit Edge List Path** 對話窗。

6. 在結果樹中，雙擊 **XYData**，在 **Creat XY Data** 對話窗中選擇 **Path**，然後點擊 **Continue** 。

7. 在 **XY Data from Path** 對話窗的 **Y Value** 區域，點擊 **Step/Frame**，在 **Step/Frame** 對話窗中，選擇最後一個 **frame**，點擊 **OK** 關閉 **Step/Frame** 對話窗。

8. 將顯示的場變數更改為 CPRESS，然後點擊 Plot 繪製出路徑上的結果，再點擊 **Save As** 儲存繪製出的曲線，如圖 12-50。

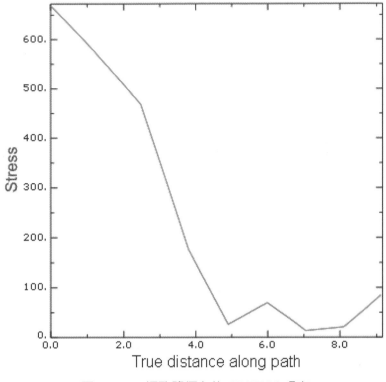

圖 12-50 螺孔路徑上的 CPRESS 分布

12.9 在 Abaqus/Explicit 中定義接觸

　　Abaqus/Explicit 提供了兩種模擬接觸交互作用的演算法。通用接觸("automatic")演算法允許非常簡單地定義接觸，對於接觸表面類型的限制很少(請參閱線上手冊，並搜尋"Defining general contact interactions in Abaqus/Explicit")。接觸對(contact pair)演算法對於接觸表面的類型有比較嚴格的限制，且時常要求更小心地定義接觸，但它允許模擬一些到目前為止採用通用接觸演算法還不能夠模擬的交互作用行為(請參閱線上手冊，並搜尋"Defining contact pairs in Abaqus/Explicit")。通用接觸交互作用典型上是由 Abaqus/Explicit 自動地定義一個預設指定接觸、基於元素(Element-Based Surface)且包含模型中所有物體的表面來定義。為了細化接觸區域，您可以包含或者不包含指定的表面對。接觸對交互作用是透過指定每一個可發生交互作用的表面對所定義。

✎ 12.9.1　Abaqus/Explicit 的接觸公式

在 Abaqus/Explicit 中的接觸公式包括約束增強法(Constraint Enforcement Method)、接觸表面權重(Contact Surface Weighting)、追蹤搜索(Tracking Approach)和滑移公式(Sliding Formulation)。

約束增強方法

Abaqus 於通用接觸採用罰函數接觸方法(penalty contact method)，罰函數接觸方法會根據接觸區域底下的元素勁度，計算出一個近似勁度，在允許少量穿透的狀況下，來趨近真實接觸行為，並且增加收斂性。

而在接觸對 Abaqus 則預設動力學接觸方法(kinematic contact formulation)，動力學接觸方法使用預測/修正方法取精確的接觸條件，預測/修正方法假設初始增量步尚未發生接觸，若最後產生干涉，則會修改加速度值以獲取修正配置。關於預測/修正方法的細節請參閱線上手冊，並搜尋"Contact constraint enforcement methods in Abaqus/Explicit"，關於其使用限制請參閱線上手冊，並搜尋"Common difficulties associated with contact modeling using contact pairs in Abaqus/Explicit"。

接觸對也可以選擇性的使用罰函數接觸方法，以模擬被動力學接觸方法限制的情況，例如兩個剛體間的接觸(除了兩個解析剛性表面以外)。當使用罰函數接觸方法，大小相等且方向相反的接觸力會施加在穿透點的主從面節點上，接觸力會根據罰函數勁度乘上穿透距離計算。Abaqus/Explicit 會自動計算罰函數勁度，且能藉由接觸型式(軟/硬接觸)或罰函數放大係數進行調整。

接觸表面權重演算法

在單純的主 — 從演算法中，其中一個表面為主面，另一個表面為從面。當兩個物體發生接觸時，根據約束增強方法(動力學或罰函數)檢查是否發生穿透並施加接觸約束。單純的主 — 從權重(不考慮約束增強方法)僅阻止從屬節點對主面的穿透，除非在從面上採用了足夠精細的網格以避免來自主面節點的穿透，否則並不會檢查主控節點可能對從屬表面進行的穿透，如圖 12-51 所示。

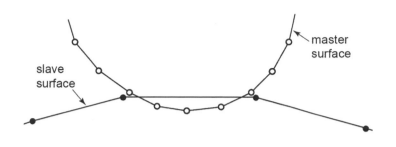

圖 12-51　在單純的主－接觸中主控節點對從屬表面的穿透

　　平衡主 —從接觸則是使用了兩次單純主 —從接觸演算法，在第二次搜索過程中將主
從表面對調。一套接觸約束是以表面 1 作爲從屬表面，另一套接觸約束是以表面 2 作爲從
屬表面，由這兩次計算的加權平均獲得了加速度的修正值或接觸力。對於動力學平衡主 —
從接觸，第二次修正是爲了求解任何殘餘的穿透。相關內容請參閱線上手冊，並搜尋
"Contact formulations for contact pairs in Abaqus/Explicit"。在圖 12-52 中，敘述了採用動力
學柔度的平衡主－從接觸約束。

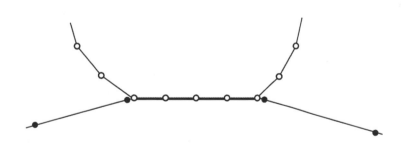

圖 12-52　採用動力學柔度的平衡主－從接觸約束

　　平衡演算法使接觸物體之間的穿透達到最小化，在大多數情況下它提供了更準確的結
果。

　　通用接觸演算法儘可能地採用平衡主－從權重演算法。對於有關基於節點的且可充當

單純從屬表面的表面，可以使用單純主－從權重於通用接觸演算法；在接觸對演算法，則 Abaqus/Explicit 將根據所涉及的兩個表面的性質和採用的約束增強方法，對於給定的接觸對決定採用何種權重。

滑移公式

當您定義表面與表面接觸交互作用時，您必須決定相對滑移的量是很小的值還是有限值。預設的(對於一般接觸交互作用是唯一的選項)是更普遍適用的有限滑移公式。如果兩個表面之間的相對運動小於一個元素面特徵長度的一小部分，則適用小滑移公式。當將結果應用於一個更有效率的分析時，可使用小滑移公式。

12.10　Abaqus/Explicit 建模之考量

我們將在下面討論建模中需要考慮的幾個問題：正確的表面定義、過度約束 (Overconstraint)、網格細化和初始干涉。

✎ 12.10.1　正確的定義表面

當為了使用每一種接觸演算法定義表面時，必須遵循一定的規則。通用接觸演算法在接觸中可能包含表面的類型沒有什麼限制，但是二維、基於節點和解析剛體的表面就只能使用接觸對演算法。

連續表面

使用通用接觸演算法的表面可以跨越多個互不相連的物體，兩個以上的表面可以共用一條邊界；相反地，在接觸對演算法中使用的所有表面必須是連續且簡單連接的。連續性要求具有以下關於構成接觸對演算法的有效或無效之表面定義。

- 在二維中，表面必須是一條簡單的、無內部交叉點並帶有兩個端點的曲線，或是一個閉合的環。圖 12-53 顯示了有效和無效的二維表面的例子。

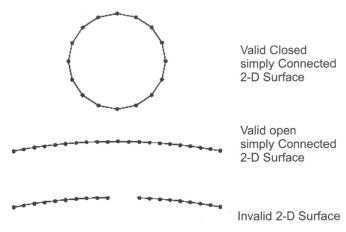

圖 12-53　接觸對演算法中有效和無效的 2 維表面

- 在三維中，屬於有效表面的一個元素面之邊界可以是在這個表面的周界上，或是與另一個面共用。兩個元素面組成的接觸表面不能在一個共用的節點處連接，它們必須跨過一條共用的元素邊界連接。一條元素邊界不能與兩個以上的表面面元共用。圖 12-54 描述了有效和無效的三維表面。

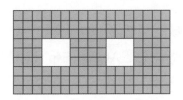

valid simply connected surface

invalid surface　　　　　　　　invalid surface

圖 12-54　接觸對演算法中有效和無效的三維表面

- 此外，也可以定義三維、雙側表面。在這種情況下，同一個表面定義中包含殼、膜、或剛體元素的兩個側面，如圖 12-55 所示。

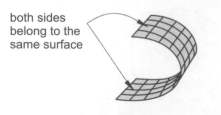

both sides
belong to the
same surface

valid double-sided surface

圖 12-55　有效的雙側表面

延伸表面

Abaqus/ Explicit 不會自動將用戶定義的表面延伸出其周界。如果來自一個表面上的節點與另一個表面發生接觸，並且沿著該表面移動直到抵達邊界，它有可能"落出邊界"。這種行為可能很麻煩，因為該節點很可能不久又從該表面的背面重新進入，因而違反了動力學約束並引起該節點加速度的急劇變化。因此延伸表面多少超過實際發生接觸的區域是一個很好的建模實踐。一般來說，我們建議用表面完全覆蓋每一個接觸物體，這樣額外的計算耗費是最小的。

圖 12-56 是由六面體元素組成的兩個簡單的箱型體，在上面的箱型體上有一個接觸表面，它僅定義在箱體的上表面。儘管這是 Abaqus/Explicit 允許的表面定義，但這種缺乏超過"原始邊界"的延伸定義可能會帶來麻煩。在下面的箱型體上，圍繞表面側壁捲曲一段距離，進而延伸超過了平的上表面。如果接觸只發生在箱體的上面，經由避免任何接觸節點運動到接觸表面的背後，這種延伸表面的定義可以使接觸中可能出現的問題最少。

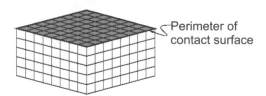

Perimeter of
contact surface

Only top of box defined as surface

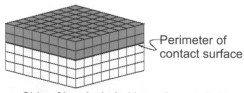

Perimeter of
contact surface

Side of box included in surface definition

圖 12-56　表面的周界

網格縫隙

　　兩個節點具有相同的座標(雙節點)，可以在一個有效顯示為連續的表面上產生一道縫隙或裂紋，如圖 12-57 所示。節點沿著表面滑動，可能會經過這一裂紋並滑入接觸表面的背面。一旦檢測出這種穿透，可能會引起較大的、無物理意義的加速度修正值。在 Abaqus/CAE 中定義的表面絕不會出現兩個節點位於相同的座標，但是輸入的網格模型可能有雙節點。在 Visualization 模組中可以經由繪製模型的自由邊界檢測到網格縫隙。非理想周界部分的任何縫隙，可以是雙節點區域。

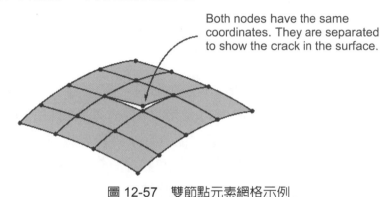

圖 12-57　雙節點元素網格示例

完整的表面定義

　　圖 12-58 敘述了在兩個部件之間簡單連接的二維模型。對於模擬這種連接，圖中顯示的接觸定義並不適當，因為表面無法代表物體幾何形狀的完整描述。在分析一開始時，發現表面 3 上的一些節點位於表面 1 和表面 2 的背面。圖 12-59 顯示了對此一連接適當的表面定義。這些表面是連續的，且描述了接觸物體完整的幾何形狀。

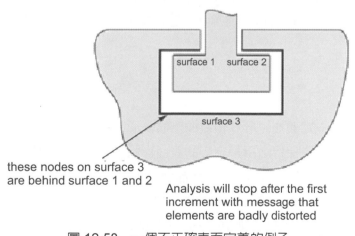

圖 12-58　一個不正確表面定義的例子

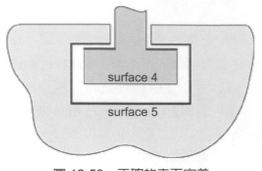

圖 12-59　正確的表面定義

高度翹曲的表面

在通用接觸演算法中，對捲曲的表面不需要進行特別的處理；但是在接觸對演算法中，當採用的表面含有高度翹曲的面元，必須使用的追蹤演算法比採用表面不包含高度翹曲的面元所要求的演算法更加費時。為了盡可能地保持求解的效率，Abaqus 會監視表面的翹曲，且在表面成為高度翹曲時發出警告；如果相鄰面元的法線方向相差 20°以上，Abaqus 會發出警告訊息。當一個表面被認定為高度翹曲，Abaqus 會用一個更為精確的搜索方式代替原來效率較高的接觸搜索方法，以克服由高度翹曲表面所帶來的問題。

為了達到求解的效率，Abaqus 並不會在每個增量步都檢查高度翹曲的表面。剛體表面的高度翹曲檢查只在分析步開始時進行，因為剛體表面在分析中不會改變形狀。對於變形表面的高度翹曲檢查，預設地每 20 個增量步檢查一次，但是在某些分析中可能有的表面會迅速地增加翹曲，不適合使用預設的每 20 個增量步檢查，您可以將翹曲檢測的頻率改變成理想的增量步數目。在某些分析中，當表面翹曲小於 20°時，可能需要使用更精確且與高度翹曲表面有關的接觸搜索演算法。已經定義的高度翹曲的角度值也可以重新定義。

剛體元素離散

使用剛體元素可以定義幾何形狀複雜的剛體表面。在 Abaqus/Explicit 中的剛體元素不進行平滑處理，它們完全保持由用戶定義的表面形狀。不平滑表面的優點在於 Abaqus 所使用的表面和用戶所定義的表面完全一致，而缺點則是必須使用更加高度細化的網格構成表面才能準確地定義平滑的物體。一般來說，使用大量的剛體元素來定義剛體表面，不會明顯增加 CPU 成本，然而大量的剛體元素確實會明顯增加記憶體的負擔。

　　用戶必須保證在剛體物體上任何曲線的幾何離散是合適的。如果剛體離散得過於粗糙，在變形物體上的接觸節點可能會"觸礁"(Snag)，進而導致錯誤的結果，如圖 12-60 所示。

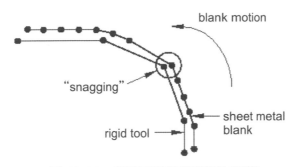

圖 12-60　粗糙剛體離散的潛在影響

　　在一段時間內，撞到尖角上的節點被阻止沿著剛體表面的進一步滑行。一旦釋放了夠多的能量使它能夠滑移並越過尖角，在接觸到鄰近的面之前，該節點將動態地滑動，這樣的運動會引起解的振盪(Noisy)。剛體表面劃分得越細緻，接觸從屬節點的運動就越平滑。在通用接觸演算法中包含某些數值誤差捨入特性，以免節點觸礁成為離散剛體表面所重視的問題。此外採用罰函數增強的接觸約束會減少發生觸礁的可能性。對於是由拉伸形成或是由表面旋轉形成的剛體物體，在採用接觸對演算法時應正常地使用解析剛體表面。

❧ 12.10.2　模型的過約束

　　就像在一個給定的節點上絕不能定義幾個相互矛盾的邊界條件一樣，通常也絕不能在同一個節點上定義多節點約束和利用動力學方法增強接觸條件，因為這樣可能會產生矛盾的動力學約束。除非這些約束完全互相正交，否則模型將會過約束；當 Abaqus/Explicit 嘗試滿足這些矛盾的約束時，運算結果將會相當混亂。因為罰函數約束不會增強的像多點約束嚴格，罰函數接觸約束和多點約束作用在同一個節點上將不會產生矛盾。

❧ 12.10.3　網格細化

　　對於接觸分析以及所有其他類型的分析，當網格細化後其結果都會得到改進。對於使用單純主從演算法的接觸分析，從面的網格適當細化尤其重要，這樣主面上的面元才不會過度穿過從面。平衡主從演算法在從屬表面上並不需要高度的網格細化來達到具有適當的接觸柔度。在剛體體和變形體之間單純的主從接觸上，網格細化通常很重要，在這種情況下，變形體總會是單純的從面，因此必須足夠細化以適應剛體體的任何形狀特徵。圖 12-61 顯示了一個當從面的離散與在主面上的特徵尺度相比很粗糙時，可能會發生穿透的例子。如果變形表面的網格越細化，剛體表面的穿透程度將會很低。

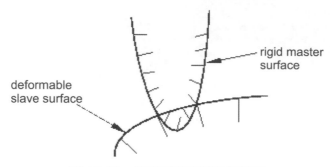

圖 12-61　從面離散不適當的例子

束縛約束

　　束縛(Tie)約束防止了一開始相互接觸的表面發生穿透、分離或相對滑動，因此束縛約束是一種簡單的網格細化工具。由於兩個表面之間存在的任何縫隙，無論這些縫隙有多小，都將導致節點不能與對面的邊界發生束縛，所以在分析開始時，您必須調整節點以確保兩個表面是準確地接觸在一起。

　　束縛約束的公式約束了平移自由度和可選擇的轉動自由度。當使用束縛接觸於結構元素時，您必須確認任何無約束的轉動將不會帶來問題。

❧ 12.10.4　初始過盈接觸

　　為了消除任何初始的過盈，Abaqus/Explicit 將自動調整在接觸表面上未變形的節點座標。使用平衡主從演算法時，兩個表面均被調整；使用單純主從演算法時，就只調整從屬表面。調整表面相關的位移以消除過盈接觸，不會對分析中的第一個分析步所定義的接觸引起任何的初始應變或應力。當存在矛盾的約束時，經由重新定位節點可能不會完全解決初始過盈，在這種情況下，當採用接觸對演算法時，在分析一開始的階段可能會導致網格的嚴重扭曲。通用接觸演算法儲存了任何無法消除的初始穿透，將其作為偏移量以避免初始加速度過大。

　　在之後的分析步中，因為整體的節點調整發生在一個單一、非常短暫的增量步內，所以為了調整任何節點以消除初始干涉的動作都將引起應變，且時常會引起網格的嚴重扭曲。當採用動力學接觸方法時，這個問題更是明顯。例如一個節點的干涉量是 1.0×10^{-3} m，而時間增量是 1.0×10^{-7} s，施加到該節點上以修正過盈接觸的加速度就是 2.0×10^{11} m/s。將這麼大的加速度施加到一個單一節點上，將發出有關變形速度超過材料中波速的典型警告訊息，並在幾個增量步之後，發出關於網格嚴重扭曲的警告，一旦施加了如此大的加速度，將使相關元素發生明顯的變形。對於動力學接觸，即使是一個非常小的初始過盈量都可能會引起極大的加速度。通常在分析步 2 以及後續的分析步中，重點在於您所定義的任何新的接觸表面都不能有干涉。

　　圖 12-62 顯示了一種常見的兩個接觸表面有初始干涉的情況。所有在接觸表面上的節點剛好位於同一段圓弧上，但是由於內部表面的網格比外部表面網格更加精細，且由於元素的邊界是直線，所以在細化的、內部表面上的某些節點一開始就穿過了外部表面。假設採用的是單純主從方法，圖 12-63 顯示了由 Abaqus/Explicit 施加到從屬表面節點上初始的、應變自由的位移。在不施加外力的情況下，這種幾何結構是無應力的。如果採用預設的、平衡主從方法，就會得到一組不同的初始位移場，且計算得到的結果表示網格中並不是完全無應力的。

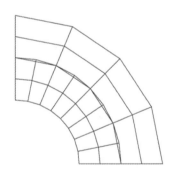 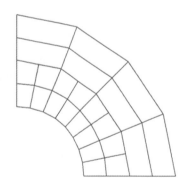

圖 12-62　兩個接觸表面的原始過盈　　圖 12-63　修正後的接觸表面

12.11　Abaqus/Explicit 例題：電路板落下試驗

　　在這個範例中，您將研究一塊由可擠壓的保護泡棉封裝之電路板，以一定的角度跌落到剛體表面上的行為。當電路板從 1 公尺的高度落下時，您的目的是評估泡棉封裝是否能夠保護電路板不受損壞。您將採用在 Abaqus/Explicit 中的通用接觸功能來模擬在不同部件之間的交互作用。圖 12-64 中標出了以毫米表示的電路板和泡棉封裝的尺寸，並給定材料參數。

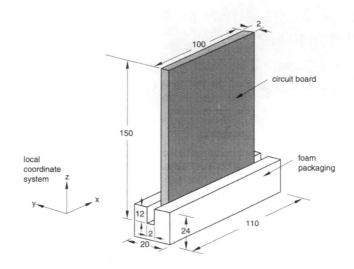

Material properties

Circuit board material (plastic):

$E = 45 \times 10^9$ Pa

$\nu = 0.3$

$\rho = 500$ kg/m^3

Foam packaging material is crushable foam:

$E = 3 \times 10^6$ Pa

$\nu = 0.0$

$\rho = 100$ kg/m^3

(Foam plasticity data are given in the text.)

圖 12-64 尺寸(單位毫米)和材料性質

✎ 12.11.1 前處理－Abaqus/CAE 建模

使用 Abaqus/CAE 建立這個模型。Abaqus 提供了上述問題的檔案，若依照以下的指導遇到了困難，或是用戶希望檢查所建立的模型是否有誤，便可利用下列任一個檔案來建立完整的分析模型：

- 在本書的第 A.14 節 "Circuit board drop test"，提供了重新播放的檔案(*.py)。關於如何提取和執行此重播檔案，將在附錄 A，"Example Files" 中說明。

- Abaqus/CAE 的外掛工具(Plug-in)工具組中提供了此範例的插入檔案。在 Abaqus/CAE 的環境下執行插入檔,選擇 **Plug-ins** → **Abaqus** → **Getting Started**;將 **Circuit board drop test** 反白,點擊 **Run**。更多關於入門指導插入檔案的介紹,請查閱線上手冊,並搜尋"Running the Getting Started with Abaqus examples"。

如果您沒有進入 Abaqus/CAE 或者其他的前處理器,可以手動建立問題所需要的輸入檔案,關於這方面的討論,請查閱線上手冊,並搜尋"Abaqus/Explicit example: circuit board drop test"。

定義模型的幾何形狀

開啟 Abaqus/CAE 並進入 **Part** 模組。您將建立三個部件,分別代表泡棉封裝、電路板和地面。您也需要建立一些資料點以輔助部件實體的定位。

定義封裝的幾何形體

1. 封裝是一個三維實體結構。以一個可拉伸實體的基本特徵來建立一個三維可變形的部件代表封裝,命名部件為 Packaging。採用的部件尺寸大約為 0.1,並繪製一個 0.02 m × 0.024 m 的矩形作為輪廓,指定 0.11 m 作為拉伸長度。

2. 從主功能表欄中,選擇 **Shape** → **Cut** → **Extrude** 在封裝中建立一個切口,用來安插電路板。
   a. 選擇封裝的左端面作為拉伸切口的平面。在繪圖平面中,於封裝輪廓的右側選擇一條垂直線作為垂直方向。
   b. 在草圖中,建立一條穿過封裝中心的輔助線。
      對輔助線施加拘束。
   c. 繪製切口的輪廓,如圖 12-65 所示。對切口的中心以及輔助線施加 Symmetry 拘束,並在封裝上標註 0.002 m × 0.012 m 切口的中心。
   d. 在 **Edit Cut Extrusion**(編輯拉伸切割)對話方塊中出現完整的草圖,選擇 **Through All**(穿透)作為端部條件,並選擇箭頭方向代表在封裝中的切口。

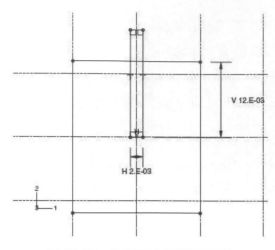

圖 12-65 在封裝中切口的輪廓

3. 在切口底面的中心建立一個數據點，如圖 12-66 所示。這個點將用來定位電路板相對於封裝的位置。

   a. 從主功能表欄中，選擇 **Tools** → **Datum**。

      跳出 **Create Datum**(建立資料)對話方塊。

   b. 接受預設選擇的 **Point**(點)作為資料類型，選擇 **Midway Between 2 Points**(兩點之間的中點)作為方法，並按下 **OK**。

   c. 選擇兩個位於在切口底面中心且在切口任何一端的點，在這兩個點之間會建立資料點。

Abaqus/CAE 建立的資料點，如圖 12-66 所示。

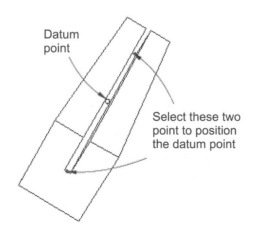

圖 12-66 在封裝切口中心的資料點

定義電路板的幾何形體

1. 電路板可以模擬為一個薄的平板，上面附著晶片。建立一個三維可變形的平面殼體來代表電路板，命名部件為 Board。採用部件的尺寸約為 0.5，並繪製一個 0.100 m × 0.150 m 的矩形。

2. 建立三個數據點，如圖 12-67 所示。這些點將被用來定位電路板上的晶片。

   a. 從主功能表欄中，選擇 **Tools** → **Datum**。
      跳出 **Create Datum** 對話方塊。

   b. 接受預設選擇的 **Point** 作為資料類型，選擇 **Offset From Point**(從某一點偏移)的方法，並按下 **Apply**。

   c. 選擇電路板的左下角作為偏移的參考點，並輸入其中一個點的座標，如圖 12-67 所示。

   d. 重覆步驟 b 和 c 來建立其他兩個數據點。

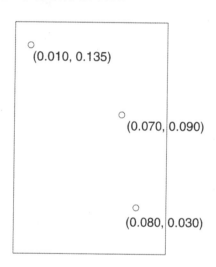

圖 12-67　利用資料點定位晶片與電路板的相對位置。括弧中的資料(x, y)
是座標，以公尺為單位，以電路板左下角的局部座標為原點

定義地面

1. 電路板將要碰撞的表面是剛體的，所以建立一個三維的離散剛體平面殼來代表地面，命名部件為 Floor。採用部件的尺寸約為 0.5。剛體表面必須大到足以保證任何變形體都不會落到邊界的外面。

2. 繪製一個 0.2 m × 0.2 m 的正方形作爲輪廓,爲了簡化部件在裝配件中的定位工作,確保表面的中心是位在草繪器的(0,0)位置。也就是全域座標的原點。在部件的中心設定一個參考點。

3. 在部件的中心建立一個參考點。

定義材料和截面特性

假設電路板是由一種 PCB 彈性材料製成,楊氏模數爲 45×10^9 Pa 和蒲松比爲 0.3,板的質量密度爲 500 kg/m³。進入 **Property** 模組,以這些性質定義一種名爲 PCB 的材料。

利用可擠壓的泡棉塑性模型來模擬泡棉封裝材料。封裝的彈性性質包括楊氏模數 3×10^6 Pa 和蒲松比 0.0,封裝的材料密度爲 100.0 kg/m³,以這些性質定義一種材料命名爲 Foam,之後不要關閉材料編輯器。

在 p-q(壓應力-蒙氏應力)平面中,一種可擠壓泡棉的降伏表面如圖 12-68 所示。

由單軸壓縮的初始降伏應力與三向均勻壓縮的初始降伏應力的比值爲 σ_c^0 / p_c^0,以及三向均勻拉伸的降伏應力與三向均勻壓縮的初始降伏應力的比值爲 p_t / p_c^0,這樣決定了材料的初始降伏行爲。在本例中,我們選擇第一個資料項爲 1.1,和第二個資料項(以正值給定)爲 0.1。

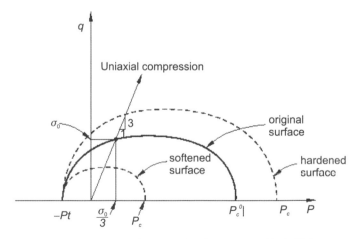

圖 12-68　可擠壓泡棉模型:在 p-q 平面的降伏表面

在材料模型定義中也包含了硬化的影響。表 12-4 總結了降伏應力-塑性應變的資料,可擠壓泡棉的硬化模型遵循如圖 12-69 所示的曲線。爲了使用者的方便,上述的硬化資料

已經建立了一個文字檔，且已經存在於 Abqus 的安裝資料夾中，使用者需要輸入以下指令來提取(fetch)資料檔

abaqus fetch job = drop*.txt

在材料編輯器中，選擇 **Mechanical → Plasticity → Crushable Foam**，輸入上述給定的降伏應力比值，然後按下 **Suboptions**(子選項)，選擇 **Foam Hardening**(泡棉硬化)，按下滑鼠右鍵，選擇跳出選單中的 **Read from File**，選取名為 drop-test-foam.txt 的檔案以匯入硬化資料。

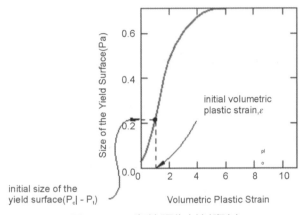

圖 12-69　泡棉硬化材料資料

表 12-3　可擠壓泡棉模型的降伏應力－塑性應變資料

單向壓縮的降伏應力(Pa)	塑性應變
0.22000E6	0.0
0.24651E6	0.1
0.27294E6	0.2
0.29902E6	0.3
0.32455E6	0.4
0.34935E6	0.5
0.37326E6	0.6
0.39617E6	0.7
0.41801E6	0.8
0.43872E6	0.9
0.45827E6	1.0
0.49384E6	1.2
0.52484E6	1.4
0.55153E6	1.6
0.57431E6	1.8
0.59359E6	2.0
0.62936E6	2.5
0.65199E6	3.0
0.68334E6	5.0
0.68833E6	10.0

定義一個均勻(Homogeneous)的殼截面，命名為 BoardSection，選用材料 PCB，指定殼的厚度為 0.002 m，並指定這個截面定義到部件 Board。再定義一個均勻(Homogeneous)的實體截面，命名為FoamSection，選用材料Foam，並指定這個截面定義到部件Packaging。

以電路板來說，最有意義的輸出是在縱向和橫向，且與板的邊界成一直線的應力結果，因此您需要為電路板的網格指定一個局部的材料方向。

為電路板指定一個材料方向

1. 在模型樹中，按兩下 **Parts** 子集合下的 **Board**。

2. 為材料方向定義一個資料座標系：

   a. 從主功能表欄中，選擇 **Tools** → **Datum**。

   b. 選擇 **CSYS**(資料座標系)作為類型，和 **2 lines**(兩線法)作為方法。

   c. 在出現的 **Create Datum CSYS**(建立資料座標系)對話方塊中，選擇直角座標系(**Rectangular Coordinate System**)，並按下 **Continue**。

   d. 在圖形視窗中，選擇電路板底部的水平邊界作為局部 x-軸，以及選擇板的右側垂直邊界置於 X-Y 平面內。

   在圖形視窗中出現了一個黃色的資料座標系。

3. 從主功能表欄中，選擇 **Assign** → **Material Orientation**，在圖形視窗中選擇電路板，選擇資料座標系作為座標系，在提示區中選擇 **Axis-3** 作為殼表面的法線，以預設 **None** 作為繞該軸附加的轉動。

   在圖形視窗中，材料方向顯示在電路板上，在提示區按下 **OK**。

建立裝配件

在模型樹中，按兩下 **Assembly** 子集合下的 **Instances**，建立一個地面的相依實體。

電路板將以一定的角度跌落到地面上，最終的模型裝配件如圖 12-70 所示。

首先您需要使用在 **Assembly** 模組中的定位工具來定位封裝的位置，然後您將定位電路板相對於封裝的位置。最後，您需要對電路板上代表每個晶片位置的基準點，建立參考點。

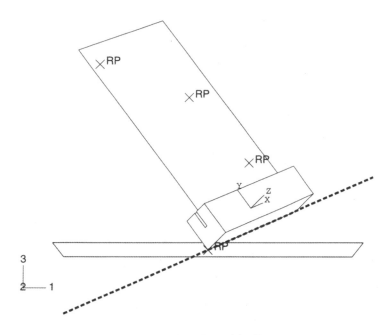

圖 12-70　完整的電路板裝配圖

定位封裝

1. 從主功能表欄中選擇 **Tools → Datum**，建立附加的資料點來幫助您定位封裝。

   a. 選擇 **Point**(點)作為類型，選擇 **Enter Coordinates**(輸入座標)作為方法。

   b. 在(0, 0, 0)和 (0.5, 0.707, 0.25)處建立兩個數據點。

   c. 按下自動調整(Auto-Fit)工具，以便觀察在圖形視窗中的資料點。

2. 在 **Create Datum**(建立資料)對話方塊中，選擇 **Axis**(軸)作為類型，選擇 **2 Points**(兩點法)作為方法。藉由之前建立的兩個數據點之定義來建立一個資料軸，在定義基軸的過程中，選擇(0.5,0.707,0.25)當作第一個點。

> 提示：使用選項工具**(selection toolbar)**限制只能選取 **Datums**。

3. 匯入封裝的部件至 **Assembly** 中。

4. 約束封裝使得它的底邊與資料軸成直線。

   a. 從主功能表欄中，選擇 **Constraint → Edge to Edge**。

   b. 選擇在圖 12-54 中所示的封裝邊界，作為可移動實體的直邊。

提示：爲了更好的觀察模型，從主功能表欄中選擇 **View** → **Specify**，並選擇
Viewpoint 作爲方法；對於視點向量輸入(–1, –1, 1)和向上的向量(0, 0, 1)。

c. 選擇資料軸作爲固定實體。

d. 如果需要的話，在提示區上按下 **Flip** 來翻轉在封裝上的箭頭方向；當箭頭指向如
圖 12-71 所示之反方向時，按下 **OK**。

提示：您可能需要放大和旋轉模型才能看清楚在資料軸上的箭頭，這個箭頭的方向
是以您最初定義資料軸的方式而定；如果在您的資料軸上的箭頭指向與在圖中
顯示的方向相反，則在您的封裝上的箭頭也必須與在圖中顯示的方向相反。

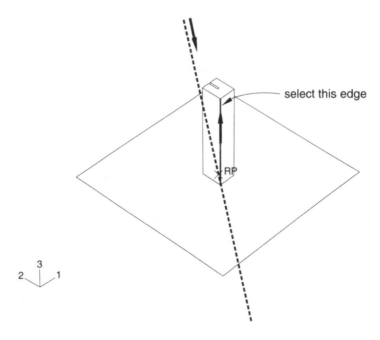

圖 12-71　在可移動的實體上選擇一條直邊

Abaqus/CAE 定位封裝如圖 12-72 所示。

注意：Abaqus/CAE 將定位約束作爲裝配件的特徵進行儲存；如果您在定位裝配件時
出現了錯誤，可以刪除定位約束。只要在模型樹的 **Assembly** 子集合中，從
Position Constraint 內的拘束清單，對拘束按下右鍵，選擇 **Delete** 即可刪除該
拘束。

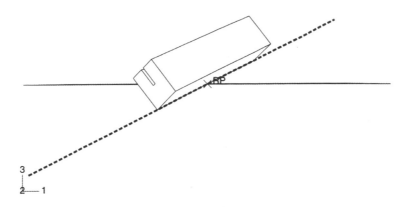

圖 12-72　位置 1：約束封裝的底邊沿著資料軸對齊

5.　在(−0.5, 0.707, −0.5)處建立第三個數據點，並再次按下自動調整工具。

6.　在 **Create Datum** 對話方塊中，選擇 **Plane**(平面)作為類型，選擇 **Line And Points**(點線法)作為方法。利用之前建立的資料軸和在上一步建立的資料點的定義，來建立一個資料平面。

7.　約束封裝使得它的底面位在資料平面上。

　　a.　從主功能表欄中，選擇 **Constraint → Face to Face**。

　　b.　選擇封裝的面作為可移動實體的一個面，如圖 12-73 所示。

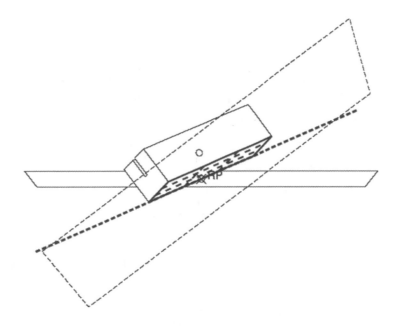

圖 12-73　在可移動的實體上選擇一個面

c. 選擇資料平面作為固定的實體。

d. 如果需要的話，在提示區中按下 **Flip**，當兩個箭頭指向同一個方向時按下 **OK**。

e. 接受與固定平面預設的距離 0.0。

8. 最後約束封裝使其接觸到地面的中點。

a. 從主功能表欄中，選擇 **Constraint → Coincident Point**。

b. 選擇封裝上最低的頂點作為可移動實體上的點，並選擇地面上的參考點作為固定實體上的點。

Abaqus/CAE 定位封裝如圖 12-74 所示。

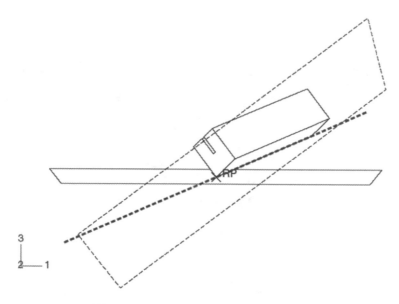

圖 12-74　封裝相對於地面的最終位置

9. 現在將地面向下移動一個微小的距離，以確保在封裝和地面之間沒有初始干涉接觸。

a. 轉換相對位置約束到絕對約束以避免矛盾。從主功能表欄中，選擇 **Instance → Convert Constraints**。在圖形視窗中選擇封裝，並在提示區中按下 **Done**。

b. 從主功能表欄中，選擇 **Instance → Translate**。

c. 在圖形視窗中選擇地面。

d. 輸入(0.0, 0.0, 0.0)作為平移向量的起點，及輸入(0.0, 0.0, −0.0001)作為平移向量的終點。

e. 按下 **OK** 接受新的定位。

定位電路板

1.　匯入電路板的部件到 **Assembly** 中。在 **Create Instance** 對話方塊中，選擇 **Auto-Offset From Other Instances**。

2.　從主功能表欄中，選擇 **Constraint** → **Paralled Face**。選擇電路板的面作為可移動實體上的面，及選擇封裝上較長一側的面作為在固定實體上的一個面。如果有必要，在提示區中按下 **Flip**，以確保在兩個面上的箭頭指向如圖 12-75 所示的方向，之後按下 **OK** 完成約束。

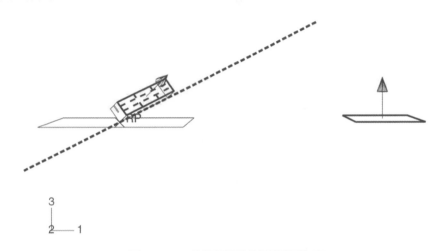

圖 12-75　對電路板的平行面約束

3.　從主功能表欄中，選擇 **Constraint** → **Paralled Edge**。選擇電路板的頂邊作為可移動實體上的一條邊。沿著封裝的長度，選擇一條邊作為固定實體上的一條邊。如果有必要的話，在提示區中按下 **Flip**，以確保在兩條邊上的箭頭指向相同的方向，如圖 12-76 所示，之後按下 **OK** 完成約束。

4.　從主功能表欄中，選擇 **Constraint** → **Coincident Point**。選擇電路板底邊的中點作為在可移動實體上的一個點。選擇在封裝切口中心的資料點作為固定實體上的一個點。

> **提示**：設定表現形式為隱藏(Hidden)以便於您對數據點的選擇。

　　圖 12-77 顯示了電路板的最終位置。電路板和在封裝中的狹槽具有相同的厚度(2 mm)，因此在兩者之間有一個緊密配合(Snug Fit)。

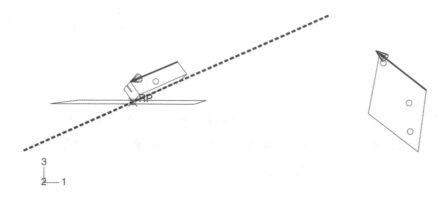

圖 12-76　對電路板的平行邊約束

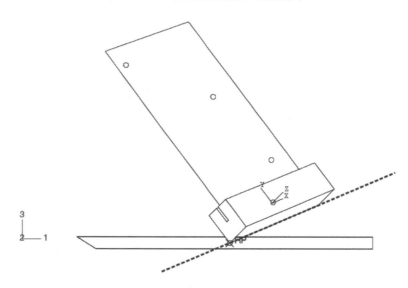

圖 12-77　電路板最後的位置

建立晶片

　　對電路板上表示每個晶片位置的三個基準點，各建立一個參考點。隨後每個參考點都會被指定一個質量特性，要建立參考點，從 **Assembly** 模組主選單中選擇 **Tools** → **Reference Point** 的。

　　一但設定好參考點，便完成裝配的動作。

　　在繼續下個步驟前，建立如下的幾何集合，您將利用它們指定輸出要求：

- TopChip，頂部晶片的參考點。
- MidChip，中間晶片的參考點。
- BotChip，底部晶片的參考點。

- BotBoard，電路板的底邊。

定義分析步和輸出請求

在 **Step** 模組中，建立一個單一動態、顯式(Dynamic，Explicit)分析步，命名為 Drop，設定時間長度為 0.02 s。接受預設的歷時和場變數輸出要求，此外要求每隔 0.07×10^{-3} s 輸出三個晶片中每一個垂直的位移(U3)、速度(V3)和加速度(A3)的歷時輸出。

> 提示：定義第一個晶片的歷時資料輸出請求；使用 **History Output Request Manager**(歷時變數輸出要求管理器)，複製這個請求並編輯定義區域，以定義其他晶片的輸出要求。對 BotBoard 集合的頂面(區域點 5)，要求每 0.07×10^{-3} 秒輸出一次對數應變分量(LE11，LE22 以及 LE12)的歷程輸出，以及對數主應變(LEP)的歷程輸出。

定義接觸

在 Abaqus/Explicit 中的任何一種接觸演算法均可以適用於這個問題，但是採用接觸對演算法定義接觸更加繁瑣，因為與通用接觸演算法不同的是包含在接觸對演算法中的表面不能跨越多於一個物體。所以在這個例子中我們採用通用接觸演算法，以表現它對於更複雜幾何問題的接觸定義之簡便性。

在 **Interaction** 模組中，定義接觸交互作用屬性，命名為 Fric。在 **Edit Contact Property** 對話方塊中，選擇 **Mechanical → Tangental Behavior**；選擇 **Penalty**(罰函數)作為摩擦公式，並在列表中指定摩擦係數為 0.3，且接受所有其他的預設。

在 Drop 分析步中，建立一個 **General Contact(Explicit)**，命名為 All。為了指定自接觸，對於預設且未命名、所有能夠包含的表面，是由 Abaqus/Explicit 自動定義，即在 **Edit Interaction**(編輯交互作用)對話方塊中，對於 **Contact Domain**(接觸定義域)接受預設的選擇 **All* With Self**(All*自接觸)。對整個模型來說，這是在 Abaqus/Explicit 中定義接觸最簡單的方法。接受 Fric 作為 **Global Property Assignment**(整體接觸屬性)，並按下 **OK**。

定義束縛約束

您將用束縛(Tie)約束將晶片固定在電路板上。首先為電路板定義一個表面，命名為 Board。在提示區域中，選擇雙側(**Both Sides**)來指定表面為雙側。從主功能表欄中，選擇 **Constraint → Create**；定義一個束縛約束，命名為 TopChip。選擇 Board 作為主控表面和 TopChip 作為從屬節點區域。因為只對晶片質量的影響感興趣，在 **Edit Constraint**(編輯約束)對話方塊中，關閉 **Tie Rotational DOF If Applicable** 因為我們只關心晶片質量帶來的影響，並按下 **OK**。在模型上出現黃色的小圓圈代表了約束。同樣地，為中間和底部的晶片建立束縛約束，分別命名為 MidChip 和 BotChip。

對晶片指定質量特性

用戶將對每個晶片指定一個點質量，為此，在模型樹中展開 **Assembly** 子集合下的 **Engineering Features**，從清單中按兩下 **Inertias**。在 **Create Inertia** 對話框中，輸入名稱 **MassTopChip** 並按下 **Continue**。選擇 TopChip 集合，指定 0.005 公斤的質量，對其餘兩個晶片重複此步驟。

設定負載和邊界條件

在 Load 模組，約束在地面上的參考點的所有方向；例如您可以使用 **ENCASTRE** 邊界條件。

有兩種方法可以用來模擬電路板從 1 m 的高處落下的情況。您可以模擬電路板和泡棉封裝在離地面 1 m 的高處，並讓 Abaqus/Explicit 計算在重力影響下的運動，然而這種方法並不實際，因為為了完成"自由落體"部件的模擬將需要大量的時間增量。更有效的方法是模擬電路板和泡棉封裝在一個很接近於地面的初始位置(就像您在本例中所做的一樣)，並指定一個 4.43 m/s 的初始速度來模擬從 1 m 高處的落下。在初始步中建立一個場，指定電路板、晶片和封裝的初始速度為 V3 = -4.43 m/s。

剖分模型網格和定義作業

在 Mesh 模組中，沿著電路板的長度和高度方向播撒 10 個元素。在封裝的邊界上播撒種子數目，如圖 12-78 所示。

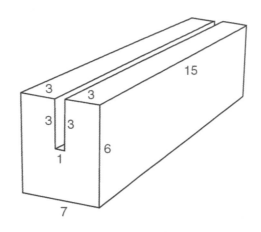

圖 12-78 在封裝網格邊界上播撒種子的數目

在靠近將發生碰撞的角上，封裝的網格過於粗糙以至於無法提供高度精確的結果，不過這個網格還是適用於低成本的預先研究。應用掃描(Swept)剖分網格技術(搭配中間軸演算法)，從 Abaqus/Explicit 元素庫中分別利用 **S4R** 元素剖分電路板和 **C3D8R** 元素剖分封裝。對於封裝網格，使用增強沙漏控制(**Enhanced Hourglass Control**)以控制沙漏的影響。對於地面，指定一個整體種子為 1.0，並使用一個 Abaqus/Explicit 的 **R3D4** 元素。

> **注意**：建議的網格密度會超過試用版的限制，如果使用試用版，在泡棉的長度方向指定 12 個元素。

建立一個作業命名為 Circuit，並給它 **Circuit Board Drop Test** 的敘述。對於這個分析，必須使用雙精度(**Double Precision**)以使在求解中的噪音最小化。在作業編輯器的 **Precision**(精度)選項頁中，選擇 Double-analysis only 作為 Abaqus/Explicit 的精度。將模型儲存到模型資料庫檔中，並提交作業進行分析。監視求解的過程，修改檢查到的任何模擬錯誤，並研究任何警告訊息發生的原因。

◈ 12.11.2 後處理

進入 **Visualization** 模組，並開啟由這個作業建立的輸出資料庫檔案(Circuit.odb)。

查看材料方向

可以在 **Visualization** 模組中查看由方向定義得到的材料方向。

繪製材料方向

1. 首先，改變視角使其達到更爲方便的設定。如果看不到 Views 工具列，從主選單中選擇 **View** → **Toolbars** → **Views**，在 **Views** 工具列中，選擇 X-Z 視圖設定。

2. 從主功能表欄中，選擇 **Plot** → **Material Orientations** → **On Deformed Shape**。顯示出在模擬結束時在電路板上材料的方向。材料方向以不同的顏色繪製。材料 1-方向爲藍色、材料 2-方向爲黃色和材料 3-方向(如果出現)爲紅色。

3. 爲了觀察初始的材料方向，選擇 **Result** → **Step/Frame**。在出現的 **Step/Frame** 對話方塊中，選擇 Increment 0，按下 **Apply**。Abaqus 顯示出初始的材料方向。

4. 爲了在分析結束時重新保存對結果的顯示，在 **Step/Frame** 對話方塊中選擇最後一個增量步；並按下 **OK**。

結果的動畫顯示

您將建立一個變形歷時動畫以幫助您觀察電路板和泡棉封裝在碰撞過程中的運動和變形。

建立時間歷時動畫

1. 在分析結束時繪製模型變形形狀。

2. 從主功能表欄中，選擇 **Animate** → **Time History**。開始模型變形形狀的動畫。

3. 從主選中，選擇 **View** → **Parallel** 來關閉遠近畫法。

4. 當一個完整的循環播放完畢後，在環境欄中按下 ▐▐ 來暫停播放。

5. 在環境欄中，按下 🎥 並選擇摔落過程中，最接近泡棉封裝撞擊地面位置的節點。當你重新撥放動畫的時候，鏡頭會跟著選定的節點移動。如果對該節點放大鏡頭，在動畫撥放過程中，該節點會保持在視圖裡面。

注意：若要將鏡頭重設對準全域座標系統，在環境欄中按下 📷。

當你檢視摔落測試的變形歷程時，注意封裝泡棉與地面的接觸。在分析的前 4 微秒，應可觀察到第一次的撞擊發生。第二次的撞擊約在第 8 至 15 微秒內發生。在碰撞後大約 4 ms 時刻，泡棉和電路板的變形狀態如圖 12-79 所示。

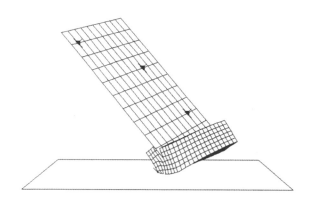

圖 12-79　在 4 ms 時的變形網格圖

繪製模型的能量歷時

　　繪製各種能量變數隨時間的變化圖。能量輸出可以幫助判斷 Abaqus/Explicit 是否模擬出適當的結果。

繪製能量歷時

1. 在結果樹中，對輸出資料檔 Circuit.odb 的 **History Output** 按滑鼠右鍵，從選單中選擇 Filter。

2. 在過濾區域中，輸入字串*ALL*，來限制僅對能量輸出變數做歷程輸出。

3. 選擇 **ALLAE** 輸出變數，並保存資料為 Artificial Energy。

4. 選擇 **ALLIE** 輸出變數，並保存資料為 Internal Energy。

5. 選擇 **ALLKE** 輸出變數，並保存資料為 Kinetic Energy。

6. 選擇 **ALLPD** 輸出變數，並保存資料為 Plastic Dissipation。

7. 選擇 **ALLSE** 輸出變數，並保存資料為 Strain Energy。

8. 在結果樹中，展開 **XYData** 子集合。

9. 選擇所有五條曲線，按下滑鼠右鍵，並從選單中選擇 **Plot** 來觀察 X-Y 繪圖。
   下一步將設定所顯示的視圖；改變曲線的線型。

10. 打開 **Curve Options** 對話方塊。

11. 在這個對話方塊中，為在圖形視窗中顯示的每一條曲線設定不同的線型和寬度。
    接下來，重新定位圖形說明，使其位在圖形內。

12. 按兩下圖形說明來開啟 **Chart Legend Options** 對話方塊。

13. 在這個對話方塊中，切換到 **Area** 頁面，並點選 **Inset**。

14. 在圖形視窗中，在圖形上拖曳說明。

現在變更 X 軸的格式。

15. 在圖形視窗中，對 X 軸按兩下來進入 **Axis Options** 對話框的 **X Axis** 選項。

16. 在此對話框中，切換到 **Axes** 頁面，對 **X** 軸選擇 **Engineering** 標示格式。

能量歷時曲線顯示在圖 12-80 中。

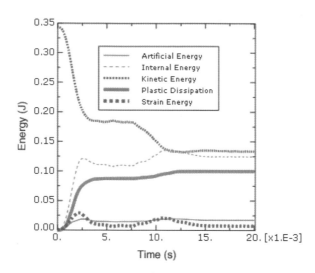

圖 12-80　能量結果隨時間的變化

　　首先考慮動能(Kinetic Energy)的歷時資料。在模擬的開始階段，部件為自由落體，所以動能很大。初始碰撞使泡棉封裝產生了變形，這樣減少了動能。然後部件繞碰撞角旋轉，直到在大約 8 ms 時泡棉封裝的一側與地面發生碰撞，進一步減少了動能。在剩下的模擬中，物體幾乎一直保持著接觸。

　　在碰撞中，泡棉封裝的變形將在封裝和電路板中的能量從動能轉換到內能(Internal Energy)。從圖 12-63 我們可以看見在動能減少的同時內能增加。實際上，內能由彈性變形能(Elastic Energy)和塑性耗散能(Plastically Dissipated Energy)組成，這兩者也繪製在圖 12-63 中。彈性能上升到峰值後隨著彈性變形的恢復而下降，但是塑性耗散能隨著泡棉的永久變形繼續上升。

　　另一個重要的能量輸出變數是人造能(Artificial Energy)，在本分析中它在內能中佔據了顯著的比例(大約有 15％)。現在您可以了解，當人造能在總能中所佔的比例變小的時候，可以得到更高品質的結果。

在此範例中何種情況會造成人造能？

在第三章的範例"Finite Elements and Rigid Bodies"中，單一節點的接觸，例如此範例的角落撞擊，會造成沙漏化效應，尤其是當網格品質很差的時候。該範例提供了兩種減少人造能的方法：改善網格品質以及將撞擊的角落變圓。然而針對目前的練習，應該保持原有的網格，來比較改善網格後對結果改善的影響。

在晶片上的加速度歷時

另一個能夠幫助我們評估泡棉封裝是否理想的結果，是附著在電路板上的晶片的加速度。在碰撞中，即使晶片可能依然附著在電路板上，過大的加速度仍可能損壞晶片。因此，我們需要繪製出三個晶片的加速度歷時圖。由於我們希望在 3-方向有最大的加速度，所以繪製變數 A3。

繪製加速度歷時圖

在結果樹的 **History Output** 子集合中，利用 F2 鍵，輸入*A3*字串做過濾 (注意大小寫)，選擇 **TopChip**，**MidChip** 以及 **BotChip** 三組節點集合的加速度 A3，然後繪製三個 X-Y 物件資料。X-Y 曲線會顯示在圖形視窗中，用前述的方法更改設定，得到類似圖 12-81 的結果。接下來，為了要驗證底部晶片加速度資料的可信度，我們將對加速度資料做積分，來求出一組速度與位移資料，並與 Abaqus/Explicit 所求出的速度以及位移資料做比對。

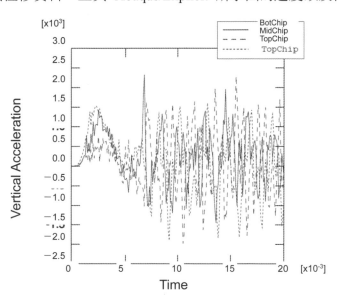

圖 12-81　三個晶片沿 z 方向的加速度

對底部晶片的加速度歷時作積分

1. 在結果樹的 **History Output** 子集合中，利用*BOTCHIP*字串做過濾，選擇 BotChip 節點集合的加速度 A3；存檔並命名為 A3。

2. 在結果樹中按兩下 **XYData**；在 **Create XY data** 對話框中選擇 **Operate on XY data** 選項，按下 **Continue**。

3. 在 **Operate on XY Data** 的對話框中，對 A3 加速度做積分，並減去初始速度 4.43m/s。對話框的上方應該會出現下列語法：

    integrate("A3")-4.43

4. 按下 **Plot Expression** 來繪製計算出的速度曲線。

5. 在結果樹中，對 BotChip 節點集合的 V 輸出歷程按下滑鼠右鍵，從選單中選擇 **Add to Plot**。

    X-Y 曲線會顯示在圖形視窗中，用前述的方法更改設定，得到類似圖 12-82 的結果。對加速度資料做積分所求得的速度曲線，或許會跟本書圖中所示的曲線有出入，原因將在後面討論。

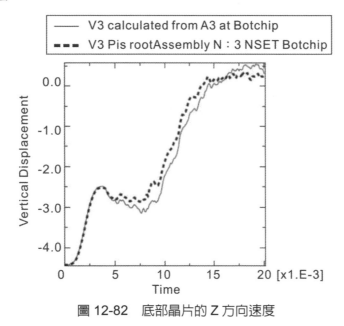

圖 12-82 底部晶片的 Z 方向速度

6. 在 **Operate on XY Data** 對話框中，對 A3 加速度再做一次積分來求得晶片的位移。對話框的上方應該會出現下列語法：

integrate (integrate("A3")-4.43)

7. 按下 **Plot Expression** 來繪製計算出的位移曲線。

請注意 Y 軸所顯示數值的是長度,為了將積分求得的位移資料,以及在分析過程中所記錄的位移資料繪製在同一個 Y 軸上,我們必須儲存 X-Y 資料,並且將 Y 軸的數值顯示更改為位移。

8. 按下 **Save As** 將計算出的位移曲線儲存為 U3-from-A3。

9. 在結果樹的 **XYData** 子集合中,對 U3-from-A3 按下滑鼠右鍵;從選單中選擇 **Edit**。

10. 在 **Edit XY Data** 對話框中,選擇 Displacement 為 Y 軸數值。

11. 在結果樹中連按兩下 U3-from-A3,將計算出的位移資料,繪製成一個以位移為 Y 軸數值的曲線。

12. 在結果樹中,對 BotChip 節點集合的 U3 輸出歷程按右鍵;從選單中選擇 **Add to Plot**。

　X-Y 曲線會顯示在圖形視窗中,用前述的方法更改設定,得到類似圖 12-83 的圖。對加速度資料做兩次積分所求得的位移曲線,或許會跟本書圖中所示的曲線有出入,原因將在後面討論。

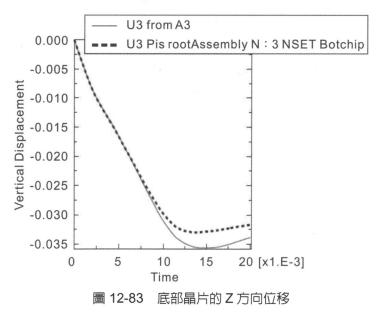

圖 12-83　底部晶片的 Z 方向位移

為什麼對加速度資料做積分,所求得的位移以及速度曲線,會跟分析過程中所記錄的位移以及速度曲線有出入?

在此範例中，加速度資料的誤差來自於混疊現象(aliasing)。當一組連續訊號，是從不連續的點資料中取樣，但點資料卻不足以完整描述該訊號的時候，此種數據的失真，稱為混疊現象。混疊現象可藉由數位訊號處理(DSP)的方法來解決，其中一種方法是 Nyquist 取樣理論(或稱為 Shannon 取樣理論)。取樣理論的內容是，取樣的頻率必須是該訊號最高頻率的兩倍，因此，取樣過程中能夠獲得的訊號特徵的最高頻率，就是取樣頻率的一半(Nyquist frequency)。當連續訊號的頻率大於 Nyquist frequency，且伴隨著大的振幅，受到混疊現象影響而產生的失真就可能相當嚴重。在此範例中，每 0.07ms 對晶片的加速度做一次取樣，也就是說取樣頻率為 14.3kHz，因為晶片加速度響應的頻率大於 7.2kHz(取樣頻率的一半)，所以會有混疊的現象產生。

正弦波的混疊效應

為了理解混疊效應如何使資料失真，考慮一個頻率為 1kHz 的正弦波，以 1.1kHz 的頻率取樣，如圖 12-84 所示。

根據取樣理論，1.1kHz 的取樣頻率最多只能描述 0.55kHz(Nyquist frequency)的訊號，對於 1kHz 的連續訊號來說是不足的。在這個情況下，較高頻的訊號特徵會被混疊成較低頻率的特徵，最後獲得一個與 1kHz 的正弦波差異很大的結果。

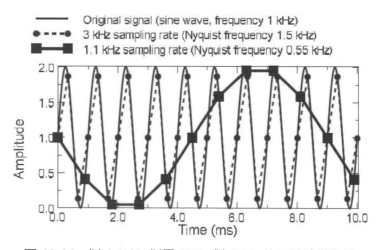

圖 12-84 以 1.1kHz 以及 3kHz 對 1kHz 的正弦波做取樣

當使用較高的頻率(3kHz)對 1kHz 的正弦波取樣的時候，訊號特徵成功的被描繪出來，而沒有混疊效應的產生：正弦波的頻率(1kHz)低於取樣頻率的一半(Nyquist frequency 1.5 kHz)。基於取樣理論，只要取樣頻率高於 2kHz(原始訊號頻率的兩倍)，便能成功的擷取 1kHz 正弦波的波形。在圖

12-84 中，請注意，使用 3kHz 的頻率來取樣，足以擷取 1kHz 的正弦波的訊號特徵，但並不能保證可以擷取出原始訊號的各個峰值。若要保證能擷取到 95% 的局部峰值，取樣頻率必須是訊號頻率的十倍以上。

避免混疊效應的產生

在前述兩個混疊效應的範例中(混疊的晶片加速度以及正弦波)，觀察失真的資料並不容易察覺混疊的發生。此外，只從被混疊的資料並沒有辦法重建原始的訊號，因此應該盡可能避免分析的結果受到混疊的影響，尤其是混疊容易發生的時候。

有幾個因素會影響是否能察覺出混疊現象，輸出頻率、輸出變數以及分析模型的特性。回想當連續訊號的頻率，大於取樣頻率的一半(Nyquist frequency)，並且伴隨著大的振幅時，受到混疊現象影響而產生的失真，就可能相當嚴重。兩種最容易產生大振幅以及高頻訊號特徵的輸出變數，為加速度以及反作用力，因此這些變數最有可能有混疊產生。另一方面，位移變數本身就屬於較低頻的訊號，因此較不可能產生混疊現象。其它的輸出變數如應力、應變，則介於上述兩變數之間。任何會抑制高頻響應分析結果的模型特性，都會降低混疊產生的機會。例如，彈性範圍的撞擊問題，將會比本章所提到，封裝電路板的摔落問題，更容易發生混疊的問題。

能夠確保混疊不會發生的方法，就是在每個增量步都輸出分析結果，如此一來，輸出頻率將取決於穩定時間增量，穩定時間增量則取決於分析模型的最高頻率響應。然而，在每個增量步都輸出分析結果，將會導致一個龐大的輸出檔，這種做法是很不實際的。此外，在每個增量步都輸出分析結果，會得到許多不必要的資料，因為高頻的雜訊也會一併記錄下來，但實際上你只對較低頻率的結構響應感興趣。另一種避免混疊發生的方法，是使用較低的輸出頻率，在把分析結果寫入結果檔之前，先用 Abaqus/Explicit 的即時過濾功能，把的高頻特徵過濾掉。相較於在每個增量步都輸出結果，這個方法需要較少的磁碟空間，但使用者必須確認輸出頻率和過濾方式，是否適合該分析模型。

❧ 12.11.3　用輸出過濾功能再執行一次分析

在本節中，你將在輸出歷程時加入即時的過濾功能，再執行一次電路板的落摔分析。Abaqus/Explicit 可以讓使用者根據所需，自行建立一個自訂的過濾器(Butterworth，Chebyshev Type I, and Chebyshev Type II)，在這個範例中，我們將使用內建的反混疊過濾器。當決定一個輸出頻率之後，內建的反混疊過濾器，會將呈現出來的結果，受到混疊對的影響減到最低。為此，Abaqus/Explicit 在 Butterworth 過濾器施加一個截止頻率，此截止頻率為取樣頻率的三分之一。若需要多資訊可以從達梭系統的知識基地 www.3ds.com/support/knowledge-base 或是 SIMULIA 線上支援系統的 "Over view of filtering Abaqus history output" 找到相關的資料。若需要更多有關自行定義過濾器的資訊，請參閱線上手冊，並搜尋"Filtering output and operating on output in Abaqus/Explicit"。

修改歷程輸出

當 Abaqus 把節點歷程輸出寫入輸出資料庫的時候，每個資料物件都會給定一個名稱，物件包括紀錄的輸出變數、所選用的過濾器、部件實體的名稱、節點編號以及節點集合。在此練習中你將對 BotChip 節點集合，建立多個不同輸出頻率的輸出要求，歷程輸出的名稱，並不會因為輸出頻率而有所不同。為了要區別相似的歷程輸出，將對底部晶片的參考點建立兩個新群組，分別命名為 BotChip-all 以及 BotChip-largeInc。

接下來，把底部晶片的垂直位移、速度以及加速度的歷程輸出複製三次。在第一個複製的歷程輸出中，對 BotChip 集合設定每 7×10^{-5} 秒，輸出一組結果，並開啟反混疊的功能。第二個歷程輸出則要求 BotChip-all 集合的每個增量步都要輸出結果。第三個歷程輸出則是針對 BotChip-largeInc 集合開啟反混疊功能，要求每 7×10^{-4} 秒輸出一組結果。

為了啟動反混疊過濾器，對 BotBoard 集合要求輸出應變。雖然本章不會討論開啟反混疊過濾器後，對其他輸出變數的影響，你可以嘗試對 MidChip 以及 TopChip 節點集合，在位移、速度跟加速度開啟過濾的功能。儲存模型並執行分析。

求解過濾後的底部晶片加速度

分析完畢後，我們將針對底部晶片每 0.07 秒紀錄的歷程輸出，測試使用內建的反混疊過濾器所得到的資料的可信度。首先，記錄過濾後的加速度歷程資料(BotChip 節點集合的 A3_ANTIALIASING)，對其積分之後，再跟速度以及位移資料做比對。此時你將會發現，對過濾後的加速度資料做積分，所得到的速度、位移曲線，與分析過程中所記錄下來的速度、位移曲線，結果十分相近。你也會發現，不論反混疊過濾器是否有開啟，得到的速度、位移曲線都很類似。這是因為速度、位移曲線特徵的最高頻率，遠低於取樣頻率的一半。由此可知，在過濾器沒有開啟的情況下，混疊並沒有發生，因為沒有高頻的響應可以移除，反混疊過濾器並不會影響最後的輸出結果。

接下來，我們將比較從每個增量步記錄下來的 A3 加速度歷程，以及其它兩組每 0.07m

秒紀錄一次的 A3 加速度歷程。先繪製從每個增量步記錄下來的 A3 加速度歷程曲線，避免跟另外兩組結果混淆。

繪製加速度歷程

1. 在結果樹的 **History Output** 子集合中，利用 *A3*BOTCHIP* 字串做過濾，對 BotChip-all 節點集合的加速度 A3 按兩下。

2. 用[Ctrl]+Click，選擇 BotChip 節點集合的兩組 A3 加速度歷程(一組使用內建的反混疊過濾器，另一組則沒有開啟過濾功能)；按下滑鼠右鍵並從選單中選擇 **Add to Plot**。

　　X-Y 曲線會顯示在圖形視窗中，放大圖表來檢視前 1/3 的結果，更改顯示設定，得到類似圖 12-85 的圖。

　　首先考慮從每個增量步記錄下來的加速度歷程，這條曲線包含了許多資料，包括大振幅的高頻雜訊，此雜訊會混淆與結構有關的較低頻加速度曲線特徵。當要求在每個增量步輸出結果的時候，會保守地假設一個分析模型可能產生的最高頻響應，基於上述理由，輸出時間增量跟穩定時間增量相同(為了確保分析的穩定性)。此模型的最高頻率，大約是結構相關頻率的 10^2 至 10^4 倍。在此範例中，穩定時間增量是在 8.4×10^{-4} 到 8.4×10^{-4} 微秒之間(參考狀態檔 Circuit.sta)，大約是 1MHz 的取樣頻率；注意，在此討論中，取樣頻率有稍微低估，即使這表示此頻率並不保守。回想取樣理論的敘述，取樣所能擷取的最高頻訊號，頻率是取樣頻率的一半。因此，從此模型擷取到的最高頻訊號約 500kHz，而典型的結構相關頻率大約在 2～3kHz 左右(小於最高頻率的 1/100)。從每個增量步記錄下來的資料，其中隱藏著許多頻率在 3 到 500 kHz 之間的雜訊，該資料可以保證是一組正確的資料(未受混疊影響)，需要的話可在後處理的時候進行過濾。

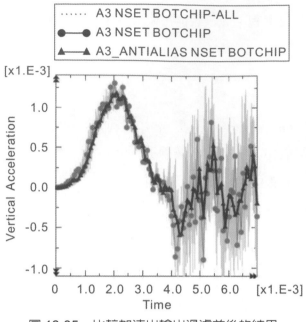

圖 12-85 比較加速出輸出過濾前後的結果

接下來考慮每 0.07 微秒所記錄下來，沒有過濾的資料。這就是前述受混疊影響而失真的曲線。這條在點與點之間跳動的曲線，直接記錄了每一個以 0.07 微秒為間隔的加速度資料。由於高頻雜訊的特性，使得此混疊後的結果對於其他些微變化很敏感(例如不同作業平台的差異)，因此你每隔 0.07 個增量步所記錄下來的資料，或許會跟圖 12-85 有很大的差異。同樣的，透過對混疊的加速度資料積分，得到的速度跟位移的曲線 (圖 12-82 以及圖 12-83)，對於雜訊的些微差異非常敏感。

針對每 0.07 微秒紀錄的輸出資料，使用內建的反混疊過濾器的時候，以 14.3kHz 的取樣頻率無法擷取到的高頻訊號特徵，在結果被寫入到輸出檔之前，會先被過濾掉。為此，Abaqus 內建了一個低通、二階 Butterworth 過濾器，低通過濾器會抑制頻率高於某個截止頻率的訊號。理想的低通過濾器，可以完全消除頻率高於截止頻率的訊號，而不會影響到頻率低於截止頻率的訊號。但現實的情況是，在截止頻率附近會有一個過渡頻寬，此範圍內的訊號會受到部分抑制。為了補償這個現象，內建的反混疊過濾器設定一個低於 Nyquist 頻率的截止頻率，是取樣頻率的 1/6。大部分的情況下(包含這個例題)，此截止頻率足以確保所有頻率高於 Nyquist 頻率的訊號，在資料寫入到輸出檔之前均會被過濾掉。

Abaqus/Explicit 並不會檢查，由資料輸出的間隔計算出的截止頻率是否適合內建的反混疊過濾器。例如，Abaqus 並不會檢查是否有雜訊以外的訊號被消除。當每 0.07 微秒紀錄一筆加速度資料的時候，內建的反混疊過濾器使用的截止頻率是 2.4kHz。注意，此截止頻率跟先前計算出的具有物理意義的最高頻率很接近(穩定時間增量所能擷取的特徵頻率的 1/100)。0.07 微秒的輸出間隔是針對範例刻意設計的，爲了避免具有物理意義的頻率特徵被過濾掉。下一步，我們將討論當取樣間隔過長的時候，啓動反混疊過濾器的結果。

繪製過濾後的加速度歷程

1. 在結果樹的 History Output 子集合中，利用*A3*BOTCHIP*字串做過濾，對 BotChip-all 節點集合的加速度 A3 按兩下。

2. 選擇底部晶片的兩組 A3_ANTIALIASING 加速度歷程；按下滑鼠右鍵並從選單中選擇 Add to Plot。

　　X-Y 曲線會顯示在圖形視窗中，放大圖表並更改顯示設定，得到類似圖 12-86 的圖。

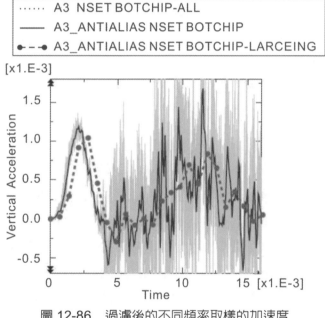

圖 12-86　過濾後的不同頻率取樣的加速度

　　從圖 12-86 可明顯的看出，在開啓內建的反混疊過濾器時，使用過長的取樣間隔，會產生一些問題。首先，當使用較長的取樣間隔，許多加速度輸出本身的震盪被過濾掉了。在這個動態衝擊的分析中，被過濾掉的頻率特徵，大部分具有物理意義。先前我們預估結構的頻率響應可能高達 2〜3 kHz，然而，當取樣間隔是 0.7 微秒的時候，是以 0.24kHz 的截止頻率啓動過濾功能(0.7 微秒的取樣間隔對應的截止頻率是 1.43kHz；取樣頻率 1.43kHz 的 1/6)。雖然用 0.7 微秒的取樣間隔，無法記錄所有具有物理意義的結果，但擷取到的低頻訊號特徵並不會受到混疊影響。記住，過濾會降低預估的峰值，此情況在只有雜訊被過濾掉的時候是需要的，但如果具有物理意義的結果被過濾掉的話，會產生嚴重的誤導。

另一個使用 0.7 微秒取樣間隔的問題是加速度輸出結果有一個時間差，此時間差(或相偏移)會影響每一個即時過濾器。過濾器必須要先輸入資料，才能夠輸出結果，因此，輸出結果會包含一些時間差。當即時過濾功能會伴隨著時間差的發生，截止頻率降低的時候，時間差會變得更顯著；過濾器必須輸入長時間的資料後，才有辦法過濾掉低頻的訊號。增加過濾器的階數(建立一個用戶定義的過濾器後出現的選項，內建的二階反混疊過濾器則無此選項)，一樣會增加過濾結果的時間差。若需要更多的資訊，請參閱線上手冊，並搜尋"Filtering output and operating on output in Abaqus/Explicit"。

使用即時過濾器這項功能的時候要注意，在此範例中，如果沒有合適的資料可以做比對，我們將無法辨識出過濾後的資料是否有問題。一般來說，最好的情況是在 Abaqus/Explicit 中使用最少的過濾，才能得到一組完整、尚未混疊且在一個合理的時間間隔記錄下來的分析結果(而非在每個增量步紀錄)。如果還需要額外的過濾，可以在 Abaqus/CAE 的後處理模組中做到。

在 Abaqus/CAE 中過濾加速度歷程

在此節中我們將透過 Abaqus/CAE 的視覺化後處理模組(**Visualization module**)執行過濾的功能，過濾加速度歷程資料並寫入結果檔中。相較於 Abaqus/Explicit 中的即時過濾器，在後處理的過程中執行過濾有幾項優點。在 Abaqus/CAE 中你可以快速的過濾 X-Y 資料並且繪製出曲線，也可以比對過濾前後的資料，來確定過濾器是否有得到需要的結果。藉由這個方法，你可以反覆確認來找出適合的過濾參數。此外，在分析過程中執行過濾功能，會遭遇到的時間差問題，在 Abaqus/CAE 中執行過濾並不會發生。然而，在 Abaqus/CAE 中執行過濾並不能補償不良的加速度歷程輸出；如果有資料被混疊，或是具有物理意義的頻率特徵被移除掉，後處理模組沒有辦法復原上述的訊號特徵。

為了證明在 Abaqus/CAE 以及 Abaqus/Explicit 中執行過濾功能的不同，我們將在 Abaqus/CAE 中對底部晶片的加速度歷程做過濾，再與結果檔中由 Abaqus/Explicit 執行過濾的結果做比較。

1. 在結果樹的 **History Output** 子集合中，利用*A3*BOTCHIP*字串做過濾，選擇 BotChip-all 節點集合的加速度歷程 A3，儲存並命名為 A3-all。

2. 在結果樹中，按兩下 **XY Data**；選擇 **Create XY Data** 對話框中的 **Operate on XY data**，按下 **Continue**。

3. 在 **Operate on XY data** 對話框中，過濾 A3-all 資料，過濾選項跟使用 Abaqus/Explicit 中的內建反混疊過濾器過濾每 0.7 微秒輸出的資料的選項相同。內建的反混疊過濾器是一個二階 Butterworth 過濾器，並使用取樣頻率 1/6 的截止頻率。對話框的上方應該會出現下列語法：

   butterworthFilter (xyData="A3-all",cutoffFrequency=(1/(6*0.0007)))

4. 按下 **Plot Expression** 來繪製過濾後的加速度曲線。

5. 在結果樹中，對 BotChip-largeInc 節點集合過濾後的加速度歷程資料 A3_ANTIALIASING，按下滑鼠右鍵；從選單中選擇 **Add to Plot**。需要的話，也可加入 BotChip 節點集合，過濾後的加速度歷程資料。X-Y 曲線會顯示在圖形視窗中，更改顯示設定，得到類似圖 12-87 的圖。

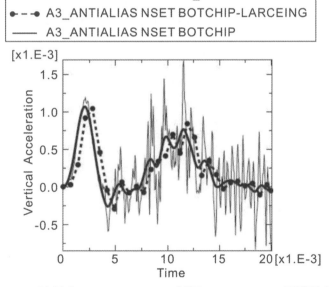

圖 12-87　比較在 Abaqus/Explicit 以及 Abaqus/CAE 過濾的結果

從圖 12-87 中可明顯的看出，在後處理模組中進行過濾，並不像在分析過程中進行過濾一樣，會產生時間差的問題。這是因為 Abaqus/CAE 中使用的是雙向的過濾器，第一次先進行順向的過濾(造成時間差)，在進行一次反向過濾(消除時間差)。由於 Abaqus/CAE 中使用的雙向過濾器，對資料進行了兩次過濾，也就是對訊號強度的抑制是過濾器本身對訊號強度反應的次方倍。這就是爲何在後處理執行過濾繪出的加速度曲線，峰值會略低於在 Abaqus/Explicit 中執行過濾的資料而繪出的加速度曲線。

爲了更深入了解 Abaqus/CAE 的過濾功能，回到 **Operate on XY data** 對話框中，對加速度資料使用其它的過濾選項進行處理，例如，選擇不同的截止頻率。

你是否可以確認使用內建的反混疊過濾器，搭配 2.4kHz 的截止頻率以及 0.07 秒的時間增量是否適合？提高截止頻率到 6kHz、7kHz 甚至 10kHz，是否會得到很不一樣的結果？

你可以發現適度的提高截止頻率，並不會對結果造成明顯的影響，意味著當我們以 2.4kHz 的截止頻率執行過濾的時候，我們並沒有遺漏具有物理意義的頻率特徵。

比較 Butterworth 跟 Chebyshev 兩種過濾器得到的結果。Chebyshev 過濾器需要設定一個波紋參數(rippleFactor)，意指爲了得到更好的結果，必須先設定多大的震盪是可以接受的；請參照 Abaqus 分析用戶手冊第 4.1.3 節 "Output to the output database" 中的 "Filtering output and operating on output in Abaqus/Explicit"。Chebyshev Type I 過濾器使用的波紋參數爲 0.071，形成一個很低的通過頻寬，所產生的波紋大約是訊號的 0.5%。

在截止頻率爲 5kHz 的時候，你或許不會察覺到選擇不同的過濾器有何不同，但若把截止頻率改爲 2kHz 呢？當你提高 Chebyshev Type I 過濾器的過濾階數時會有何影響？

比較你的結果與圖 12-88 中所示有何不同。

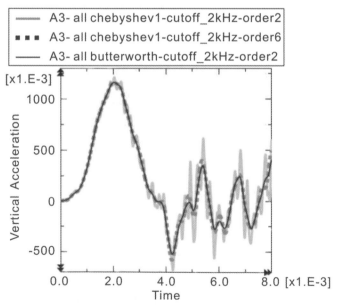

圖 12-88 比較以 Butterworth 以及 Chebyshev Type I 過濾器過濾的結果

> 注意：Abaqus/CAE 中預設的是二階過濾器，若要設定更高階的過濾器，可以透過 **butterworthFilter** 跟 **chebyshev1Filter** 運算子的 **filterOrder** 參數來設定。例如，在 **Operate on XY Data** 對話框中，以下列語法對 A3-all 輸出資料，使用六階 Chebyshev Type I 過濾器，截止頻率為 2kHz 以及波紋參數為 0.017。

　　chebyshev1Filter (xyData="A3-all" , cutoffFrequency=2000,

　　rippleFactor= 0.017, filterOrder=6)

　　使用波紋參數為 0.071 的二階 Chebyshev Type I 過濾器，是效果較弱的過濾器，所以一些頻率高於 2kHz 截止頻率的訊號特徵，並沒有完全被過濾掉，當過濾器的階數增加，會增強過濾器的效果，會更接近 Butterworth 過濾器。若要知道更多有關 Abaqus/CAE 中 X-Y 資料過濾器的資訊，請參閱線上手冊，並搜尋"Operating on saved X–Y data objects"。

在 Abaqus/CAE 中過濾應變輸出歷程

　　電路板上位在晶片附近的應變，是另一個可以提供我們判斷泡棉封裝材是否滿足期望的指標。如果晶片下方的應力超過一個最低值，把晶片固定在電路板上的焊料，將會失效。我們希望能夠找出每個方向的最大應變，因此要注意最大跟最小的對數主應變，主應變是 Abaqus 從非線性運算因子中，計算出來的其中一個結果；這個問題中，藉由一個非線性方程式，從各方向的應變算出主應變。其它由非線性運算因子算出的結果是主應力、蒙氏應力以及等值的塑性應變。過濾由非線性運算因子算出的結果時，必須格外注意，因為非線性運算因子(不同於線性運算因子)，可以修正原始結果的頻率。過濾此種資料可能不會得到預期的結果，如果因為非線性運算因子的關係，使得一些頻率特徵被移除掉，此時得到的是一個失真的過濾結果。一般來說，你應該避免過濾從非線性運算因子計算出來的數值，或是過濾尚未透過非線性運算因子計算的基本數值。此分析的應變歷程輸出，是透過內建反混疊過濾器，以 0.07 微秒的輸出間隔記錄下來。為了檢查反混疊過濾器是否曲解主應變的結果，我們將利用過濾後的應變分量，來計算出對數主應變，並且與直接過濾對數主應變所得到的結果做比較。

計算對數主應變：

1.　為了辨識 **BotChip** 集合中，最接近底部晶片元素使用 ODB display option 顯示出 mass element，將繪製變形前的電路板，並且標示出元素編號。

2. 在結果樹的 **History Output** 中，利用 ***LE*Element** #***字串做過濾，#代表 BotBoard** 集合中，其中一個靠近底部晶片的元素編號，選擇該元素的 SPOS 表面的對數應變分量 E11，儲存並命名為 **LE11**。

3. 以相同的步驟，儲存 **LE12** 跟 **LE22** 應變分量，分別命名為 **LE12**、**LE22**。

4. 在結果樹中，按兩下 **XYData**；在 **Create XY Data** 對話框中，選擇 **Operate on XY Data**，按下 **Continue**。

5. 在 **Operate on XY Data** 對話框中，用儲存的對數應變分量，計算出最大對數主應變，對話框的上方應該會出現下列語法：

    (("LE11"+"LE22")/2) + sqrt(power(("LE11"-"LE22")/2,2)
    + power("LE12"/2,2))

6. 按下 Save As 儲存計算出的最大對數主應變，並命名為 LEP-Max。

7. 編輯 Operate on XY Data 對話框的上方的語法，來計算最小對數主應變，修改過的語法為：

    (("LE11"+"LE22")/2) - sqrt(power(("LE11"-"LE22")/2,2)
    + power("LE12"/2,2))

8. 按下 Save As 儲存計算出的最小對數主應變，並命名為 LEP-Min。
   為了在繪製計算出的對數主應變以及繪製分析過程中紀錄的主應變時，使用相同的 Y 軸，把 Y 軸變數改為應變。

9. 在模型樹的 **XYData** 集合中，對 LEP-Max 按下滑鼠右鍵，從選單中選擇 **Edit**。

10. 在 **Edit XY Data** 的對話框中，設定 Y 軸變數為 **Strain**。

11. 同樣的，編輯 LEP-Min，設定 Y 軸變數為 **Strain**。

12. 在結果樹中做編輯，分別將 BotBoard 集合中某個元素的 LEP-Max、LEP-Min 等資料，以及在分析時記錄下來的主應變(LEP1 跟 LEP2)，繪製在同一個圖表中。

13. 跟先前一樣，更改顯示設定得到類似圖 12-89 的結果。實際繪製出的圖形將取決於你選取的元素。

從圖 12-89 中可以看出，過濾分析過程記錄下來的對數主應變，與先過濾應變分量，再計算出來的對數主應變，結果很接近。由此可知，對原始的應變資料進行非線性運算處理後，再進行過濾(截止頻率為 4.8kHz)，並不會移除任何頻率特徵。接下來，使用較低的 0.5kHz 截止頻率對應變資料進行過濾。

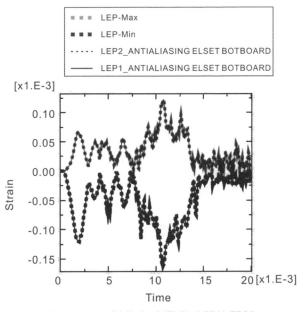

圖 12-89　對數主應變與時間的關係

以 0.5kHz 的截止頻率過濾對數主應變

1.　在結果樹中，按兩下 **XYData**；接著在 **Create XY Data** 對話框中選擇 **Operate on XY data**，按下 **Continue**。

2.　在 **Operate on XY data** 對話框中，以 0.5kHz 的截止頻率，對最大對數主應變 LEPMax，使用二階 **Butterworth** 過濾器進行過濾。對話框的上方應該會出現下列語法：

　　　　butterworthFilter(xyData="LEP-Max", cutoffFrequency=500)

3.　按下 **Save As** 儲存計算出的最大對數主應變，並且命名為 LEP-Max-FilterAfterCalc-bw500。

4.　同樣的，以 0.5kHz 的截止頻率，使用同一個二階 Butterworth 過濾器，過濾對數應變分量 LE11、LE12 跟 LE22。分別儲存計算出的曲線，並命名為 LE11-bw500、LE12-bw500 以及 LE22-bw500。

5.　現在利用過濾後的對數主應變分量，計算出最大對數主應變。**Operate on XY Data** 對話框的上方應該會出現下列語法：

　　　　(("LE11-bw500"+"LE22-bw500")/2) +
　　　　sqrt(power(("LE11-bw500"-"LE22-bw500")/2,2) +
　　　　power("LE12-bw500"/2,2))

6.　按下 **Save As**，儲存計算出的最大對數主應變，並命名為
LEP-Max-CalcAfterFilter-bw500。

7.　在結果樹的 **XYData** 中，對 LEP-Max-CalcAfterFilter-bw500 按下滑鼠右鍵，並從選單
中選擇 **Edit**。

8.　在 **Edit XY Data** 對話框中，選擇 **Strain** 做為 Y 軸的變數。

9.　如圖 12-90 所示，繪製 LEP-Max-CalcAfterFilter-bw500 跟 LEP-Max-FilterAfterCalc-bw500
，跟之前一樣，實際繪製出的圖形取決於你選擇的元素。

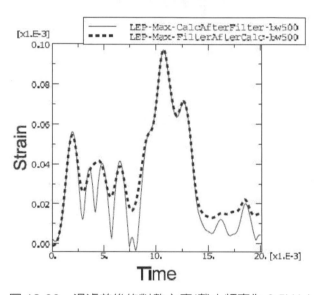

圖 12-90　過濾前後的對數主應(截止頻率為 0.5kHz)

在圖 12-90 中，你可以明顯的看出，分別在計算主應變前後進行過濾，過濾結果差異
很大。對計算出的主應力曲線進行過濾，得到的結果會失真，是由於某些由非線性主應變
運算因子計算出的頻率特徵，高於 0.5kHz 的截止頻率。一般來說，應避免過濾從非線性
運算因子得到的結果；盡量先對基本數值做過濾，再透過非線性運算因子，計算出需要的
結果。

紀錄與過濾 Abaqus/Explicit 歷程輸出的策略

在 Abaqus/Explicit 中，若記錄每一個增量步輸出的結果，結果檔中通常會有許多你
不需要的資料。即時過濾器能夠在不受到混疊的影響下，以較低的頻率紀錄輸出歷程。然
而，你應該確認輸出結果的頻率以及過濾器的選項，不會刪除具有物理意義的頻率特徵，

或是使結果失真(例如大的時間差,或是被非線性運算因子移除掉頻率特徵,而造成的失真)。

謹記在後處理模組中,沒有辦法回復在分析過程中被過濾掉的頻率特徵,也沒辦法回復在分析過程中,受混疊影響而失真的資料。此外,如果沒有資料可以做比對,很難察覺出資料是否有多餘的資訊被過濾掉,或是資料有受到混疊的影響。一個不錯的策略是,先選擇一個相對高的輸出頻率,再使用 Abaqus/Explicit 內的過濾器,來避免歷程輸出受到混疊影響,如此一來,足夠而且可以接受的輸出結果會紀錄在輸出檔中。用戶或許會希望針對某幾個重要的位置,在每個增量步都輸出分析結果,在分析結束之後,再使用 Abaqus/CAE 中的過濾器對資料進行反覆處理來得到需要的結果。

12.12　Abaqus/Standard 和 Abaqus/Explicit 的比較

在 Abaqus/Standard 和 Abaqus/Explicit 中的力學接觸演算法具有本質的差異,這些差異表現在如何定義接觸條件。主要的區別如下:

- Abaqus/Standard 在施加接觸約束時使用嚴格的主從權重(請參閱線上手冊,並查詢 "Defining contact pairs in Abaqus/Standard");約束從屬表面的節點不能穿過主控表面;而主控表面上的節點原則上可以穿過從屬表面。Abaqus/Explicit 包括這個公式,但是典型地它預設使用平衡主從權重(請參閱線上手冊,並查詢 "Contact formulations for contact pairs in Abaqus/Explicit")。
- 在 Abaqus/Standard 與 Abaqus/Explicit 中的接觸演算法有很多不同之處,例如 Abaqus/Standard 提供 Surface to Sarface 演算法,而 Abaqus/Explicit 提供 edge to edge 演算法。
- 在強制約束的運算法中,Abaqus/Standard 與 Abaqus/Explicit 也有些不同,例如即使 Abaqus/Standard 與 Abaqus/Explicit 都有提供罰函數的約束運算,但預設的罰函數剛體(penality stiffness)是不同的。
- Abaqus/Standard 和 Abaqus/Explicit 都提供了小滑移接觸公式(請參閱線上手冊,並查詢 "Contact formulations in Abaqus/Standard" 以及 "Contact formulations for contact pairs in Abaqus/Explicit")。但是在 Abaqus/Standard 中的小滑移公式根據從屬節點

的目前位置向主控節點傳遞負載。Abaqus/Explicit 則是藉由通過固定點(Anchor Point)傳遞負載。

由於存在上述的差異，所以在一個 Abaqus/Standard 分析中定義的接觸不能導入一個 Abaqus/Explicit 分析中，反之亦然(請參閱線上手冊，並查詢"Transferring results between Abaqus/Explicit and Abaqus/Standard")。

12.13 相關的 Abaqus 例題

相關例題請參閱線上手冊，並查詢以下關鍵字

- "Indentation of a crushable foam plate"
- "Pressure penetration analysis of an air duct kiss seal"
- "Deep drawing of a cylindrical cup"

12.14 建議閱讀之參考文獻

下面的參考文獻提供了關於應用有限元素方法進行接觸分析的更多資訊，感興趣的讀者可以針對這一主題進行更為深入的研究。

接觸分析的一般書籍

- Belytschko, T., W. K. Liu, and B. Moran, *Nonlinear Finite Elements for Continua and Structures*, Wiley & Sons, 2000.
- Crsfield, M. A., *Non-linear Finite Element Analysis of Solids and Structures, Volume II: Advanced Topics*, Wiley & Sons, 1997.
- Johnson, K. L., *Contact Mechanics*, Cambridge, 1985.
- Oden, J. T., And G. F. Carey, *Finite Elements: Special Problems in Solid Mechanics*, PrenticeHall, 1984.

數位訊號處理的一般書籍

- Stearns, S. D., and R. A. David, *Signal Processing Algorithms in MATLAB*, Prentice Hall P T R, 1996.

12.15　小　結

- 接觸分析需要一個謹慎且具邏輯性的計算方法。如果必要，將分析過程分解成幾個步驟，並緩慢地施加負載以保證建立良好的接觸條件。
- 一般在 Abaqus/Standard 中，對每一部分的分析最好採用不同的分析步，即使只是將邊界條件改為負載。您總是會發現最後所使用的分析步數目要比預期的多，但模型應該較容易收斂。如果在一個分析步中您試圖施加上所有的負載，接觸分析是難以完成的。
- 在對結構施加工作負載之前，在 Abaqus/Standard 中的所有部件之間取得穩定的接觸條件。如果有必要，可施加臨時的邊界條件，在後面的階段中可以將它們移除。這些臨時提供的約束不會產生永久變形，不會影響最終的結果。
- 在 Abaqus/Standard 中，不要對接觸面上的節點施加邊界條件，在接觸的方向上約束節點。如果有摩擦，在任何自由度方向上不要約束這些節點：可能出現零主元資訊(zero pivot messages)。
- 在 Abaqus/Standard 中的接觸模擬，建議儘量採用一階元素。
- Abaqus/Standard 與 Abaqus/Explicit 都提供了兩種不同的模擬接觸演算法：通用接觸和接觸對。
- 通用接觸交互作用允許您對模型的許多部分或者所有的區域定義接觸；接觸對交互作用描述在兩個表面之間的接觸或在一個單一表面和它自身之間的接觸。
- 通用接觸演算法中的表面可以跨越多個互不相連的物體，兩個以上表面的面元可以分享一條共同邊界。相反地，應用在接觸對演算法中的所有表面必須是連續的且簡單地連接。
- 在 Abaqus/Explicit 中，在殼、膜或者剛體元素上的單側表面必須定義，這樣當表面橫越時法線方向才不會發生翻轉。

- Abaqus/Explicit 中不能夠平滑其剛體表面；它們是由面元構成，就像元素的面層。在採用接觸對演算法時，離散剛體表面的粗糙網格可能造成振盪的結果。通用接觸演算法的確包括了一些數值捨入功能。

- 在 Abaqus 中，束縛(Tie)約束對於局部網路細化來說是很有用的工具。

- 在第一個分析步前為了消除任何初始干涉，Abaqus/Explicit 會調整節點座標不產生應變。如果調整值與元素的尺寸相比過大，元素可能成會嚴重地扭曲。

- 在後續的分析步中為了消除初始干涉，在 Abaqus/Explicit 中的任何節點調整將會引起應變，它可能潛在地引起網格的嚴重扭曲。

- 當你對有可能包含高頻振動的結果有興趣的時候，例如衝擊問題的加速度結果，要求 Abaqus/Explicit 以相對高的頻率紀錄歷程輸出，以及(如果輸出頻率低於在每個增量步輸出的頻率)施加一個反混疊過濾器；若需要更強的過濾，再使用後處理模組的過濾功能。

- 在線上手冊中包含了許多關於在 Abaqus 中接觸模擬的詳細討論。使用者可以參閱線上手冊，並搜尋"Contact interaction analysis: overview"。

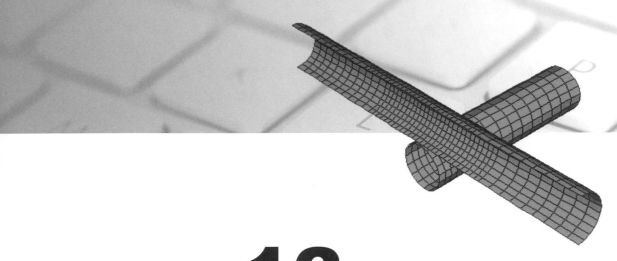

Chapter 13

Abaqus/Explicit
準靜態分析

顯式求解方法(Abaqus/Explicit)是一種眞實的動態求解過程，最初是爲了模擬高速衝擊問題，在這類問題的求解中慣性發揮了主導性作用。當求解動力平衡的狀態時，非平衡力以應力波的形式在相鄰的元素之間傳播。由於最小穩定時間增量一般是非常小的值，所以大多數的問題都需要大量的時間增量步。

在求解準靜態問題上，顯式求解方法已經證明是有價值的，另外 Abaqus/Explicit 在求解某些類型的靜態問題也比 Abaqus/Standard 更容易。在求解複雜的接觸問題時，顯式過程相對於隱式過程的一個優勢是不存在收斂問題，因此更加容易。此外，當模型自由度爲很大時，顯式過程比隱式過程需要較少的系統資源，如記憶體。關於隱式與顯式過程的詳細比較請參見第 2.4 節 "隱式和顯式過程求解法的比較"。

將顯式動態過程應用於準靜態問題需要一些特殊的考量。根據定義，由於一個靜態求解是一個長時間的求解過程，所以在其固有的時間尺度上分析模擬往往在計算上是不切合實際的，它需要大量的小的時間增量。因此爲了獲得較經濟的解答，必須採取一些方式來加速問題的模擬分析。但是帶來的問題是隨著速度的增加，靜態平衡的狀態捲入了動態的因素，慣性力的影響更加顯著。準靜態分析的一個目標是在保持慣性力的影響不顯著的前提下，用最短的時間進行模擬分析比。

準靜態(Quasi-Static)分析也可以在 Abaqus/Standard 中進行。當慣性力可以忽略時，在 Abaqus/Standard 中的準靜態應力分析用來模擬含時間有關的材料響應(潛變、膨脹、黏彈性和雙層黏塑性)的線性或非線性問題。關於在 Abaqus/Standard 中準靜態分析的更多資訊，請查閱線上手冊，並搜尋"Quasi-static analysis"。

13.1 顯式動態問題模擬

爲了使戶能夠更直觀地了解在緩慢、準靜態負載情況和快速負載情況之間的區別，我們利用圖 13-1 來模擬說明。

圖中顯示了兩個載滿了乘客的電梯。在緩慢的情況下，門打開後用戶步入電梯。爲了騰出空間，鄰近門口的人慢慢地推他身邊的人，這些被推的人再去推他身邊的人，如此繼續下去。這種擾動在電梯中傳播，直到靠近牆邊的人表示他們無法移動爲止。一系列的波在電梯中傳播，直到每個人都到達了一個新的平衡位置。如果用戶稍稍加快速度，用戶會比之前更用力推動用戶身邊的人，但是最終每個人都會停留在與緩慢的情況下相同的位置。

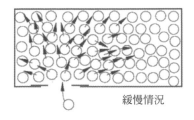 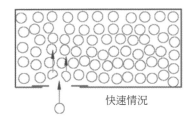

緩慢情況　　　　　　　　　　　　　　快速情況

圖 13-1　緩慢和快速負載情況的模擬

　　在快速情況下，門打開後用戶以很高的速度衝入電梯，電梯裏的人沒有時間挪動位置來重新安排他們自己以便容納用戶。用戶將會直接地撞傷在門口的兩個人，而其他人則沒有受到影響。

　　準靜態分析的觀念也相同。分析的速度經常可以提高許多而不會嚴重地降低準靜態求解的品質；緩慢情況下和有一些加速情況下的最終結果幾乎是一致的。但是如果分析的速度增加到一個點，使得慣性影響佔主導地位時，解答就會趨向於局部化，而且結果與準靜態的結果會相當不一樣。

13.2　負載速率

　　一個物理過程所佔用的實際時間稱其為自然時間(Nature Time)。對於一個準靜態過程在自然時間中進行分析，我們一般有把握假設將得到準確的靜態結果。畢竟，如果實際事件真實地發生在其固有時間尺度內，並在結束時其速度為零，那麼動態分析應該能夠得到這樣的事實，即分析實際上已經達到了穩態。用戶可以提高負載速率使相同的物理事件在較短的時間內發生，只要解答保持與真實的靜態解答幾乎相同，而且動態的影響保持不明顯的話。

13.2.1　平滑幅值曲線

　　對於準確和高效的準靜態分析，負載應該盡可能平滑地施加。突然、急促的運動會產生應力波，它將導致振盪或不準確的結果。以最平滑的方式施加負載，使加速度從一個增量步到下一個增量步只能改變一個小量。如果加速度是平滑的，隨之變化的速度和位移也將是平滑的。

Abaqus 有一條簡單、固定的平滑步驟(Smooth Step)幅值曲線,它自動地建立一條平滑的負載幅值。當用戶定義一個平滑步驟幅值曲線時,Abaqus 自動地用曲線連接每一組資料對,該曲線的一階和二階導數是平滑的,對於二階導數在每一組資料點上,它的斜率都為零。由於這些一階和二階導數都是平滑的,用戶可以採用位移載入,利用一條平滑步驟幅值曲線,只用初始的和最終的資料點,而且中間的運動將是平滑的。使用這種負載幅值允許用戶進行準靜態分析,而不會產生由於負載速率不連續引起的波動。一條平滑步驟幅值曲線的例子,如圖 13-2 所示。

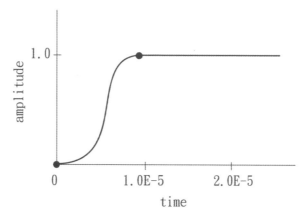

圖 13-2　採用平滑步驟幅值曲線的幅值定義

🍂 13.2.2　結構問題

在靜態分析中,結構的基階模態通常控制著結構的響應。如果已知最低模態的頻率和對應的周期,用戶可以估計出適當靜態響應所需要的時間。為了說明如何決定適當的負載速率,以在汽車門上的一根樑被一個剛體圓環從側面侵入的變形做為示範,如圖 13-3 所示。實際的實驗是準靜態的。

採用不同的負載速率,樑的響應變化很大。以一個極高的碰撞速度為 400 m/s,在樑中的變形是高度局部化的,如圖 13-4 所示。為了得到一個更好的準靜態解答,考慮最低階的模態。

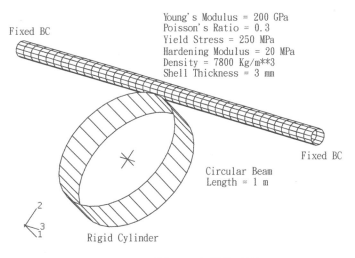

Young's Modulus = 200 GPa
Poisson's Ratio = 0.3
Yield Stress = 250 MPa
Hardening Modulus = 20 MPa
Density = 7800 Kg/m**3
Shell Thickness = 3 mm

圖 13-3　剛體圓環與樑的碰撞

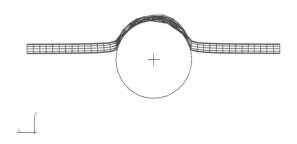

圖 13-4　碰撞速度為 400 m/s

最低階模態的頻率大約為 250 Hz，它對應於 4 ms 的周期。利用在 Abaqus/Standard 中的特徵頻率提取過程可以簡單地計算自然頻率。為了使樑在 4 ms 內發生所希望的 0.2 m 的變形，圓環的速度為 50 m/s。雖然 50 m/s 仍然像是一個高速碰撞速度，但慣性力相對於整個結構的剛度已經成為次要的了，如圖 13-5 所示，變形形狀顯示了很好的準靜態響應。

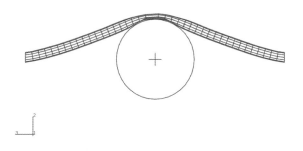

圖 13-5　碰撞速度為 50 m/s

雖然整個結構的計算結果顯示了我們所希望的準靜態結果，但通常理想的是將載入時間增加到最低階模態周期的 10 倍，以確保解答是真正的準靜態。由於剛環的速度可能會逐漸增大，為了更進一步地改善結果，可以使用平滑步驟幅值曲，從而減緩初始的衝擊。

∿ 13.2.3　金屬成型問題

為了獲得低成本的求解過程，人為地提高成型問題的速度是必要的，但是我們能夠把速度提高多少仍可以獲得可接受的靜態解答呢？如果薄金屬板毛坯的變形對應於其最低階模態的變形形狀，可以用最低階結構模態的時間周期來指導成型的速度。然而在成型過程中，剛體的衝模和衝頭能夠以如此的方式約束衝壓，使坯件的變形可能與結構的模態無關。在這種情況下，一般性的建議是限制衝頭的速度小於 1%的薄金屬板的波速。對於典型的成型過程，衝頭速度是在 1 m/s 的量級上，而鋼的波速大約為 5000 m/s。因此根據這個建議，50 m/s 為衝頭提高速度的上限。

為了決定一個可接受的衝壓速度，建議可以各種變化的衝壓速度執行一系列的分析，衝壓速度可在 3 m/s 至 50 m/s 的範圍內。由於求解的時間與衝壓的速度成反比，執行分析是以衝壓速度從最快到最慢的順序進行。檢查分析的結果，並感受變形形狀、應力和應變是如何隨衝壓速度而改變的。衝壓速度過高可從一些表現是與實際不符的、局部化的拉伸與變薄，以及皺褶的現象觀察出。如果用戶從一個衝壓速度開始，例如 50 m/s，並從某處減速，在某點上從一個衝壓速度到下一個衝壓速度解答相似的時候，這說明解答開始收斂於一個準靜態的解答。當慣性的影響變得不明顯時，在模擬分析結果之間的區別也是不明顯的。

隨著人為地增加負載速率，施加附載的平滑程度變得越來越重要。例如最簡單的衝壓載入方式是在整個成型過程中施加一個常數的速度。在分析開始時，如此載入會對薄金屬板坯引起突然的衝擊負載，在坯件中傳遞應力波可能產生不希望的結果。當負載速率增加時，任何衝擊負載對結果的影響成為更加明顯的。利用平滑步驟幅值曲線，使衝壓速度從零逐漸增加可以使這些不利的影響最小化。

回彈(Springback)

回彈經常是成型分析的一個重要部分，因為回彈分析決定了卸載後部件的最終形狀。儘管 Abaqus/Explicit 十分適合成型模擬，對回彈分析卻遇到某些特殊的困難。在 Abaqus/Explicit 中進行回彈模擬最主要的問題是需要大量的時間來獲得穩態的結果。特別是必須非常小心地卸載，而且必須引入阻尼以使得求解的時間比較合理。幸運的是，由於 Abaqus/Explicit 和 Abaqus/Standard 之間並沒有太大的差異，因此能夠進行很有效率的轉換。

由於回彈過程不涉及接觸，而且一般只包括中度的非線性，所以 Abaqus/Standard 可以求解回彈問題，而且比 Abaqus/Explicit 求解得更快。因此對於回彈分析，傾向於將完整的成型模型從 Abaqus/Explicit 輸入(Import)到 Abaqus/Standard 中進行。

在這本指南中不討論輸入功能。

13.3　質量放大

質量放大(Mass Scaling)可以不需要手動定義，就能在未提高負載速率的情況下降低運算的成本。對於含有率相關材料或率相關阻尼(如減震器)的問題，質量放大是惟一能夠節省求解時間的選擇。在這種模擬分析中，不要選擇提高載入速度，因為材料的應變率會與負載速率同比例增加。當模型的參數隨應變率變化時，人為地提高負載速率會改變分析的過程。

穩定時間增量與材料密度之間的關係如下面的方程所示。如在第 9.3.2 節 "穩定性限制的定義" 中所討論的，模型的穩定性限制是所有元素的最小穩定時間增量。它可以表示為

$$\Delta t = \frac{L^e}{c_d}$$

式中，L^e 是特徵元素長度，c_d 是材料的膨脹波速。線彈性材料在蒲松比為零時的膨脹波速為

$$c_d = \sqrt{\frac{E}{\rho}}$$

這裏的 ρ 是材料密度。

根據上面的公式，手動定義將材料密度 ρ 增加因數 f^2 倍，則波速就會降低 f 倍，從而穩定時間增量將提高 f 倍。注意到當全域的穩定極限增加時，進行同樣的分析所需要的增量步就會減少，而這正是質量放大的目的。但是放大質量對慣性效果與手動定義提高負載速率恰好具有相同的影響，因此過度地質量放大，就像過度地增加，可能導致錯誤的結

果。為了確定一個可接受的質量放大因數,所建議的方法類似於確定一個可接受的負載速率放大因數。兩種方法的唯一區別是與質量放大有關的加速因數是質量放大因數的平方根,而與負載速率放大有關的加速因數與負載速率放大因數成正比。例如一個 100 倍的質量放大因數恰好對應於 10 倍的負載速率因數。

使用固定的或可變的質量放大,可以有多種方法來實現質量放大。質量放大的定義也可以隨著分析步而改變,允許有很大的靈活性。詳細的內容請參閱線上手冊,並搜尋"Mass scaling"。

13.4　能量守衡

評估模擬是否產生了正確的準靜態響應,最普遍的方式是研究模型中的各種能量。下面是在 Abaqus/Explicit 中的能量守衡方程:

$$E_I + E_V + E_{KE} + E_{FD} - E_W = E_{total} = \text{constant}$$

式中,E_I 是內能(包括彈性和塑性應變能),E_V 是黏性耗散吸收的能量,E_{KE} 是動能,E_{FD} 是摩擦耗散吸收的能量,E_W 是外力所做的功,E_{total} 是在系統中的總能量。

用一個簡單的例子來說明能量守衡,考慮如圖 13-6 所示的一個單軸拉伸實驗。

準靜態實驗的能量歷時顯示在圖 13-7 中。如果分析是準靜態的,那麼外力所做的功是幾乎等於系統內部的能量。除非有黏彈性材料、離散的減震器、或者使用了材料阻尼,否則黏性耗散能量一般地是很小的。由於在模型中材料的速度很小,所以在準靜態過程中,我們已經確定慣性力可以忽略不計。由這兩個條件可以推論,動能也是很小的。作為一般性的規律,在大多數過程中,變形材料的動能不會超過其內能的一個小的比例(典型為 5%到 10%)。

當比較能量時,請注意 Abaqus/Explicit 報告的是整體的能量平衡,它包括了任何含有質量的剛體動能。由於評價結果時我們只對變形體感興趣,當評價能量平衡時我們應在 E_{total} 中扣除剛體的動能。

例如用戶正在模擬一個採用滾動剛體模具的傳輸問題,剛體的動能可能佔據模型整個動能的很大部分。在這種情況下,用戶必須扣除與剛體運動有關的動能,才可能做出與內能有意義的比較。

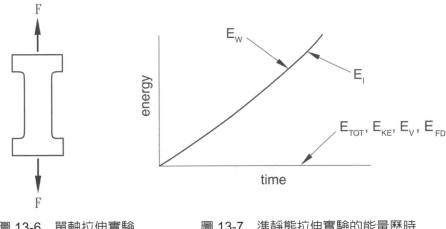

圖 13-6　單軸拉伸實驗　　　　圖 13-7　準靜態拉伸實驗的能量歷時

13.5　例題：Abaqus/Explicit 凹槽成型

在這個例子中，用戶將利用 Abaqus/Explicit 求解第 12 章"接觸"中那個凹槽成型的問題，然後分別比較 Abaqus/Standard 和 Abaqus/Explicit 分析的結果。

用戶將修改由 Abaqus/Standard 分析所建立的模型，這樣才能在 Abaqus/Explicit 中執行它。這些修改包括在材料模型中增加密度，改變元素庫，並改變分析步。為了獲得正確的準靜態響應，在執行 Abaqus/Explicit 分析前，用戶將利用在 Abaqus/Standard 的頻率提取過程來決定所需要的計算時間。

❧ 13.5.1　前處理－用 Abaqus/Explicit 重新運算模型

在這個分析中，利用 Abaqus/CAE 修改模型。Abaqus 有提供上述問題的範本，若依照以下的指導遇到了困難，或是用戶希望檢查所建立的模型是否有誤，便可利用下列任一種範例來建立完整的分析模型。

- 在本書的第 A.12 節"Forming A Channel"，提供了重播檔案(*.py)。關於如何提取和執行此重播檔案，將在附錄 A，"Example Files"中說明。

- Abaqus/CAE 的插入工具組(Plug-in)中提供了此範例的插入檔案。在 Abaqus/CAE 的環境下執行插入檔，選擇 **Plug-ins** → **Abaqus** → **Getting Started**；將 **Forming**

A Channel 反白，按下 **Run** 。更多關於入門指導插入檔案的介紹，請參閱線上手冊，並搜尋"Running the Getting Started with Abaqus examples"。

在開始之前，開啓有關於凹槽成型例題的模型資料庫檔案，它被建立在"Abaqus/Standard 2-D example: forming a channel," Section 12.6.。

決定合適的分析步時間

對於一個準靜態過程，在第 13.2 節 "負載速率" 中討論了決定適合的分析步時間的過程。如果我們知道了坯件的最低階自然頻率，即基頻(Fundamental)，我們就可以決定分析步時間一個大致的下限。一種獲得這個資訊的方法是在 Abaqus/Standard 中執行頻率分析。在這個成型分析中，衝壓對坯件產生的變形類似於它的最低階模態。因此如果用戶想分析整個結構而並非局部的變形，選擇第一個成型階段的時間大於或等於坯件最低階模態的周期是十分重要的。

執行自然頻率提取過程

1. 將已存在的模型複製爲一個新的模型，命名爲 Frequency，並對 Frequency 模型進行如下全面的修改：在頻率提取分析中，用戶將用一個單獨的頻率提取分析步取代現在所有的分析步。此外，用戶將刪除所有的剛體工具和接觸交互作用；它們與決定毛坯的基頻無關。

2. 爲 Steel 材料模型增加一個 7800 的密度。

3. 刪除衝模、衝頭和夾具部件的實體。對於頻率分析並不需要這些剛體部件。

> 提示：用戶可以藉由以下方法刪除任何一個實體，在模型樹中，展開 **Assembly** 子集合下的 **Instances**，對實體名稱按下右鍵，從選單中選擇 **Delete**。

4. 用一個單獨的頻率提取分析步代替現存的所有分析步。

   a. 刪除分析步 Move Punch。

   b. 在模型樹中，對分析步 Establish Contact I 按右鍵，並從單中點擊 **Replace**。

   c. 在 **Replace Step**(替換分析步)對話方塊中，從 **Linear Perturbation** 過程列表中選擇 **Frequency**，鍵入分析步描述爲 Frequency modes；選擇 **Lanczos** 特徵值選項，並要求五個特徵值。重新命名分析步爲 Extract Frequencies。

d.　取消 **DOF Monitor**(自由度監視器)選項。

> **注意**：由於頻率提取分析步是一個線性擾動過程，將忽略材料的非線性性質。在這個分析中，坯件的左端約束沿 *x*-方向的位移和繞法線的轉動，但是沒有約束沿 y-方向的位移，因此提取的第一階模態將是剛體模態。對於在 Abaqus/Explicit 中的準靜態分析，第二階模態的頻率將決定合適的時間段。

5.　刪除所有的接觸交互作用。

6.　開啟 **Boundary Condition Manager**，檢查在 Extract Frequencies 分析步中的邊界條件。除了邊界條件名稱 CenterBC 以外，刪除所有的邊界條件。將這個留下的採用了對稱邊界條件的毛坯約束施加到左端。

7.　如果有必要則重新分割網格。

8.　建立一個作業，命名為 Forming-Frequency，採用如下的作業描述：Channel Forming-Frequency Analysis。提交作業進行分析，並監控求解過程。

9.　當分析完成時，進入 Visualization 模組，並開啟由這個作業建立的輸出資料庫檔案。從主功能表欄中，選擇 **Plot → Deformed Shape**，或者利用工具箱中的 工具。繪製出一階模態的模型變形形狀，進一步繪出毛坯的二階模態，將未變形的模型形狀重疊在模型變形圖上。

頻率分析表示坯件有一個 140 Hz 的基頻，對應的周期為 0.00714 s。圖 13-8 顯示了第二階模態的位移形狀。對於成型分析，我們現在知道最短的分析步時間為 0.00714 s.

圖 13-8　由 Abaqus/Standard 頻率分析的毛坯二階模態

建立 Abaqus/Explicit 成型分析

成型過程的目標是採用 0.03 m 的衝頭位移準靜態地成型一個凹槽。在選擇準靜態分析的負載速率時，建議用戶在開始時用較快的負載速率，並根據需要降低負載速率能更快收斂到一個準靜態解答。如果用戶希望在用戶的第一次分析嘗試中就增加能夠得到準靜態結果的可能性，用戶應當考慮分析步時間是比相應的基頻緩慢 10 到 50 倍的因數。在這個分析中，對於成型分析步，用戶將從 0.007 s 的時間開始。這是基於在 Abaqus/Standard 中進行的頻率分析，它顯示出毛坯具有 140Hz 的基頻，對應於 0.00714 s 的時間周期。這個時間周期對應於 4.3 m/s 的常數衝頭速度。用戶將仔細地檢查動能和內能的結果，以檢驗結果中並沒有包含顯著的動態影響。

將 Standard 模型複製成一個新模型，命名為 Explicit。使所有接下來的模型改變為 Explicit 模型。首先，建立一個密度為 7800 kg/m³ 的 steel 材料。

在毛坯夾具上施加一個集中力，為了計算夾具的動態反應，必須在剛體體的參考點上賦予一個點質量。夾具的實際質量是不重要的；而重要的是它的質量必須與毛坯的質量 (0.78 kg)具有同一個量級，以使在接觸計算中的振盪最小化。選擇數值為 0.1 kg 的點質量。為了指定質量，在模型樹中，展開 **Parts** 子集合內，**Holder** 下方的 **Engineering Features**。從選單中對 **Inertias** 按兩下，在出現的 **Create Inertia** 對話框中，命名為 **Pointmass** 並按下 **Continue**。選擇夾具的參考點並指定 0.1 公斤的質量。

在第一次嘗試這個金屬成型分析時，對於施加的夾具力和衝頭壓力，用戶將使用具有預設平滑參數的表格形式之幅值曲線。進入 **Load** 模組，為施加的夾具力建立一個名為 Ramp1 的表格形式的幅值曲線，輸入表 13-1 中的幅值資料。為衝頭壓力定義第二個表格形式的幅值曲線，命名為 Ramp2，輸入表 13-2 中的幅值資料。

用戶需要為 Abaqus/Explicit 分析建立兩個分析步。在第一個分析步中施加夾具力；在第二個分析步中施加衝頭下壓力。刪除"Move puch"這個分析步，用命名為"Holder force"的單一顯式動態步(Dynamic, Explicit)替換這個分析步。鍵入分析步描述為 Apply Holder Force，並指定 0.0001 s 的分析步時間。這個時間對於施加夾具負載是合適的，因為它足夠長所以避免了動態效果，而且又足夠短所以防止了對整個作業執行時間的明顯衝擊。建立第二個顯式動態分析步，命名為 move Punch，分析步的時間為 0.007 s，鍵入 Apply Punch Stroke 作為分析步的描述。

為了幫助確定分析是如何接近於準靜態假設，研究各種能量的歷時資料是非常有用的，特別有用的是比較動能和內部應變能。能量歷時預設地寫入了輸出資料庫檔案。修改衝頭參考點的歷時輸出，將分析結果分為 200 個間格輸出，並使用內建的 ant-aliasing filter。

表 13-1　Ramp1 和 Smooth1 的遞增幅值資料

時間(s)	幅值
0.0	0.0
0.0001	1.0

表 13-2　Ramp2 和 Smooth2 的遞增幅值資料

時間(s)	幅值
0.0	0.0
0.007	1.0

在 **Load Manager**(負載管理器)中，在命名為 Holder force 的分析步中建立一個集中力，命名為 RefHolder Force，對於這個負載，改變幅值定義為 Ramp1。

在 Move Punch 分析步中，改變位移邊界條件 RefPunchBC，使沿著 **U2** 方向的位移為 − 0.03 m。對於這個邊界條件，使用幅值曲線 Ramp2。

監視自由度的值

在這個模型中，用戶將在整個分析步中監視衝頭的參考節點的縱向位移(自由度 2)。在 Abaqus/Standard 成型分析中，由於已經設置了 **DOF Monitor** 監視 RefPunch 的縱向位移，所以用戶無需做出任何改變。

建立網格和定義作業

在網格 **Mesh** 模組中，將用於分割坯件網格的元素族改變為 **Explicit**，指定增強沙漏控制並分割坯件網格。

在 **Job** 模組中建立一個作業，命名為 Forming-1，給予作業如下的描述：Channel Forming -- Attempt 1。

在執行成型分析前，用戶可能希望知道該分析將需要多少個增量步，進而瞭解該分析需要多少計算時間。用戶可以透過執行 **Verity Mesh** ▦ 功能鍵來獲得關於初始穩定時間增量的近似值，例題中知道了穩定時間增量，用戶可以確定完成成型階段的分析需要多少個增量步。一旦分析開始,用戶就能夠知道每一個增量步需要多少 CPU 時間,進而知道整個分析需要多少 CPU 時間。在這個例題中,穩定時間增量約為 3.5×10^{-8} 秒,因此,對於 0.0075 的分析步時間,成型階段需要約 200,000 個增量步。

將模型保存到模型資料庫檔案中,並提交作業進行分析。監視求解過程、改正任何檢測到的分析錯誤,並調查任何警告資訊的原因。

一旦分析開始執行,在另一個視圖窗中會顯示出用戶選擇來監視(衝頭的縱向位移)的自由度值的 X-Y 曲線圖。從主功能表欄中,選擇 **Viewport → Job Monitor:Forming-1**,在分析執行的整個時間中追蹤沿著 2-方向衝頭位移的發展進程。

評價結果的策略

在查看我們最關心的結果諸如應力和變形形狀等等,我們需要先確定結果是否是準靜態的。一個好的方法是比較動能與內能的歷時資料。在金屬成型分析中,大部分的內能是由於塑性變形產生的。在這個模型中,坯件是動能的主要因素(忽略夾具的運動,沒有與衝頭和模具相關的質量)。為了確定是否已經獲得了一個可接受的準靜態解答,坯件的動能應該小於其內能的幾個百分點。對於更高的精確度,特別地是對回彈應力感興趣時,動能應該是更低的。這個方法很有用,因為它可應用於所有類型的金屬成型過程,而且不需要任何在模型中的應力的直覺;許多成型過程問題有可能相當複雜複雜,甚至於不允許對結果有一個直觀的判斷。

雖然這是衡量準靜態分析的良好且重要的證明,但是僅憑動能與內能的比值還不足以確認解的品質。用戶還必須對這兩種能量進行獨立評估,以確定它們是否是合理的。當需要準確的回彈應力結果時,這一部分的評估更增加了重要性,因為一個高度精確的回彈應力解答是高度依賴於準確的塑性結果。即使動能是非常小的量,如果它包含了高度的振盪,則模型也會經歷顯著的塑性。一般來說,我們希望平滑負載以產生平滑的結果;如果負載是平滑的,但是能量的結果是振盪的,則結果可能是不合適的。由於一個能量的比值無法顯示這種行為,所以用戶也必須研究動能本身的歷時資料以觀察是平滑的還是振盪的。

如果動能不能顯示出準靜態的行為,在某些節點上觀察速度歷時資料可能有助於理解在各個區域中模型的行為。這種速度歷時可以說明在模型的哪些區域是振盪的,並產生大量的動能。

評估結果

　　進入 **Visulization** 模組，並開啓由這個作業(Forming-1.odb)建立的輸出資料庫。繪製動能(**ALLKE**)和內能(**ALLIE**)。

　　整個模型的動能跟內能的歷程圖，分別如圖 13-9 以及圖 13-10 所示。

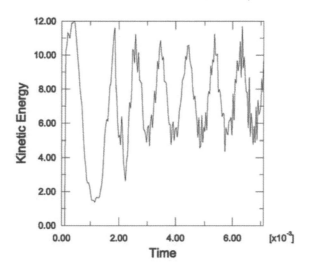

圖 13-9　成型分析的動能歷時圖，第一次嘗試

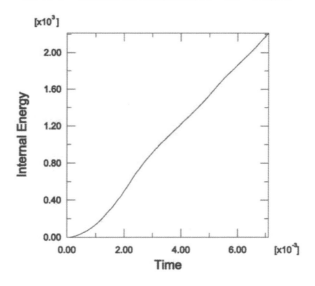

圖 13-10　成型分析的內能歷時圖，第一次嘗試

　　顯示在圖 13-9 中的動能歷時發生顯著地振盪。另外，動能的歷時與坯件的成型沒有明確的關係，這表示這個分析是不適合的。在這個分析中，衝頭的速度保持爲常數，而主要依賴於坯件運動的動能卻不是常數。

在開始階段以外的整個分析步中，比較圖 13-9 和圖 13-10，其說明動能是內能的一個很小的百分比(小於 1%)。即使是這種嚴重的載入情況，還是滿足了動能必須相對地小於內能的準則。

儘管模型的動能只是內能的一個小的分數，它還是有一定的振盪，所以我們應該以某種方式來改變模擬以獲得更平滑的解答。

⚘ 13.5.2　成型分析－嘗試 2

即使衝頭實際上是以幾乎接近於常數的速度運動，第一次模擬嘗試的結果說明理想的方式是採用不同的幅值曲線以允許坯件更平滑地加速。當考慮使用什麼類型的載入幅值時，記住在準靜態分析的所有方面，平滑性是很重要的。最偏好的方法是儘可能平滑地移動衝頭，在理想的時間內移動理想的距離。

利用一種平滑施加的衝頭力和一段平滑施加的衝頭距離，我們現在將分析成型階段，並將與前面獲得的結果進行比較。關於平滑步驟幅值曲線的解釋，請閱讀第 13.2.1 節 "平滑幅值曲線"。

定義一條平滑步驟幅值曲線，命名為 Smooth1。輸入表 13-1 中給出的幅值資料。建立第二條平滑步驟幅值曲線，命名為 Smooth2，應用表 13-2 中給出的幅值資料。在 Holder Force 分析步中，修改 RefHolderForce 負載，使它採用 Smooth1 的幅值。在 Displace Punch 分析步中，修改位移邊界條件 Ref PunchBC，使它採用 Smooth2 的幅值。透過設置在分析步開始時的幅值為 0.0 和在分析步結束時的幅值為 1.0，Abaqus/Explicit 建立了一個幅值定義，它的一階和二階導數都是平滑的。因此利用一條平滑步驟幅值曲線對位移進行控制，也使我們確信了其速度和加速度是平滑的。

建立一個作業，命名為 Forming-2，給予作業如下的描述：Channel Forming -- Attempt 2。

將模型保存到模型資料庫檔案中，並提交作業進行分析。監視求解過程、改正任何檢測到的分析錯誤，並調查任何警告資訊的原因。完成整個分析可能需要執行 10 分鐘或更長的時間。

評估第二次嘗試的結果

　　動能的結果如圖 13-11 所示。動能的反應明顯地與坯件的成型相關：在第二個分析步的中間階段出現了動能的峰值，它對應於衝頭速度最大的時刻，因此動能是合理的。

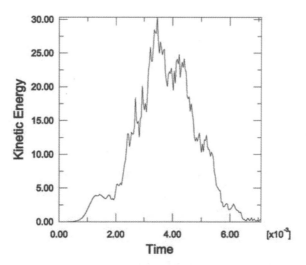

圖 13-11　成型分析的動能歷時圖，第二次嘗試

　　關於第二次嘗試的內能歷時圖如圖 13-12 所示，顯示了從零上升到最終值的平滑增長。再次看出，動能與內能的比值是相當小的，並顯示出是可接受的。圖 13-13 比較了兩次成型嘗試中的內能。

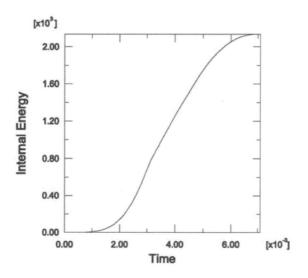

圖 13-12　成型分析的內能歷時圖，第二次嘗試

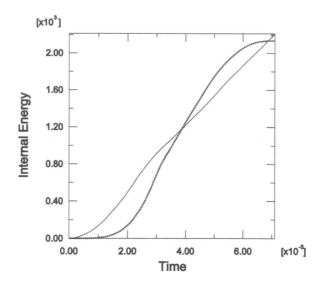

圖 13-13 關於成型分析的兩次嘗試之內能比較

🎗 13.5.3 兩次成型嘗試的討論

我們評估結果可接受性的初始原則是動能與內能相比必須是小量。發現即使是最嚴重的情況，如嘗試 1 的分析例子，這個條件似乎仍然得到了滿足。增加平滑步驟幅值曲線幫助減少了在動能中的振盪，得到了令人滿意的準靜態響應。

附加的要求——動能和內能的歷時結果必須是適當且合理的——這是很有用且必要的，但是它們也增加了評估結果的主觀性。在一般更為複雜的成型過程中由於需要一些直觀考慮，故強調這些要求是相當困難的。

成型分析的結果

我們現在已經對成型分析的準靜態解答是合適的感到滿意，可以再研究感興趣的某些其他結果。圖 13-14 顯示了用 Abaqus/Standard 和 Abaqus/Explicit 得到在坯件中 Mises 應力的比較。

從圖中顯示在 Abaqus/Standard 和 Abaqus/Explicit 分析中的應力峰值的差別在 1％以內，且在坯件中整個應力的等值線圖是非常類似的。為了進一步檢驗準靜態分析結果的有效性，用戶應該從兩個分析中比較等效塑性應變的結果和最終變形的形狀。

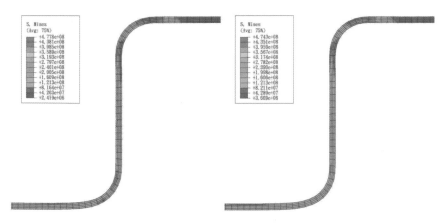

圖 13-14　在 Abaqus/Standard(左)和 Abaqus/Explicit(右)
凹槽成型分析中 Mises 應力的等值線圖

　　圖 13-15 顯示了在坯件中等效塑性應變的等值線圖，而圖 13-16 顯示了由兩個分析預測的最終變形形狀的覆蓋圖。對於 Abaqus/Standard 和 Abaqus/Explicit 的分析，等效塑性應變的結果彼此相差在 5%以內。另外，最終變形形狀的比較顯示出顯式準靜態分析的結果與 Abaqus/Standard 靜態分析的結果吻合得很好。

　　用戶也應該比較由 Abaqus/Standard 和 Abaqus/Explicit 分析預測的穩態衝頭壓力。

比較衝頭的力-位移歷程：

1.　從 Abaqus/Standard 的分析結果，儲存衝頭的位移(U2)以及反作用力(RF2)歷程資料，並分別命名為 U2-std 以及 RF2-std。

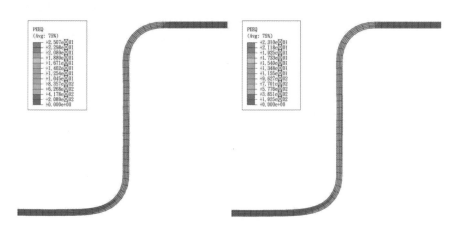

圖 13-15　在 Abaqus/Standard(左)和 Abaqus/Explicit(右)凹槽成型分析的 PEEQ 等值線圖

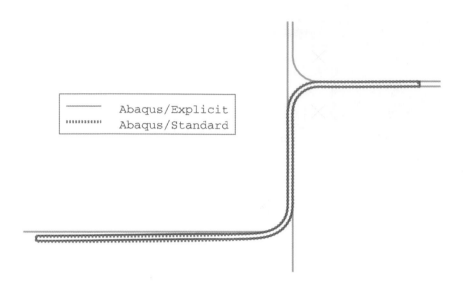

圖 13-16　在 Abaqus/Standard 和 Abaqus/Explicit 成型分析的凹槽最終變形形狀

2. 同樣的，從 Abaqus/Explicit 的分析結果，儲存衝頭的位移(U2)以及反作用力(RF2)歷程資料，並分別命名為 U2-xpl 以及 RF2-xpl。

   接下來，你將操作儲存的 X-Y 資料，來繪製力-位移曲線。在力-位移圖中，我們希望衝頭往下的運動以正方向表示；因此，當你建立一個力-位移圖，在位移歷程資料前方有負號的時候，-2 方向的位移在圖中是以正的方向表示。

3. 在結果樹中，按兩下 **XYData**；從 **Create XY Data** 對話框中選擇 **Operate on XY data**，按下 **Continue**。

4. 在 **Operate on XY data** 對話框中，從 Abaqus/Standard 的分析結果中，結合力跟位移的歷程資料，來繪製一條力-位移曲線。對話框的上方應該會出現下列語法：

   combine (-"U2-std", "RF2-std")

5. 按下 **Save As** 將計算出的位移曲線儲存為 forceDisp-std。

6. 在 **Operate on XY data** 對話框中，從 Abaqus/Explicit 的分析結果中，結合力跟位移的歷程資料，來繪製一條力-位移曲線。對話框的上方應該會出現下列語法：

   combine (-"U2-xpl", "RF2- xpl")

7. 按下 **Save As** 將計算出的位移曲線儲存為 forceDisp-xpl。

8. 在視圖窗中繪製 forceDisp-std 以及 forceDisp-xpl。

   因為 Abaqus/Explicit 模擬的是準靜態問題，而在 Abaqus/Standard 模擬的是真實靜平

衡的問題，所以 Abaqus/Explicit 的結果與 Abaqus/Standard 的結果比較起來，雜訊相
對的多。某些 Abaqus/Explicit 中的雜訊，已被定義輸出需求時所指定的，內件反混疊
過濾器移除掉。現在將使用 Abaqus/CAE 的 X-Y 資料過濾器，來移除 Abaqus/Explicit
產生的力-位移曲線的雜訊。為了避免混淆過濾器截止頻率的意義，以及避免在過濾
器啟動之前，內部執行資料規則化時會產生問題，Abaqus/ACE 的過濾器，應該避免
對以時間為 X 軸變數的 X-Y 資料進行過濾。因此，應該在將資料合併成新的力-位移
曲線之前，先個別對 U2-xpl 以及 RF2-xpl 進行過濾，而非直接過濾 forceDisp-xpl。對
於任何要結合的 X-Y 資料物件，最好施予相同的過濾條件(不論是在分析或是後處理
過程中)，可確保將要合併的資料，受到相同的過濾影響。

9.　在 **Operate on XY Data** 對話框中，使用 Butterworth 過濾器對力量歷程進行過濾，使
用 1100Hz 的截止頻率。對話框的上方應該會出現下列語法：

　　butterworthFilter(xyData="RF2-xpl",cutoffFrequency=1100)

> 注意：如何選擇適當的截止頻率，需要進行工程的判斷，以及對模擬的物理系統要
> 有相當的了解。通常需要反覆測試(先選用相對高的截止頻率，再逐漸調降做
> 測試)，來找出一個既可移除雜訊，又不會對基礎物理結果造成失真影響的截
> 止頻率。了解物理系統的自然頻率，也可以幫助決定適合的過濾截止頻率。在
> 此範例中，將執行自然頻率分析，來提取未變型坯件的基礎頻率(140Hz)；然
> 而，在沖壓過程的最後階段，坯件會有很高的基礎頻率。如果在沖壓的最後階
> 段執行自然頻率分析，會發現基礎頻率高到 1000Hz。因此，略高於此頻率的
> 截止頻率是不錯的選擇。

10.　按下 **Save As** 來儲存計算出的位移曲線，並命名為 **RF2-xpl-bw1100**。

11.　同樣的，以 Butterworth 過濾器對位移歷程進行過濾，使用 1100Hz 的截止頻率。**Operate
on XY Data** 對話框的上方應該會出現下列語法：

　　butterworthFilter(xyData="U2-xpl", cutoffFrequency=1100)

12.　按下 **Save As** 來儲存計算出的位移曲線，並命名為 **U2-xpl-bw1100**。

13.　結合已過濾的 Abaqus/Explicit 的力量以及位移歷程，**Operate on XY Data** 對話框的上
方應該會出現下列語法：

　　combine (-"U2-xpl-bw1100", "RF2-xpl-bw1100")

14. 按下 **Save As** 來儲存計算出的位移曲線，並命名為 forceDisp-xpl-bw1100。

15. 加入 forceDisp-xpl-bw1100 來繪製 forceDisp-std 以及 forceDisp-xpl。

將繪製圖形的外觀更改為如圖 13-17 所示。

如圖 13-17 可見，由 Abaqus/Explicit 預測的穩態衝頭壓力值比由 Abaqus/Standard 預測的值大約高 12%。在 Abaqus/Standard 和 Abaqus/Explicit 結果之間的這個差別主要是源於兩個因素。首先，Abaqus/Explicit 正規化了材料資料；其次，在兩個分析軟體中摩擦效果的處理稍有區別；Abaqus/Standard 使用罰函數摩擦(Penalty Friction)，而 Abaqus/Explicit 使用動摩擦(Kinematic Friction)。

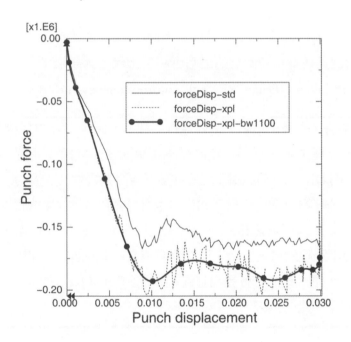

圖 13-17　對於 Abaqus/Standard 和 Abaqus/Explicit 的穩態衝頭壓力比較

從這些比較中，可以明顯看出 Abaqus/Standard 和 Abaqus/Explicit 都有能力處理諸如本例題的困難接觸分析。然而在 Abaqus/Explicit 中執行這類分析有某些優勢：與 Abaqus/Standard 相比，Abaqus/Explicit 能夠更容易地處理複雜的接觸條件。然而當選擇 Abaqus/Explicit 進行準靜態分析時，用戶必須意識到可能需要進行疊代計算來找尋一個合適的負載速率。在決定負載速率時，建議用戶開始時採用較快的負載速率，並根據需要降低負載速率，這可以幫助對分析進行求解的時間最佳化。

✎ 13.5.4　加速分析的方法

現在已經獲得了一個可接受的成型分析的解答，我們可以嘗試採用更短的計算時間來獲得類似的可接受的結果。因為採用顯式動態標準的成型問題的實際時間過大，所以大部分成型分析都需要過多的計算時間以至於無法按照它們自己的物理時間尺度進行運算；若使分析在一個可接受的計算時間範圍內執行，往往需要對分析做出改變以減少電腦成本。有兩種節省分析成本的方法：

1. 手動設定增加衝頭的速度，從而在一個更短的分析步時間內發生同樣的成型過程。這種方法稱為負載速率放大(Load Rate Scaling)。

2. 手動設定增加元素的質量密度，從而提高穩定時間限制，允許分析採用較少的增量步。這種方法稱為質量放大(Mass Scaling)。

　　這兩種方法做相同的事情同樣有效，除非模型具有率相關材料或者阻尼。

確定可接受的質量放大

　　第 13.2 節 "負載速率" 和第 13.2.3 節 "金屬成型問題"，討論了如何決定可接受的負載速率或質量的放大因數以加速準靜態分析的時間尺度，目的是在保持慣性力不顯著的前提下以最短的時間模擬分析過程。求解的時間加快多少是有界線的，而且還要能夠得到一個有意義的準靜態解答。

　　如在第 13.2 節 "負載速率" 中討論的那樣，我們可以用同樣的方法確定一個合適的質量放大因數，如我們已經應用決定一個合適的負載速率放大因數的方法。在兩種方法之間的區別是負載速率放大因數 f 與質量放大因數 f^2 的效果相同。最初我們假設分析步的時間為坯件的基頻周期的階數時，會產生適當的準靜態結果。透過研究模型的能量和其他的結果，我們相信這些結果是可以接受的。這項技術產生了大約 4.3 m/s 的衝頭速度。我們現在將接受採用質量放大的求解時間，並將結果與我們沒有質量放大求解的結果進行比較，以確定由質量放大得到的結果是否可以接受。我們假設放大係數縮小只會使其質量降低，而不會使其分析結果的精確度得到改進。現在的目的是利用質量放大以減少電腦運算的時間，且仍然能夠產生可接受的結果。

　　我們的目標是確定放大因數的值為多少時仍能產生可接受的結果，以及在哪一點上質量放大產生的結果成為不可接受的。為了觀察可接受的和不可接受的放大因數的影響，在穩定時間增量尺度上，我們研究放大因數的範圍從 $\sqrt{5}$ 到 5；特別選擇 $\sqrt{5}$、$\sqrt{10}$ 和 5 為例子進行分析。這些加速因數分別換算成質量放大因數為 5、10 和 25。

應用質量放大因數

1.　建立一個包含坯件的集合，命名為 Blank。

2.　編輯分析步 Holder force。

3.　在 **Edit Step**(編輯分析步)對話方塊中，點擊 **Mass Scaling**(質量放大)頁並選中 **Use Scaling Definitions Below**(使用如下放大定義)。

4.　點擊 **Create**。接受半自動質量放大的預設選擇。選擇集合 **Blank** 作為施加的區域，並輸入 5 作為放大因數。

在作業模組建立一個作業，命名為 Forming-3--Sqrt5，給予作業的描述為：Channel Forming -- Attempt 3, Mass Scale Factor = 5。

保存用戶的模型，並提交作業進行分析。監視求解過程，改正檢測到的任何分析錯誤，並調查任何警告資訊的原因。

當作業執行結束時，改變質量放大因數為 10。建立和執行一個新的作業，命名為 Forming-4--sqrt10。當這個作業結束時，再次改變質量放大因數為 25；建立和執行一個新的作業，命名為 Forming-5--5。對後面兩個作業，都要適當地修改作業描述。

首先我們將查看質量放大對等效塑性應變和變形形狀的影響，然後我們將查看能量歷時資料是否提供了分析品質的一般指示。

評估應用質量放大的結果

在這個分析中，感興趣的結果之一是等效塑性應變 PEEQ。由於我們已經看到了如圖 13-15 中在沒有質量放大分析結束時的 PEEQ 等值線圖，我們可以比較來自每一個放大分析與未放大分析的結果。圖 13-18 顯示對於加速因數為 $\sqrt{5}$ (質量放大因數為 5)的 PEEQ，圖 13-19 顯示加速因數為 $\sqrt{10}$ (質量放大因數為 10)的 PEEQ，圖 13-20 顯示加速因數為 5(質量放大因數為 25)的 PEEQ。圖 13-21 比較了對於每一種質量放大情況下的內能和動能。使用因數為 5 的質量放大情況所得到的結果沒有受到負載速率的明顯影響；使用質量放大因數為 10 的情況顯示了一個較高的動能與內能比，當與使用低負載速率獲得的結果比較時，該結果似乎是合理的。這表示已經接近了關於這個分析可以加速多少的運算速度。最後一種情況，採用質量放大因數為 25，顯示了強烈的動態影響的證據：動能與內能比相當的高，而且比較三種情況下的最終變形也說明最後一種情況下的變形形狀是受到了明顯的影響。

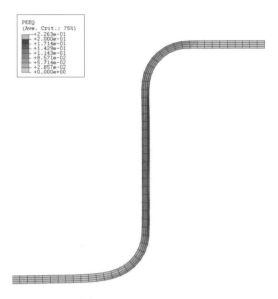

圖 13-18　加速因數為 $\sqrt{5}$ 的等效塑性應變 PEEQ(質量放大因數為 5)

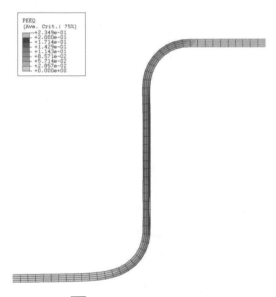

圖 13-19　加速因數為 $\sqrt{10}$ 的等效塑性應變 PEEQ(質量放大因數為 10)

圖 13-20　加速因數為 5 的等效塑性應變 PEEQ(質量放大因數為 25)

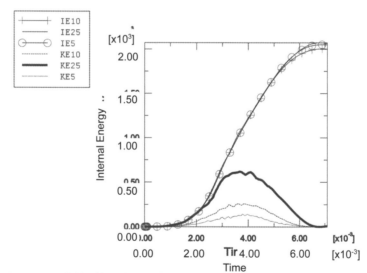

圖 13-21　對於質量放大因數為 5、10 和 25，對應的加速因數
為 $\sqrt{5}$ 、 $\sqrt{10}$ 和 5 的動能和內能歷時資料比較圖

✍ 13.5.5　Abaqus/Standard 的回彈分析

與在 Abaqus/Explicit 中執行回彈分析相比，在 Abaqus/Standard 中執行時會更有效率。由於回彈問題並沒有外界施加負載或是接觸情形，僅是靜力學的模擬分析，Abaqus/Standard 可以在幾個增量步內求解一個回彈問題。相反的，對於求解動態問題，

Abaqus/Explicit 必須花一段時間來得到穩態的解。為了節省時間，Abaqus 可在 Abaqus/Standard 跟 Abaqus/Explicit 之間來回傳遞運算後的結果，允許在 Abaqus/Explicit 中先進行沖壓的模擬，接著在 Abaqus/Standard 中執行回彈的分析。

用戶將輸入一個執行完加速分析(搭配 5 的質量放大因素)以及回彈分析的結果，來建立一個新的模型。因此，將 Explicit 模型複製並命名為 Import，並針對 Import 模型進行以下的修改。

由於只需要輸入坏件的部分，先從 Import 模型中刪除以下特徵：

- Punch-1，Holder-1 以及 Die-1 部件實體。
- RefDie，RefHolder，以及 RefPunch 集合。
- 所有的表面。
- 所有跟接觸有關的交互作用跟特性。
- 兩個分析步。

接下來，建立一個名為 springback 的靜態通用分析步，將初始時間增量設為 0.1，並考慮幾何非線性的情況(注意，Abaqus/Explicit 預設的情況是考慮幾何非線性)。回彈分析會遭遇不穩定的問題，因此會影響收斂性。為此，藉由自動穩定功能(Automatic stabilization)來防止此問題，使用預設的能量消失因子。

接下來，根據沖壓模型的最後狀態，來設定回彈問題的初始狀態。

定義初始狀態：

1. 在模型樹中，按兩下 **Predefined Fields** 子集合，在 **Create Predefined Fields** 對話框中，選擇 Initial 當作分析步，分析種類為 **Other** 以及分析類別為 **Initial State**，按下 **Continue**。

2. 在視圖窗中，選擇坏件當作初始狀態將要指定的部件實體，在提示區中按下 **Done**。

3. 在跳出的 **Edit Predefined Field** 對話框中，輸入作業名稱 Forming-3-sqrt5。這表示加速參數為 $\sqrt{5}$ 的分析作業，接受所有預設值並按下 **OK**。

如此可輸入模型的狀態：應力、應變等。在不更新參考結構的情形下，回彈位移會參考變型前的原始結構。可確保多衝壓階段，位移的連續性。

用戶必須重新定義沒有輸入的邊界條件，在 Center 集合上，施加與先前在 Abaqus/Explicit 相同的 XSYMM 位移邊界條件。為了避免剛體運動，需要對坏件上一點，如 MidLeft 集合,固定 2 方向的邊界條件(如此將不會施加多餘的邊界條件)。選擇對固定點施一個加速度為零的邊界條件,而非位移邊界條件,使坯件停留在衝壓過程結束的位置。這使得在後續可能進行的衝壓過程中,坯件的位置能夠保持連續。

建立一個名為 springback 的作業並執行分析。

回彈分析的結果

圖 13-22 將坯件衝壓完以及回彈後的形狀(衝壓階段對應的是輸出資料檔的框架 0,而回彈階段對應的是最後一個框架),重疊在一起(**View → Overlay Plot**)。回彈分析的結果與衝壓分析的準確性有關,事實上,回彈分析的結果,對沖壓分析過程中所產生的誤差很敏感,甚至比衝壓分析的結果,更容易受到影響。

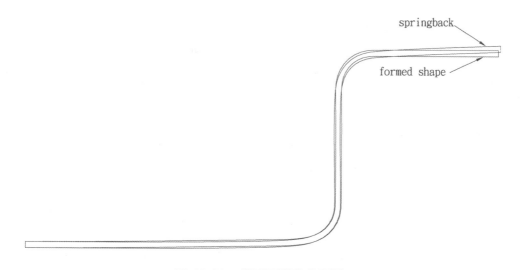

圖 13-22　模型回彈後的形狀

用戶應該繪製坯件內能 **ALLIE** 的曲線,並與散失的靜態穩定能量 **ALLSD** 做比較。若結果可靠的話,散失的能量應該是內能的一小部分,圖 13-23 為兩種能量的曲線;散失能量必然較小,幾乎對結果沒有影響。

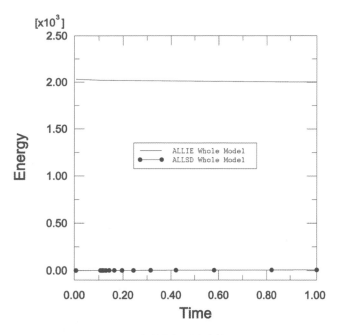

圖 13-23　內能以及穩定能歷程圖

13.6　小　結

- 如果一個準靜態分析以它的固有時間尺度進行，其解答幾乎與一個眞正的靜態解答相同。

- 使用負載速率放大或質量放大的方法來獲得準靜態的解答是必要的，這樣用的 CPU 時間比較少。

- 只要解答不發生局部效應，負載速率通常可以加大些。如果負載速率提高過大，慣性力會對解答帶來不利的影響。

- 質量放大是提高負載速率的另一種方法。當使用率相關材料時，最好採用質量放大的方法，因爲提高負載速率將人爲地改變材料的參數。

- 在靜態分析中，結構的最低階模態控制著分析結果響應。如果知道最低階的自然頻率，以及對應的最低階模態的周期，用戶就可以估測獲得正確的靜態響應所需要的時間。

- 以各種負載速率執行一系列的分析以決定一個可接受的負載速率可能是必要的。

- 在大部分的模擬過程中，變形材料的動能絕不能超過其內能的一個很小的百分比 (典型為 5% 到 10%)。
- 在準靜態分析中為了描述位移，使用平滑幅值曲線是最有效的方式。
- 從 Abaqus/Explicit 輸入一個模型到 Abaqus/Standard，來執行有效率的回彈分析。

計算範例檔

Chapter

A

這個附錄包括了 python 程序檔的列表，對於本導引中的例題，可以用它們來建立完整的模型。在 Abaqus 的新版本中也包含了這些檔案；您可以用 Abaqus fetch 命令從壓縮檔案中提取它們。

- 提取 scripts：

    1. 在命令提示字元中，鍵入命令
       abaqus fetch job=<file name.py>
       以 A.1 天車爲例:
       abaqus fetch job=gsi_frame_caemodel.py

       或是有版本需求可以加上需求版本
       abq2018hf7 fetch job= gsi_frame_caemodel.py

- 在 Abaqus/CAE 中執行腳本：

    1. 從主功能表欄中，選擇 File → Run Script。
       Run Script 對話框即會顯示。

    2. 從列表中選擇檔案，並點擊 OK。

A.1　天車

- gsi_frame_caemodel.py

A.2　連接環

- gsi_lug_caemodel.py

A.3　斜板

- gsi_skewplate_caemodel.py

A.4　貨物吊車

- gsi_crane_caemodel.py

A.5　貨物吊車－動態載荷

- gsi_dyncrane_caemodel.py

A.6　非線性斜板

- gsi_nlskewplate_caemodel.py

A.7　在棒中的應力波傳播

- gxi_stresswave_caemodel.py

A.8　連接環的塑性

- gsi_plasticlug_caemodel.py

A.9　加強板承受爆炸載荷

- gxi_stiffplate_caemodel.py

A.10　軸對稱支座

- gsi_mount_caemodel.py

A.11　管道系統的振動

- gsi_pipe_caemodel.py

A.12　凹槽成型

- gsi_channel_caemodel.py

A.13　電路板落下試驗

- gxi_circuit_caemodel.py

在 Abaqus/CAE 中建立
與分析一個簡單的模型

接下來的章節為針對有經驗的 Abaqus 使用者的基礎指導手冊,能讓使用者清楚地依循著每個 Abaqus/CAE 的建模步驟,建立與分析一個簡單的模型,為了闡明每個步驟,在本章節您將建立一個懸臂鋼樑,並將負載作用在鋼樑的上平面(見圖 B-1)

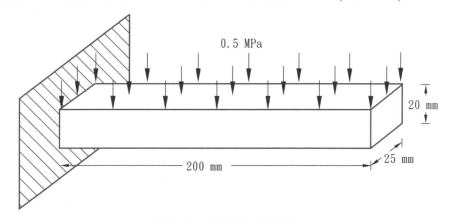

圖 B-1　受負載的懸臂樑

您將此樑進行分析並繪製應力與位移的分布結果,依照手冊完成所有的步驟大約需時90 分鐘

接下來的主題將包含:

- 章節 B.1,了解 Abaqus/CAE 模組。
- 章節 B.2,了解模型樹。
- 章節 B.3,建立零件。
- 章節 B.4,建立材料。
- 章節 B.5,定義與指定截面性質。
- 章節 B.6,組裝模型。
- 章節 B.7,定義分析步。

- 章節 B.8，施加模型的邊界條件與負載。
- 章節 B.9，網格模型。
- 章節 B.10，建立分析作業與提交分析。
- 章節 B.11，檢視分析結果。

B.1 了解 Abaqus/CAE 模組

Abaqus/CAE 可區分為許多模組，每個模組用來定義建模的過程。舉例來說，您可以使用性質模組來定義材料及截面性質，以及使用分析步模組來定義分析步驟。當您將模型提交求解時，Abaqus/CAE 便會自動的將模型的設定生成輸入檔，並提交至 Abaqus/Standard 或是 Abaqus/Explicit 進行分析。而 Abaqus/CAE 是以視覺化後處理模組觀看結果並進行後處理，或者可單獨使用 Abaqus/Viewer 這個產品來觀看及處理結果。

您在 Abaqus/CAE 中使用 Module 的下拉式選單，可進行模組的切換，如圖 B-2。

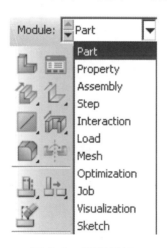

圖 B-2 選擇模組

從懸臂樑問題的指導手冊，您將跟隨著 Abaqus/CAE 下列的各個模組完成建模。

零件(Part)

繪製二維草圖與建立懸臂樑零件。

性質(Property)

定義材料性質與樑的截面性質。

組裝(Assembly)

組裝模型與建立集合。

分析步(Step)

設定分析程序與輸出結果。

網格(Mesh)

網格樑零件。

最佳化(Optimization)

產生最佳化工作任務(本書不討論)。

分析作業(Job)

建立分析作業與提交求解

視覺化後處理(Visualization)

檢視分析結果

　　藉由 Module 的下拉式選單，我們可以很清楚了解到建模的邏輯，您可以自由地在各模組間切換，然而有些功能是有順序性的限制，例如，您不能在尚未建立幾何前，就進行指定截面性質的動作。

　　完整的模型必須包含分析需要的所有條件，才能以 Abaqus/CAE 產生輸入檔及執行分析，Abaqus/CAE 會以一個模型資料檔（*.CAE）來儲存您的模型，當您開始 Abaqus/CAE

時 Start Session 對話框會在電腦暫存記憶體中產生一個新的模型,當您從主選單選擇 File → Save,模型資料即會儲存到硬碟中,您也可以選擇 File → Open 來開啓硬碟中的 CAE 檔案。

各模組所產生的關鍵字,請參閱線上手冊,並搜尋"Abaqus keyword browser table"。

與主題相關資訊也參閱線上手冊,並搜尋:

- "Working with Abaqus/CAE model databases, models, and files"
- "What is a module?"

B.2　了解模型樹

模型樹提供了圖形化的階層選項標籤,典型的模型樹如圖 B-3

在模型樹中的項目皆有小圖示輔助說明,舉例來說,分析步功能的圖示為 ⊞ o⊓ Steps (2).另外括號中的數字指的是在此子項目群的數目,您可以點擊"+"與"-"來展開或是關閉子項目群,而鍵盤的左右方向鍵同樣具有此功能。

模型樹中的子項目群與項目的安排提示了使用者的建模順序,此順序與模組選單相似,即在組裝模型前必須先建立零件,在施加負載前必須先建立分析步,此順序是固定而不可更動的。

模型樹具備了大部分主選單與模組選單的功能,舉例來說,如果您對 Part 子項目群雙擊滑鼠鍵 1,就可以建立一個新的零件(其效果等同於使用主選單的 Part → Create)。

此範例的說明教學將會著重在使用模型樹執行 Abaqus/CAE 的功能,主選單只在必要的情況下使用(如建立有限元素網格或結果的後處理)。

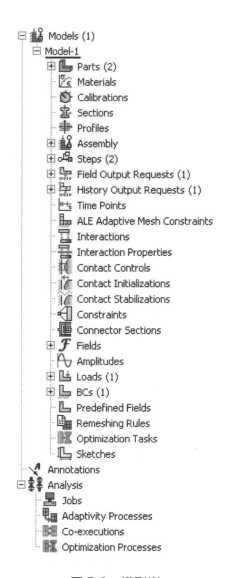

圖 B-3　模型樹

B.3　建立零件

　　您可以在 Abaqus/CAE 中建立一個原生零件，或匯入其他繪圖軟體生成的零件或有限元素網格。

您將以可變形的實體形式來建立三維的懸臂樑，當您建立零件時，Abaqus/CAE 會自動的進入草圖模組，此時即可建立二維的樑的草圖(一個矩形)然後將其擠出。

Abaqus/CAE 常會在視窗的下緣(提示區) 提示使用者如何完成此步驟，見圖 B-4。

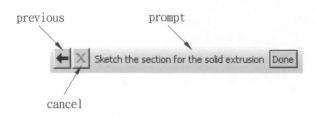

圖 B-4 在提示區顯示的訊息與指示

點擊 Cancel 按鈕可以取消當前工作，而點擊 Previous 按鈕可取消當前的步驟並返回上一步驟。

建立懸臂樑：

1. 開啓 Abaqus/CAE。

2. 在 Start Session 對話框中選擇 Create Model Database 下的 With Standard/Explicit Model，如果您已經在 Abaqus/CAE 的 session 中，可從主選單中選擇 File → New。

   Abaqus/CAE 會進入零件模組，而模型樹會出現在主視窗的左方，在模型樹與畫布之間是零件模組的工具盒。進階使用者可不必使用主選單而改用工具盒中的小圖示執行操作。在大部份的操作工具中，即使您選擇主選單或者是模型樹執行操作，工具盒中相對應的小圖示也會被標記，以讓您熟悉它的位置。

3. 在模型樹中，雙擊 Parts 子項目群，即會顯示 Create Part 的對話框讓您建立零件，而在 Abaqus/CAE 下緣的提示區會引導使用者如何完成此步驟。

   您可以利用 Create Part 對話框來命名零件、選擇模型維度空間、類型、基本特徵及設定草圖繪製所需的約略尺寸。而在建立零件後仍然可以編輯零件或是重新命名；您也可以修改零件的模型維度空間與類型，但不能改變其基礎特徵。

4. 將零件命名爲 Beam，接受預設的三維的模型維度空間、可變形的類型、實體的基本特徵與擠出的類型，在 Approximate size 的空格中填入 300。

5. 點擊 Continue，Abaqus/CAE 會自動進入草圖模組，草圖模組的工具盒會顯示在主視窗的左側，而草圖的格線（grid）也會顯示在圖形視窗中。草圖模組包含了基本的繪圖工具讓使用者繪製零件的草圖輪廓，當使用完繪圖工具時，可以點擊滑鼠鍵 2 或是直接選取新的繪圖工具來繼續繪製草圖。

> **提示**：如果您將滑鼠指標移至 Abaqus/CAE 中的任何工具上一小段時間，便會顯示此工具的功能說明小視窗。

接下來的草圖模組觀念將會幫助您繪製出您想要的幾何：

- 草圖模組的格線能幫助您定位游標與校準物件
- 兩條虛線分別代表了草圖的 X 軸與 Y 軸，而虛線的交叉點代點草圖的原點
- 圖形視窗左下角的三軸座標工具說明草圖平面與零件之間的關係
- 當您選擇草圖繪製工具時，Abaqus/CAE 會在圖形視窗的左上角顯示游標的 X 與 Y 座標。

6. 使用矩形繪製工具 ⬜ 畫出懸臂樑的輪廓，矩形繪製工具將會被標記以說明您現在正在使用它，Abaqus/CAE 在提示區也會引導使用者如何完成此步驟。

7. 在圖形視窗中依照下列的步驟繪製出矩形：

   a. 首先約略的畫出大概的樑輪廓，再使用約束與尺寸標記工具修正草圖，選擇任意兩點做為矩形的兩對角點。

   b. 在圖形視窗中的任意位置點擊滑鼠鍵 2，離開矩形工具。

> **注意**：如果您的滑鼠只有兩個按鍵，則必須兩個按鍵一起按壓以取代三鍵滑鼠的鍵 2 功能。

   c. 草圖模組將會自動施加約束在草圖中(此例子中的矩形的四個角會自動施加上直角約束，並且一個邊會被施加上水平約束)。

   d. 使用尺寸標記工具 ⬚ 度量矩形的頂邊與左側邊，頂邊應施加上水平尺寸 200mm，左側邊應施加上垂直尺寸 20mm，在邊上施加尺寸時只要簡單的點擊滑鼠鍵 1 來定位尺寸的標註位置，接下來在提示區輸入尺寸數值。

   e. 最終的草圖如圖 B-5。

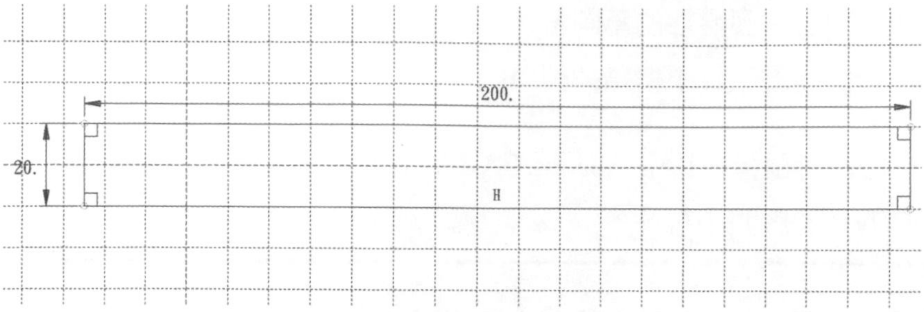

圖 B-5　矩形的草圖

8. 如果您在草圖模組裡有錯誤的操作，您可以在草圖中刪除線，詳細的操作如下：

   a. 從草圖工具盒中點擊 Delete 工具 。

   b. 從草圖中，點擊一條線做為選擇的物件，Abaqus/CAE 會將選擇的線以紅色標記顯示。

   c. 在圖形視窗中按下滑鼠鍵 2 即可刪除線。

   d. 若有需要，則重複步驟 b 與 c。

   e. 按下滑鼠鍵 2 結束 Delete 工具。

> **注意**：您也可以使用上一步工具 與下一步工具 來修改您先前的操作。

9. 從提示區點擊 Done 或滑鼠鍵 2，離開草圖模組。

> **注意**：如果您沒看見 Done 的按鈕，繼續點擊滑鼠鍵 2，直到此按鈕顯示。

10. 因為使用擠出的方式生成實體，Abaqus/CAE 會顯示 Edit Base Extrusion 對話框以指定要擠出的深度（除此之外也可以選擇其他的擠出參數），在 Depth 空格，將預設的數值 30 改為 25，點擊 OK 接受此數值。

    Abaqus/CAE 將顯示新零件的等角視圖，如圖 B-6。

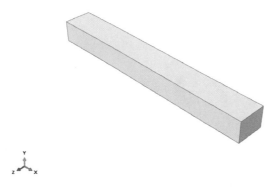

圖 B-6　樑的等角視圖

為幫助您在建模的過程中定位懸臂樑，Abaqus/CAE 會在左下角顯示全域坐標系統。

11. 在繼續操作前，先儲存您的模型。

   a. 從主選單中，選擇 File → Save，會顯示 Save Model Database As 對話框。

   b. 在 File Name 空格為新模型輸入一個名稱，接著點擊 OK(您不需要輸入副檔名，Abaqus/CAE 自動會在檔名後面加上 .cae 做為副檔名)。

Abaqus/CAE 會將模型資料儲存成一個新的檔案然後回到零件模組下，Abaqus/CAE 的標題列會顯示此模型檔的路徑與名稱，您應該在固定的時間點儲存模型(例如，每次切換模組的時候)。

與主題相關資訊也參閱線上手冊，並搜尋：

- "The Part module"
- "The Sketch module"
- "Customizing the Sketcher"
- "Editing a feature"

B.4　建立材料

在此懸臂樑指導手冊中，您將建立一個楊氏係數為 209 x 10³ MPa 與蒲松比為 0.3 的線彈性材料。

定義材料：

1. 在模型樹中，雙擊 Materials 子項目群建立一個新的材料，Abaqus/CAE 會切換到材料模組並顯示 Edit Materials 對話框。

2. 將材料命名為 Steel，瀏覽選單列可以看到所有可用的材料選項，有些選單下包含了子選單；舉例來說，圖 B-7 顯示了項目 Mechanical → Elasticity 下可用的功能選項，當您選擇一個材料選項，適當的資料輸入表格便會顯示在此對話框中。

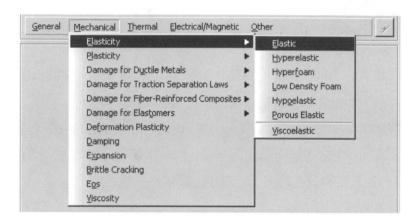

圖 B-7　Mechanical 選項下可用的子選單

3. 從材料編輯器的選單列，選取 Mechanical → Elasticity → Elastic，Elastic 對話框就會顯示在 Abaqus/CAE 中。

4. 輸入楊氏係數為 209.E3 與蒲松比為 0.3，如圖 B-8（可以使用[Tab]按鍵切換空格或使用滑鼠游標點選空格）。

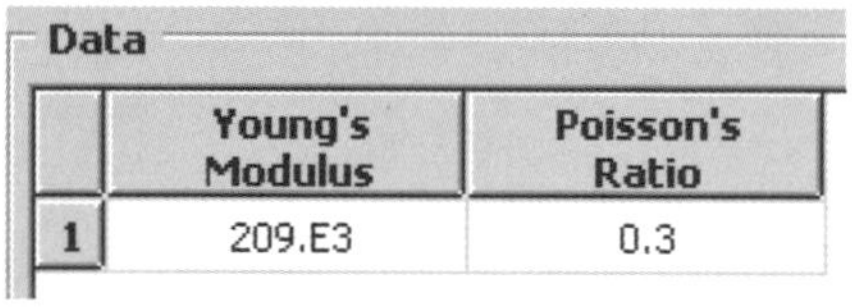

	Young's Modulus	Poisson's Ratio
1	209.E3	0.3

圖 B-8　在資料欄中輸入材料系數

5. 點擊 OK 離開材料編輯器。
    與主題相關資訊也參閱線上手冊，並搜尋：

    *   "Creating materials"

B.5　定義與指定截面性質

您將定義零件的截面性質，在生成截面性質之後，您可以任選下列任一種方法來指定截面性質到當前圖形視窗中的零件上：

- 您可以直接以滑鼠選擇要指定截面性質的區域。
- 您也可以使用集合工具，建立要施加性質的區域的集合，然後指定截面性質在此集合上。

在此懸臂樑指導手冊中，您將建立均質的實體截面，此實體截面會包含材料 Steel，然後在圖形視窗中選擇樑零件來指定截面性質。

∾ B.5.1　定義均質實體截面

均質的實體截面是使用者能建立的最簡單的截面類型，截面中只包含材料的資料與平面應力/應變的厚度定義。

定義均質的實體截面：

1. 在模型樹中，雙擊 Section 子項目群來建立截面，會顯示 Create Seciton 對話框。

2. 在 Create Seciton 對話框中：
   a. 將截面性質命名為 BeamSection。
   b. 在 Category 列表中，接受 Solid 為預設的類別選項。
   c. 在 Type 列表中，接受 Homogeneous 為預設的類型選項。
   d. 點擊 Continue 按鈕，會顯示 Edit Section 對話框。

3. 在對話框中：
   a. 接受預設的 Steel 做為截面的 Material。
   b. 點擊 OK。

   與主題相關資訊也參閱線上手冊，並搜尋：
   - "Creating and editing sections"

✎ B.5.2 指定懸臂樑的截面性質

截面性質 BeamSection 必須指定在零件上。

將截面性質指定給懸臂樑：

1. 在模型樹中，展開名為 Beam 的零件分支，先點擊"+"展開 Parts 子項目群，然後再點擊 "+" 展開 Beam 項目。

2. 在零件屬性中雙擊 Section Assignments，Abaqus/CAE 在提示區也會引導使用者如何完成此步驟，提示區會提供選項是否要一併建立集合。(可視需求自行決定)

3. 選擇樑零件的任意位置來施加截面性質，Abaqus/CAE 會標記已選擇的樑零件。

4. 在圖形視窗中點擊滑鼠鍵 2 或是在提示區按下 Done 完成選擇。

5. 接受預設的 BeamSection 做為截面的選項，然後點擊 OK，Abaqus/CAE 會施加實體截面在樑零件上，且會將樑零件以淺綠色顯示，以表示截面性質已指定完畢，接著會自動關閉 Edit Section Assignment 對話框。

注意下列的幾個關鍵：

- 當您指定截面性質在零件上時，也會一併的將材料性質指定在零件上。

  與主題相關資訊也參閱線上手冊，並搜尋：

- "Creating and editing sections"

- "Assigning a section"

B.6   組裝模型

每個建立完成的零件，都是使用零件本身的座標系統，零件與零件的座標系統彼此是獨立的。雖然模型通常會包含許多零件，但只會有一個組裝件，因此您必須在在組裝模組中選擇零件來建立組成件，然後將這些組成件定位到全域坐標系。組成件可以與零件獨立或相依，當組成件被定義為相依時，只能在各部個零件上建立網格，且零件的網格與其組成件完全一樣，此部分在線上手冊有更深入的討論，可搜尋"Working with part instances"。

依照懸臂樑的指導手冊，您將建立一個懸臂樑的組成件，預設上 Abaqus/CAE 會將零件座標的原點對齊全域坐標系的原點。

組裝模型：

1. 在模型樹中，展開 Assembly 子項目群，然後雙擊列表中的 Instance，Abaqus/CAE 會切換到 Assembly 模組中並顯示 Create Instance 對話框。

2. 在對話框中選擇 Beam 然後點擊 OK，Abaqus/CAE 會建立一個懸臂樑的組成件並且以等角視圖顯示，懸臂樑的組成件便定義完畢，第二個座標系統會顯示在圖形視窗中表示全域座標系統的方向性與原點位置。

3. 在 View Manipulation 工具列中，點擊旋轉視圖工具 ⟲，當您將游標移回圖形視窗中，會顯示一個圓。

4. 在圖形視窗中拖曳游標以旋轉模型並檢視模型的每一個視角，您可以點擊在提示區中的 Select 按鈕選擇旋轉中心；您選擇的旋轉中心在當前物件所在的圖形視窗中會被保留，點擊 Use Default 可以回復預設值(以圖形視窗的中心位置作為旋轉中心)。點擊滑鼠鍵 2 離開旋轉模式。

5. 在 View Manipulation 工具列中有許多常用的工具(平移 ✛、縮放 🔍、聚焦 🔍 與自適顯示 ⛶)可以幫助您檢視您的模型，試著操作以上工具，直到使用上覺得順暢。同時也可以使用求助工具 ▶? 得到更詳細的工具說明。

使用三維羅盤可以直接檢視視窗，點擊羅盤並拖曳可以讓您平移或旋轉您的模型，舉例來說：

- 點擊與拖曳三維羅盤工具上的座標軸，可以沿著軸平移模型。
- 點擊與拖曳三維羅盤工具上底面的四分之一圓面，可以沿著面平移模型。
- 點擊與拖曳三維羅盤工具上的三個弧線，可以沿著平面的法向軸旋轉模型。
- 點擊與拖曳三維羅盤工具上的自由旋轉控制點(羅盤工具最頂部的點)，可以自由的旋轉模型。
- 點擊與拖曳三維羅盤工具座標軸的標籤，能將視角定為該軸的平面(所選擇的軸與圖形視窗互相垂直)。
- 雙擊三維羅盤工具的任意位置以指定視角。

有關三維羅盤工具的詳細討論可搜尋線上手冊"The 3D compass"。

與主題相關資訊也參閱線上手冊，並搜尋：

- "The Assembly module"

B.7 定義分析步

現在您已經有了要分析的模型，就可以定義分析步，在此懸臂樑指導手冊中，此分析會有兩個分析步：

- 一個初始分析步，您將施加邊界條件在此步驟中以拘束懸臂樑的末端。
- 一個靜態通用分析步，在此步驟中您將施加壓力負載在懸臂樑的上表面。

Abaqus/CAE 會自動產生初始分析步，但是您必須建立自己的分析步，您也能在分析步中設定輸出參數。

᧕ B.7.1 建立分析步

在初始分析步之後建立一個靜態通用分析步。

建立一個靜態通用分析步：

1. 在模型樹中，雙擊 Step 子項目群以建立分析步，Abaqus/CAE 會切換到 Step 模組中並顯示 Create Step 對話框，預設的分析步名稱為 Step-1， 通用程序可以執行線性與非線性分析。

2. 將分析步命名為 BeamLoad

3. 在 Create Step 對話框裡可用的通用分析步列表中選擇 Static, General 然後點擊 Continue。

4. 預設會選擇 Basic 頁面，在 Description 子項目群中輸入 Load the top of the beam。

5. 點擊 Incrementation 頁面並接受預設的時間步設定。

6. 點擊 Other 頁面檢視其內容，接受此分析步預設的設定。

7. 點擊 OK 建立分析步並離開 Edit Step 對話框。

與主題相關資訊也參閱線上手冊，並搜尋：

- "The Step module"
- "Understanding steps"

✎ B.7.2 設定輸出參數

當您提交分析作業時；Abaqus/Standard 或 Abaqus/Explicit 會寫出結果到輸出檔案中，建立任一個分析步後，您可以使用 Field Output Requests Manager 與 History Output Requests Manager 執行以下操作：

- 選擇要指定輸出的模型區域。
- 選擇要指定輸出的參數。
- 選擇要指定輸出的樑元素或殼元素截面點。
- 改變輸出結果的頻率。

當您建立一個分析步，Abaqus/CAE 會產生一個預設的輸出參數，參閱本書附錄 D.2 節"在輸出資料庫檔裡有甚麼輸出變數？"以獲得更多場變數與歷史變數輸出參數的資訊。

在此懸臂樑指導手冊中，檢視輸出參數並接受預設值。

檢視您的輸出參數：

1. 在模型樹中，對 Field Output Requests Manager 子項目群點擊滑鼠鍵 3 並從顯示的選單中選擇 Manager，Abaqus/CAE 會顯示 Field Output Requests Manager 視窗，而已存在的輸出參數設定會按照名稱字母順序排列顯示於對話框左方的區域，所有模型的分析步名稱會按照執行順序顯示於對話框上緣，這兩個列表組成的表格顯示了各個分析步的輸出參數的執行狀態。

2. 回顧您建立的名為 BeamLoad 的 Static, General 分析步中由 Abaqus/CAE 自動產生的預設輸出參數，跟此輸出參數相關的資訊會顯示在表格下緣：
   - 與此輸出參數相關的分析步類型。
   - 輸出參數列表。
   - 輸出參數狀態 。

3. 在 Field Output Requests Manager 的右側，點擊 Edit 檢視更詳細的輸出參數資訊，進入輸出參數編輯器後，在對話框的 Output Variable 區域的文字方塊中顯示了所有可選擇的輸出參數，若您修改了輸出參數，您可以選擇文字方塊的 Preselected defaults 回到預設的設定。

4. 點擊各個輸出類別標題左側的箭號按鈕，能檢視確實的每個輸出變數，每個類別標題旁邊的核取方塊允許您一眼就看到在該類別中的所有變數是否都會輸出，若在核取方塊中顯示勾號則表示此類別標題的所有變數都會輸出，若顯示顏色方塊則表示只有部分參數會輸出。

   基於所勾選的選項，在對話框的底部，資料會在預設的模型截面點做輸出，資料將在分析中的每個增量後被寫出成檔案。

5. 點擊 Cancel 以關閉場變數編輯器，因為我們不希望對預設值做任何修改。

6. 點擊 Dismiss 以關閉 Field Output Requests Manager。

注意：Dismiss 與 Cancel 的差別為何呢？在對話框顯示的 Dismiss 按鈕允許使用者退出時紀錄修改的資料，舉例來說，若您在場變數編輯器中修改了輸出選項，按下 Dismiss 按鈕與許您直接離開編輯器，且保存修改，而 Cancel 按鈕則允許您離開對話框且不儲存任何修改。

---

7. 回顧歷史輸出變數，與場變數的方法相同，在模型樹中對 History Output Requests 子項目群點擊滑鼠鍵 3，然後開啓歷史變數編輯器。

   與主題相關資訊也參閱線上手冊，並搜尋：

   • "The Step module"

   • "Understanding output requests"

B.8 施加模型的邊界條件與負載

分析的設定條件，像是負載與邊界條件，是與分析步相依的，所以我們必須先指定分析步，才能進行負載與邊界條件的設定，現在我們已經定義了分析步，所以可以定義下列的分析條件：

   • 一個邊界條件用以拘束懸臂樑的一端的 X-、Y-、Z-方向，邊界條件會在初始分析步中施加。

- 一個負載施加在懸臂樑的上表面，負載會在通用分析步中逐漸施加。

B.8.1　施加一個邊界條件在懸臂樑的一端

建立一個邊界條件使得懸臂樑的一端受到拘束。

施加一個邊界條件在懸臂樑的一端：

1. 在模型樹中，**雙擊** BCs 子項目群，Abaqus/CAE 會切換到 Load 模組，然後顯示 Create Boundary Condition 對話框。

2. 在 Create Boundary Condition 對話框：
   a. 將邊界條件命名為 Fixed。
   b. 在分析步的列表中選擇 Initial 作為邊界條件啟用的分析步。
   c. 在類別列表中，接受 Mechanical 做為預設的類別選擇。
   d. 在 Types for Selected Step 列表中，接受 Symmetry/Antisymmetry/Encastre 做為預設的選擇類型，然後點擊 Continue，Abaqus/CAE 在提示區會引導使用者如何完成此步驟。

3. 您將固定住懸臂樑的左端表面，需選擇的面如圖 B-9。

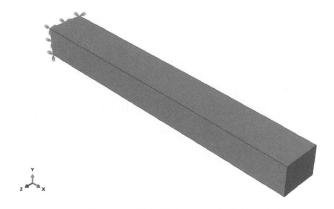

圖 B-9　選擇施加邊界條件的區域

旋轉視角以選擇此面，點擊 OK 確認您的選擇。

4. 在圖形視窗中點擊滑鼠鍵 2，或是按下提示區中的 Done 表示您已經完成選取，會顯示 Edit Boundary Condition 對話框。

5. 在對話框中
   a. 勾選 ENCASTRE。

b. 點擊 OK 以建立邊界條件並關閉對話框，Abaqus/CAE 會在所選擇的面上每個邊的角點與終點顯示箭頭符號，表示以施加上自由度的拘束，單箭頭的符號表示平移自由度的拘束，雙箭頭的箭號表示旋轉自由度的拘束，ENCASTRE 邊界條件將會拘束所有的自由度。

6. 在模型樹中，於 BCs 子項目群點擊滑鼠鍵 3 並從顯示的選單中選擇 Manager，Abaqus/CAE 會顯示 Boundary Condition Manager，此管理器顯示邊界條件在初始分析步中為 created(啓用)，而在通用分析步 BeamLoad 中則是 Propagated(繼續啓用)。

7. 點擊 Dismiss 關閉 Boundary Condition Manager。
與主題相關資訊也參閱線上手冊，並搜尋：

- "The Load module"

⚘ B.8.2　施加負載在懸臂樑頂部

現在您已經固定了懸臂樑的一端了，接下來可以施加均布負載於懸臂樑的上表面，此負載會施加在您之前建立的靜態通用分析步中。

施加負載在懸臂樑頂部：

1. 在模型樹中，雙擊 Loads 子項目群，會顯示 Create Load 對話框。

2. 在 Create Load 對話框中：
   a. 將負載命名為 Pressure。
   b. 從分析步列表中，選擇 BeamLoad 做為負載施加的分析步。
   c. 在類別列表中，接受 Mechanical 做為預設類別選擇。
   d. 在 Types for Selected Step 列表中，選擇 Pressure 然後點擊 Continue，Abaqus/CAE 在提示區會引導使用者如何完成此步驟。

3. 在圖形視窗中選擇樑的上表面做為施加負載的表面，需選擇的面在圖 B-10 中以格子顯示。

4. 在圖形視窗中點擊滑鼠鍵 2 或在提示區按下 Done 表示您已經完成區域的選擇，會顯示 Edit Load 對話框。

5. 在對話框中：
   a. 輸入負載大小為 0.5MPa。

b. 接受預設的 Distribution 選項—Abaqus 將會在表面上施加均布負載。

c. 接受預設的 Amplitude 選項—Abaqus 將會在分析過程中緩慢的施加負載。

d. 點擊 OK 以建立負載並關閉對話框，Abaqus/CAE 會在上表面顯示指下向的箭頭符號，表示負 Y 方向的負載已被施加了。

6. 檢視 Load Manager 並注意新的負載在通用分析步 BeamLoad 中為"Created"。

7. 點擊 Dismiss 關閉 Load Manager。

與主題相關資訊也參閱線上手冊，並搜尋：

- "The Load module"

- "What are step-dependent managers?"

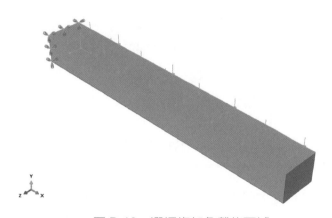

圖 B-10　選擇施加負載的區域

B.9　網格模型

您將建立有限元素網格，您可以選擇網格方法來建立所需的元素形狀與元素類型。Abaqus/CAE 可以使用多種不同的網格方法，當您進入 Mesh 模組中，Abaqus/CAE 會以顏色說明此模型，預設的網格方法預設網格方式為 Hex，如果 Abaqus/CAE 顯示模型為橘色，則表示此模型不能以您指定的網格方法建立網格。

✎ B.9.1　指定網格控制

在此章節中您將使用 Mesh Controls 對話框來檢視網格生成方法，而 Abaqus/CAE 將使用其對應的元素形狀來網格模型。

指定網格控制：

1. 在模型樹中，展開在 Parts 子項目群底下的 Beam 項目然後雙擊在列表中的 Mesh 子項目群，Abaqus/CAE 會切換到 Mesh 模組，此模組的功能只能在主選單或是圖示工具盒中執行。

2. 從主選單中選擇 Mesh → Controls，即會顯示 Mesh Controls 對話框，Abaqus/CAE 會將您的模型上色提示現在模型使用何種網格技術。由於 Abaqus/CAE 會使用 Structure mesh 網格懸臂樑，所以懸臂樑會以綠色顯示。

3. 在對話框中，接受 Hex 做為預設的 Elemant Shape 選擇。

4. 接受 Structure 做為預設的 Technique 選擇。

5. 點擊 OK 關閉對話框，Abaqus/CAE 將使用結構網格的方法來建立六面體形狀的元素。

✎ B.9.2　指定 Abaqus 的元素類型

在此章節中您將使用 Element Type 對話框來指定模型的元素類型，雖然此例題我們現在就指定了元素類型，但您也可以在網格建立後再指定元素類型。

指定 Abaqus 的元素類型：

1. 從主選單中，選擇 Mesh → Element Type，會顯示 Element Type 對話框。

2. 在對話框中，接受下列的預設選項來指定元素類型：
   - Standard 為預設的 Element Library 選項。
   - Linear 為預設的 Geometric Order。
   - 3D Stress 為預設的元素 Family。

3. 在對話框的下緣可以檢視元素形狀選項，在頁面下方會顯示一個簡短的敘述來說明預設元素的類型。由於此模型為三維實體模型，因此只有三維的實體元素適用，因此六面體元素會顯示對應到 Hex 頁面，三角柱元素對應到 Wedge 頁面以及四面體元素對應到 Tet 頁面。

4.　點擊 Hex 頁面，然後在功能選單中勾選 Incompatible modes，元素類型 C3D8I 的敘述會顯示在對話框的底部，Abaqus/CAE 會將網格指定為 C3D8I 元素。

5.　點擊 OK 關閉對話框。

與主題相關資訊也參閱線上手冊，並搜尋：

- "Controlling mesh characteristics"
- "Element library: overview"

✎ B.9.3　建立網格

基本的網格包含了兩個動作：首先在零件的邊緣上鋪上種子，再網格零件，種子的數量與模型邊緣上的元素大小或是元素數量相關，Abaqus/CAE 會盡可能的將節點放置於種子上，在此懸臂樑指導手冊中預設的種子會讓網格的形狀為規則的六面體。

網格模型：

1.　從主選單中，選擇 Seed → Part 來鋪設零件的種子，此時會顯示 Global Seeds 對話框，對話框中會顯示元素尺寸，Abaqus/CAE 會依此來鋪設種子。預設的尺寸會根據零件的尺寸大小自動作判斷。

2.　在對話框中，輸入估計的全域尺寸為 10.0 然後點擊 OK。

3.　在提示區中點擊 Done 以完成種子的定義，Abaqus/CAE 會將種子鋪設在零件上，如圖 B-11，您可以單獨的設定每一邊的種子數量，來進行更多的網格控制。

4.　從主選單中，選擇 Mesh → Part 來網格幾何零件。

5.　在提示區點擊 Yes 來確認要網格的零件，Abaqus/CAE 會網格幾何零件並顯示網格的結果，如圖 B-12。

與主題相關資訊也參閱線上手冊，並搜尋：

- "The Mesh module"
- "Advanced meshing techniques"
- "Seeding a model"

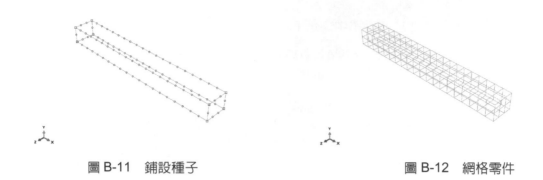

圖 B-11　鋪設種子　　　　　　　　　　圖 B-12　網格零件

B.10　建立分析作業與提交分析

現在您已經配置了您的分析，接下來就要為模型建立分析作業以及提交分析。

建立與提交分析作業：

1.　在模型樹中，雙擊 Jobs 子項目群以建立一個分析作業，Abaqus/CAE 會切換到 Job 模組，以及顯示 Create Job 對話框中包含模型列表的模型資料。

2.　將分析作業命名為 Deform。

3.　點擊 Continue 建立分析作業，會顯示 Edit Job 對話框。

4.　在 Description 區域，輸入 Cantilever beam tutorial。

5.　點擊各個標籤來回顧分析作業編輯器預設的設定，點擊 OK 接受所有的預設分析作業設定並關閉對話框。

6.　在模型樹中展開 Jobs 子項目群，在名為 Deform 的分析作業點滑鼠鍵 3 選擇 Submit 將分析作業提交求解。提交分析作業後，在分析作業名稱之後會顯示當前的模型執行的狀態，懸臂樑可能顯示的狀態如下：

- Submitted－當產生輸入檔時
- Running－當 Abaqus 在分析模型時
- Completed－當分析結束且輸出資料已被寫出完畢時
- Aborted－如果 Abaqus/CAE 在輸入檔發現問題或是分析作業中斷時，同時 Abaqus/CAE 會在訊息區中報告錯誤訊息。

7. 當分析成功完成時，您就可以使用視覺化後處理模組來檢視結果，在模型樹中對名爲 Deform 的分析作業點滑鼠鍵 3 選擇 Result 來進入視覺化後處理模組，Abaqus/CAE 會開啓計算結果以及顯示模型未變形的形狀。

B.11　檢視分析的結果

使用視覺化後處理模組來檢視 Abaqus/CAE 在分析過程中產生的結果資料，因爲您的分析作業名稱爲 Deform，故 Abaqus/CAE 會將您的分析結果命名爲 Deform.odb。

依照指導手冊您將檢視未變形與變形後的懸臂樑並繪製出分布雲圖。

檢視您的分析結果：

1. 在模型樹中選擇 Results 後，Abaqus/CAE 會進入視覺化後處理模組並開啓 Deform.odb 以及顯示未變形的模型，如圖 B-13。

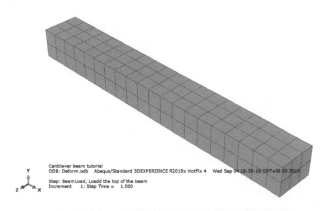

圖 B-13　未變形的模型(未顯示標題區塊)

標題區塊顯示下列資訊：
- 此分析作業的敘述。
- 參數資料的來源檔案。
- 分析是使用 Abaqus/Standard 還是 Abaqus/Explicit 並顯示版本。
- 參數資料建立的日期。

狀態區塊顯示下列資訊：
- 分析步的名稱與敘述。
- 分析步中的時間步。

- 分析步的時間。
- 當您檢視變形圖時，說明變形的參數與變形的比例係數。

Abaqus/CAE 會預設繪製出最後一個分析步的最後一個時間點的分析結果，您可以藉由提示區的按鈕來檢視不同時間點的分析結果。

2. 從主選單中，選擇 Plot → Deformed Shape 來觀察變形圖。

3. 點擊自適顯示 [圖示] 讓結果圖在圖形視窗中重新安排大小，如圖 B-14。

4. 從主選單中，選擇 Plot → Contours → On Deformed Shape 來檢視蒙氏應力(von Mises stress)分布雲圖，如圖 B-15。

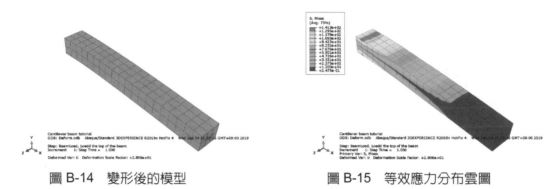

圖 B-14　變形後的模型　　　　圖 B-15　等效應力分布雲圖

5. 預設的分布雲圖顯示的參數取決於分析步；在此案例中，預設的分布雲圖顯示參數為等效應力，從主選單中選擇 Result → Field Output 以檢視可用的其他輸出參數。Abaqus/CAE 會顯示 Field Output 對話框，點擊 Primary Variable 標籤以選擇要顯示的輸出參數並選擇您關心的不變量或是分量，預設上 Stress components at integration points 的不變量 Mises 會被選擇。

> 提示：您也可以使用 Field Output 工具列來改顯示的場變數，可參閱線上手冊搜尋 "Using the field output toolbar"以獲得更詳細的資訊。

6. 點擊 Cancel 關閉 Field Output 對話框。

您已經完成此指導手冊。附錄 C" 於 Abaqus/CAE 中使用額外的技巧來建立和分析模型"將介紹新增加的技術來建立與分析模型，例如，您將建立與組裝多重的零件與定義接觸。附錄 D"查看分析結果"包含了更多視覺化後處理模組的詳細功能。

與主題相關資訊也參閱線上手冊，並搜尋：

- "Viewing results"
- "Plotting the undeformed and deformed shapes"
- "Contouring analysis results"

B.12　小結

- 當您建立一個新的零件時，需要命名(Name)與模型空間(Modeling Space)、選擇零件的類型(Type)、基礎特徵(Base Feature)與估計尺寸(Approximate size)。
- 當您建立或是編輯零件時，Abaqus/CAE 會自動進入草圖模組，您可以使用草圖模組繪製二維草圖輪廓。
- 在圖形視窗中點擊滑鼠鍵 2 表示您已經完成項目的選擇或功能的使用。
- 您可以建立材料並定義其性質，建立截面並定義其類別及類型。因為截面性質尚須指定其對應的材料，所以材料必須先行建立。
- 一個模型只會有一個組裝件，組裝件是由零件的組成件在全域座標下組成。
- Abaqus/CAE 會自動建立初始分析步，但您需要建立後續的分析步，使用分析步編輯器定義每個分析步。
- 當您建立一個分析步，Abaqus/CAE 會產生預設的輸出參數，使用 Field Output Requests Manager 與 History Output Requests Manager 來檢視哪些參數會被輸出。
- 可以從 Field Output Requests Manager 與 History Output Requests Manager 使用場變數與歷史變數編輯器來選擇輸出參數，也可以控制參數的輸出頻率與要輸出參數的區域，Abaqus/CAE 在分析進行時會寫出輸出資料到結果檔中。
- 分析的設定條件，像是負載與邊界條件，是與分析步相依的，所以必須先指定分析步，才能進行負載與邊界條件的設定。
- 管理器（manager）可以有效的檢視與修改各分析步的設定條件。
- 在負載模組中，您可以建立並定義模型在何處要施加負載。
- 儘管可以在建立組裝件後任何的時間點建立網格，但是一般來說會在建模的最後來建立網格，因為分析條件如邊界條件、負載與分析步是與幾何相關，而非網格。

- 您可以任意的在建立網格後或是建立網格前指定元素類型,可用的元素類型會與零件的幾何有關。
- 使用網格種子來定義網格概略的節點位置,可以根據零件邊上的元素尺寸或元素數目來定義網格種子。
- 您可以使用模型樹來提交分析作業與監看分析作業的執行狀態。
- 使用後處理可視化模組來檢視 Abaqus/CAE 在分析過程中產生的結果資料,您可以從輸出資料中選擇要顯示的參數,也可以選擇檢視增量步的分析結果。
- 您可以用下列的模式來顯示結果—未變形圖、變形圖與分布雲圖,您可以控制每個模式中顯示的設定,其設定在各模式間是互相獨立的。

於 Abaqus/CAE 中使用額外的技巧來建立和分析模型

Appendix B, "<u>Creating and Analyzing a Simple Model in Abaqus/CAE,</u>"解釋如何建立只有一個零件的簡單模型分析。對於有經驗的 Abaqus 使用者,在本章節提供一個進階的教學資料,其將會以一個較複雜的模型來說明。這個模型包含以下兩個層次:

- 此模型包含三個零件,此教學展示如何將零件進行組裝以及定義零件間的相互關係。

- 三個零件中,將會學到如何使用 Abaqus 來繪製零件,其中包含繪製草圖、建立參考幾何、切割和合併特徵以建立獨立的零件。此外,也會介紹零件幾何修改前後的重新生成。

  於 Appendix B, "<u>Creating and Analyzing a Simple Model in Abaqus/CAE,</u>"之中,你將於模型上設定截面特性、負載和邊界條件,你將鋪放網格、組織分析和運行計算分析。在本教學的結尾,你將看到分析的結果。整個教學大約需要三個小時來完成。

本教學假設你已經熟悉,<u>Appendix B, "Creating and Analyzing a Simple Model in Abaqus/CAE,</u>"描述的建模技巧包含:

- 使用檢視工具在視窗面中旋轉、放大和縮小一個物件。
- 跟隨提示視窗中的提示。
- 使用滑鼠點選選單零件、工具列零件和視角零件。

C.1 總覽

於本教學中，你將建立一個以插銷固定的鉸鍊。組裝完畢的零件和網格模型如(圖 C-1)。

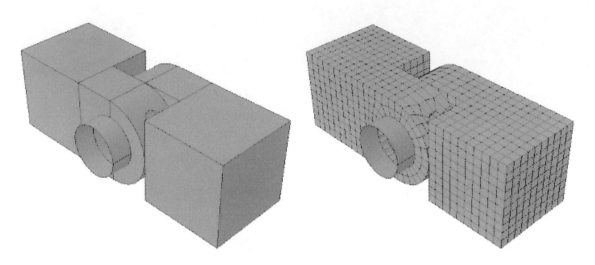

圖 C-1 教學中使用的鉸鍊模型。

教學資料包含了下列章節：

- 第 C.2 節，建立第一個鉸鍊。
- 第 C.3 節，設定鉸鍊的截面性質。
- 第 C.4 節，建立和修改第二個鉸鍊。
- 第 C.5 節，建立插銷。
- 第 C.6 節，組裝模型。
- 第 C.7 節，定義分析步。
- 第 C.8 節，建立接觸作用使用到的面。
- 第 C.9 節，定義模型中的接觸區域。
- 第 C.10 節，於組裝模型中設定邊界條件和負載。
- 第 C.11 節，建立組裝模型的網格。
- 第 C.12 節，建立和提交分析作業。
- 第 C.13 節，檢視分析結果。

C.2　建立第一個鉸鍊

以建立一個鉸鍊來開始本教學。Abaqus/CAE 模型是由幾何特徵所組成的，你將建立一個由幾何特徵組成的零件。這個鉸鍊包含了以下特徵：

- 一個方塊-基礎特徵，也是第一個零件特徵。
- 一個由方塊延伸出來的凸緣。其包了一個會有插銷穿過的大洞。
- 一個在凸緣邊緣的潤滑油注入小孔。

✎ C.2.1　建立方塊

建立方塊(從基礎幾何特徵上)，建立了一個三維擠出的實體，然後命名之。你必須於草圖上繪製其輪廓(0.04 公尺×0.04 公尺)，然後向外擠出一特定長度(0.04 公尺)，以完成前半部份的鉸鍊。上述的方塊如圖 C-2。

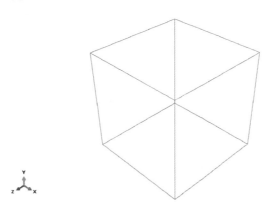

圖 C-2　先建立方塊的基礎幾何

> **注意**：於 Abaqus/CAE 中預設的渲染模式為 Shaded。明白的說，在教學資料中有許多圖面都使用"線架構(wireframe)"或是"隱藏線(hidden line)"的彩現模式。更進一步的資訊可參考線上手冊，並搜尋"Choosing a render style"。

建立方塊：

1. 開啟 Abaqus/CAE，然後新增一個模型資料庫。調整視窗的大小到可以跟隨教學資料和看到 Abaqus/CAE 的主畫面。Abaqus/CAE 進入零件模組後，於主視窗的左邊顯示模型樹。

2. 於模型樹中，連續點兩下 Parts 來建立一個新的零件。

出現 Create Part "的對話框。

於提示對話框出現告知你填入訊息於 Create Part 的對話框。Abaqus/CAE 會再提醒對話框中提示並引導你進行下一步的動作。

3. 將零件命名為 Hinge-hole。接受以下預設設定：

- 三維(Modeling)、可變形體(Type)。
- 實體擠出的基礎特徵(Base Feature)。

4. 在 Approximate size 的空格中，輸入 0.2。使用的長度單位公尺來建立鉸鏈的模型，其總長度為 0.14 公尺，因此 0.2 公尺對此零件是一個足夠大的近似尺寸。點擊 Continue 以建立零件。

進入草圖模組，其工具列顯示於畫布和模型樹中間。Abaqus/CAE 使用近似的零件尺寸來計算預設的繪圖紙大小，在此範例中為 0.2 公尺。另外，此範例中的草圖模組於繪圖紙上畫了 40 條格線，每條格線的距離為 0.005 公尺。(你也許只能看到少於 40 條格線的圖面，因為有些繪圖紙超出了圖形視窗的範圍了)

5. 從草圖模組工具盒，選擇矩形工具 ⊏┐ 。

6. 繪製一個任意的矩形，在圖形視窗中點選滑鼠鍵 2 以離開矩形工具。

7. 標註方塊的上邊和側邊的尺寸為 0.04 公尺。

重點提示：為了能成功的完成此教學資料，你必須注意尺寸的訂定不能有所偏差，不然你在後續的組裝中會遇到困難。

8. 點擊滑鼠鍵 2 離開草圖模組。

提示：點擊滑鼠鍵 2 的功能等同於在草圖模組的提示區中點擊預設按鈕-Done。

Abaqus/CAE 顯示 Edit Base Extrusion 的對話框。

9. 於對話框中，輸入 Depth 為 0.04，然後按下[Enter]。

Abaqus/CAE 離開草圖模組，最後顯示方塊的基礎特徵，如圖 C-2 所示。圖形視窗左下角的三軸座標代表 X-, Y-, Z-軸的方向。你可以於 Viewport → Viewport Annotation Options 之中關閉座標軸的指示，然後點擊 Show triad。(在本指導手冊中，為了更清楚的表示圖形，三軸座標有時會被關閉)

注意：預設中，Abaqus/CAE 使用字母，x-y-z，來標示視角的方向。一般而言，數字的 1-2-3 代表了與之相對應的自由度和輸出的指示。更多關於座標軸的指示標註，請看 Abaqus/CAE User's Manual 。

❧ C.2.2　於基礎特徵上加入凸緣

你將會在基礎特徵上新增一個實體特徵-凸緣。選擇方塊上的一個面進行輪廓的繪製，擠出厚度為方塊的一半。方塊和凸緣如圖 C-3。

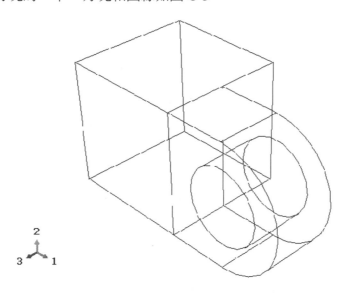

圖 C-3　在基礎特徵上增加的凸緣

於基礎特徵上加入凸緣：

1.　於主選單中，選擇 Shape → Solid → Extrude。

2.　選擇方塊上的一個面，將其定義為草圖平面，如圖 C-4 所示。

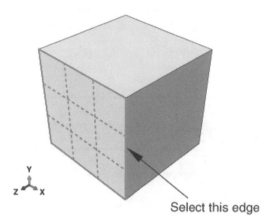
Select this edge

圖 C-4　選擇格點面並將其定義為草圖平面。在草圖模組中選擇圖中指示的邊。

當你在選取程序時停止移動滑鼠游標，Abaqus/CAE 會標記你選擇的邊。這個標記的行為稱之為"預選"。

注意：在 Abaqus/CAE 中有兩種預選的方式可用。一種是在圖形視窗中選擇物件，
另一種是在草圖模組選擇物件。更多進一步的訊息，也參閱線上手冊，並搜尋
"Highlighting objects prior to selection,",和"Turning preselection on or off," 。

3.　選取的邊會垂直放置於草圖右側，如圖 C-4 所示。

Abaqus/CAE 使用預選的功能協助你選擇想要的邊。

進入草圖模組，草圖會顯示基礎特徵的輪廓線當作參考幾何。Abaqus/CAE 依據選擇平面的尺寸放大視圖以適應草圖的尺寸；草圖區域的大小及格線間距將依照所選取的草圖平面而重新計算。改變草圖區域的大小和格線間距為原始設定並將自動計算的功能於目前的 session 停止，要使用位在草圖模組工具盒的工具選項 ⊟⁞⁞⁞ 。在 General 頁面，取消勾選草稿大小的 Auto，將其設定成 0.2；取消勾格線間距的 Auto，將其設定成 0.005。

提示：針對一個零件中所有的草圖要維持原本固定的繪圖紙大小和格線間距，你可以在繪製方塊基礎特徵時，於選項工具取消兩個 Auto 的設定。

建立的凸緣如圖 C-5。再次使用選項工具將格點距離加倍以複製出與圖 C-5 相同的視圖。

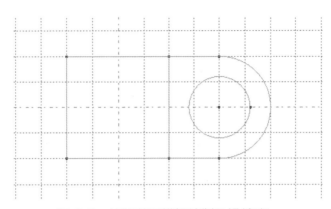

圖 C-5　使用草圖模組繪製凸緣輪廓。

4. 縮小繪製凸緣的區域

   a. 從 View Manipulation 公具列，選擇放大工具 🔍 。

   b. 將滑鼠游標移到圖形視窗的中央。

   c. 點擊滑鼠鍵 1 並往左拖曳，直到方塊約佔據一半的草圖空間為止。

   由於凸緣是由選取的草圖平面上延伸出去的，所以將視圖縮小是必要的。

5. 如之前所示，大略的形狀特徵會先繪製。在草圖模組工具盒中，選擇連線工具 ✖✖ 。

6. 繪製凸緣的矩形部份，畫出如下述的三條線段：

   a. 從基礎特徵方塊右上方任一點，劃一線段到方塊右上角。

   b. 再從右上角的點沿著方塊的邊連接右下角的點，這條件會自動被附加垂直的幾何限制，圖示上會以 V 顯示。

   c. 最後從右下角的點，在方塊右側取任意一個點，延伸此線段。

提示：如果你在繪製的過程中畫錯了，使用草圖模組工具 undo ↩ 或 delete ✐
來修正錯誤。

---

7. 於圖形視窗點擊滑鼠鍵 2 來結束連線工具。

8. 藉由定義以下的幾何限制和尺寸標記來修改草圖

   a. 使用幾何限制工具 使上下兩條線成為水平線 Horizontal。

   b. 在這兩條線上使用等長限制(使用[Shift]+Click 來選擇這兩條線)。

c. 以 0.02 公尺標記這兩條線。

其草圖如圖 C-6 所示

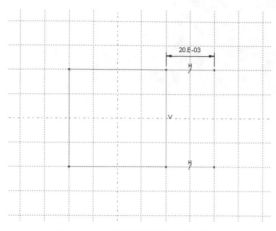

圖 C-6　繪製凸緣的方形部分

9. 以三點畫弧工具 ⌒ 新增一個半圓，將草圖輪廓封閉起來。

　　a. 選擇兩條線的開口端頂點當成圓弧的起始點和終點，以上方直線的開口端開始畫。在右側選擇任何一點當成圓弧的通過點。

　　b. 在圓弧與兩條直線的相交點定義切線限制 Tangent。

10. 在圖形視窗中點擊滑鼠鍵 2 來結束三點畫弧工具。

弧線繪製的結果如圖 C-7。

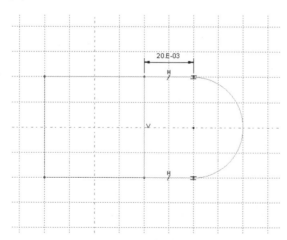

圖 C-7　增加凸緣的弧線部分

11. 從草圖模組工具列，選擇中心圓周工具 ⊙ 來繪製凸緣的圓孔。

a. 要將此圓孔的中心和圓弧中心共圓心，利用共圓心幾何限制 Concentric，確保圓孔與圓弧為共圓心。

b. 使用尺寸標記工具 ✎ 設定圓的半徑為 0.01 公尺。

c. 標註圓心和其圓周上的點的垂直距離。編輯尺寸標註使其距離為 0。(如果其間的距離已經是 0，擇你無法再新增一個垂直尺寸標註)。這個一系列的動作，目的為將所有圓周上的幾何特徵點調整到與圓心相同的水平面上。

> **注意**：當你產生網格時，Abaqus/CAE 會在線段的幾何頂點上放置元素節點，因此在圓周上的幾何頂點的位置將會影響最後產生的網格。將這些幾何頂點和圓心調整到相同的水平面上有助於提升網格的品質。

12. 最後的草圖如圖 C-8。

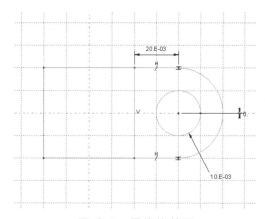

圖 C-8 最後的草圖

13. 點擊滑鼠鍵 2 來結束草圖模組。

Abaqus/CAE 以等角視圖來顯示擠出、繪製的輪廓線和以箭頭指示擠出的方向。預設的擠出方向總是朝向遠離實體的方向。並且 Abaqus/CAE 顯示 Edit Extrusion 對話框。提示：使用自適顯示視角操作工具 ⬚ 來調整凸緣的輪廓線和擠出於圖形視窗中。

14. 於 Edit Extrusion 對話框中

a. 接受預設的 Type 中的 Blind 選項，代表你必須給定擠出的深度。

b. 於 Depth 空格，輸入擠出長度 0.02。

c. 點擊 ↻ 反轉擠出方向，如圖 C-9。

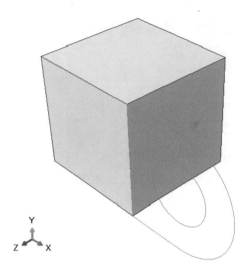

圖 C-9　完成凸緣草圖後顯示的擠出方向

d. 點擊 Keep internal boundaries。當你點選這個功能時，Abaqus/CAE 保留了位於擠出實體與原來的實體間的幾何面，因此擠出出來的凸緣與原本的實體沒有被融合在一起。(於指導手冊的最後，當你要產生網格時，這個內部的邊界面讓你不用再分割零件的基礎特徵與凸緣)

e. 點擊 OK 來建立實體的擠出。

Abaqus/CAE 顯示了由方塊和凸緣所組成的零件。使用自適調整視角操作工具 　　 來調整零件於圖形視窗中的大小。

C.2.3　修改特徵

每一個零件都由一系列的幾何特徵組成，而每一個幾何特徵又由一系列的參數來定義。例如基礎幾何(方塊)和第二個幾何特徵(凸緣)都由草圖和擠出構成。你藉著修改定義這些幾何特徵的參數來修改零件。以鉸鍊為例，你藉著更改凸緣草圖上的圓孔半徑從 0.01 公尺到 0.012 公尺來更改圓孔大小。

修改特徵：

1. 於模型樹中，展開 Parts 子項群底下的項目 Hinge-hole，接著展開 Features 的子項目群。展開 Feature 子項目群後，會列出的每個特徵的 Name 列表。於此範例中，已經建立兩個擠出的實體：基礎幾何特徵(方塊)，Solid extrude-1，和凸緣，Solid extrude-2。

2. 在 Solid extrude-2(凸緣)上點擊滑鼠鍵 3。

Abaqus/CAE 於視窗中標記選擇的幾何特徵。

3. 於跳出的選單選擇 Edit。

Abaqus/CAE 顯示特徵編輯器。在擠出實體中，你可以改變擠出深度、扭轉或牽伸(如果你在建立幾何特徵時有新增的話)和草圖中的輪廓。

4. 從幾何特徵編輯器中點擊 。

Abaqus/CAE 顯示第二個幾何特徵的草圖，然後幾何特徵編輯器就會先消失。

5. 從草圖模組工具盒中的編輯工具，選擇尺寸標註編輯工具 。

6. 選擇在圓上面的半徑標註(0.010)。

7. 於 Edit Dimension 對話框中，輸入新的半徑 0.012 然後按 OK。

Abaqus/CAE 只在草圖當中關閉對話框和改變圓的半徑。

8. 點擊滑鼠鍵 2 以結束尺寸標註工具。再次點擊滑鼠鍵 2 以結束草圖模組。

Abaqus/CAE 再一次顯示幾何特徵編輯器。

9. 點擊 OK 來重新生成經過更改半徑的凸緣，然後離開幾何特徵編輯器。

法欄上的圓孔被擴大了到新的半徑大小。

注意：在某些狀況下，重新生成幾何特徵會導致相依的幾何特徵失效。這時候，Abaqus/CAE 會問你是否要儲存你的改變以及關閉重新生成失敗的幾何特徵，或是回復到尚未更改的幾何特徵然後放棄你的更改。

C.2.4　建立草圖平面

凸緣上包含一個用來潤滑的小孔，如圖 C-10。

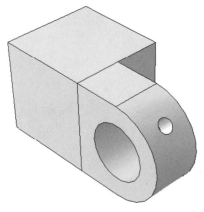

圖 C-10　鉸鍊和潤滑孔的彩現等角視圖

在設想的地方建立圓孔需要一個適當的基準平面，用來進行擠出切割的輪廓繪製，如圖 C-11。

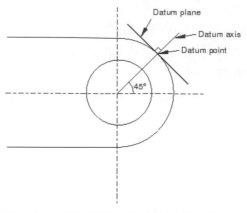

圖 C-11　基準平面和鉸鍊位置的二維圖面

在基準平面上繪製了一個圓，與凸緣相切，然後 Abaqus/CAE 於垂直基準平面及凸緣的方向挖出一個潤滑孔。

這裡包含了三個建立基準平面的步驟

- 在凸緣的圓周上建立一個基準點。
- 建立通過兩個基準點的基準軸。
- 建立通過在圓周上的基準點且垂直於基準軸的基準平面。

建立草圖平面：

1. 從主選單中選擇 Tools → Datum.

    Abaqus/CAE 顯示 Create Datum 對話框

2. 沿著凸緣的圓弧上建立一個基準平面會通過的基準點。從 Create Datum 對話框中選擇 Point 的基準類型。

3. 從選單中點選 Enter parameter。

4. 如圖 C-12 選擇凸緣圓弧。注意箭頭的方向代表邊緣從 0.0 到 1.0 漸進增加的參數。無法改變箭頭的方向。

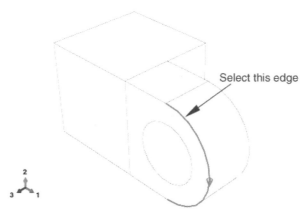

圖 C-12　建立一個沿著凸緣圓弧的基準點

5. 在提示區對話框中，輸入正規化的邊長的參數然後按[Enter]。如果箭頭方向和圖 C-12 中一樣，輸入 0.25 當作正規畫的邊長參數，如果箭頭指向相反的方向，則輸入 0.75 當作正規化的邊長參數。

   Abaqus/CAE 就會在選取的弧上建立出一個基準點。

6. 建立一條會成為基準平面垂直方向的基準軸。從 Create Datum 對話框，選擇 Axis 的基準類型。點選 2 points 的方法。

   Abaqus/CAE 會顯示可以用來建立基準軸的點。

7. 選擇圓孔中心的點(繪製圓孔輪廓時建立的)，和圓弧上的基準點。

   Abaqus/CAE 顯示通過這兩點的基準軸，如圖 C-13。

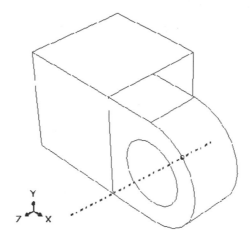

圖 C-13　建立由兩個基準點定義的基準軸。

8. 最後，建立垂直於基準軸的基準平面。從 Create Datum 對話框，選擇 Plane 的基準種類。點選 Point and normal。

9. 選擇在圓弧上的基準點使基準平面通過。

10. 選擇垂直於基準平面的基準軸。

    Abaqus/CAE 建立基準平面，如圖 C-14。

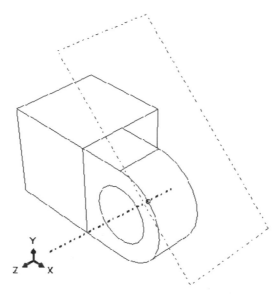

圖 C-14　建立垂直於基準軸的基準平面。

❦ C.2.5　繪製潤滑孔

　　下一個步驟是在凸緣上建立出一個潤滑孔，必須從先前建立的基準平面來切割凸緣上的實體。首先，要先在凸緣上建立一個代表圓孔圓心的基準點，如圖 C-15。

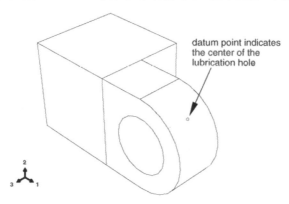

datum point indicates
the center of the
lubrication hole

圖 C-15　代表圓孔中心的基準點

建立潤滑孔圓心的基準點：

1. 從 Create Datum 對話框，選擇 Point 的基準類型。

2. 一樣選擇 Enter parameter。

3. 選擇凸緣的另一邊圓弧，如圖 C-16。

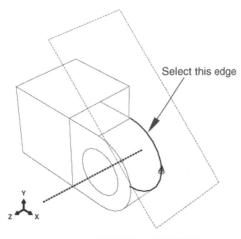

圖 C-16 選擇第二個圓弧邊

4. 注意箭頭的方向代表在邊上的參數增量，從 0.0 到 1.0。輸入正規化的邊的參數 0.75(或是 0.25，如果箭頭指向相反的方向如圖 C-16)，按[Enter]。
   Abaqus/CAE 建立一個沿著邊緣的點。

5. 從列表中選擇 Create Datum 對話框，選 Midway between 2 points。

6. 選擇第一個邊的基準點。

7. 選擇第二個邊的基準點。
   Abaqus/CAE 將在選擇的兩個基準點中間建立出一個新的基準點。

8. 選擇 Create Datum 對話框。
   這個練習中，展示了如何使用幾何特徵來的方法來進行設計。在 Abaqus/CAE 中，基準點這樣一個特徵被用來定義凸緣圓弧上的中點。即使你變更了凸緣厚度，其潤滑孔的基準點一樣維持在中間。

繪製潤滑孔：

1. 從主選單中，選擇 Shape → Cut → Extrude。

2. 點選建立在凸緣相切的基準面。

3. 選擇方塊後方的邊，此邊會垂直出現在草圖的右側，如圖 C-17。

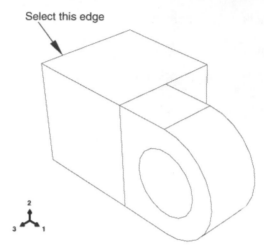

圖 C-17 選擇指定的邊使零件於草圖格點正確擺放

進入草圖模組後，會將零件的頂點、基準及邊投影到草圖平面上以做為參考的幾何。

> 提示：如果不確定草圖平面對於零件的方向，使用視角調整工具來旋轉及平移它們。
> 使用重新設定視角工具 ⊞ 來恢復到原始的視角。

4. 從草圖模組工具盒，選擇畫圓工具 ①ᶻ 。

5. 選擇在凸緣上的中心點做為基準點做為潤滑孔的中心。

6. 選擇其它點，點選滑鼠鍵 1。

7. 標註圓的半徑。將半徑設為 0.003 公尺。

8. 將潤滑孔圓心與周長點的垂直距離標註為 0。如先前所說的，這會改善網格生成時的品質。

9. 離開草圖。

    Abaqus/CAE 以等角視圖來顯示基礎零件及凸緣、潤滑孔的草圖和代表擠出切割的方向。Abaqus/CAE 同時顯示 Edit Cut Extrusion 對話框。

10. 從 Type 選單的 Edit Cut Extrusion 對話框，選擇 Up to Face 然後按 OK。

11. 選擇圓柱的內面，代表了要擠出的目標面，如圖 C-18。(因為最多只能選擇一個面，Abaqus/CAE 不會告訴你已經完成選取)。

    Abaqus/CAE 將從基準平面透過繪製圓孔的草圖開始切割到凸緣內側的面。

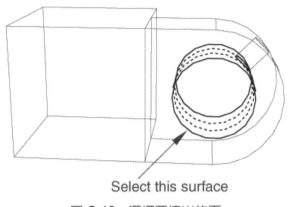

Select this surface

圖 C-18　選擇要擠出的面

12. 從 Render Style 工具列，必要的話可選擇陰影顯示工具 ⬜，並使用旋轉工具 ↻ 來查看零件及其特徵的方向，如圖 C-19(為了清楚起見，基準幾何在圖 C-19 中藉著選擇 View → Part Display Options → Datum 被隱藏，)

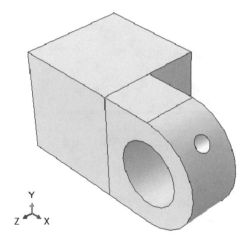

圖 C-19　第一個鉸鍊的等角視圖

提示：在旋轉零件後，使用循環視角工具 ↕ 來看之前的視角(最多有八個)，然後回復原視角。

13. 現在，我們已經完成模型的第一個零件，可以先進行存檔的動作。

    a. 從主選單，選擇 File → Save. Save Model Database As 對話框會出現。

    b. 在 File Name 空格幫新的檔案輸入名稱，然後按 OK。不需要再加入副檔名，Abaqus/CAE 會自動在檔名後加入副檔名.cae。

    Abaqus/CAE 儲存模型資料庫於新的檔案中，然後回到零件模組。可以看到模型的檔名出現在主視窗上方的標示欄。

如果需要中斷此指導手冊的操作，可以儲存模型資料庫，然後離開 Abaqus/CAE。 接著我們啟動 Abaqus/CAE, 可由選擇 Start Session 對話框的 **Open Database** 開啟已存檔的模型資料庫。模型資料庫將包含任何已建立的零件、材料、負載等資訊，然後可以繼續本部份的教學。

C.3　指定鉸鏈零件的截面性質

指定截面性質到零件的程序分成下面三個部分：

- 建立材料
- 建立含有參考材料的截面
- 指定截面到零件上或是零件的區塊上

∽ C.3.1　建立材料

建立名為 Steel 的材料，楊氏模數 209 GPa 和蒲松比 0.3。

定義材料：

1. 在模型樹中，雙擊 Materials 子項目群來建立一個新的材料。
Edit Material 對話框出現。

2. 命名材料為 Steel.

3. 由編輯器的選單欄中選擇 Mechanical → Elasticity → Elastic。
Abaqus/CAE 顯示 Elastic 的資料表格。

4. 在 Elastic 資料表格中的空格中，分別輸入楊氏模數 209.E9 和蒲松比 0.3。

5. 點選 OK 以離開材料編輯器。

ᔐ C.3.2　定義截面

下一步，將建立參照材料 Steel 特性的截面。.

定義截面：

1. 在模型樹中，雙擊 Sections 的子項目群來建立一個截面。

   Create Section 對話框出現。

2. 在 Create Section 對話框中：

   a. 命名截面為 SolidSection.

   b. 在 Category 列表，接受 Solid 的預設設定。

   c. 在 Type 列表，接受 Homogeneous 的預設設定，按 Continue。

   截面編輯器出現。

3. 在編輯器中，Steel 為選取的材料，然後按 OK。

   如果有定義其他材料，點選 Materia 空格旁的箭頭來選擇其他可用的材料。

ᔐ C.3.3　指定截面

指定鉸鍊的截面特性 SolidSection 到鉸鏈零件。

指定截面到鉸鏈零件：

1. 在模型樹中，展開 Parts 子項目群底下的 Hinge-hole 項目，雙擊列表中的 Section Assignments。

2. 以拖曳矩形框選鉸鏈的方式選擇整個零件。

   Abaqus/CAE 標記顯示整個零件。

3. 點擊滑鼠鍵 2 以結束選取指定截面區域的動作。

   接著 Edit Section Assignment 對話框跳出，並列出了現有的截面。由於沒有定義其他的截面存在，預設已在空格中選擇 SolidSection。

4. 在 Edit Section Assignment 對話框中，接受預設的 SolidSection，按 OK。

   Abaqus/CAE 指定截面特性到零件上，並將整個零件以水藍色著色，代表截面已經指定於該區域。

C.4 建立及修改第二個鉸鏈零件

在這個模型中，第二個零件和第一個鉸鏈零件的差別在於潤滑孔的部分。接下來將會複製第一個鉸鏈，然後把潤滑孔的特徵刪除。

∽ C.4.1 複製鉸鏈

首先，複製鉸鏈的零件。

複製鉸鏈：

1. 在模型樹中，在 Parts 底下的 Hinge-hole 上點擊滑鼠鍵 3，選擇 Copy。

   Abaqus/CAE 顯示 Part Copy 對話框

2. 在 Part Copy 的空格中(Copy Hinge-hole to:)，輸入 Hinge-solid，按 OK。

   Abaqus/CAE 建立了一個名為 Hinge-solid 的鉸鏈。這個複製的鉸鏈包含了原始鉸鏈的截面特性。

∽ C.4.2 修改複製的鉸鏈

現在你建立了一個實體鉸鏈，並且要刪除潤滑孔的幾何特徵。

修改複製的鉸鏈：

1. 在模型樹中，雙擊 Parts 子項目群的 Hinge-solid，使它成為當前要修改的零件。

   Abaqus/CAE 顯示這個零件於目前的圖形視窗中。在圖形視窗的標題欄上看看是哪一個零件被顯示。

2. 在 Hinge-solid 下展開 Features 子項目群。

3. 在零件的幾何特徵列表中，以滑鼠鍵 3 點選 Datum pt-1。

   Abaqus/CAE 標記顯示這個基準點，如圖 C-20。

4. 從跳出的選單點選 Delete。當要刪除選取的特徵時，Abaqus/CAE 會問是否要刪除任何和這個特徵相關聯的其他幾何。在這裡，被刪除的幾何叫做"母"特徵，而其它與之相關的叫做"子"特徵。Abaqus/CAE 標記所有將隨著"母"特徵一起被刪除的"子"特徵。由提示區的按鈕，點擊 Yes 來刪除基準點及全部的子特徵。

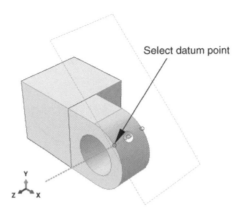

圖 C-20　刪除基準點及其子項目

Abaqus/CAE 刪除了基準點。Abaqus/CAE 也刪除了基準軸、基準面和潤滑孔等與基準點相關聯的特徵。

重點提示：已刪除的特徵是無法恢復的，若是不確定或是後續有用到的話，可使用抑制 Suppress 的方式。

C.5　建立插銷

最後完成的組裝，會包含一個插銷及兩個鉸鍊可隨插銷自由旋轉的零件。接下來將利用一個三維、旋轉繪製的曲面為解析剛體來模擬插銷。首先建立插銷及指定剛體的參考點；然後指定拘束條件於剛體參考點以限制插銷的移動。

C.5.1　建立插銷

建立插銷-三維、旋轉繪製解析鋼性面。

建立插銷：

1.　在模型樹中，雙擊 Parts 子項目群以建立一個新的零件。
　　Create Part 對話框出現。

2.　零件命名為 Pin. 選擇三維(Modeling Space)和改變類型(Type)為 Analytical rigid，基本特徵形狀(Base Feature)選擇 Revolved shell。

3. 接受 0.2 的約略大小(Approximate size)，按 Continue。

進入草圖模組，草圖平面顯示以固定位置條件拘束的綠色虛線為旋轉軸，繪圖時不能跨過這條軸線。

4. 由草圖模組工具盒中選擇連線工具 ✏. 於軸線右側繪製一條垂直線。

5. 標註垂直線與軸線的距離，輸入 0.012。

6. 標註垂直線的高度，輸入 0.06。

7. 點滑鼠鍵 2 來離開草圖模組。

草圖及最後會看到結果如圖 C-21。

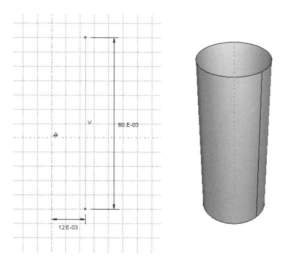

圖 C-21　建立一個旋轉繪製、解析鋼體的插銷

◈ C.5.2　指定剛體參考點

現在需要增加一個參考點給這個剛體的插銷。由於不需要給定質量或是轉動慣量於插銷，所以剛體的參考點可以擺放在圖形視窗的任何位置。在 Load 模組中增加拘束來限制插或定義其運動。加載於參考點上的運動就代表了整個剛體的運動。

可以從圖形視窗中的零件選擇參考點，或是鍵入它的座標。在本指導手冊，將由圖形視窗選擇參考點，如圖 C-22。

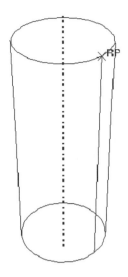

圖 C-22　建立一個在插銷上的剛體參考點

指定參考點：

1.　從主選單中，選擇 Tools → Reference Point。

2.　選擇插銷邊緣上的任一點。

Abaqus/CAE 標註 RP 於選取的點，代表參考點已經被指定。

C.6　組裝模型

下一個步驟，於組裝中加入要分析的零件組成件。將這些零件組成件利用全域座標系統來進行組裝，倘若沒加入組裝的零件，將不列入分析的工作中。

組成件維持與原始零件的關聯性。若是要更改了原始零件的幾何特性，必須由零件來修改，無法直接更改組合件的幾何特徵，更改完 Abaqus/CAE 將會自動更新組成件的特性以及反應零件的變更。組裝中可以包含單一零件的多個組成件。例如於金屬薄板鉚合中多次出現的鉚釘。

組成件可以定義其獨立或相依的特性。獨立的零件組成件需在組裝中建立網格；相依組成件的網格跟原始零件的網格是聯繫在一起的。零件的網格生成在的在後面的 C.11 章節，生成組裝網格"會討論。預設情形下，組成件都是相依的。

當你建立一個零件的組成件時，Abaqus/CAE 以基礎特徵草圖的座標原點疊加在組裝的全域座標原點上來放置組成件。此外,零件的草圖平面與全域座標中的 X–Y 平面對齊。

　　當你建立了第一個組成件,組裝模組會顯示全域座標的圖形用來指示座標原點及三軸的方向。可以利用這個座標的圖形來幫助你在全域座標底下如何放置選取的組成件。本指導手冊中,有潤滑孔的鉸鍊保持不動,只移動第二個鉸鍊及插銷。

❧ C.6.1　建立零件的組成件

首先,必須新增下列組成件

- 有潤滑孔的鉸鏈 Hinge-hole
- 沒有潤滑孔的鉸鏈 Hinge-solid
- 插銷 Pin.

建立有潤滑孔鉸鏈的組成件:

1. 在模型樹中,展開 Assembly 子項目群。雙擊列表中的 Instances 來建立新的組成件。Create Instance 對話框出現,對話框中保有模型內每個零件的列表–兩個鉸鏈及插銷。

2. 對話框中選擇 Hinge-hole。
   Abaqus/CAE 暫時顯示零件的影像。

3. 對話框中,點擊 Apply。

> **注意**:OK 和 Apply 的差別在哪裡呢?當你在 Create Instance 對話框按 OK 時,對話框就會關閉並新增一個組成件。當你在 Create Instance 對話框按 Apply,對話框會保留,並新增一個零件,這可以讓你新增下一個組成件。如果你只要新增一個組成件,按 OK,如果你要新增多個組成件,按 Apply。

　　Abaqus/CAE 建立了一個鉸鏈的相依的組成件,並且顯示一個圖形用來表示全域座標原點及三軸方向。Abaqus/CAE 命名這個組成件為 Hinge-hole-1 來代表它是 Hinge-hole 的第一個組成件。

> **注意**:組成件初始的位置是依照基礎特徵草圖的原點、X 及 Y 軸放置與全域座標的原點、X 及 Y 軸是重疊的。例如鉸鏈的基礎特徵是一個方塊。Abaqus/CAE 在

放置絞鏈的組成件時，會將繪製方塊的草圖的原點放置在全域座標的原點並對齊 X 及 Y 軸。

C.6.2　建立實心鉸鏈組成件

現在將建立第二個鉸鍊的組成件。為了不使兩個組成件重疊，我們可以使 Abaqus/CAE 將新的組成件沿著 X-軸的方向偏移。

建立鉸鏈組成件 Hinge-solid：

1. 從 Create Instance 對話框，勾選 Auto-offset from other instances。
   自動偏移的功能能防止新的零件與現有的零件互相重疊。

2. 從 Create Instance 對話框，點選 Hinge-solid 按 OK。

Abaqus/CAE 關閉對話框，沿 X-軸方向平移建立新的相依組成件，兩個鉸鍊是分開的，如圖 C-23。(為了顯示清楚，藉著 View → Assembly Display Options → Datum 的選項將基準幾何由塗彩視圖隱藏，如圖 C-23)。

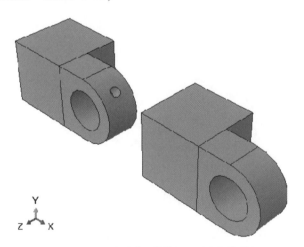

圖 C-23　建立組成件以及偏移複製

C.6.3　定位實心鉸鏈組成件

為了簡化移動及旋轉的步驟，組裝模組提供了一系列的工具來定義點線面之間的相對關係。你可以選擇組成件的面(或是一個邊)來移動一個組成件，稱之為"可動組成件"；你也可以選擇面(或是一個邊)來固定一個組成件，稱之為"固定組成件"，然後選擇以下一種位置的拘束條件。

Parallel Face

移動可動組成件直到兩個選定的面平行為止。

Face to Face

移動可動組成件直到兩個選定的面平行並且指定彼此間的距離。

Parallel Edge

移動可動組成件直到兩個選定的邊平行為止。

Edge to Edge

移動可動組成件直到兩個選定的邊共線,或指定彼此的間距。

Coaxial

移動可動組成件直到兩個選定的面共軸為止。

Coincident Point

移動可動組成件直到兩個選定的點共點為止。

Parallel CSYS

移動可動組成件直到兩個指定的基準座標系統平行為止。

Abaqus/CAE 將位置的拘束條件儲存為組裝的特徵,這些拘束可以被編輯、刪除、抑制。反之,移動及旋轉的動作則不會出現被儲存,也不會出現在幾何特徵的列表中。雖然位置拘束會被儲存為特徵,然而他們之間是沒有歷史繼承關係,也就是說,新的位置拘束可能會覆蓋掉之前的拘束。

在本範例中,你將會移動 Hinge-solid 鉸鍊,另一個包含潤滑孔的維持不動。你將會指定三種位置拘束使兩個鉸鍊擺放於正確的位置。

擺放 Hinge-solid 鉸鍊：

1. 首先，給予兩個鉸鍊拘束，使其凸緣面對面。從主選單中選擇 Constraint → Face to Face

2. 對於要移動的零件，選擇如圖 C-24 的面。

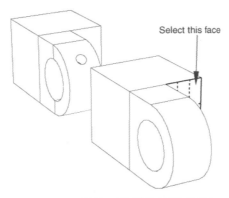

圖 C-24　選擇要移動的零件的面

3. 對於固定不動的組成件，選擇如圖 C-25 的面。Abaqus/CAE 標記選擇要移動的組成件的面為紅色，固定不動的組成件的面則為桃紅色。

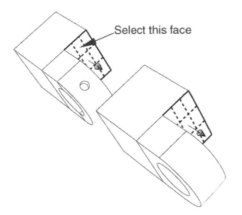

圖 C-25　選擇固定零件的面

Abaqus/CAE 顯示紅色的箭頭在這些選擇的面上，可動組成件的面會朝向與另一個箭頭相同的方向移動。如果需要的話，你可以改變箭頭的方向。

4. 在提示區中，點選 Flip 來改變箭頭的方向。當箭頭指向彼此時，按下 OK。

5. 在提示區的空格中，輸入 0.04，這會是這兩個面之間的法線垂直距離，按下[Enter]。Abaqus/CAE 旋轉了鉸鍊使兩選取的面平行，面之間的距離為 0.04，如圖 C-26。

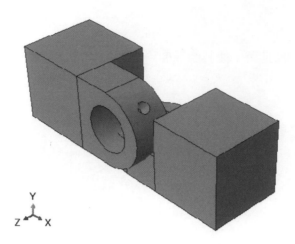

圖 C-26　Position 1：限制鉸鍊間的面

現在這兩個鉸鍊互相干涉是因為它們之間的相對位置還沒完全決定。需要再增加兩個相對位置的拘束來使其置於預期的位置。

6.　下一步，對齊兩個凸緣的圓孔。在主選單中，選擇 Constraint → Coaxial。

7.　選擇 Hinge-solid 的凸緣的圓孔，如圖 C-27(你會發現使用線架構的顯示方式有助於釐清其相對關係)。

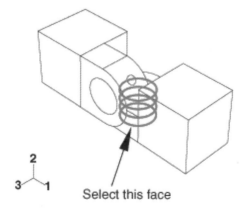

Select this face

圖 C-27　選擇可動組成件凸緣的圓柱面

8.　選擇含潤滑孔的鉸鏈的凸緣圓孔，如圖 C-28。

Abaqus/CAE 在選取的圓孔上顯示紅色的箭頭。

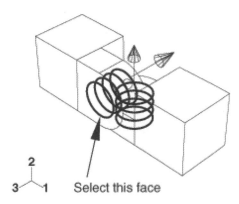

圖 C-28 選擇固定組成件的圓柱面

9. 在提示區點擊 Flip 來改變可動組成件的箭頭方向。當其箭頭朝下後,點擊 OK。

   Abaqus/CAE 將兩個鉸鏈的凸緣圓孔擺放於同軸的位置。

10. 使用旋轉工具 ↻ 幫助檢視兩個鉸鏈的相對位置,可以看到兩個組成件彼此干涉,
    如圖 C-29。

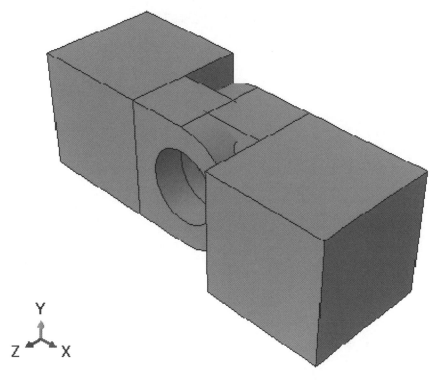

圖 C-29 Position 2:將兩凸緣圓孔指定同軸拘束條件

11. 最後,加入拘束條件以消除兩個鉸鏈之間的干涉。由主工具列選擇 Constraint → Edge
    to Edge。

12. 選擇 Hinge-solid 組成件的一邊緣,如圖 C-30。

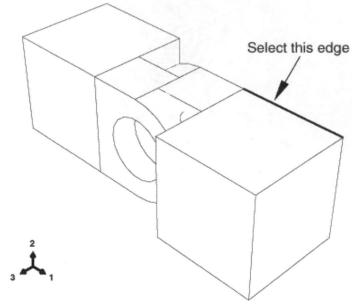

圖 C-30　選擇可動組成件的邊緣

13. 選擇有潤滑孔的鉸鏈的相對應的邊,如圖 C-31。

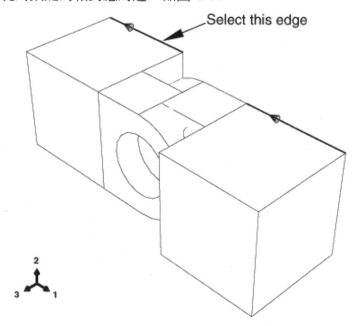

圖 C-31　選取固定組成件的邊緣

Abaqus/CAE 在選取的邊上顯示紅色箭頭。

14. 若有需要，將箭頭的方向改變爲同方向，然後按 OK 指定拘束條件。

　　Abaqus/CAE 變更兩個鉸鏈的位置，使兩個選取的邊緣是共線的，如圖 C-32。

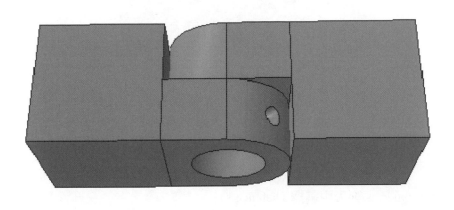

圖 C-32　Final position：限制鉸鏈的一邊緣，使其共線

∾ C.6.4　建立及定位插銷的組成件

　　你將建立一個插銷組成件，並且利用拘束及位移向量將插銷對稱地放置在凸緣圓孔內。爲了去定義位移向量，你可以選擇組裝的幾何端點或輸入座標。可以使用 Query 工具來決定向量大小。

擺放插銷：

1. 在模型中，雙擊 Instances 來打開 Assembly 底下的子項目群。

2. 在 Create Instance 對話框，取消 Auto-offset from other instances 然後建立一個插銷的組成件。

3. 給予拘束條件，使插銷置於和凸緣的圓孔同軸心的位置。如上一節將兩鉸鏈的圓孔對齊於同軸心，使用 Constraint → Coaxial。(可以選擇任一凸緣的圓孔做爲固定組成件的圓柱面，箭頭的方向在這裡不重要)。

　　Abaqus/CAE 將把插銷如圖 C-33 放置。

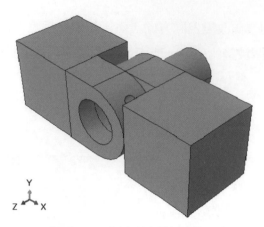

圖 C-33　對齊的插銷凸緣圓孔

4.　從主選單選擇 Tools → Query。

　　Query 對話框出現。

5.　從 General Queries 列表中選擇 Distance。

6.　Distance 工具，依需求量測向量兩點上的 X-, Y-, and Z-分量及距離。你需要去量測插銷端點到含潤滑孔鉸鏈凸緣圓弧邊的距離，如圖 C-34。

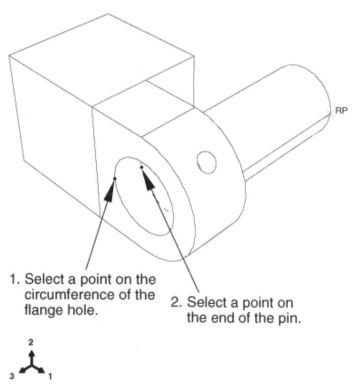

1. Select a point on the circumference of the flange hole.

2. Select a point on the end of the pin.

圖 C-34　決定移動的距離

a.　定義移動向量的起始端，選擇在凸緣圓孔上的點。

b.　定義移動向量的終點端，選擇插銷圓弧上的點。

在訊息區，Abaqus/CAE 以 X-, Y-, and Z-分量大小顯示點到點之間的向量長度。將插銷沿著 Z-方向移動 0.01 公尺。要將插銷放在對稱的位置上，則要移動 0.02 公尺。

7.　從主選單，選擇 Instance → Translate。

8.　選擇要移動的插銷，點 Done 代表已經選取完要移動的組成件。

9.　在提示區的空格，輸入向量的起點 0,0,0 終點 0,0,0.02。

Abaqus/CAE 將插銷移動沿著 Z-軸移動 0.02，並且暫時性的顯示要移動的組成件的新位置。

> 注意：如果暫時顯示的位置不正確，你可以按 Cancel (✖)來取消或是 Previous
> (←)回到上一個步驟。

10.　由提示區按下 OK。

完成的組裝如圖 C-35。

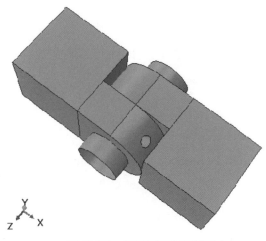

圖 C-35　顯示完成的樣子

11.　在進行下一步之前，將相對位置拘束轉換到絕對位置。選擇 Instance → Convert Constraints，框選全部的組成件(或是 Ctrl+A)，然後按提示區的 Done。(樹狀圖底下的相對拘束將會被刪除且固定目前位置，Assembly→Position Constraints)。

C.7 定義分析步

在你設定力量及邊界前,你必須爲分析模型設定不同的分析步。當分析步建立後,才可以依據每個分析步再設定負載、邊界條件與接觸等。

當你開始建立分析步時,Abaqus/CAE 根據不同的分析流程建立了一組預設的輸出變數,並設定輸出變數寫入資料庫的頻率。本指導手冊中會教你如何編輯輸出的變數及輸出變數的頻率。

C.7.1 建立分析步

這個鉸鏈的分析包含了一個初始分析步以及兩個分析步

- 在初始分析步指定邊界條件以及接觸。
- 在分析步驟一,允許開始接觸。
- 在分析步驟二,更改了施加在鉸鏈的邊界條件,並施加壓力在其中一鉸鏈。

Abaqus/CAE 預設已建立了初始分析步,必須建立兩個分析步。

建立分析步:

1. 在模型樹中點選 Steps 子項目群來建立一個新的分析步。
    Create Step 對話框出現。

2. 在 Create Step 對話框
    a. 將分析步命名 Contact。
    b. 接受預設流程類型(Static, General),按 Continue。
        分析步編輯器出現。

3. 在 Description 空格,輸入 Establish contact。

4. 點選 Incrementation 頁面,刪除 Initial 空格中的 1,將初始增量步大小設爲 0.1。

5. 按 OK 來建立分析步及關閉編輯器。
    名爲 Contact 的分析步出現在模型樹 Steps 子項目群中。

6. 用相同的方法建立名爲 Load.的步驟,在 Description 空格輸入 Apply load,在 Initial 空格輸入初始增量步 0.1。
    名爲 Load.的分析步出現在模型樹 Steps 子項目群中。

C.7.2　要求變數輸出

Abaqus/CAE 預設以較低的頻率或是整體模型輸出量大的物理量(field variable)用來產生變形圖，使用者可選擇必要的物理量(field variable)寫入到結果資料庫中或自訂寫出的頻率，Abaqus/CAE 會根據分析計算結果產生變形圖、分布雲圖及動畫。

針對小部份的模型計算結果可以較高頻率輸出特定的物理量，即使用歷時變數(history output)來寫入到結果資料庫中。舉例來說，輸出某個節點的位移，歷時變數(history output)輸出由計算結果產生 X—Y 圖及資料報表。當你建立歷時變數輸出，必須選擇變數的分量寫入到輸出資料庫中。

於步驟 Contact 和 Load 預設的 field output 變數如下：

- S (Stress components)。
- PE (Plastic strain components)。
- PEEQ (Equivalent plastic strain)。
- PEMAG (Plastic strain magnitude)。
- LE (Logarithmic strain components)。
- U (Translations and rotations)。
- RF (Reaction forces and moments)。
- CF (Concentrated forces and moments)。
- CSTRESS (Contact stresses)。
- CDISP (Contact displacements)。

預設中，Abaqus/CAE 於每個分析步中的每個增量步都輸出結果。在接下來的程序中，將學會如何更改輸出的頻率。另外，也會學到如何刪除不需要的輸出。

編輯輸出結果及指定輸出結果的頻率：

1. 在模型樹中，以滑鼠鍵 3 點擊 Field Output Requests 子項目群，選擇 Manager。

   Field Output Requests Manager 對話框出現。Field Output Requests Manager 是一個依附於分析步驟的管理器。於特定的分析步，我們可以建立、修改、或是停用出現在管理器中的物件。依附的管理器顯示每個列於管理器上的物件相關的訊息。舉例來說，在 Contact 這個分析步，Abaqus/CAE 將預設的場變數輸出命名為 F-Output-1。此外，

Abaqus/CAE 傳承了前一個分析步驟的設定到下一個分析步。詳細的說明請參閱線上手冊，並搜尋"Managing objects," 。

2. 從 Field Output Requests Manager，在 Contact 分析步中選擇 F-Output-1。點選管理器右側的 Edit。Contact 分析步的 Edit Field Output Request 出現。

3. 輸出計算結果的頻率選擇 Last increment，只產生此分析步最後一個增量步的計算結果。

4. 選擇 Exterior only 限制場變數輸出的範圍。

5. 點選 OK 去完成修改的設定。

6. 於 Field Output Requests Manager 中， Load 分析步底下選 F-Output-1，按 Edit。Load 分析步的 Edit Field Output Request 編輯器出現。

7. 設定輸出頻率 1，在每個時間增量步都產生結果輸出。

8. 從輸出變數的類別列表中，點擊 Contact 左側的箭頭。
能夠輸出的接觸的變數列表出現，列表的右側是變數的描述。

9. 取消勾選 CDISP 的變數輸出。
Contact 旁的確認框依然顯示藍色的標記，表示並非類別中全部的變數都會被輸出。
Edit Field Output Request 編輯器也會表示以下的訊息：
- 整個模型都會輸出。
- 計算結果在預設的截面點輸出。
- 輸出會包含局部座標轉換。

10. 點選 OK 以完成修改。
在 Field Output Requests Manager 的 Load 分析步狀態欄變為 Modified。

11. 在 Field Output Requests Manager 底部，按 Dismiss 關閉對話框。

❧ C.7.3　監控選擇的自由度

你可以定義特定的集合，而這集合允許包含部分或是全部的模型。一旦建立集合，可以使用它來指定接下來的工作：
- 於性質模組定義截面特性。
- 於交互作用模組建立接觸關係。

- 於負載模組定義負載和邊界條件。
- 在分析步模組要求模型輸出或是小部份區域的狀態 。
- 於後處理視覺化後處理模組顯示模型特定區域的結果。

在本範例中，我們將指定一個點的集合。當我們送交分析作業後，監控此點的自由度。

建立集合及監視特定的自由度：

1. 在模型樹，展開 Assembly 子項目群，雙擊 Sets 項目。
   建立 Create Set 對話框出現。

2. 將集合命名 Monitor, 按 Continue。

3. 選擇 Hinge-solid 鉸鍊的一點，如圖 C-36。

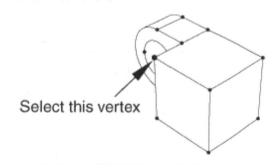

圖 C-36　觀察鉸鏈上一點的自由度

4. 點選 Done，結束選取幾何到集合中。
   Abaqus/CAE 建立了一個名為 Monitor 的節點集合，集合中包含我們選取的一點。

5. 從主選單中，選擇 Output → DOF Monitor
   DOF Monitor 對話框出現。

6. 勾選 Monitor a degree of freedom throughout the analysis。

7. 點選 ⇩，再由提示區的指示，選取右邊的 Points 按鈕，由 Region Selection 對話框選擇點集合 Monitor。

8. 輸入 1 於 Degree of freedom 空格，按 OK。

C.8 建立用於接觸交互作用的面集合

現在將定義模型中不同區域之間的的接觸。有兩種方法可以用於定義接觸行為。第一種是手動的方法,需要指定組成件上那些面構成接觸交互作用並指定個別的接觸行為。另一種方法是,讓 Abaqus/ CAE 自動識別和確定所有可能的接觸行為。若是模型有較複雜的接觸行為時,後者自動識別的方式較合適。自動定義接觸的選項僅適用於三維 Abaqus/Standard 模型。

在 C.9 小節,於模型區域之間指定接觸,使用手動(使用面集合來定義見接下來的教學)或自動(不使用定義的面集合,Abaqus/CAE 將自動選擇表面)的方式來定義接觸交互作用。然而,本手冊以教學為目的,無論你選擇何種方式來定義接觸相互作用,皆鼓勵大家完成面集合的設定步驟。

當以手動方式定義接觸,第一步是建立後續在交互作用中使用的面集合。預先建立面集合,並不是必要的工作;如果模型較簡單或表面容易選取,可以於建立交互作用時直接在圖形視窗中指定主面和從面。在本指導手冊中,指定個別的面集合很容易,參照這些表面的名稱來建立交互無用。將定義以下的面集合:

- 名為 Pin 的面集合,包含插銷外部表面。
- 兩個名為 Flange-h 和 Flange-s 的面集合,分別包含兩凸緣的接觸面。
- 兩個名為 Inside-h 和 Inside-s 的面集合,分別包含兩凸緣內側與插銷接觸的面。

❧ C.8.1 指定插銷的面集合

在本節中,將定義插銷的外表面。你會發現一次只顯示一個組成件,對於選取表面時是非常有幫助的。

隱藏組成件:

1. 於模型樹中,展開在 Assembly 下的 Instances 了項目群。

2. 選擇兩鉸鏈,點擊滑鼠鍵 3。

3. 從選單中選擇 Hide。
   兩鉸鏈將會被隱藏。

定義插銷上的面集合:

1.　於模型樹中，展開 Assembly 下的 Instances 子項目群，雙擊 Surfaces 物件。
　　Create Surface 對話框出現。

2.　對話框中，命名此面集合爲 Pin，按 Continue。

3.　由圖形視窗選擇插銷。

4.　於圖形視窗點滑鼠鍵 2，以結束選取。

　　此中空圓柱內側及外側的面分別使用不同顏色表示。在圖 C-37 中，插銷外側以咖啡色表示，插銷內側以紫色表示。兩側的面顏色可能會相反，這取決於當初是如何建立插銷的原始草圖。

圖 C-37　選取 Pin 的面集合

5.　必須選擇插銷和兩鉸鏈所接觸的面。

　　由提示區的按鈕，點擊外側的顏色(Brown 或 Purple)。

　　Abaqus/CAE 建立所需的面集合 Pin，並在模型樹 Surfaces 子項目群出現。

❧ C.8.2　指定鉸鏈的面集合

在本節中，將定義兩個鉸鏈之間的接觸面，鉸鏈和插銷之間的接觸面。

定義鉸鏈的面集合：

1.　回復被隱藏的 Hinge-hole-1，隱藏 Pin-1 和 Hinge-solid-1 (在 Instances 子項目群中，於組成件的名稱上按滑鼠鍵 3，選擇 Show 和 Hide)。

　　Abaqus/CAE 只顯示含潤滑孔的鉸鍊於圖形視窗中。

2.　模型樹中，雙擊 Assembly 子項目群下的 Surfaces。

　　Create Surface 對話框出現。

3.　對話框中，命名面集合為 Flange-h 按 Continue。

4.　於組成件上，選擇鉸鏈凸緣上與另一鉸鏈接觸的面，如圖 C-38 (需要旋轉畫面視角以看清楚)。

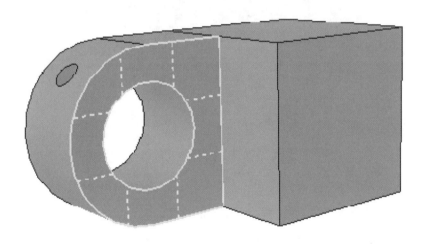

圖 C-38　選擇凸緣上的面定義面集合 Flange-h

5.　當你選擇想要的面後，點擊滑鼠鍵 2 確認。

　　Abaqus/CAE 建立合適的面集合叫做 Flange-h，並顯示在 Surfaces 子項目群下。

6.　建立凸緣與插銷接觸的內表面，並取名為 Inside-h 的面集合，如圖 C-39 (需要放大畫面來選擇這個面)。

7.　隱藏其他組成件，只顯示 Hinge-solid-1。

8.　使用相同的方法建立 Flange-s 的面，包含上述步驟相同位置的面。

9. 最後，建立叫做 Inside-s 的面集合，包含鉸鏈圓孔內側的圓柱面。

10. 回復原始設定的能見度(選擇 Instances 子項目群中三個組成件，點擊滑鼠鍵 3，於出現的視窗中點擊 Show)。

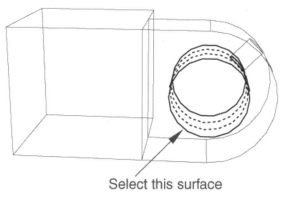

Select this surface

圖 C-39　選擇內表面定義面集合 Inside-h

C.9　定義模型區域之間的接觸

交互作用的建立是用來模擬面與面之間接觸或緊密排列的力學的關係。

因此還需要定義以下交互作用：

- HingePin-hole 交互作用定義了 Hinge-hole-1 和插銷間的接觸。
- HingePin-solid 交互作用定義了 Hinge-solid-1 和插銷的接觸。
- Flanges 定義了兩個鉸鏈之間的接觸。

每個交互作用需要一個參考的交互作用性質。交互作用性質可視為訊息的整合，幫助你定義某些特定類型的交互作用。在這三個接觸上，你將建立一個交互作用性質，取名為 NoFric，而這個性質在切線方向和法線方向都以無摩擦進行設定。

❧ C.9.1　建立交互作用性質

在本章節將建立力學接觸交互作用性質

建立交互作用性質：

1. 在模型樹中雙擊 Interaction Properties 子項目群來建立接觸性質。
   Create Interaction Property 對話框出現。

2. 在 Create Interaction Property 對話框。
   a. 將性質命名 NoFric。
   b. 於 Type 列表，接受 Contact 的預設。
   c. 點 Continue。
   Edit Contact Property 對話框出現。

3. 由對話框中的選單，選 Mechanical → Tangential Behavior，接受 Frictionless 為摩擦數學式。

4. 點 OK 儲存設定並關閉 Edit Contact Property 對話框。

∾ C.9.2 建立交互作用

在本節中，你將建立三組表面對表面的交互接觸作用。每組交互作用都必須參考方才建立的交互作用性質。你可以選擇自動或手動的任一種方式定義交互作用。請按照以下其中一種說明完成。如果兩種方法都嘗試，最後一定要刪除或抑制任何重複的接觸交互作用。

自動產生交互作用：

1. 由主選單，選 Interaction → Find contact pairs。

2. Find Contact Pairs 對話框中，點 Find Contact Pairs。
   五個潛在的接觸對被定義

3. 在對話框的 Contact Pairs 區：
   a. 點擊每個接觸對的名稱，使其在圖形視窗被標註。這使你了解所選擇的接觸交互作用。
   b. 將鉸鏈凸緣圓弧段和其對應鉸鏈的平面所形成接觸對刪除。選擇接觸對，點擊滑鼠鍵 3，選擇 Delete。
   c. 尋找含潤滑孔的鉸鏈與插銷之間的接觸對。將它重命名為 HingePin-hole。
   d. 尋找實心的鉸鏈與插銷之間的接觸對。將它重命名為 HingePin-solid。
   e. 將剩下的交互作用重命名為 Flange。如果有必要，交換主面和從面的位置，使含有潤滑孔的鉸鏈為主面，另一實心的鉸鏈為從面(在接觸對的名稱上點擊滑鼠鍵 3，在出現的選單選擇 Switch surfaces)。

> **提示**：你可以查看主面和從面的組成件名稱，以幫助在主從面的指定。在表單上的任何地方點擊滑鼠鍵 3，然後選擇 Edit Visible Columns。從出現的對話框中，勾選 Master instance name 及 Slave instance name。

f. 接受所有預設設置，除了接觸離散。選擇列標題 Discretizatoin 的欄位，並點擊滑鼠鍵 3。從出現的選單中，選擇 Edit cells。在出現的對話框中，選擇 Node-to-surface，然後點擊 OK。

g. 點擊 OK 以儲存交互作用及關閉對話框。

手動產生交互作用：

1. 在模型樹中，在 Interactions 的子項目群點擊滑鼠鍵 3，並從出現的選單中選擇 Manager。

   Interaction Manager 出現。

2. 從 Interaction Manager 的左下角，點擊 Create。

   Create Interaction 對話框出現。

3. 對話框中

   a. 將交互作用命名為 HingePin-hole

   b. 由分析步列表中選擇 Initial

   c. 在 Types for Selected Step 列表中，接受預設的 Surface-to-surface contact (Standard).

   d. 點擊 Continue。

   Region Selection 對話框出現，其中包含一系列先前定義的面集合。

> **注意**：如果 Region Selection 對話框沒自動出現，點擊提示區最右側的 Surface 按鈕。

4. 在 Region Selection 對話框，選 Pin 當作主面，按 Continue。

5. 由提示區的按鈕，選擇 Surface 為從面的類型。

6. Region Selection 對話框，選 Inside-h 當作從面，按 Continue。

   Edit Interaction 對話框出現。

7. 對話框中：

   a. 接受預設 Sliding formulation 的 Finite sliding。

   b. 更改離散方法 Node to surface。

c. 接受 Slave Adjustment 的 No adjustment。

d. 接受 NoFric 作為交互作用性質。(如果有定義更多的交互作用性質,可以點擊 Contact interaction property 旁邊的箭頭,會出現可用的性質列表,從中選擇的需要的性質)。

e. 點擊 OK 保存的交互作用,並關閉對話框。

剛建立的交互作用出現在 Interaction Manager。

8. 使用前面步驟相同的方式,建立一個類似的相互作用 HingePin-solid。使用 Pin 為主面,Inside-s 為從面,NoFric 為交互作用性質。

9. 建立一個類似的交互作用稱為 Flanlge。使用 Flange-h 為主面,Flange-s 為從面,NoFric 為交互作用性質。

10. 從 Interaction Manager,點擊 Dismiss 關閉管理器。

C.10 指定邊界條件及負載於組裝

在鉸鏈模型指定下列邊界條件及負載:

- 名為 Fixed 的邊界條件於潤滑孔鉸鏈末端平面拘束了全部的自由度,如圖 C-40.

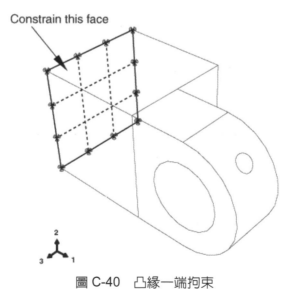

圖 C-40 凸緣一端拘束

- 名爲 NoSlip 的邊界條件，在第一個分析步開始考慮接觸時，限制插銷所有的自由度。在第二分析步修改此邊界條件 (施加負載的步驟，在該步驟中)，因此自由度 1 和 5 不受拘束。圖 C-41.說明此指定在參考點的邊界條件。

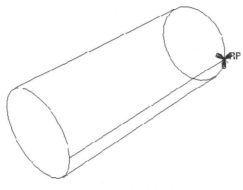

圖 C-41　拘束插銷

- 邊界條件 Constrain，在第一個分析步於 Hinge-solid 組成件上的一點拘束全部的自由度。在第二個分析步驟中修改此邊界條件，當負載施加時，使自由度 1 是不受拘束的。
- 在第二分析步驟中，稱爲 Pressure 的負載，被指定於實心鉸鏈的末端平面上。圖 C-42 表示實心鉸鏈上的拘束和壓力負載。

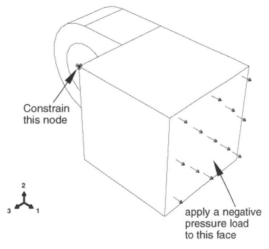

圖 C-42　第二個鉸鍊的拘束及負載

C.10.1 拘束含潤滑孔的鉸鏈

在分析過程中將在潤滑孔鉸鏈底端平面指定邊界條件固定它。

拘束潤滑孔鉸鏈：

1. 在模型樹中，在 BCs 子項目群上點擊滑鼠鍵 3，從出現的選單中選擇 Manager。
   Boundary Condition Manager 對話框出現。

2. 在 Boundary Condition Manager 中，點擊 Create。
   Create Boundary Condition 對話框出現。

3. 在 Create Boundary Condition 對話框中：
   a. 命名邊界條件 Fixed。
   b. 從分析步清表中選擇 Initial。
   c. 接受預設 Category 的 Mechanical 選項。
   d. 選擇 Displacement/Rotation 為邊界條件的類型於選定的分析步。
   e. 點擊 Continue。
      Region Selectoin 對話框出現。
   f. 從提示區的右側，點擊 Select in Viewport，直接從圖形視窗選取物件。
      Region Selection 對話框關閉。

4. 選擇如圖 C-43 格線標示的面作為邊界條件將被指定的區域。可能需要旋轉視圖，以便選擇這個面。

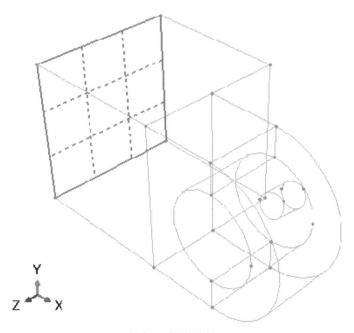

圖 C-43　指定潤滑孔鉸鏈端部的邊界條件

5. 按一下滑鼠鍵 2 來表示你已經完成了區域的選取。

Edit Boundary Condition 對話框出現。

6. 在該對話框中：

a. 勾選標示為 U1，U2 和 U3 的按鍵，以拘束鉸鏈底端 1-，2-，和 3-方向。因為鉸鏈是以實體元素建立網格分割，所以不需要拘束旋轉自由度(只有平移自由度)，

b. 點擊 OK 關閉該對話框。

剛才建立的邊界條件出現在 Boundary Condition Manager 中，並且在該面上出現數個箭頭指向的點，表示自由度已被被拘束住了。Boundary Condition Manager 中顯示邊界條件件在此分析所有的分析步中保持激活的狀態。

> 提示：要抑制顯示邊界條件的箭頭，由 Assembly Display Options 對話框點擊
> Attribute 頁面以進入邊界條件的顯示選項。

C.10.2 拘束插銷

在第一個分析步中，將建立兩個鉸鏈之間的接觸及鉸鏈和插銷之間的接觸。在此分析步中要指定邊界條件給插銷，以限制插銷全部的自由度。

指定插銷的邊界條件：

1. 在 Boundary Condition Manager 中，點擊 Create。

Create Boundary Condition 對話框出現。

2. 在 Create Boundary Condition 對話框中：

a. 邊界條件命名為 NoSlip。

b. 接受 Step 空格中的 Initial。

c. 接受 Category 預設的 Mechanical 選項。

d. 於 Initial 分析步選擇 Displacement/Rotation 類型的邊界條件。

e. 點擊 Continue。

3. 在圖形視窗中，選擇插銷上的剛體參考點 RP 做為邊界條件將被指定的區域。

4. 點擊滑鼠鍵 2 來表示已經完成區域的選取。

Edit Boundary Condition 對話框出現。

5. 在該對話框中：

   a. 勾選所有的按鍵將插銷所有的自由度拘束。

   b. 點擊 OK。

   Boundary Condition Manager 中出現的新的邊界條件。

∾ C.10.3 修改插銷上的邊界條件

在某些分析步中可以建立及修改物件，這些物件如邊界條件、負載和交互作用，它們有特殊的管理器，使你在不同的分析步中可以修改物件及改變它們的狀態。

在本節中，將使用的邊界條件管理器來修改邊界條件 NoSlip，因此，在 1-方向的位移及 2-方向的旋轉在第二個分析步不受約束。

目前 Boundary Condition Manager 顯示兩個已建立的邊界條件的名稱、在每個分析步下的狀態；兩個邊界條件皆是在初始分析步顯示 Created，在接下來的分析步中顯示 Porpagated

修改邊界條件：

1. 在 Boundary Condition Manager 中，點擊 Load 分析步 NoSlip 邊界條件下的 Propageted 標記，如圖 C-44。該單元標記顯示。

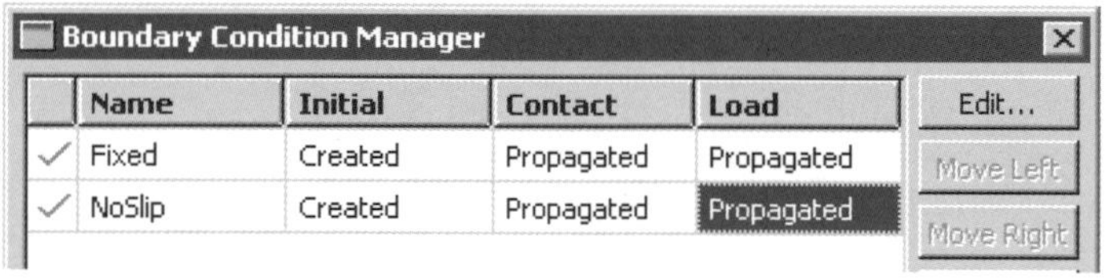

圖 C-44　Boundary Condition Manager 中編輯選擇的邊界條件

2. 在管理器的右側，點擊 Edit，表示要編輯 Load 分析步下的 NoSlip 邊界條件。

   Edit Boundary Condition 對話框出現，Abaqus/ CAE 在模型上顯示一組箭頭表示此處施加邊界條件，且自由度受到限制。

3. 在編輯器中，取消 U1 和 UR2 的標記，以便允許插銷在 1 方向移動和在 2 軸方向旋轉。點擊 OK 關閉對話框。

在 Boundary Condition Manager 中，NoSlip 邊界條件在 Load 分析步的狀態變更爲 Modified。

C.10.4 拘束實心鉸鏈

第一個分析步，建立接觸的交互作用，拘束實心鉸鏈單個節點在全部方向的位移。這些拘束條件與插銷接觸，足以避免鉸鏈的剛性體動。在第二分析步中，在其中的負載被施加到模型中，你將刪除在第 1 方向的拘束。

拘束實心鉸鏈：

1. 一樣在在 Boundary Condition Manager 中，建立一個在 Initial 下的位移邊界條件，取名爲 Constrain。

2. 邊界條件指定於實心鉸鏈的頂點，如圖 C-45 中所示。

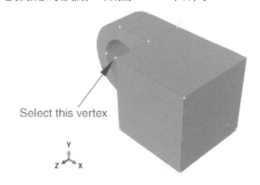

Select this vertex

圖 C-45　指定邊界條件於實心鉸鏈的頂點。

3. 約束頂點的 1 -，2 -，和 3 -方向位移。

4. 在 Load 分析步中修改邊界條件，使該鉸鏈在第 1 方向是不受約束的。

5. 當你建立完邊界條件後，點擊 Dismiss，關閉 Boundary Condition Manager。

C.10.5 指定負載於實心鉸鏈

接著，指定壓力負載於實心鉸鏈底端的面上。在第二分析步中將指定 1 方向上的負載。

指定負載於實心鉸鏈：

1. 在模型樹中，雙擊 Loads 子項目群來建立一個新的負載。
   Create Load 對話框出現。

2. 在 Create Load 對話框中：
   a. 命名負載爲 Pressure。
   b. 在 Step 空格，接受 Load 分析步爲預設的選擇。

c. 從 Category 列表中,接受 Mechanical 作爲預設選擇。

d. 從 Types of Selected Step 列表中,選擇 Pressure。

e. 點擊 Continue。

3. 在圖形視窗中,選擇實心鉸鏈底端的表面做爲負載將被指定的位置,如圖 C-46 的格線標示的表面。

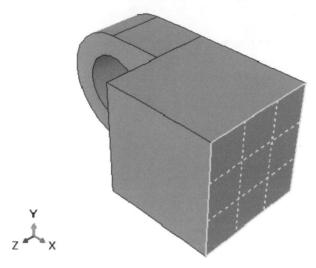

圖 C-46　指定負載於實心鉸鏈

4. 按一下滑鼠鍵 2 來表示你已經完成了區域的選取。

   Edit Load 對話框出現。

5. 在該對話框中,輸入負載的數值爲-1.E6,然後點擊 OK。

箭頭在底端的面出現,代表施加的負載。由於輸入的是負壓,箭頭都由外朝向面的內部。

C.11　組裝的網格分割

建立組裝的網格可分爲以下操作:

- 確定零件可以進行當下的網格生成技術,且在有必要時能建立額外的分割。
- 指定零件組成件的網格屬性。
- 舖設零件組成件的種子。
- 零件組成件的網格化。

⌘ C.11.1 決定何處必須分割

當你進入 Mesh 模組時，Abaqus/CAE 根據網格生成的方法，將模型的區域以不同顏色碼填滿：

- 綠色表示一個區域可以使用結構(Structured)的方法進行網格劃分。
- 黃色表示一個區域可以使用掃掠(Sweep)的方法進行網格劃分。
- 橙色表示一個區域不能使用預設的元素形狀(六面體(Hex))進行網格劃分，必須進一步分割。(或者，你也可以用四面體元素將模型網格化，並使用自由網格方法。)

在本指導手冊中，Abaqus/ CAE 指示含潤滑孔的鉸鏈需要分割幾何，以六面體元素進行網格劃分。具體而言，在凸緣圓孔周邊的區域必須進行分割。分割的鉸鏈如圖 C-47 所示。

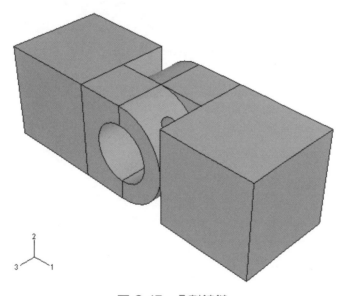

圖 C-47 分割鉸鏈

在分割的過程中使用下面的方法來幫助你選擇面和頂點：

- 結合使用視角調整的工具，View Options 工具列上的顯示選項，及 Views 工具列上的工具，重新調整大小和重新定位模型。(顯示 Views 工具列，從主選單中選擇 View → Toolbars → Views。)
- 取消 Selection 工具列中最接近物件工具 ⬛，使用提示區的 Next 和 Previous 按鈕，切換可能的選擇。

- 你可能會發現 3D 羅盤和/或放大工具 🔍 和旋轉工具 ↻ 特別有幫助。

- 必要時，點擊 Views 工具盒中的 Iso 工具，在圖形視窗中模型返回到原來的大小和位置。

- 回想一下，零件的組成件在預設情況下被認定為相依組成件。所有零件的相依組成件必須與零件擁有相同的幾何形狀(包括分割)和網格。為了滿足這種要求，所有分割都必須在原本的零件上，所有的的網格屬性必須分配到原有的零件。你將需要檢查個別零件，以便確定什麼樣的動作(如果有的話)可用來建立六面體元素舖設的網格。

> **注意**：相依組成件的優點是，如果你建立同一零件的多個相同的組成件，你只需要操作和產生網格於原來的零件；相依的情況下，這些特徵會自動繼承。由於本指導手冊中每個零件只有一個組成件，你可以建立獨立的零件組成件，操作這類型的組成件也是容易的。這將允許你在組裝的層級建立分割和指定網格的屬性，而不是在零件層級。你可以在模型樹 Instances 子項目群中針對組成件的名稱上點擊滑鼠鍵 3，然後選擇 Make independent。在下文中，我們設定組成件仍然保持相依。

決定何處需要分割：

1. 在模型樹中，展開 Parts 子項目群下的 Hinge-hole 零件，並雙擊出現列表中的 Mesh。

> **注意**：如果組成件是獨立的，而是要展開 Instances 子項目群下組成件的名稱，點擊出現在列表中 Mesh。

Abaqus/CAE 顯示的潤滑孔鉸鏈。鉸鏈的立方體部分以綠色著色，以表示它可以用結構網格方法建立網格劃分；潤滑孔凸緣為橙色，表示它需要進行分割才能使用六面體元素建立網格劃分，如圖 C-48。分割的程序描述於本手冊 C.11.2 節"分割含潤滑孔的凸緣"。

2. 使用環境列出現的 Object 欄，切換到 Part，於圖形視窗顯示實心鉸鏈。Abaqus/CAE 顯示了實心鉸鏈。如先前一樣，實心鉸鏈的立方體部份著色為綠色，以表示它可以使用結構網格方法建立網格劃分。沒有潤滑孔的凸緣著色為黃色，以表明它可以使用掃掠網格方法建立網格劃分。

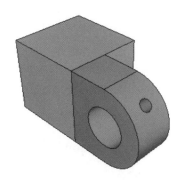

圖 C-48　潤滑孔凸緣無法建立網格劃分

3.　從環境欄的 Object 欄選擇插銷零件。Abaqus/ CAE 以橙色顯示的插銷，因為它是一個解析剛性面，不需建立網格劃分。

因此，潤滑孔鉸鏈需要進行分割使它能用六面體網格做網格劃分;實心鉸鏈和插銷不需要其他的設定。

C.11.2　分割含潤滑孔的凸緣

要使用 Abaqus/CAE 進行潤滑孔鉸鏈網格的製作，必須將凸緣分割成數個區域，如圖 C-49。

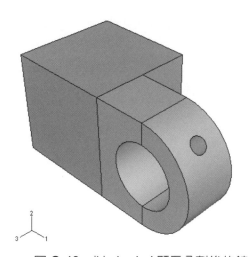

圖 C-49　以 shaded 顯示分割後的鉸鏈

分割含潤滑孔的凸緣：

1. 使潤滑孔鉸鏈在圖形視窗中。

2. 從主選單中，選擇 Tools → Partition。

   Create Partition 對話框出現。

3. 要分割形成凸緣的整個區塊。從 Create Partition 對話框中，分割的 Type 欄選擇 Cell，在 Method 欄點擊 Define cutting plane。

4. 選擇潤滑孔鉸鏈的凸緣。點擊 Done 表示你已經選取好區塊。

   Define cutting plane 這個工具提供了三種方法來指定切割面：

   - Point & Normal：利用點和垂直於點上的直邊或基準軸來產生切割面。
   - 3 Point：透過三個選定點來產生一個切割面。
   - Normal to edge：透過選定的邊，且決定邊緣上的點即可產生一個垂直切割面。

   因切割面是無限延伸的，所以可以不被定義在分割的區塊上。

5. 從提示區中選擇 3 points 按鈕。

   Abaqus/ CAE 標記顯示可以選擇的點。

6. 選擇三個點於凸緣一半的位置垂直的方向分割凸緣，如圖 C-50 所示。

> 提示：你可以發現透過放大，旋轉，平移模型以得到方便的視角，這會更容易地選取所需的點。

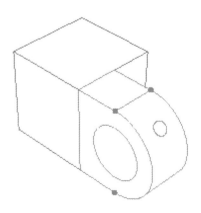

圖 C-50　選擇三個點分割凸緣

7. 從提示區中，點擊 Create Partition。

   Abaqus/ CAE 建立所需的分割。

   凸緣區域顯示為黃色，表示它不需要額外的分割就可以建立六面體網格。因此，分割的操作就完成了。

8. 在環境欄的 Object 欄位選擇 Assembly，在圖形視窗中顯示模型的組裝。組裝模型的所有分割如圖 C-51 所示。

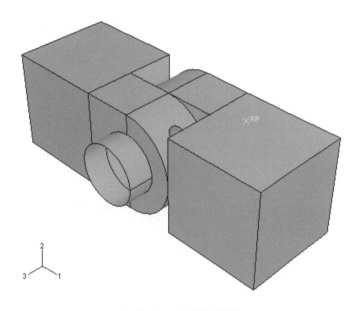

圖 C-51　分割的模型

提示：如果先前沒有將定位的拘束轉換到絕對位置，最後一個分割可能會使之前建立的同軸拘束無效。必要的話，返回到組裝模組，使用前面所描述的方法來定義新的同軸拘束於鉸鏈及插銷之間。

C.11.3 指定網格控制

在本節中，你將使用 Mesh Controls 對話框來檢查 Abaqus/ CAE 劃分網格的網格方法，Abaqus/ CAE 會產生的元素形狀。

解析剛性面無須劃分網格。因此，只需要關心鉸鏈的部分，由於組成件是相依原本所屬的零件，所以必須指定網格屬性(控制、類型和種子大小)於每個零件上。為方便起見，由潤滑孔鉸鏈開始。

指定網格控制：

1. 使潤滑孔鉸鏈於目前的圖形視窗中。從主選單選擇 Mesh → Controls。

2. 以拖曳方框框住零件的方式選取零件所有的區域，然後點擊 Done 表示選取完成。
   鉸鏈在圖形視窗中顯示為紅色，表示已經選擇它，並且 Abaqus/ CAE 顯示 Mesh Controls 對話框。

3. 在該對話框中，接受預設 Element Shape 的選擇 Hex。

4. 選擇 Sweep 的網格方法，Abaqus/ CAE 將套用此設定。

5. 選擇 Medial axis 為網格演算法。

6. 點擊 OK 來指定的網格控制，並關閉對話框。
   整個鉸鏈將以黃色呈現，表示它將以掃掠方法產生網格。

7. 點擊提示區的 Done。

8. 在實心鉸鏈重複上述步驟。

✎ C.11.4 指定 Abaqus 的元素類型

在本節中，你將使用 Element Type 對話框來檢查分配給每個零件的元素類型。為方便起見，將從潤滑孔鉸鏈開始。

指定 Abaqus 元素類型：

1. 使潤滑孔鉸鏈於當前圖形視窗中。從主選單，選擇 Mesh → Element Type。

2. 使用網格控制流程中所描述的方法選取鉸鏈零件，並點擊 Done，表示選取完成。
   Abaqus/ CAE 顯示 Element Type 對話框。

3. 在該對話框中，接受 Element Library 中的 Standard 選擇。

4. 接受 Geometric Order 中 Linear 的選擇。

5. 接受 3D Stress 為元素的 Family。

6. 點擊 Hex 頁面，並選擇 Reduce Integration 的數學式(如果沒有選此選項)。
   預設 C3D8R 的元素類型的描述出現在對話框底部。Abaqus/ CAE 將使用目前的 C3D8R 的元素於網格模型上。

7. 點擊 OK 來指定的元素類型並關閉對話框。

8.　點擊提示區域的 Done。

9.　於實心鉸鏈重複上述步驟。

∽ C.11.5　舖上組成件種子

建立網格劃分過程的下一個步驟是舖設每個零件的種子。種子代表節點的大致位置，並指出網格要生成的目標密度。你可以選擇沿邊緣由元素數量來產生種子或由指定元素平均大小產生種子，或者你也可以向邊緣的一端壓縮種子分佈。在本教學中，你將在零件舖設種子，在鉸鏈的元素平均大小為 0.004。為方便起見，將從潤滑孔鉸鏈開始。

舖設零件的種子：

1.　將潤滑孔鉸鏈顯示在圖形視窗中。從主選單選擇 Seed → Part。

2.　在出現的 Global Seeds 對話框中，輸入一個近似的全域元素大小 0.004，然後點擊 OK。種子出現在所有的邊緣上。

> **注意：**如果你使用的是 Abaqus 學生版，使用全域種子大小 0.004 會導致網格元素數量達到學生版模型大小的限制。使用 0.008 為全域種子的大小。

3.　點擊提示區的 Done。

4.　在實心鉸鏈重複上述步驟。

現在已經可以進行零件的網格劃分。

∽ C.11.6　建立組裝的網格

在本節中，將進行零件的網格劃分。為方便起見，將從潤滑孔鉸鏈開始。

劃分組裝網格：

1.　將潤滑孔鉸鏈顯示在圖形視窗中。從主選單，選擇 "Mesh → Part。

2.　在提示區點擊 Yes 來建立網格。

　　Abaqus/ CAE 對零件劃分網格。

3.　在實心鉸鏈重複上述步驟。

劃分網格的作業完成。在圖形視窗中顯示模型的組裝，會看到最後的網格如圖 C-52 所示。

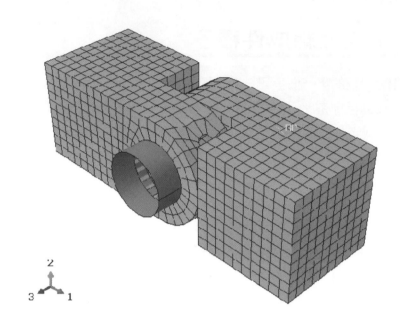

圖 C-52　網格模型

C.12　建立分析作業與提交分析

現在，你已經將分析配置設定完成，你將由你的模型建立分析作業，並提交分析作業進行分析。

建立分析作業與提交分析：

1.　在模型樹中，雙擊 Jobs 子項目群來建立分析作業。

　　Create Job 對話框出現。

2.　命名的的分析作業叫 PullHinge，並點擊 Continue。

　　分析作業編輯器出現。

3.　在 Description 空格中，輸入 Hinge tutorial。

　　點擊該頁面檢視分析作業編輯器中的內容，查看預設設置。點擊 OK 接受所有預設分析作業設置。

4. 在模型樹中，在分析作業名稱為 PullHinge 的分析作業點擊滑鼠鍵 3，從出現的選單中選擇 Submit，將分析作業提交分析。

5. 在模型樹中，在分析作業的名稱點擊滑鼠鍵 3，從出現的選單中選擇 Monitor，監測分析的運算。

   一個警告訊息可能會出現，表示無法找到潤滑孔鉸鏈的面集合。這是由於先前所建立的分割造成的。如果發生這種情況，在提交的分析作業之前執行下列其中一種操作：

   • 如果接觸對為手動定義，重新定義與凸緣面和凸緣圓孔的集合。

   • 如果接觸對為自動定義，只管刪除接觸對，以先前的方式重新定義交互作用。

   在出現的對話框中，分析作業的名稱和分析的狀態圖位於標題欄上。隨著分析作業的進展，訊息出現在對話框下方的面板上。點擊 Errors 和 Warnings 頁面，以檢查分析時發生的問題。

   一旦分析正在進行中，在本教學先前選擇監視的自由度的 X-Y 曲線圖出現在另一個圖形視窗(需要調整圖形視窗的大小才能看到)。分析在運行的時候，可以隨時間監控節點在 1 方向位移的進展。

6. 當分析作業成功完成時，出現在模型樹中的分析作業狀態更改為 Completed。現在可以到視覺化後處理模組檢視分析的結果。在模型樹中，在作業的名稱上點擊滑鼠鍵 3，在出現的選單中選擇 Results。

   Abaqus/CAE 進入視覺化後處理模組，開啟由分析作業建立的輸出結果資料庫，並顯示尚未變形的模型。

注意：你也可以由環境欄的 Module 點擊 Visualization 進入視覺化後處理模組。然而，在此情形下，Abaqus/CAE 需要由你明確地使用 File 選單來開啟輸出結果數據庫。

C.13　檢視分析的結果

我們將檢視變形模型繪製的分布雲圖分析結果。然後，將使用顯示群組來顯示其中一個鉸鏈；只顯示部分的模型時，可以看到顯示整個模型時所無法看見的部份。

C.13.1 顯示及客製化分布雲圖

在本節中將顯示該模型的分布雲圖和調整的變形尺度因子。

顯示模型的分布雲圖：

1. 從主選單選擇 Plot → Contours → On Deformed Shape。

   Abaqus/CAE 將顯示蒙氏應力的分布雲圖疊加於變形的模型，於加入負載的分析步的最後一個增量步上，狀態區塊顯示以下文字：

   Step: Load, Apply load

   Increment   6: Step Time = 1.000

   預設情況下，沒有計算結果的所有表面(如插銷)以白色顯示。

   因為 Abaqus/CAE 選擇預設的變形尺度，所以變形量被放大。

2. 由顯示中移除白色表面，請執行以下操作：

   a. 在結果樹中，展開名為 PullHinge.odb 的結果輸出資料庫底下的 Surface Sets 子項目群。

   b. 選擇出現在列表中所有的面集合。

   c. 點擊滑鼠鍵 3，然後從出現的選單中選擇 Remove。

   白色的表面從視窗中消失。

3. 減小變形尺度因子，請執行以下操作：

   a. 從主選單，選擇 Options → Common。

   Common Plot Options 對話框出現。

   b. 從 Deformation Scale Factor 選項，選擇 Uniform。

   c. 在 Value 空格中，輸入 100，然後點擊 OK。

   Abaqus/CAE 以 100 的變形尺度因子顯示分布雲圖，如圖 C-53 中所示。

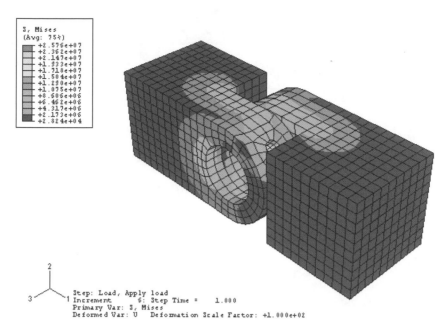

圖 C-53　減小變形尺度因子的蒙氏應力分布雲圖

4. 使用視角的操作工具來檢查變形的模型。注意到最大壓力施加在插銷對凸緣內側的位置。以及注意兩個凸緣如何相互扭曲開來。

5. 預設情況下，分布雲圖顯示模型的蒙氏應力，你可以由 Field Output 工具列選擇其他變數來查看它們。由 Field Output 工具列右邊分量及不變量的列表中選擇 S11。Abaqus/CAE 將預設的蒙氏應力分布雲圖替換成 1 方向上的應力分布雲圖。

6. 從分量及不變量的列表中選擇 Max. Principal 來顯示最大主應力。

7. 由 Field Output 工具列選擇其他感興趣的變數。

8. 點擊工具列上的 ⬚ 工具來顯示 Field Output 對話框。在 Primary Variable 頁面，選擇 S 作爲輸出變數，不變量選擇 Mises，點擊 OK，再次顯示蒙氏應力，並關閉對話框。

　　Field Output 對話框提供一些其他對話框的控制和存取，如 Section Points 對話框，無法直接由 Field Output 工具列進入。

✆ C.13.2 使用顯示群組

現在將建立一個顯示群組，只包含構成潤滑孔鉸鏈零件的元素集合。從視窗中移除所有其他零件的元素集合，你將可以查看凸緣表面與其他鉸鏈接觸的結果。

建立顯示群組：

1. 在結果樹中，展開 PullHinge.odb 結果輸出資料庫底下的 Instances 子項目群。

2. 從可用的組成件列表中選擇 HINGE-HOLE-1，點擊滑鼠鍵 3，然後從出現的選單中選擇 Replace，選取的元素集合會取代目前的顯示群組。如果有必要，點擊 ⛶，使模型適合圖形視窗的大小。

   整個模型的分布雲圖被替換爲選定鉸鏈的分布雲圖，如圖 C-54 所示。

3. 使用視角的操作工具來查看不同視角下的鉸鏈。現在，你可以看到表面上被實心鉸鏈隱藏的結果。

4. 從主選單，選擇 Result → Field Output。

5. 從 Primary Variable 頁面的上方，勾選 List only variables with results：從選單中選擇 at surface nodes。

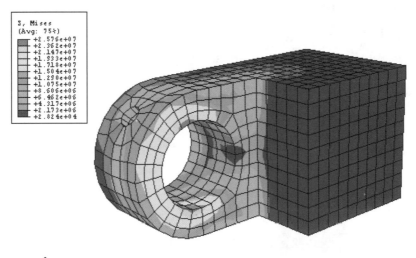

圖 C-54　使用顯示群組查看潤滑孔鉸鏈蒙氏應力的分布雲圖

6. 從出現的變數列表中選擇 CPRESS 按，然後點擊 Apply。

Abaqus/ CAE 顯示凸緣圓孔中的接觸壓力分布雲圖。

更多關於使用視覺化後處理模組的資訊，請參閱以下部分：

- B.11 小節，檢視分析的結果
- 附錄 D，從分析裡查看輸出

現在，你已經完成了本教學，學習了如何：

- 建立和修改特徵；
- 使用基準幾何幫模型增加特徵；
- 使用位置的拘束來組裝一個由多零件組成的模型；
- 定義模型的區域之間的接觸交互作用；
- 監控分析作業的進度；
- 使用顯示群組查看模型的各個部分的分析結果。

C.14　小結

- 當你建立一個零件，你可以建立可變形的零件，離散的剛性面，或解析的剛性面。你可以在之後更改零件的類型。
- 你可以在基礎特徵上添加新的特徵來建立零件。當你添加一個特徵時，必須選擇一個面，用來勾勒出特徵的輪廓。當你刪除零件的特徵，Abaqus/CAE 也將刪除依賴於刪除的特徵的所有特徵。這些相關的特徵被稱為子特徵。
- 你可以由修改特徵的草圖或該特徵相關的參數來編輯特徵，如擠出的深度。編輯特徵可能會使相關的特徵在再生過程中失效。
- 基準工具允許你建立基準點，軸，和面。零件上建立的基準幾何也可以用在草圖模組。例如，如果沒有合適的草圖平面存在，你可以使用基準工具來建立一個。
- 在對話框中點擊 OK 來執行所選的操作並關閉對話框；點擊 Apply 來執行所選擇的操作並保持對話框打開。點擊 Cancel 關閉對話框，不執行操作。
- 你可以使用 View Manipulation 工具列的內容來更改模型的視角及大小，使選取零件更方便。使用滑鼠鍵 2 停止任何視角操作。如果你旋轉或平移的草圖，使用循環視角工具來恢復原來的視角及大小。
- 定期存檔的動作。

- 當你建立一個零件的組成件，預設位置是基於基礎特徵的草圖。你可以使 Abaqus/CAE 沿 X 軸，平移新的組成件，使它不與任何現有的組成件重疊。一個圖形來表示在組裝模組的全域座標系統的原點和方向。
- 在組裝模組使用絕對定位或相對定位的工具，使組成件擺放至正確的位置上。
- 零件組成件可以分為相依或獨立的。
- 可以透過分析步編輯器來控制時間增量步的大小。
- 你可以使用管理器顯示已設定內容的列表，例如分析步，並幫助你進行重複性的操作。
- 預設情況下，Abaqus/CAE 會延續前一個分析步定義的交互作用或是規定的條件。
- Abaqus/CAE 以顏色來表示模型的區域以何種方式劃分網格。綠色表示此區域可用結構方法劃分網格，黃色表示此區域可用掃掠方法劃分網格，橙色表示此區域無法劃分網格。
- 可以使用分割工具將模型切成符合需要的網格生成技術。
- 當你建立和命名分析作業，Abaqus/CAE 使用相同的名稱產生輸入檔。所以全部與分析相關的檔案(例如，結果輸出數據庫，訊息文件及狀態文件)都使用相同的名稱。
- 在提交分析作業之前，你可以選定一個指標的自由度，然後在分析過程中監控它的進展。
- 當你第一次打開一個結果輸出資料庫，Abaqus/CAE 首先顯示模型的未變形圖。
- 你可以使用顯示群組來顯示模型選定的區域。一個顯示群組可以由選擇的任意組成件、幾何(區域、面或邊緣)，元素，節點，或表面構成。

從分析裡查看輸出

Chapter
D

對於有經驗的 Abaqus 使用者，這份後處理的教學說明如何使用視覺化後處理模組(可拆開授權為 Abaqus/Viewer)，以圖形顯示分析的結果。

D.1 綜覽

在這份教學內，將從線上手冊搜尋"Indentation of an elastomeric foam specimen with a hemispherical punch, "顯示出所要的輸出結果。這個問題探討重金屬沖頭撞擊軟質彈性海綿塊之行為，造成的變形與應變如圖 D-1 所示。

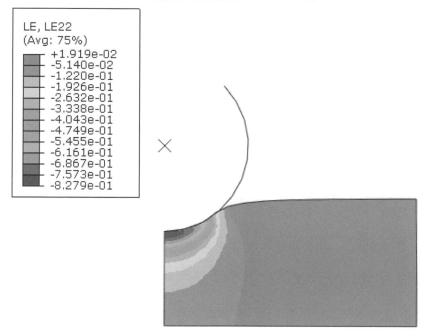

圖 D-1 顯示變形與應變的分布雲圖

這個二維問題分成三個步驟：

1. 沖頭一開始放置於海綿塊的面上，以自重下壓，重力在 2 秒之內以線性漸增，但是該分析總歷時 5 秒，後續讓海綿自由回彈，在這個分析步中，使用擬靜態程序模擬海綿塊的回彈。

2. 在 1 秒之內，沖頭以半弦波衝擊載重方式下壓，使用隱式動力程序模擬海綿塊的回彈。

3. 移除衝擊載重，當海綿塊膨脹與收縮時，沖頭可自由移動。黏彈性的海綿塊降低振動，該步驟進行 10 秒，模型回到穩態反應。如同第二個步驟，使用隱式動力程序模擬海綿塊的回彈。

此教學包含下列部分：

- 第 D.2 節：在輸出資料庫檔裡有甚麼輸出變數？
- 第 D.3 節：讀取輸出資料庫。
- 第 D.4 節：客製化模型圖。
- 第 D.5 節：顯示變形模型圖。
- 第 D.6 節：顯示並客製化分布雲圖。
- 第 D.7 節：分布雲圖的動畫。
- 第 D.8 節：顯示並客製化向量圖。
- 第 D.9 節：顯示並客製化材料方向圖。
- 第 D.10 節：顯示並客製化 XY 圖。
- 第 D.11 節：XY 圖之設定。
- 第 D.12 節：查詢 XY 圖。
- 第 D.13 節：顯示路徑圖。

D.2 在輸出資料庫檔裡有甚麼輸出變數？

在彈性海綿塊的第一個分析步，每個分析步過程中，包含一組集合用來控制資料輸出。依輸出類型，Abaqus/Standard 把這個輸出寫入輸出資料庫裡的場變數輸出或是歷時變數輸出。

場變數

　　相對來說，分析過程中，輸出資料庫裡的場變數輸出頻率不需要過於密集。在這個例子中，設為一個分析步的每 10 個增量以及最後一個增量。通常，替整個模型或是其中一大部分選擇輸出，Abaqus 會依設定的輸出頻率寫出每個分量，只有選定的變數才會寫入輸出資料庫檔內。

　　下列的輸入檔片段顯示出在這個彈性海綿塊的例子中，控制場變數輸出的選項：

```
*OUTPUT, FIELD, FREQUENCY=10
*CONTACT OUTPUT, SLAVE=ASURF, MASTER=BSURF,
VARIABLE=PRESELECT
*NODE OUTPUT
U,
*ELEMENT OUTPUT, ELSET=FOAM
S,E
```

Abaqus/Standard 將下列的變數以每 10 個增量以及最後一個增量的頻率寫入輸出資料庫檔：

- 海綿塊內每個積分點的應力分量。
- 海綿塊內每個積分點的對數應變分量(當使用者設定幾何非線性分析時，預設是輸出對數應變)。
- 模型內的每個節點位移。
- 在沖頭與海綿塊接觸之間，預設的接觸輸出變數(間距、壓力、剪應力以及切線運動)。

歷時變數

　　在分析過程中，輸出資料庫裡的歷時輸出較為頻繁，通常是每個增量。為了避免產生大量的資料，通常，選擇模型內的一小個區域設定輸出，例如單一元素或單一區域。除此之外，必須選擇一個變數的單一分量，寫入輸出資料庫檔。歷時輸出通常被用來繪製 XY 圖。

下列的輸入檔片段顯示出在這個彈性海綿塊的例子中，控制歷時變數輸出的選項：

```
*OUTPUT, HISTORY, FREQUENCY=1
*NODE OUTPUT, NSET=N9999
U2, V2, A2
*ELEMENT OUTPUT, ELSET=CORNER
MISES, E22, S22
```

Abaqus/Standard 從沖頭的剛體控制點(節點集合 N9999)，將下列的變數每個增量地寫入輸出資料庫內的歷時輸出：

- 垂直位移，
- 垂直速度，
- 垂直加速度。

除此，Abaqus/Standard 從海綿塊的角點，將下列的變數每個增量地寫入輸出資料庫內的歷時輸出：

- 蒙氏應力，
- 在 2 面上，第 2 個方向的對數應變，以及
- 在 2 面上，第 2 個方向的應力。

應力與應變之變數都是從元素的積分點輸出。

D.3　讀取輸出資料庫檔

本教學一開始，先開啟 Abaqus/CAE 所產出的輸出資料庫檔。

讀取輸出資料庫檔：

1. 先使用 Abaqus 提取功能，將此輸出資料庫檔案複製到指定資料夾內，在命令提示字元內輸入下列指令：

   abaqus fetch job=viewer_tutorial

2. 接著藉由命令提示字元內輸入 abaqus cae 或是 abaqus viewer 來啟動 Abaqus/CAE 或是 Abaqus/Viewer。

3. 從跳出來的 Start Session 對話框內，選擇 Open Database。如果已經在 Abaqus/CAE 或是 Abaqus/Viewer 之內，從主選單內選擇 File → Open。
   跳出 Open Database 的對話框。

4. 從 Open Database 對話框底下的 File Filter 列表內，選擇 Output Database(*.odb)。
   對話框其他地方只與副檔名為 odb 有關的設定會顯示出來。

> 注意：如果是使用 Abaqus/Viewer 來使用，在 File Filter 的部分，只有輸出資料庫檔 (*.odb)可以選擇。

5. 從 Open Database 對話框上面的 Directory 列表內，選擇個別的目錄。

6. 從出現的輸出資料庫檔列表中，選擇 viewer_tutorial.odb。

7. 點擊 OK。
   Abaqus/CAE 從視覺化後處理模組開始，未變形圖如圖 D-2 所示。

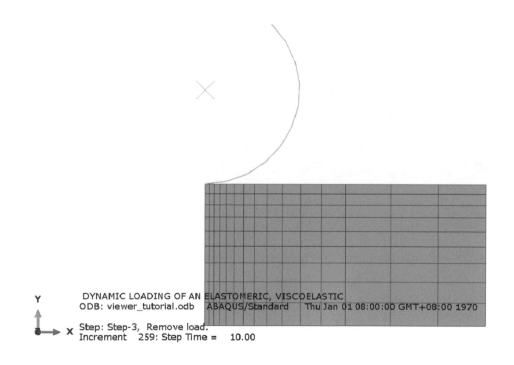

圖 D-2 未變形圖

圖形視窗下方的標題區塊說明了：

- 模型的描述(在輸入檔內，*HEADING 區塊裡的第一行)。
- 輸出資料庫的名稱(從分析工作的名稱而來)。
- 用來產出輸出資料庫的求解器的名稱(Abaqus/Standard 或是 Abaqus/Explicit)。
- 輸出資料庫檔最近一次的修改日期。

圖形視窗下方的狀態區塊說明了：

- 目前顯示的分析步。
- 分析步內的增量。
- 分析步時間。

視角方向的三軸圖示顯示在整體座標系下模型的方位。圖形視窗右上方的的 3 維羅盤提供使用者直接操作視角。

D.4 客製化模型圖

使用圖形選項來標記元素編碼。

∞ D.4.1 客製化模型圖

對於所有圖形種類，未變形圖、變形圖、分布雲圖等等，圖形選項的一般設定可以客製化圖形的外貌。不管是哪種圖形種類，客製化設定只會套用在當下的圖形視窗，並不會保存下來。

客製化模型圖：

1. 從主選單內，選擇 Options → Common。

   Abaqus 顯示 Common Plot Options 對話框。

2. Abaqus 預設是以綠色填滿整個模型，隱藏元素的編碼。使用者將把元素編碼的顏色從青色改為紅色，顯示之。從 Common Plot Options 的對話框，點選 Labels 頁面，依下列指示：

   a. 勾選 Show element labels。

b.　點擊 Apply。

Abaqus 以青色文字顯示出元素編碼。

c.　為元素編碼點選顏色範例 ■。

Abaqus 顯示出 Select Color 的對話框。

d.　點選 RGB 頁面，分別設定紅、綠與藍的數值為 255、0 以及 0。

提示：也可以選擇下方的顏色列來進行更換顏色。

---

e.　點擊 OK，接受選取。

Abaqus 關閉 Select Color 對話框，更新顏色為紅色。

f.　點擊 OK。

元素編碼的顏色從青色改為紅色，關閉 Common Plot Options 對話框。

D.5　顯示變形圖

可以顯示出模型在分析的每個輸出增量下之變形圖。當使用者從力量位移分析中設定變形圖，Abaqus 預設畫出節點位移，利用輸出資料檔內的節點向量場輸出變數，就可以使用圖形選項，客製化變形圖的外觀。

✎ D.5.1　顯示變形圖

在 Abaqus/Standard 或是 Abaqus/Explicit 當中多數的分析程序預設把位移寫入輸出資料庫檔，也會把節點位移向量值當成預設的位移變數。當 Abaqus 讀取輸出資料庫檔，使用預設的位移變數來決定變形圖的形狀。在彈性海綿塊的例子中，使用者設定每 10 個增量輸出模型每個節點的位移，而這些位移是預選的變數。(某些程序，如，熱傳，預設是不會把節點向量值寫到輸出資料庫檔內，不會選擇任一變數作為預設的變形變數，因此，Abaqus 不顯示變形圖，因為在這樣的例子，輸出資料庫內並不包含任何計算變形形狀的變數。)

1.　從主選單內，選擇 Plot → Deformed Shape。

> **提示**：可以使用視覺化後處理模組工具盒中的 ▦ 工具，繪製變形的模型。

與未變形圖一樣，Abaqus 顯示同一增量與步驟的變形圖，元素編碼同樣標示出來，因為一般圖形設定已有設定。

2. 開啓 Common Plot Options 對話框，點擊 Defaults，再點擊 Apply，回復預設值。
   狀態方塊指出繪圖用的預設變形變數(Deformed Var) (U)，以及變形放大係數(Deformation Scale Factor)(+1.000e+00)，對於大位移的分析，Abaqus 選用預設的變形放大係數 1。(對於小位移的分析，Abaqus 使用預設的放大係數，以符合圖形視窗之大小。)

3. 環境列的按鈕可讓使用者在分析的輸出資料點間移動，特別是該列最右邊的輸出資料點選擇器 ▦，可供使用者拖曳滑桿，選擇關心的輸出資料點。
   可使用下列技巧，直接移到所選擇的分析步與增量：

   a. 從主選單，選擇 Result → Step/Frame。
      Abaqus 顯示出 Step/Frame 對話框。
   b. 選擇 Step 1，Increment 0，點擊 Apply。
   c. Step/Frame 對話框顯示在不同分析步(Step)下的增量對應的分析步時間。

4. 可以使用選擇器或 Step/Frame 的選單，檢視在不同輸出資料點與不同分析步的變形圖。

5. 顯示第三個步驟最後一個增量的變形圖(Step 3 與 Step Time = 10.00)，如圖 D-3 所示。

6. 點擊 Cancel，關閉 Step/Frame 對話框。

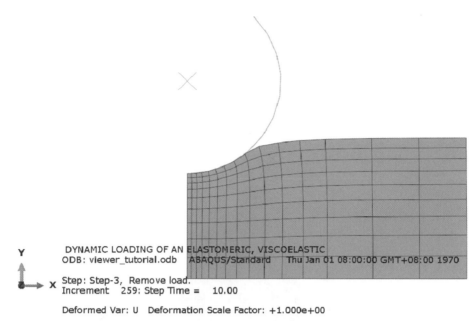

DYNAMIC LOADING OF AN ELASTOMERIC, VISCOELASTIC
ODB: viewer_tutorial.odb   ABAQUS/Standard   Thu Jan 01 08:00:00 GMT+08:00 1970

Y

X

Step: Step-3, Remove load.
Increment   259: Step Time =   10.00

Deformed Var: U   Deformation Scale Factor: +1.000e+00

圖 D-3　第三步驟最後一個增量的變形圖

∾ D.5.2　將未變形圖疊加在變形圖上

使用者可以同時繪製未變形圖與變形圖。

繪製未變形圖與變形圖：

1.　點擊工具盒中的 ▣ 工具，在目前的圖形視窗中開啓多重繪圖，接著點擊 ▣ 工具或選擇 Plot → Undeformed Shape 將未變形圖加入目前在圖形視窗內的變形圖。Abaqus 顯示未變形圖疊加在變形圖上。

2.　客製化疊加圖形(即，未變形圖)，從主選單選擇 Options → Superimpose。Abaqus 顯示 Superimpose Plot Options 對話框。

3.　在 Superimpose Plot Options 對話框內，選擇 Other 頁面。

4.　在 Other 頁面中，選擇 Translucency 頁面，取消 Apply Translucency。

5.　下一步，選擇 Offset 頁面，選擇 Uniform，輸入 0.001 作爲偏置量。

6. 點擊 OK，套用之，關閉 Superimpose Plot Options 對話框。

Abaqus 顯示客製化的變形圖，如圖 D-4 所示。未變形圖以白色標記，稍微偏置於變形圖，避免顏色重疊。

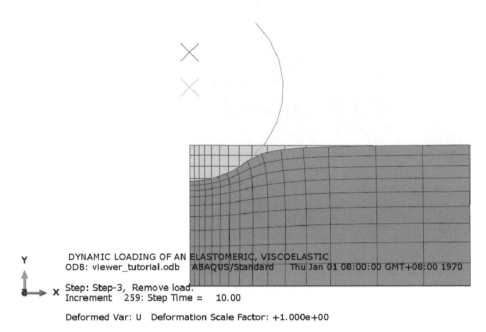

DYNAMIC LOADING OF AN ELASTOMERIC, VISCOELASTIC
ODB: viewer_tutorial.odb   ABAQUS/Standard   Thu Jan 01 08:00:00 GMT+08:00 1970

Step: Step-3, Remove load.
Increment   259: Step Time =   10.00

Deformed Var: U   Deformation Scale Factor: +1.000e+00

圖 D-4   客製化變形圖

D.6   顯示並客製化分布雲圖

利用顯示分布雲圖來表現出一個變數，如應力、應變或是溫度。在所有圖形中，Abaqus 會先使預設的變數，使用者可以依據分析程序或是設定的輸出來顯示變數。提示區會利用對話框來顯示此變數是否可以有效顯示。

可以使用圖形設定來客製化分布雲圖的外觀，Abaqus 會將客製化的設定套用於顯示在當下圖形視窗的每個分布雲圖。如果在一個新的圖形視窗，顯示分布雲圖，Abaqus 會回到預設的圖形設定。

✎ D.6.1　顯示分布雲圖

首先將顯示預選變數的分布雲圖，開始之前，取消多重繪圖的設定。

顯示分布雲圖：

1. 從主選單，選擇 Plot → Contours→On Deformed Shape。

> **提示：**可使用視覺化後處理模組內的 🔧 工具，顯示分布雲圖。

狀態方塊說明目前繪製的變數是 S, MISES，為 Abaqus 預選的變數。Abaqus 顯示出同變形圖的分析步與輸出資料點之下的結果。

2. 使用環境列的按鈕，或是 Step/Frame 對話框，檢視不同資料輸出點以及不同步驟的分布雲圖。

> **注意：**圖例會隨著輸出資料點的移動而改變，Abaqus 更新最大與最小值，並計算每個輸出資料點的分布雲圖間距。

✎ D.6.2　選擇變數繪圖

Abaqus 選擇預設的變數，顯示於分布雲圖上，但可以選擇輸出資料庫檔內任何可用的場變數。

選擇變數繪圖：

1. 從主選單內，選擇 Result → Field Output。

Abaqus 顯示場變數輸出對話框，可從該方塊內選擇所要變數繪圖。

> **提示：**藉由場變數輸出的工具列表中，可以選擇大多數的場變數及其分量與不變量，詳情請參閱線上手冊，並搜尋"Using the field output toolbar"。

2. 點擊 Primary Variable 頁面。

3. 選擇應變分量 22 作為主要變數，依下列步驟：

   a. 從 Output Variable 域中，選擇 LE(積分點的對數應變分量)。

   b. 從 Component 域中，選擇分量 LE22。

4. 點擊 OK，選擇 LE22 作爲主要變數，關閉 Field Output 對話框。

當下圖形視窗的分布雲圖改成 LE22 的圖，如圖 D-5 所示。

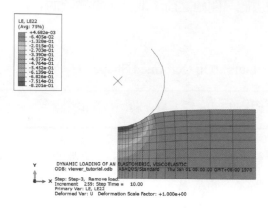

圖 D-5 第三個分析步最後增量的模型分布雲圖

> 提示：可以點擊 Field Output 工具列左邊的 ⬚，從 Field Output 對話框內，選擇所
> 要表示的結果。如果使用工具對話框，必須點擊 Apply 或 OK，才能讓
> Abaqus/CAE 在圖形視窗內顯示所選結果。

✎ D.6.3 客製化分布雲圖

預設，Abaqus 在所選變數的最大與最小值之間，使用 12 個等分區間來表示分布雲圖，對於每個輸出資料點，Abaqus 會更新最大與最小值，並計算新的分布雲圖區間，圖例說明了計算後的區間以及對應每個區間的顏色，可以改變區間的數量，設定分布雲圖上下極限的數值，當設定了分布雲圖的上下限，此後 Abaqus 在每個顯示的分布雲圖，都採用此上下限數值，不論哪個輸出資料點與哪個變數的顯示。

客製化分布雲圖：

1. 在第二個步驟最後一個增量顯示分布雲圖(Step 2 與 Step Time = 1.000)。

2. 從主選單內，選擇 Options → Contour。

Abaqus 顯示出 Contour Plot Options 對話框。

3. 點擊 Basic 頁面，將等分布雲圖區間(Contour Intervals)的滑桿拖曳到 16。

4. 點擊 Limits 頁面，進入分布雲圖上下限選項。

a. 在 Max 域中，勾選 Specify 的按鈕，輸入分布雲圖上限 0.1。

　　b.　在 Min 域中，勾選 Specify 的按鈕，輸入最小值−0.75。

5.　點擊 Apply，檢視客製化的分布雲圖。

改變後的圖形如圖 D-6。

雖然選擇了 16 個分布雲圖區間，圖例卻顯示 18 個區間，Abaqus 新增兩個區間，表示任何大過上限值或小於下限值的數值，個別以淡灰色以及深灰色來標記，在這個例子中，壓縮應變大過 0.75 的區域以深灰色表示，模型最小應變顯示於分布雲圖例的最下面。對於所選變數，或許可以使用這些顏色來標示元素掉出設計範圍。

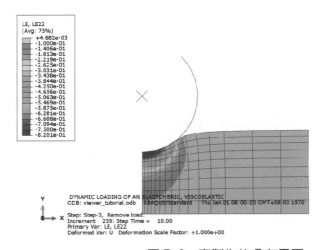

圖 D-6　客製化的分布雲圖

6.　在 Limits 頁面下，檢視 Min 與 Max Auto-compute 的選項。

分布雲圖中的應變最大與最小值顯示在兩個 Auto-compute 選項旁。

7.　為 Min/Max 選項勾選 Show location，顯示出在模型之內極值發生的位置。

8.　點擊 OK，關閉 Contour Plot Options 對話框。

D.7　分布雲圖的動畫

可依下列說明製作變形圖、分布雲圖、向量圖或是材料方向圖的動畫(只能時間歷時動畫)：

時間歷時動畫(Time History)

在時間歷時動畫中，Abaqus 會從輸出資料庫檔中依序顯示每個分析步的每個資料輸出點，可在分析過程中，觀看變形的改變或是分布雲圖或向量圖變數的改變。實際上，Abaqus 可以將分析結果做成動畫，使用者可以選擇在時間歷時動畫中的任一個分析步與資料輸出點。

放大係數動畫(Scale Factor)

放大係數動畫係依據一個選定分析步與資料輸出點的結果，單純地以倍數放大之，產出整個動畫的每個資料輸出點結果。可以選擇從 0 到 1 或是在-1 到 1 之間的放大係數。放大係數動畫特別用於由特徵值分析所計算出的振態動畫。

動畫使用從相對應的圖形，變形圖、分布雲圖、向量圖或是材料方向圖，使用圖形的設定，除此之外，可以控制下列選項(Animation Options)：

- 動畫的撥放速度
- 連續撥放動畫或是只播一次
- 是否顯示動畫狀態

對於彈性海綿塊的例子，使用者將製作一個分布雲圖的時間歷時動畫，分布雲圖動畫顯示出在 Field Output 工具列中的變數(LE22)。此外，其沿用分布雲圖的同樣設定，例如，分布雲圖的顏色間隔以及元素邊的顯現。

分布雲圖的動畫：

1. 從主選單，選擇 Animate → Time History。

   Abaqus 在分析一開始以及每個步驟的每個增量，顯示客製化的分布雲圖，狀態方塊說明動畫撥放中當下的分析步與增量，在最後一步的最後一個增量，動畫將從分析初期重新開始(Step 1，Increment 0，以及 Step Time = 0.00)。

   Abaqus 也會在環境列右邊顯示動畫撥放控制器：

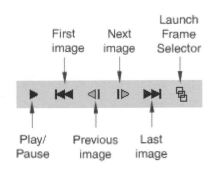

可以使用這個控制器撥放、暫停以及前進後退動畫的撥放。

2. 在環境列中，點擊 Play/Pause 按鈕暫停動畫。

   動畫停留在目前的影像。

3. 再次點擊該按鈕，繼續動畫。

   動畫恢復撥放。

4. 從主選單，選擇 Options → Animation，檢視動畫的設定。

   跳出 Animation Options 對話框。

5. 點擊 Player 頁面，如果沒有選到的話，依下列指示：

   a. 選擇 Swing。

   b. 點擊 OK。

   因為選擇了 Swing，當動畫放映到分析的末端，會倒退回去，而不是直接跳到分析一開始。

6. 動畫放映時，也可以客製化分布雲圖。

   a. 顯示 Contour Plot Options 對話框。

   b. 分布雲圖區間(Contour Intervals)減少為 10。

   c. 點擊 OK，套用設定，關閉 Contour Plot Options 對話框。

7. 當完成動畫的觀看，點擊 Play/Pause 按鈕停止動畫。

D.8　顯示並客製化向量圖

向量圖可讓使用者觀看向量與張量變數的數值與方向，以符號(箭頭)疊加在模型上的方式來表示。每個符號從模型上數值點的位置出發，代表節點數值的符號標記在節點上，代表積分點數值的符號標記在積分點上,箭頭的長度表示向量或張量的數值,箭頭的方向表示其方向。

例如,在這一節中,使用者將建立位移的向量圖,向量圖顯示的箭頭表示在每個節點位移向量的數值與方向。

∽ D.8.1　顯示向量圖

使用 Field Output 工具列,選定所要繪圖的變數,當從工具列中選擇一個向量變數,視覺化後處理模組自動切換為變形圖上的向量圖。

建立節點位移的向量圖:

1. 從 Field Output 工具列左邊的表列變數種類,選擇 Symbol。

2. 從工具列中間所列的輸出變數中,選擇 U(節點上的空間位移)。

3. 從工具列左邊所列的向量值與分量,選擇 RESULTANT 作為向量值,這個動作說明了想要繪製位移向量的數值。

在當下的圖形視窗中,Abaqus 在變形向量圖中顯示位移向量的數值,如圖 D-7 所示。

> **提示**:也可以使用視覺化後處理模組工具盒的 ▧ 工具,顯示向量圖,或是選擇
>
> Plot → Symbols → On Deformed Shape。

箭頭表示每個節點的總位移,箭頭的長度代表位移的數值,箭頭的方向代表位移的方向,向量圖例說明箭頭顏色調對應的數值範圍。

如果使用者的向量圖與圖 D-7 不同,可能選錯輸出變數。

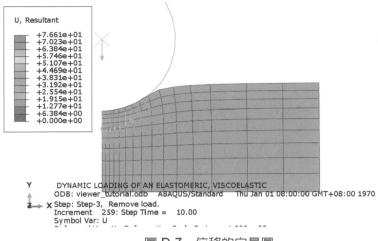

圖 D-7　位移的向量圖

D.8.2　客製化向量圖

將改變邊的可見程度與箭頭大小顏色，來客製化向量圖。

客製化向量圖：

1.　從主選單中，選擇 Options → Common。

　　跳出 Common Plot Options 對話框。

2.　在 Common Plot Options 對話框中，點擊 Basic 頁面，在 Render Style 項目裡選取 Wireframe，以及在 Visible Edges 底下選取 Feature edges 這兩個顯示方式。

3.　從主選單中，選擇 Options → Symbol。

　　跳出 Symbol Plot Options 對話框。

4.　在 Color & Style 頁面中，依下列指示：

　　a.　點擊 Vector 頁面。

　　b.　設定顏色種類為 Uniform。

　　c.　點擊 color sample ▨。

　　　　Abaqus/CAE 顯示 Select Color 對話框。

　　d.　點擊 RGB 頁面，將紅色、綠色與藍色的數值分別設為 0、255 與 255。

> **提示：**也可以選擇靠近對話框下方的青色或是使用其他可用的選擇方式。

　　e.　點擊 OK，套用設定，關閉 Select Color 對話框。

  f. 將 Size 的滑桿拖曳到 12，作為向量的最大長度。

5. 點擊 OK，套用設定，關閉 Symbol Plot Options 對話框。
  客製化的向量圖如圖 D-8 所示。

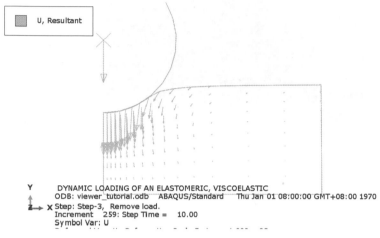

圖 D-8 客製化的向量圖

D.9 顯示並客製化材料方向圖

  材料方向圖可供使用者觀看模型內每個元素在特定步驟與資料輸出點的材料方向，標明材料方向的材料方向三軸顯示於每個元素積分點上，材料方向圖可以繪於未變形圖或是變形圖。

  本節中，將在變形圖上繪製一個材料方向圖，並客製化其外觀。

ᕆ D.9.1 顯示材料方向圖

  將以先前分析的步驟與資料輸出點來繪製材料方向圖。

顯示材料方向圖：

  從主選單中，選擇 Plot → Material Orientations→On Deformed Shape。

> **提示**：可使用視覺化後處理模組工具盒的 ⬛ 工具，來繪製材料方向圖。

  材料方向圖如圖 D-9 所示。在元素積分點的材料方向三軸指明模型內每個元素的材料方向。

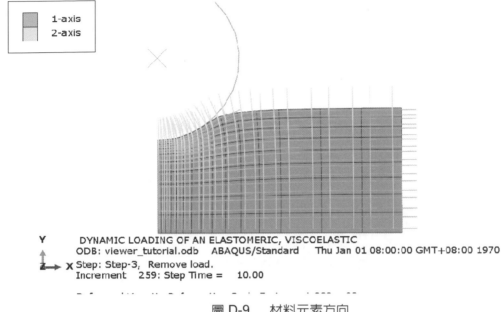

Y DYNAMIC LOADING OF AN ELASTOMERIC, VISCOELASTIC
ODB: viewer_tutorial.odb ABAQUS/Standard Thu Jan 01 08:00:00 GMT+08:00 1970
X Step: Step-3, Remove load.
Increment 259: Step Time = 10.00

圖 D-9 材料元素方向

◈ D.9.2 客製化材料方向圖

藉由修改方向材料三軸圖標的顏色與長度,來客製化你的材料方向圖。

客製化材料方向圖:

1. 從主選單中,選擇 Options → Material Orientation。

   跳出 Material Orientation Plot Options 對話框。

2. 在對話框中,依下列步驟:

   a. Click the color sample for the 1-axis color。

   Abaqus/CAE displays the Select Color dialog box。

   b. 點擊 RGB 頁面,設定紅色、綠色以及藍色的值分別為 255、0 以及 0。

   > 提示:也可以選擇靠近對話框下方的紅色或是使用其他可用的選擇方式。

   c. 點擊 OK,套用設定,關閉 Select Color 對話框。

   d. 對 2 軸的顏色,重複前面三個步驟,改為藍色(RGB 0、0、255)。

   e. 可以拖曳 Size 的滑桿至 3,縮短三軸的長度。

3. 點擊 OK，套用設定，關閉 Material Orientation Plot Options 對話框。
客製化的材料方向圖如圖 D-10 所示。

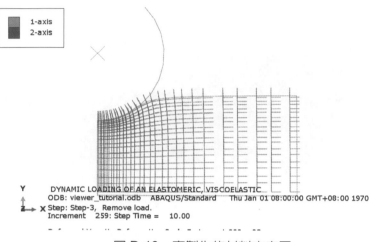

圖 D-10 客製化的材料方向圖

D.10 顯示並客製化 XY 圖

可以顯示寫入輸出資料庫檔的 XY 資料。在這份教學說明中，將顯示剛體參考點隨時間變化的垂直位移。

視覺化後處理模組也可供使用者繪製下列的 X–Y 圖：

- 來自 ASCII 檔案的資料。
- 鍵盤輸入的資料。
- 現存的資料，從其他資料合併的或是計算得到的。

D.10.1 顯示 XY 圖

使用者即將顯示位移對時間的 XY 圖。

顯示 X–Y 圖：

1. 結果樹中，在名為 viewer_tutorial.odb 輸出資料庫檔中的 History Output，點擊滑鼠右鍵，從出現的選單中選取 Filter。

2. 在過濾器的列位中，輸入*U2*，找尋 2 方向位移的歷時輸出。

3. 展開 History Output 子項目群，雙擊剛體參考點的垂直移動歷時紀錄：U2 at Node 1000 in NSET PUNCH。

   Abaqus 顯示位移對時間的 XY 圖，如圖 D-11 所示。Abaqus 預設的選項包含 X 與 Y 軸的預設範圍、軸標題、主副刻度、線的顏色以及圖例。

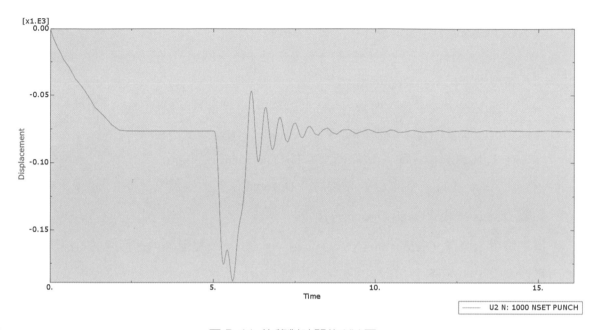

圖 D-11　位移對時間的 XY 圖

4. 圖例標示 XY 圖 U2 N: 1000 NSET PUNCH，這是 Abaqus 預設的名稱。

D.10.2　客製化 XY 圖

　　Abaqus 預設會從輸出資料庫檔案中，找尋最大最小值來計算 X 與 Y 軸的範圍，Abaqus 把每個軸分成數個間隔，顯示適當的主副刻度，Axis Options 可供使用者設定每個軸的範圍以及客製化軸的外觀，Curve Options 可客製化單一曲線的外觀，Chart Options 與 Chart Legend Options 可分別繪製格線與定位圖例，XY 圖的客製化選項只會顯示在當下的圖形視窗，不會儲存下來。

客製化 XY 圖：

1. 從主選單選擇 Options → XY Options → Axis(或是點擊提示區的 ⊠ ，取消當下的程序，如果必要，在圖形視窗中，雙擊任一軸)。

   Abaqus 顯示 Axis Options 的對話框。

2. 切換到 Scale 頁面，如果沒有選取的話。

3. 設定 X 軸從 0(最小值)到 20(最大值)，Y 軸從-200(最小值)到 0(最大值)。

> 提示：點選每個軸，而不是 Axis Options 對話框，如上所述進行編輯。

4. 從 Axis Options 對話框的選項中，依下列指示。

    - 在 Scale 頁面中，設定 X 軸的主刻度，每 4 秒一個增量(在該頁面中的 Tick Mode 區域內選擇 By increment)。

    - 沿著 X 軸，設定每個增量內有 3 個副刻度(意謂每秒一個副刻度)。沿著 Y 軸，設定每個增量內有 4 個副刻度(意謂每 1mm 一個副刻度)。

    - 在 Title 頁面中，輸入 Y 軸標題為 Displacement U2 (mm)。

    - 在 Axes 頁面中，設定 Y 軸數值為 Decimal 格式，小數點之後 0 個位數。

5. 點擊 Dismiss，關閉 Axis Options 對話框。

6. 從主選單，選擇 Options → XY Options → Chart(或雙擊圖內任何空白的位置)，變更格線設定。

    a. 跳出來的 Chart Options 對話框中，切換到 Grid Display 頁面。

    b. 在 X 格線與 Y 格線，勾選 Major，將主格線的顏色變更為藍色，線格式應該為實線。

    c. 切換到 Grid Area 頁面。

    d. 該頁面中的 Size 區域，選擇 Square 選項。

    e. 使用滑桿，將大小設為 75。

    f. 該頁面中的 Position 區域，選擇 Auto-align 選項。

    g. 從可用的靠齊選項中，選擇第四個到最後一個(將格線放在圖形視窗中下面中間的地方)。

    h. 點擊 Dismiss。

7. 從主選單中，選擇 Options → XY Options → Chart Legend (或雙擊圖例)，定位圖例。

    a. 在 Chart Legend Options 對話框中，切換到 Area 頁面。

    b. 該頁面中的 Position 區域，勾選 Inset，點擊 Dismiss。

    c. 在圖形視窗內拖曳圖例，重新定位之。

客製化的 XY 圖，如圖 D-12 所示。

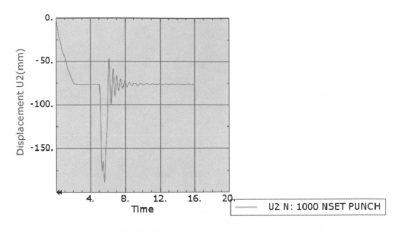

圖 D-12 客製化的位移 XY 圖

8.　在新的圖形視窗中，顯示第二個 X-Y 圖。建立一個新的圖形視窗，從主選單中，選擇 Viewport → Create。

跳出新的圖形視窗，顯示的 XY 圖與第一個圖形視窗中 XY 圖一樣。

當多個圖形視窗同時顯示時，深灰色的標題列說明所有的操作都針對此一的圖形視窗，更多的資訊請見 Abaqus/CAE 使用者手冊第 4.1.1 節的 What is a viewport?。

9.　從主選單中，選擇 Viewport → Tile Vertically，將兩圖形視窗上下垂直擺放。

10.　建立一個類似的 XY 圖，垂直向速度(V2)對時間。在第一個分析步中不能選擇速度，因為第一步驟不是動力步，Abaqus 只有在第二與第三步驟計算速度與加速度。同前，使用同樣的 X 軸範圍，Y 軸範圍從 1000 到−1000，將 Y 軸標記為 Velocity V2，如圖 D-13 所示。

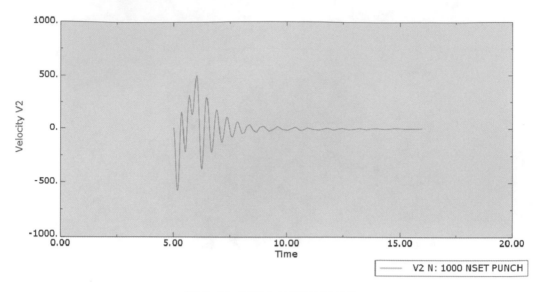

圖 D-13 客製化的速度 XY 圖

D.11 對現有的 XY 圖生成新的 XY 圖

　　XY 圖是兩組依順序排列資料之集合，Abaqus 將其儲存在兩欄中，X 欄與 Y 欄，Operate on XY Data 對話框可讓使用者從既有的 XY 資料，生成出新的 XY 資料，本教學中，使用者將結合應力對時間的紀錄與應變對時間的資料，建立一個應力應變曲線。

❧ D.11.1 建立應力對時間以及應變對時間的資料

　　建立應力應變曲線的第一步驟，是從歷時輸出建立應力隨時間與應變隨時間變化的資料，這筆資料只包含第一個分析步的紀錄，該分析步為沖頭放在海綿塊的表面上，自重下壓海綿塊。

建立 XY 資料：

1. 結果樹中，雙擊 XYData 的子項目群。

   跳出 Create XY Data 對話框。

2. 在對話框中，選擇 ODB history output，如果沒有選取的話，接著點擊 Continue。

   跳出 History Output 對話框。

3. 在 History Outpu 對話框中，依下列步驟：

   a. 點選 Variables 頁面。

   b. 根據*LE22*，找尋資料。

   c. 在 Output Variables 域中，選擇 Logarithmic strain components: LE22 at Element 1 Int Point 1 in ELSET CENT。

   d. 點選 Steps/Frames 頁面。

   e. 選擇 Step 1。

   f. 點擊 Save As。

   顯示儲存下來的 XY 圖。

   g. 將 XY 圖命名為 Strain，點擊 OK。

   包含在第一個分析步中，元素 1 的第 1 個積分點，名為 Strain 的對數應變資料 (LE22) 出現在 XYData 子項目群內。

4. 同理，建立一個包含第一個分析步中，元素 1 的第 1 個積分點，名為 Stress 的對數應變資料(S22)，命名為 Stress。

   > 提示：從變數列表中，找尋*S22*。

   現在，使用者已經準備好要合併兩筆資料，來建立應力應變的資料。

5. 關閉 History Output 對話框。

❧ D.11.2 合併資料

本節中，透過合併應力與應變歷時紀錄，來建立應力應變資料。

合併資料：

1. 結果樹中，雙擊 XYData 子項目群。

2. 從跳出來的 Create XY Data 對話框中，選擇 Operate on XY data，點擊 Continue。

   跳出 Operate on XY Data 對話框，對話框包含了：

   • 左邊的 XY Data 域，包含現有的 XY 資料列表。

   • 右邊的 Operators 域，包含可以操作的運算式列表。

3. 從 Operators 域中，點擊 combine(X,X)。
   在對話框頂端的列式區內，出現 combine( )。

4. 在 XY Data 域內，拖曳游標，依序選擇 Strain 與 Stress 資料，點擊該對話框下方的 Add to Expression。
   運算式 combine("Strain","Stress")出現在列式區內，在這個運算式中，"Strain"決定了合併圖形的 X 數值，"Stress"決定 Y 數值。

5. 從 Operate on XY Data 對話框下方的按鈕中，點擊 Save As。

6. 從跳出來的 Save XY Data As 對話框中，輸入 Stress-Strain 的名稱，點擊 OK。
   在 XYData 子項目群中，出現新的資料 Stress-Strain。

7. 取消 Operate on XY Data 對話框。

D.11.3 繪製與客製化應力應變曲線

現在使用 Stress-Strain 資料，來建立應力應變曲線。

繪製應力應變曲線：

1. 在 XY 資料的子項目群內，雙擊 Stress-Strain。
   應力應變曲線的圖顯示於圖形視窗。

2. 應力應變圖的設定沿用先前圖形的客製化設定，欲回復預設值，依下列步驟：
   a. 開啟 Chart Options 對話框。
   b. 在 X 與 Y 格線區取消主格線。
   c. 點擊 Dismiss。

3. 應力應變的曲線如圖 D-14 所示，圖中，關閉顯示圖例(開啟 Chart Legend Options 對話框，在 Contents 頁面中，關閉 Show legend)。

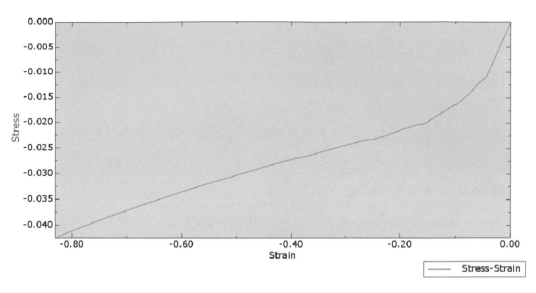

圖 D-14 應力應變的 X–Y 圖

D.12 查詢 XY 圖

在視覺化後處理模組，可以使用查詢工具，去查詢模型或是 XY 圖，可以將查詢的結果寫進一個檔案。本教學中，將從應力應變圖中，使用查詢功能，得到 X 與 Y 的數值，並將這些數值寫入一個檔案中。

查詢 XY 圖：

1. 從主選單中，選擇 Tools → Query，從 Query 對話框中，選擇 Probe values。
   跳出 Probe Values 對話框，因為 XY 圖在當下的圖形視窗，這個對話框將會顯示 XY 曲線的資料。

2. 在對話框的上面，勾選 Interpolate between points，這個選項可讓使用者選取曲線上的任一點。

3. 在圖形視窗內，將游標放在 XY 曲線上。
   當游標上的箭頭靠近 XY 曲線時，欲查詢的點位會標記出來，關於點的資訊，包含對應的 XY 座標值，會顯示在 Probe Values 表上。

4. 沿著曲線，點擊多個點。

   這些點會被加入 Probe Values 對話框中的表格內。

5. 完成點位的選取，點擊 Write to File。

   跳出 Report Probe Values 對話框。

   預設，表上的資料會寫入目前工作目錄中名為 abaqus.rpt 的檔案，對話框裡的選項可讓使用者變更檔案的名稱，寫入檔案的資料格式。

6. 點擊 OK，將資料寫入檔案。

7. 從 Probe Values 對話框中，點擊 Cancel，退出查詢模式。

   跳出一個對話框，告知使用者 Selected Probe Values 表包含資料，點擊 Yes，確認之後繼續下一步，表內的資料將被刪除。

D.13 顯示沿著路徑上的結果

可由一特定的路徑，生成出 XY 資料。本教學中，使用者將定義一組沿著海棉塊頂部路徑之節點，繪製這個路徑上的位移值。

✎ D.13.1 建立一組節點的路徑

一條路徑是在模型內由一系列節點所組成的。在一組節點的路徑中，所有指定的節點都是節點位置，透過在表格內輸入節點編碼或是節點編碼範圍，建立一組節點路徑。為決定關注的節點編碼，建立一個有節點編碼的模型圖是很有用的。

建立一組節點的路徑：

1. 點擊 🔲 工具，顯示出未變形圖。

   使用 Common Plot Options 對話框，顯示節點編碼，識別出在海綿塊頂邊的節點。

2. 模型樹內雙擊 Paths。

   跳出 Create Path 對話框。

3. 把路徑命名為 Displacement，接受預選的 Node list 作為路徑種類，點擊 Continue。

   跳出 Edit Node List Path 對話框。

4.　在 Path Definition 表格中，在 Part Instance 域中選擇 PART-1-1，在 Node Labels 域中輸入 1:601:40，按[Enter](這個輸入設定了節點的範圍，從 1 到 601，每 40 個跳 1 個)；不然，可以在 Edit Node List Path 對話框中，點擊 Add Before...或 Add After...，從圖形視窗中直接選取一組節點路徑。

　　在當下圖形視窗中，選取的路徑標示於圖中。

5.　點擊 OK，建立該路徑，關閉 Edit Node List Path 對話框。

✎ D.13.2　顯示節點路徑上的結果

　　Abaqus 會得到所定義路徑上的節點結果，生成出 XY 資料組，X 數值是模型內選定的點，Y 軸是這些點的分析結果，可以產生這組資料的 X–Y 圖。

　　顯示一組節點路徑的位移結果：

1.　模型樹內，雙擊 XYData 子項目群。

2.　在跳出來的 Create XY Data 對話框中，選擇 Path，點擊 Continue。

　　跳出來的 XY Data from Path 對話框中，在可選用的路徑列表內，出現設定的路徑。

　　接受對話框裡 X Values 部分的預設選項。

3.　即將繪製的結果顯示於對話框中的 Y Values 部分，如果場輸出變數不是，點擊 Field Output，替換變數。

　　在場變數的對話框中：

　　a.　選擇 U 為變數 Name。

　　b.　從 Invariant 域中，選擇 Magnitude。

　　c.　點擊 OK。

4.　點擊 Plot，生成路徑上的 XY 圖，如圖 D-15 所示，可能需要將 XY 圖的設定變回預設值。

　　結束這份教學。

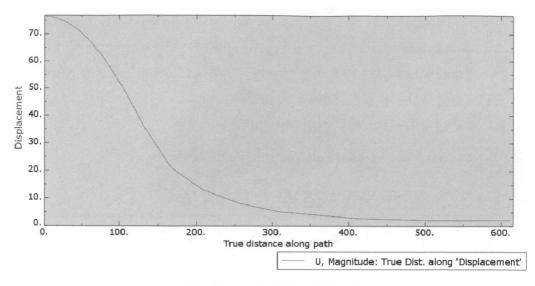

圖 D-15　海綿塊頂邊路徑的 U

D.14　總結

- 當開啓一個輸出資料庫檔，Abaqus/CAE 自動載入視覺化後處理模組。
- 爲表現視覺化後處理模組的多樣功能，可使用選單項目或工具盒中的工具。
- 可使用環境列右邊的按鈕，來顯示分析中每個資料輸出點的狀態。
- 視覺化後處理模組有各種圖形種類，通用圖形選項可用於控制所有圖形種類的外觀，有些圖形種類也可有個別的圖形。
  客製化選項只會用於當下的圖形視窗，並不會儲存下來，可使用 Defaults 按鈕，回復預設值。
- 使用圖形視窗註記選項來客製化顯示於所有圖形中的項目外觀，例如標題區塊，狀態區塊、以及三軸座標。標題區塊顯示關於產出該輸出資料庫檔的分析資訊，狀態區塊包含顯示的分析步與增量的資訊。
- 所有圖形中，Abaqus 從輸出資料庫檔案的場輸出變數中，選擇預設的變數來顯示，可使用 Field Output 工具列或是對話框，來選擇顯示的變數。
- 從一個輸出資料庫檔的資料中，可顯示時間歷時動畫，或是根據該結果的單一增量來生成放大係數動畫。使用者可產生變形圖、分布雲圖、向量圖與材料方向圖

的動畫(限定時間歷時動畫)，動畫使用對應的圖形選項來控制模型的外貌。播放
動畫時，可以客製化這些圖形。

- 在特定的分析步與資料輸出點時，向量圖顯示一特定向量或張量變數的數值與方
  向。

- 在指定的分析步與資料輸出點，材料方向圖顯示出模型內元素的材料方向， 材
  料方向先顯示於元素積分點上，而不做平均。

- 在輸出資料庫檔案內，可以顯示任何變數的 XY 圖，多數情況下，X 軸假設為時
  間。

- 使用 Operate on XY Data 的對話框，根據既有的資料，生成出新的 XY 資料。

- 使用查詢工具，查詢一個模型或是 XY 圖，將得到的數值寫入一個檔案內。

國家圖書館出版品預行編目資料

Abaqus 實務攻略——入門必備／士盟科技編著.
－初版.－臺北市：士盟科技，2020.05
　　　面；　公分.
　ISBN 978-986-98854-0-9 (平裝)
1. 電腦輔助設計　2. 電腦輔助製造
440. 029　　　　　　　　　　　　109002196

Abaqus實務攻略——入門必備

編　　著　士盟科技
發 行 人　士盟科技
出　　版　士盟科技
　　　　　104台北市中山區南京東路90號14樓
　　　　　電話：（02）2011-7600
　　　　　傳真：（02）2511-0036
設計編印　白象文化事業有限公司
　　　　　專案主編：林孟侃　　經紀人：徐錦淳
經銷代理　白象文化事業有限公司
　　　　　412台中市大里區科技路1號8樓之2（台中軟體園區）
　　　　　出版專線：（04）2496-5995　　傳真：（04）2496-9901
　　　　　401台中市東區和平街228巷44號（經銷部）
　　　　　購書專線：（04）2220-8589　　傳真：（04）2220-8505
印　　刷　基盛印刷工場
初版一刷　2020 年 5 月
定　　價　650 元

白象文化　印書小舖 PressStore　出版 · 經銷 · 宣傳 · 設計

www·ElephantWhite·com·tw　f 自費出版的領導者　購書 白象文化生活館